Fabian Fahlbusch

Unternehmensnamen

Entwicklung – Gestaltung – Wirkung – Verwendung

Frank & Timme
Verlag für wissenschaftliche Literatur

ISBN 978-3-7329-0202-6
ISBN (E-Book) 978-3-7329-9675-9
ISSN 0939-8945

Herstellung durch Frank & Timme GmbH,
Wittelsbacherstraße 27a, 10707 Berlin.
Printed in Germany.
Gedruckt auf säurefreiem, alterungsbeständigem Papier.

Die vorliegende Arbeit wurde vom Fachbereich 05 Philosophie und Philologie der Johannes Gutenberg-Universität Mainz im Jahr 2015 als Dissertation zur Erlangung des akademischen Grades eines Doktors der Philosophie (Dr. phil.) angenommen.

www.frank-timme.de

Vorwort

SCA – jeden Morgen bin ich mit dem Zug auf dem Weg zur Universität an der Papierfabrik in Mainz-Kostheim vorbeigefahren, auf der ein großes Logo mit diesen drei Buchstaben prangt. Und jedes Mal fragte ich mich, was die Abkürzung wohl bedeuten könne. Allerdings ist es doch immer nur bei der Absicht geblieben, dies einmal genauer zu recherchieren. Bis dann am Ende des Studiums die Entscheidung für ein Magisterarbeits-Thema anstand, das erstens meine beiden Fächer Germanistik und Betriebswirtschaftslehre verbinden sowie zweitens – für eine Hilfskraft beim Deutschen Familiennamenatlas (DFA) fast schon verpflichtend – etwas mit Namen zu tun haben sollte. Und da war er wieder, der Schriftzug *SCA*. Denn gerade in Unternehmensnamen treffen Onomastik sowie Wirtschaftswissenschaften zwangsläufig direkt aufeinander: Damit stand mein Forschungsgebiet fest.

Auf den korpusgestützten Ergebnissen der Magisterarbeit zur historischen Entwicklung der Firmierungen großer deutscher Aktiengesellschaften fußend, die im Folgenden detailliert aufgeschlüsselt und in synchron-diachronen Zeitschnitten vorgestellt werden, habe ich dann eine repräsentative Fragebogenstudie gestartet, um mehr über Gestaltung, Wirkung sowie Verwendung (genauer Genus) der Unternehmensnamen herauszufinden. Die vorliegende Dissertation wurde im Wintersemester 2014/15 vom Fachbereich 05 Philosophie und Philologie der Johannes Gutenberg-Universität Mainz angenommen. Den beiden Gutachterinnen Damaris Nübling und Mirjam Schmuck sei an dieser Stelle noch einmal ganz besonders gedankt.

Während der Untersuchung habe ich große Anteilnahme, Unterstützung und Aufmunterung von allen DFA-KollegInnen an der Johannes Gutenberg-Universität Mainz, der Albert-Ludwigs-Universität Freiburg, im Institut für Geschichtliche Landeskunde sowie an der Mainzer Akademie der Wissenschaften und der Literatur erfahren. Die angenehme, anregende Atmosphäre, vielfältige Förderung, wertvolle Tipps sowie der stets offene, konstruktive Austausch trugen dazu bei, selbst Durststrecken oder Frustrationen schnell zu überwinden.

Meinen Eltern möchte ich sehr für ihre finanzielle aber auch moralische Unterstützung danken, daneben FreundInnen, Bekannten sowie Verwandten, die den

Entstehungsprozess dieser Arbeit mit viel Interesse und einer gehörigen Portion Geduld begleiteten. Meinen Fragebogen-MultiplikatorInnen sowie den zahlreichen anonymen TeilnehmerInnen gebührt ebenfalls großer Dank: Corinna Biesterfeldt, Anton Bilek, Elisabeth Bodenstein, Emma Bruno, Sabrina Dämmrich, Antje Dammel, Astrid Dissmann, Georg Drenda, Hildegund Eidner, Petra Ewald, Birgit und Andreas Fahlbusch, Britta und Christian Fahlbusch, Ursula und Lothar Geiß, Sandra und Stefanie Häfele, Marlis Heringhaus, Rita Heuser, Michael Hewera, Anita Hieronimi, Beate Hörr, Anke Horn, Erika Jädicke, Margitta Janus, Wolfgang Lennartz, Barbara und Inken Lüert, Phoebe Nies, Dagmar, Holger und Eike Niethus, Julia Nuszpl, Karin Pauls, Claudia, Kurt, Matthias, Michael und Susanne Preußner, Franziska Schmidt, Heike Schröder, Katharina Schulz, Renata Szczepaniak, Alexander Ulrich, Heidrun und Detlev Wormsbächer sowie viele andere mehr.

Bettina Leinauer von der Kommunikationsabteilung der Johannes Gutenberg-Universität möchte ich Danke sagen für die Herausgabe einer Pressemitteilung über meine Forschungen, welche mir viele weitere TeilnehmerInnen beschert hat. Ebenso Franziska Schmidt, die mir ermöglichte, für die elektronische Auswertung der Fragebögen die Infrastruktur (EvaSys) des Zentrums für Qualitätssicherung und -entwicklung (ZQ) der Universität zu nutzen. Für tiefe Einblicke in die Agenturpraxis und das Markenrecht bin ich Werner Brandl, Manfred Gotta, Andreas Herrmann, Mark Leiblein, Stefan Spöttl, Peter Ströll sowie Gert Habermann äußerst dankbar. Hartwig Kalverkämper danke ich sehr für die Aufnahme meiner Arbeit in die Reihe *Forum für Fachsprachen-Forschung* und Karin Timme sowie Oliver Renner für beste verlegerische Betreuung.

SCA steht übrigens für *Svenska Cellulosa Aktiebolaget*, die als Unternehmen mit Hauptsitz in Schweden allerdings nicht im Korpus vorkommt. Gegründet wurde das Werk in Mainz-Kostheim im Jahre 1885 als *Kostheimer Cellulosefabrik*.[1]

Mainz, im April 2017 — FABIAN FAHLBUSCH

[1] Vgl. dazu http://sca.com/de/deutschland/SCA-in-Deutschland/Standorte/Mainz-Kostheim (15.01.2017). Dort ist auch das Unternehmenslogo zu sehen.

Inhaltsverzeichnis

VERWENDUNG

ZUSAMMENFASSUNG

ANHANG

Einführung

„Ein hohes Kleinod ist der gute Name“
Friedrich SCHILLER, Maria Stuart[2]

1. Einleitung und Forschungsüberblick

Auch wenn Friedrich Schiller mit dem Ausspruch des Ritters Amias Paulet in seinem Trauerspiel „Maria Stuart“ den Ruf der Königin von England meinte, so kann man ihn doch uneingeschränkt auf unsere heutige Wirtschaftswelt übertragen. Zweifellos ist für jedes Unternehmen die Firmierung und damit verbunden das öffentlich erzeugte Image von elementarer ökonomischer Bedeutung – gerade in gesättigten Märkten, wo sich Konzerne wie Produkte oftmals nur noch durch ihre Namen voneinander unterscheiden. Diese immateriellen Vermögensgegenstände dürfen zwar nach den gültigen Rechnungslegungsvorschriften nicht in der Bilanz auftauchen, als Alleinstellungsmerkmale besitzen sie neben den bzw. in Gestalt von Marken trotzdem einen immensen Wert, besonders für Werbe- oder Positionierungszwecke.

Dabei müssen die Firmierungen aufgrund des härteren, globaleren Wettbewerbsumfelds immer höheren Anforderungen genügen: Über mehrere verschiedene Kommunikationskanäle an KundInnen, GeschäftspartnerInnen, AnlegerInnen sowie MitarbeiterInnen gerichtet, sollen sie neben der eigentlichen Kennzeichnungsfunktion zusätzlich in allen Kulturkreisen einen angenehmen Klang entfalten, positive Assoziationen wecken, Vertrauen schaffen – also gleichermaßen identifizieren wie charakterisieren. Ihre Relevanz beschränkt sich jedoch nicht allein auf einzelne Großkonzerne und deren Corporate Identity. Vielmehr erfüllen sie eine wichtige Ordnungs- bzw. Orientierungsfunktion im gesamten Wirtschaftsgeschehen, weshalb sie v.a. in der Differenzierungsfähigkeit durch das Handels- bzw. Markenrecht geschützt sind (zu den gesetzlichen Bestimmungen vgl. Kap. 2.2).

Weil die Unternehmen ihre Namen aus den genannten Gründen in mehr oder minder großen zeitlichen Abständen an die veränderten öffentlichen Vorstellun-

[2] Friedrich SCHILLER, Maria Stuart, 1. Aufzug, 8. Auftritt.

gen bzw. Rahmenbedingungen sowie ihr neues Selbstbild anpassen, spiegeln jene sowohl die gegenwärtigen ökonomischen, politischen und sozialen Maßstäbe als auch deren Entwicklungsstand in früheren Epochen wider. Damit zeichnen sie nicht nur ein Stück Wirtschaftsgeschichte, sondern auch den gesellschaftlichen Wertewandel nach.

Vor diesem Hintergrund erscheint es umso erstaunlicher, dass ein solch vielversprechender Untersuchungsgegenstand bislang nur wenig beachtet wurde. Nachdem Johannes HUISMANN bereits 1961 die Unternehmens- sowie Geschäftsnamen als unerforschtes Gebiet der Onomastik ausgewiesen hatte (vgl. HUISMANN 1961: 368), begann eine nähere Beschäftigung mit ihnen in der Bundesrepublik erst über 30 Jahre später. Doch selbst aktuelle Handbücher erwähnen Firmierungen von Unternehmen weiterhin allenfalls in Fußnoten oder streifen sie kurz im Rahmen der Produkt- bzw. Institutionsbezeichnungen.[3] Abgesehen von kleineren Arbeiten zu Einzelaspekten, die allerdings oft nicht zwischen Unternehmens- und Geschäftsnamen trennen (vgl. Kap. 2.1), existieren kaum diachrone Studien. Auch auf betriebswirtschaftlicher Seite sieht es nicht besser aus: Selbst Praxisratgeber für GründerInnen vermisst man hier. Die wissenschaftliche Beschäftigung mit den Unternehmensnamen steht also in keinem Verhältnis zur Relevanz, welche sie im Geschäftsleben – ebenso wie die deutlich prominenter behandelten Marken (vgl. bspw. RONNEBERGER-SIBOLD 2005, 2007, 2008b u.a.)[4] – besitzen.

Anhand von Stichproben der Jahre 1956, 1990 sowie 2006 aus Hamburg analysiert Ludger KREMER die Entwicklung der dortigen Firmierungen. Dabei stellt er u.a. fest, dass neben Angaben zum Geschäftszweck auch geographische Hinweise insgesamt zurückgehen, während fremdsprachliche Elemente, Abkürzungen, Neologismen und Abweichungen von der orthographischen Norm stark zunehmen. Diese Tendenzen lassen sich ebenfalls bei größeren, überregional agierenden Genossenschaften beobachten. Branchenspezifische Besonderheiten zeigen Handel, Industrie sowie Speditionsgewerbe, die traditionellerweise auf Perso-

---

3 Vgl. etwa KOSS (1996a/b, [3]2002: 186f.), VASIL'EVA (2004: 613-618) und DEBUS (2012: 195-198).

4 Gerade das DFG-Projekt „Synchrone und diachrone Studien zu deutschen Markennamen“ von RONNEBERGER-SIBOLD legt wichtige methodische Grundlagen, die auf die Unternehmensnamen angewendet werden können (vgl. Kap. 3.1.2.2).

nennamen setzen, und auch die Firmierungen von Banken oder Versicherungen fallen konservativer aus als die fremdsprachlich geprägten Benennungen im IT-Bereich (vgl. KREMER 1996, 1998, 2007, 2008 und 2012).

Die Werbewirksamkeit bestimmter Bildungsmuster ermittelt KREMER zusammen mit Sheila KROOK durch eine Befragung unter Studierenden zu flämischen Firmen aus den Branchen Finanzen, Software, Transport. Kreative Namen sind bei allen drei Wirtschaftszweigen äußerst beliebt, besonders im Finanzsektor. Sie wirken modern, wecken Interesse, fallen auf und prägen sich am besten ein. Aussagekräftige Sachbenennungen erwarten die Befragten am ehesten bei großen Konzernen, die hochwertige und teure Produkte herstellen. Am negativsten werden Personennamen beurteilt. Sie gelten als altmodisch, gewöhnlich und eher zu kleineren Betrieben passend (vgl. KREMER/KROOK 1998).

Auf aktuelle Geschäfts- und Unternehmensnamen im Magdeburger Raum bzw. in der Region Mitteldeutschland konzentriert sich Angelika BERGIEN. Sie findet hier insbesondere Angaben zum Geschäftszweck sowie zunehmend regionale Bezüge vor, zugleich aber auch fremdsprachliche Elemente, meist Anglizismen, Fantasiebezeichnungen und Abkürzungen, die gerade von jüngeren Menschen viel positiver aufgenommen werden als von älteren. Personennamen spielen zwar in der Benennung von Geschäften nach wie vor eine wichtige Rolle, gehen aber insgesamt zurück (vgl. BERGIEN 2004, 2007, 2008a/b, 2010, 2012a/b, 2013, 2015 sowie BERGIEN/BLACHNEY 2009).

Einige bundesweit bekannte Konzerne, darunter die auch im Korpus vertretenen Aktiengesellschaften *Bayer*, *Daimler*, *ThyssenKrupp*, verfolgt Gerhard KOSS beispielhaft in ihrer Entwicklung von „der Werkstätte zur Weltfirma“ (KOSS 2009: 539). Veränderungen in den Firmierungen bei Fusionen bzw. Übernahmen im Finanz- und im Mobilfunksektor analysiert Fiorenza FISCHER. Für Banken sind insbesondere Faktoren wie Seriosität, Zuverlässigkeit oder Kontinuität ausschlaggebend, was zu einer Konstanz alter, bekannter Namen u.a. auch durch deren Aneinanderreihung führt. In der Telekommunikationsbranche zählen hingegen Kriterien wie gute Netzabdeckung, neue Technologien, geringe Gebühren etc., die nach Zusammenschlüssen direkt in den neuen Firmierungen zum Ausdruck kommen sollen (vgl. FISCHER 2008). Bei der Benennung von Friseursalons und Kinos spielen Kreativität und Aufmerksamkeitserzeugung eine besondere Rolle (vgl. GERDES 2005, OTTO 1993),[5] Krankenkassen und Pflegedienste setzen dagegen eher auf sachlich-informierende Namen (vgl. KOSS 2007, AREND 2002).

Interessanterweise beschäftigte man sich in der ehemaligen DDR intensiver mit den Namen genossenschaftlicher und volkseigener Betriebe (vgl. REDLICH 1973, RÖSSLER 1976, SOMMERFELDT 1980, KLUG 1984; dazu auch HELLFRITZSCH 1996), die jedoch strenggenommen keine Unternehmen darstellen (zur Terminologie vgl. Kap. 2.1). Im Zuge der deutschen Wiedervereinigung und der Einführung der Marktwirtschaft wurden sowohl Kombinate als auch Volkseigene Betriebe privatisiert oder ganz geschlossen, was mit einer prinzipiellen Änderung der Namenlandschaft einherging: Ideologische Bezüge verschwanden völlig, stattdessen kamen modernere Firmierungen nach westdeutschem Vorbild auf, und Anfang des 21. Jahrhunderts bestanden bereits keine wesentlichen ergonomastischen Unterschiede mehr zwischen den alten und neuen Bundesländern (vgl. POHL 1994, SCHREIBER 1994, KÜHN 2000, RZETELSKA-FELESZKO 2008).

Auffällig ist, dass oft nur kurze Zeitspannen – weiter als 1950 geht keiner der genannten Aufsätze systematisch zurück – sowie kleinere und mittlere, kaum aber die bekannten, traditionsreichen Großkonzerne aus verschiedenen Branchen untersucht wurden.[6] Die vorliegende Studie geht daher nun der Entwicklung, Gestaltung, Wirkung sowie Verwendung deutscher Unternehmensnamen nach und erforscht erstmals die Firmierungen der bedeutendsten Aktiengesellschaften aus ganz Deutschland in ihrer Diachronie von der Gründung bis heute. Ein mehr als 450 Namenbelege umfassendes Korpus erlaubt es, nicht nur den Wandel der Bezeichnungen über einen langen Zeitraum von 160 Jahren zu verfolgen, sondern auch dessen Prinzipien bzw. Gesetzmäßigkeiten aufzudecken – hinsichtlich geeigneter Parameter wie Benennungsmotiv, Bildungsweise, Länge, Wohlklang oder Transparenz. Um auch die Ursachen für wesentliche Entwicklungstenden-

[5] Es handelt sich jeweils um Geschäftsnamen, vgl. Kap. 2.2. Namen von Apotheken, Gaststätten und Hotels können je nach Alter zu den Geschäftsnamen gerechnet oder als Toponyme angesehen werden, vgl. KUNZE 2011, SCHRÖER 2014, WOCHELE (2007, 2009).

[6] In anderen Ländern sieht es ähnlich aus: Für Schweden vgl. etwa LEIBRING 2012, 2014, für die Niederlande BOERRIGTER 2007, für die Romania SCHMITT 1998, 2007, 2008 und MIHALI 2012, für Polen CZOPEK-KOPCIUCH 2013, für Österreich WIENINGER 2007, für die USA BODDEWYN 1967, WALASEK 1983 und DE VINNE 2003, für Russland GORYAEV 2007, 2012) – abgesehen von Finnland (Übersicht bei AINIALA/SAARELMA/SJÖBLOM 2013: 233-245).

zen herauszufinden, bleibt die historische Dimension in Gestalt des politischen, wirtschaftlichen wie sozialen Umfelds nicht außer Acht. Ferner ist es erklärtes Ziel dieser Studie, alle betrachteten Firmierungen zu deuten, die Absichten und Einflussfaktoren bei ihrer Wahl zu identifizieren. Daher haben u.a. sämtliche analysierten Aktiengesellschaften eine E-Mail mit der Bitte um nähere Informationen zu ihrer (Namen-)Geschichte erhalten.

Doch nicht nur Sichtweise und Beweggründe der Konzerne selbst sind von Interesse, es soll zugleich die Perspektive der KundInnen bzw. GeschäftspartnerInnen besser verstanden werden. Neben der Korpusarbeit wird daher eine repräsentative Fragebogenstudie neue Erkenntnisse zur Wirkung und Bewertung verschiedener Unternehmensnamen(typen) in Abhängigkeit von Lebensalter, Bildung oder Herkunft der ProbandInnen liefern. Deren Gestaltung, d.h. die Konzeption neuer Benennungsstrategien durch darauf spezialisierte Agenturen, sowie die Verwendung der Firmierungen im Alltag, also ihre Sondergrammatik v.a. in Bezug auf die Genuszuweisung, sollen ebenfalls im Fokus stehen.

Zum besseren Verständnis sowohl der Rahmenbedingungen als auch der maßgeblichen Gesetzestexte folgen im Anschluss an diese Einführung Erläuterungen zur Terminologie und zu den handelsrechtlichen Grundsätzen in ihrer historischen Entwicklung ab dem Jahr 1794 (Kap. 2). Danach informiert das dritte Kapitel detailliert über die beiden Datenbasen, nämlich das Korpus und die repräsentative Fragebogenerhebung. Hierauf folgt der Hauptteil, untergliedert in die vier Blöcke Entwicklung, Gestaltung, Wirkung, Verwendung, die sich als Schlagworte auch im Titel wiederfinden; zunächst mit einer eingehenden, zeitlich gestaffelten Analyse sämtlicher Firmierungen (Kap. 4 und 5) und daran anschließend einer detaillierten Auswertung der Erhebung, mit deren Hilfe die Leitfragen, bspw. Wie beeinflussen Alter, Branche, Internationalität die Firmierungen? Wie wirken diese und wie werden sie von der Bevölkerung beurteilt? Wovon hängt deren Bewertung ab? Zahlen sich „gute“ Namen aus? Wie werden sie kreiert? Welches grammatische Sonderverhalten zeigen sie?, beantwortet werden sollen (Kap. 6 bis 12). Eine Zusammenfassung nebst Ausblick auf neue lohnende Forschungsfragen (Kap. 13) rundet die Studie ab.

An der Schnittstelle von Sprach-, Wirtschafts-, Geschichts- und Rechtswissenschaften möchte diese Untersuchung ihren Gegenstand so in seinen zahlreichen

Facetten beleuchten, hinsichtlich Namengebung, -etymologie, -entwicklung, -recht, -konnotationen, -grammatik, und zwar aus Sicht von Konzernen, KundInnen sowie Namenagenturen. Auf diese Weise soll ein interdisziplinäres Bild der Firmierungen großer deutscher Unternehmen entstehen. Obwohl die vorliegende Arbeit kein Praxisratgeber oder eine Anleitung für GründerInnen sein möchte, lassen sich aus ihr doch nicht allein ergonomastische Erkenntnisse ziehen, sondern auch einige wichtige Kriterien für gute, „funktionierende“ Namen ableiten.

2. Terminologische und gesetzliche Grundlagen

2.1 Terminologische Grundlagen der Unternehmensnamen

Für Benennungen jeglicher vom Menschen geschaffener Gegenstände und Erzeugnisse prägte BAUER (^{2}1998: 52f., 57f.) den Terminus ***Ergonym*** (< griech. *έργο* 'Werk, Erzeugnis'). Darunter sind einerseits Namen von Einrichtungen zu verstehen, die der materiellen wie geistigen Produktion dienen, andererseits Bezeichnungen für deren Output, nämlich Waren, Dienstleistungen und wissenschaftliche, künstlerische bzw. journalistische Arbeiten etc. In die genannte onomastische Kategorie fallen folglich auch die hier analysierten **Unternehmensnamen** als Benennungen juristisch eigenständiger, privatrechtlich organisierter Wirtschaftseinheiten, welche eine nachhaltig rentable Leistung in Form adäquater Verzinsung des eingesetzten Kapitals, d.h. Gewinn(maximierung), anstreben (vgl. GABLER-WIRTSCHAFTSLEXIKON)[7] – im Gegensatz zu den rein auf Kostendeckung ausgelegten, überwiegend gemeinnützigen Institutionen.

Der Gesetzgeber spricht von der ***Firma*** (< lat. *firmare* 'bekräftigen, beglaubigen'), dem im Handelsregister eingetragenen, damit vor Missbrauch geschützten Namen, unter welchem Kaufleute bzw. Gesellschaften ihre Geschäfte betreiben sowie Unterschriften leisten (§17 HGB).[8] Landläufig wird der Begriff – aus rechtlicher Sicht fälschlicherweise – synonym zu *Unternehmen* oder *Betrieb* gebraucht. Einen Pleonasmus stellt darüber hinaus das Kompositum *Firmenname* dar. In der vorliegenden Studie sollen diese beiden terminologischen Unschärfen vermieden und die Ausdrücke *Firma* sowie *Unternehmensname* als bedeutungsäquivalent angesetzt werden. Eine solche klare, unverwechselbare Bezeichnung muss in der Bundesrepublik Deutschland jedes Handelsgeschäft zur Individualisierung und Identifizierung im Wirtschaftsleben führen (§18 HGB). Aufgrund dieser gesetzlich vorgeschriebenen Monoreferenz steht deren Eigennamenstatus außer Frage, während er bspw. bei Produktbenennungen umstritten ist (vgl. KOSS ^{3}2002: 185f.).[9]

---

7 Stichworte *Unternehmen* und *Unternehmung* (08.07.2014).

8 Zur Geschichte des Begriffs *Firma* vgl. SCHIRMER (1932: 24-26).

9 Durch den mit einem Taufakt vergleichbaren Eintrag ins Handelsregister wird selbst eine vorher definite Beschreibung zur festen Firma, also einem Namen.

Indes gehört die Firma exakt von **Geschäftsnamen** abgegrenzt, welche etwa für Filialen, Niederlassungen oder Kleinbetriebe besonders in Einzelhandel wie Gastgewerbe gelten und sich allein auf das Ladenlokal bzw. Etablissement beziehen. Sie dürfen frei erfunden sein, können von der offiziellen Bezeichnung des Unternehmens als übergeordneter, örtlich ungebundener Instanz vollständig abweichen oder aber auch Teile von ihr enthalten. Da sie nicht ins Handelsregister eingetragen werden, muss man für rechtsverbindliche Vorgänge an ihrer statt stets die komplette Firma angeben (vgl. SEUTTER 1996: 174, KOSS ^{3}2002: 187). Im Alltag hingegen, auf dem Ladenschild oder in den Gelben Seiten, begegnet der Geschäftsname, während die offizielle Firma sich im zuständigen Handelsregister und daneben meist nur im Impressum der Homepage, auf Rechnungen etc. findet: Die *Steigenberger Hotels AG* (Unternehmensname)[10] betreibt bspw. in Frankfurt/Main die Häuser *Frankfurter Hof*, *InterCityHotel* sowie *Metropolitan* (Geschäftsnamen).[11] Deutliche Unterschiede bezüglich Einsatz, Bildungsweise und Länge lassen es geboten erscheinen, beide Ergonymarten getrennt voneinander zu behandeln, auch wenn sie oft nicht auseinandergehalten werden (vgl. dazu ausführlich FAHLBUSCH 2014).

Sekundär kann eine Firma in gleicher[12] oder abgewandelter Form als **Markenname** für Waren bzw. Dienstleistungen auftreten.[13] Oft handelt es sich dabei um den „Hauptnamen" ohne weitere beschreibende Zusätze, bspw. *GERRY WEBER* (Markenname) vs. *Gerry Weber International Aktiengesellschaft* (Unternehmensname). Darüber hinaus begegnen Firmen je nach Kontext in verschiedenen von der amtlichen Fassung abweichenden Varianten, etwa unter Kurzformen in den Medien. Als Terminus soll hierfür **inoffizielle Unternehmensnamen** vorschlagen werden, die fallweise genauso wie der Markenname aussehen können, bspw. *Bayerische Motoren Werke Aktiengesellschaft* (offizieller Unternehmens-

10 Auch ohne besondere Auszeichnung sind keine der in dieser Arbeit als Beispiele aufgeführten Unternehmensnamen als frei im Sinne des Markenschutzes zu betrachten.

11 Zu Geschäftsnamen vgl. auch ZEHETNER 1981 und GLÜCK/SAUER (^{2}1997: 133-139).

12 Beim Markennamen entfällt der obligatorische Rechtsformzusatz der Firma.

13 Markennamen sind entweder durch Eintragung ins Markenregister des Deutschen Patent- und Markenamts in München geschützt (Registermarke) oder haben aufgrund allgemeiner Bekanntheit Verkehrsgeltung erlangt (Benutzungsmarke; vgl. §4 MarkenG). Eine beim Deutschen Patent- und Markenamt gesicherte Firma stellt aus juristischer Sicht eine Marke dar. Hier wird dagegen die strikte Trennung *Firma/Unternehmensname* (für Unternehmen) vs. *Markenname* (für Waren oder Dienstleistungen) hinsichtlich des Referenzobjekts aufrecht erhalten.

name) vs. *BMW* (inoffizieller Unternehmensname, zugleich eingetragener Markenname) oder *MPC Münchmeyer Petersen Capital AG* (offizieller Unternehmensname) vs. *MPC Capital* (inoffizieller Unternehmensname, kein eingetragener Markenname). Häufig entwickeln sich diese später einmal zur alleinigen amtlichen Firma (vgl. zu diesem Prozess FAHLBUSCH 2013).[14]

2.2 Gesetzliche Grundlagen der Unternehmensnamen[15]

Das 1794 erlassene **Allgemeine Landrecht für die Preußischen Staaten (ALR)**[16] enthält u.a. die erste umfassende Kodifikation des Handels- und Gewerberechts auf dem Gebiet des heutigen Deutschlands. Als Kaufmann bezeichnet es denjenigen, welcher hauptberuflich mit Waren und Wechseln handelt (II 8 §475 ALR). Hinsichtlich der zu führenden Firma legt das ALR lediglich fest, dass sie sich von anderen deutlich zu unterscheiden habe (II 8 §621 ALR). Zudem müssen Wechsel unter diesem Namen ausgestellt werden (II 8 §777 ALR). Davon abgesehen ist die Wahl einer Unternehmensbezeichnung noch recht frei.

Weitaus restriktivere Vorschriften finden sich im **Allgemeinen Deutschen Handelsgesetzbuch (ADHGB)**[17] von 1861. Auf Empfehlung des Bundestages, der selbst über keine legislativen Kompetenzen verfügt, führen es nahezu sämtliche deutsche Einzelstaaten sukzessive ein. Acht Jahre später wird das ADHGB zum Gesetz des Norddeutschen Bundes und gilt mit der Reichsgründung ab 1871 im ganzen Kaiserreich. Wie heutzutage auch, definiert es die Firma als Namen, unter welchem ein Kaufmann seinen Geschäften nachgeht und Unterschriften leistet (§15 ADHGB). Betreibt er die Unternehmung ohne Kompagnons, so hat er seinen Familiennamen mit oder ohne Rufnamen zu führen. Ergänzungen zur näheren Bezeichnung der Person bzw. des Geschäfts sind erlaubt (§16 ADHGB).

[14] Stark eingebürgerte inoffizielle Unternehmensnamen sind im Korpus der offiziellen Unternehmensnamen aufgenommen worden – mit entsprechender ausführlicher Erläuterung. Auch inoffizielle Unternehmensnamen beziehen sich ausschließlich auf das Unternehmen, nicht auf dessen Waren oder Dienstleistungen.

[15] Vgl. zu den nachstehenden Ausführungen insgesamt CANARIS ([24]2006: 17f., 181-220) sowie KOSS (2009: 544-548).

[16] Vgl. Allgemeines Landrecht für die Preußischen Staaten. Zweyter Theil (1794), abrufbar unter www.koeblergerhard.de/Fontes/ALR2fuerdiepreussischenStaaten1794Teil2.htm (15.01.2017).

[17] Vgl. Allgemeines Deutsches Handelsgesetzbuch (1861), abrufbar unter www.koebler gerhard.de/Fontes/AllgemeinesDeutschesHandelsgesetzbuch1861.htm (15.01.2017).

Offene Handelsgesellschaften (OHG) und Kommanditgesellschaften (KG) müssen wenigstens den vollständigen Namen eines Teilhabers tragen und zugleich in geeigneter Weise ihre Rechtsform andeuten (§17 ADHGB). Aktiengesellschaften (AG) sollen die Firma ihrem Gegenstand entlehnen. Personennamen sind dabei unzulässig, Rechtsformzusätze nicht erforderlich – Ausnahmen können aber erlaubt werden (§19 ADHGB). Das „Gesetz, betreffend die Gesellschaften mit beschränkter Haftung“[18] vom 20. April 1892 richtet erstmals die GmbH ein. Ihr wird freigestellt, Teilhabernamen oder den Unternehmenszweck in die Firma aufzunehmen. Ein das Geschäftsverhältnis und die beschränkte Haftung andeutender Hinweis ist jedoch obligatorisch. Wichtiger Grundsatz bleibt die deutliche Unterscheidungskraft, um Verwechslungen auszuschließen (§20 ADHGB). Über die Schutzfähigkeit des Namens entscheidet das zuständige Registergericht, bei dem bis heute jeder Kaufmann seine Firma ins Handelsregister eintragen lassen muss (§19 ADHGB; §29 HGB).

Aus der Einführung des Bürgerlichen Gesetzbuches (BGB) resultiert die Notwendigkeit einer Novellierung des ADHGB, da die Bestimmungen beider Regelwerke in Einklang zu bringen sind. Am 7. April 1897 in neuer Fassung vom Reichstag angenommen, tritt es zum 1. Januar 1900 gemeinsam mit dem BGB als **Handelsgesetzbuch für das Deutsche Reich (HGB)**[19] in Kraft. Hinsichtlich des Firmenrechts ergeben sich lediglich minimale Änderungen. Paragraph 18 legt nun abweichend fest, dass Einzelkaufleute ihren Familiennamen mit mindestens einem ausgeschriebenen Rufnamen führen müssen, bei OHG und KG gelten Letztere als nicht mehr zwingend erforderlich (§19 HGB). Auch für Aktiengesellschaften ist mittlerweile der Rechtsformzusatz vorgeschrieben (§20 HGB). Das überarbeitete Aktienrecht wird am 30. Januar 1937 aus dem HGB herausgelöst und fortan in einem eigenen Gesetz geregelt. Zum 1. Januar 1966 erfolgt dessen Novelle.[20] Die von Paragraph 4 fixierten Bestimmungen über den Unternehmensnamen lassen aber beide Fassungen unangetastet.

---

18 Vgl. GmbH-Gesetz (1892), abrufbar unter http://dlib-pr.mpier.mpg.de/m/kleioc/0010/exec/books/%22282707%22 (15.01.2017).

19 Vgl. Handelsgesetzbuch für das Deutsche Reich, Bd. 1 (1900), abrufbar unter http://dlib-pr.mpier.mpg.de/m/kleioc/0010/exec/wrapbooks/%22167940%22 (15.01.2017).

20 Vgl. Aktiengesetz (1937/1966), abrufbar unter http://alex.onb.ac.at/cgi-content/alex?apm=0&aid=dra&datum=1937 bzw. http://lexetius.com/AktG/Inhalt (jeweils 15.01.2017).

Eine grundlegende Umgestaltung erfahren das **Handelsgesetzbuch (HGB)**[21] und mit ihm verbundene Vorschriften wie das Aktien- oder das GmbH-Gesetz im Zuge der am 1. Juli 1998 umgesetzten Handelsrechtsreform.[22] Durch sie wird insbesondere das Firmenrecht nicht nur modernisiert, sondern auch weitgehend liberalisiert. Als Mindestanforderung muss der Name rechtsformunabhängig allein zur Kennzeichnung geeignet sein, generelle Unterscheidungskraft[23] besitzen und sich konkret von bereits bestehenden deutlich abheben. Außerdem darf er keine irreführenden Angaben machen (§§18, 30 HGB). Für die Praxis heißt dies, dass jede Firma aus lateinischen Buchstaben oder arabischen Ziffern ohne bildhafte Zeichen zu bestehen hat, wobei allgemeine, rein beschreibende Branchen- bzw. Produktbezeichnungen oder geographische Angaben wie *Automobil AG*, *Deutschland GmbH* unzulässig sind (Freihaltebedürfnis).[24]

Um Verwechslungen auszuschließen, dürfen keine zwei identischen oder auch nur zu ähnlichen Firmen ins Handelsregister eines Bezirks eingetragen werden, weder auf phonetischer[25] (bspw. *Deutsche TeleKomm AG* [dɔɪtʃə te:ləkɔm], *Deutsche Telesom AG* [dɔɪtʃə te:ləzɔm] etc. vs. *Deutsche Telekom AG* [dɔɪtʃə te:ləkɔm]) oder graphematischer (bspw. *Deutsche Telkom AG* vs. *Deutsche Telekom AG*) noch auf semantischer Ebene (bspw. *Deutsche Telekommunikation AG*, *German Telecom AG* etc. vs. *Deutsche Telekom AG*),[26] wobei keine exakte juristische Definition der Ähnlichkeit existiert – hier helfen dann Präzedenzfälle weiter. Den Unternehmen ist es allerdings gestattet, ältere Namen auch bei einem Wechsel der Rechtsform unverändert fortzuführen, selbst wenn diese nicht mehr den gültigen Bestimmungen entsprechen (bspw. *Salzgitter Aktien-*

---

21 Vgl. Handelsgesetzbuch, abrufbar unter www.gesetze-im-internet.de/hgb (15.01.2017).

22 Vgl. Gesetz zur Neuregelung des Kaufmanns- und Firmenrechts und zur Änderung anderer handels- und gesellschaftsrechtlicher Vorschriften (1998), abrufbar unter www.kapital marktrecht-im-internet.eu/de/Rechtsgebiete/Gesellschaftsrecht/Artikelgesetze/94/Handels rechtsreformgesetz.htm (15.01.2017).

23 Sofern es einer Benennung an Unterscheidungskraft mangelt, kann diese dennoch gesichert werden, sobald sie sich am Markt durchgesetzt hat (Verkehrsdurchsetzung).

24 Appellativa, die im allgemeinen Sprachgebrauch zur Bezeichnung der Waren oder Dienstleistungen einer Branche dienen, dürfen in diesem Bereich nicht als Firma verwendet werden. So kann sich ein Äpfel verarbeitender Betrieb nicht *Apple Inc.* nennen, ein Hard- und Softwarehersteller aber durchaus.

25 Hier kommt es v.a. auf die Abfolge der Vokale an.

26 Oft bilden nur bestimmte Elemente den eigentlich unterscheidungskräftigen Teil eines Namens, wie hier *Telekom*. In meiner Terminologie handelt es sich dabei um den „Hauptnamen".

gesellschaft, Software Aktiengesellschaft als heute unzulässige geographische Angaben oder allgemeine Branchen- bzw. Produktbezeichnungen). Alle anderen früheren Regeln entfallen ersatzlos. Damit eröffnet das novellierte HGB sämtlichen Kaufleuten erhebliche Freiheiten bei der Gestaltung ihrer Firma, was auch die Wahl von Phantasiebezeichnungen einschließt.[27] Nur die Rechtsformangabe bleibt obligatorisch (§19 HGB). Die betreffenden Paragraphen im Aktien- und GmbH-Gesetz sind entsprechend abgeändert worden.[28]

Ein Handelsregistereintrag allein bedeutet allerdings noch keinen umfassenden Rechtsschutz. Dieser beschränkt sich nämlich generell lediglich auf den Bezirk, in dem der Unternehmenssitz liegt (§§30, 37 HGB). Durch Benutzung im geschäftlichen Verkehr eines bestimmten (größeren) Gebiets erlangt die Firma dort zusätzlich als sogenanntes Unternehmenskennzeichen Schutz gegen Verwechslung in ihrer angestammten und angrenzenden Branchen auf Grundlage der Bestimmungen des **Markengesetzes** (§§5, 15 MarkenG).[29] Dieser kann bundesweit ausfallen, sofern die Geschäftstätigkeit über ganz Deutschland ausgedehnt ist. Weithin bekannte Unternehmenskennzeichen dürfen sogar in entfernteren Wirtschaftszweigen nicht von anderen eingesetzt werden, wenn die einzige Absicht darin besteht, am guten Ruf des Unternehmens teilhaben zu wollen.

Soll die Firma jedoch gleich von Beginn an deutschlandweit gesichert und evtl. auch für Waren und Dienstleistungen bzw. später problemlos in weiteren Branchen eingesetzt werden, muss man sie als Marke beim Deutschen Patent- und Markenamt (DPMA) in München anmelden.[30] Dabei ist anzugeben, für welche der 45 Waren- und Dienstleistungsklassen der internationalen Nizza-Klassifikation[31] sie registriert werden soll. Die Anforderungen bezüglich prinzipieller Schutzfähigkeit und unerlaubter potentieller Verwechslungsgefahr mit bereits eingetragenen Namen gelten analog, beziehen sich nun aber auf die gesamte

---

27 Wie im vierten Kapitel gezeigt werden kann, sanktioniert der Gesetzgeber damit nur eine ohnehin schon seit längerem gängige Praxis der Namengebung von Unternehmen.

28 Vgl. Aktiengesetz, abrufbar unter www.gesetze-im-internet.de/aktg sowie GmbH-Gesetz, abrufbar unter www.gesetze-im-internet.de/gmbhg/index.html (jeweils 15.01.2017).

29 Für die Auskünfte zum Markenrecht gebührt Patentanwalt Gert HABERMANN und Rechtsanwalt Peter STRÖLL großer Dank. Vgl. auch FEZER ([4]2009: 497-499, 1252-1358).

30 Unternehmenskennzeichen genießen zwar Schutz durch das Markengesetz, können aber nicht im Markenregister eingetragen werden.

31 Vgl. www.dpma.de/service/klassifikationen/nizzaklassifikation (15.01.2017).

Bundesrepublik Deutschland sowie die registrierten und benachbarte Waren- bzw. Dienstleistungsklassen.[32]

Da die untersuchten, an der Frankfurter Börse gehandelten Aktiengesellschaften teilweise – auch in früheren Zeitstufen – andere Rechtsformen als die soeben besprochenen gewählt haben, soll sich an dieser Stelle eine tabellarische Zusammenstellung sämtlicher Zusätze aus dem Korpus anschließen. Bei ausländischen Termini ist überdies deren Geltungsbereich angegeben. Letztere entsprechen jeweils der deutschen Aktiengesellschaft:

Abkürzung	Vollständige Bezeichnung	Geltungsbereich
AG	Aktiengesellschaft	
A/S	Aktieselskab	Dänemark
e.V.	Eingetragener Verein	
GbR	Gesellschaft bürgerlichen Rechts	
GmbH	Gesellschaft mit beschränkter Haftung	
Inc.	Corporation (Incorporated)	USA, Kanada
KG	Kommanditgesellschaft	
KGaA	Kommanditgesellschaft auf Aktien	
Ltd.	Private Company Limited by Shares / Private Company Limited by Guarantee	Vereinigtes Königreich
N.V.	Naamloze Vennootschap	Niederlande
OHG/oHG	Offene Handelsgesellschaft	
PLC	Public Limited Company	Vereinigtes Königreich
SA	Société Anonyme	Frankreich, Belgien, Luxemburg, Schweiz
SE	Societas Europaea	Europäische Union

Tab. 1: Rechtsformzusätze in abgekürzter und ausgeschriebener Form mit Geltungsbereich

[32] Die dargestellte Rechtssituation bezieht sich auf Deutschland. Schutz außerhalb der Bundesrepublik bieten die Europäische Gemeinschaftsmarke oder eine Internationale Markenregistrierung.

3. Datenbasis und Methodik

Um die in der Einleitung formulierten Erkenntnisziele zu erreichen, nähert sich diese Arbeit den Unternehmensnamen auf zwei verschiedene Weisen, für die je unterschiedliche Methoden zweckmäßig erscheinen: Mithilfe des Korpus aus historischen und aktuellen Firmen großer deutscher Konzerne lässt sich deren diachrone Entwicklung nachzeichnen, wobei Veränderungen sowie Einflussfaktoren anhand von acht spezifischen Parametern messbar gemacht werden, während die repräsentative Fragebogenerhebung synchron Aufschluss über Wirkung und Verwendung der Benennungen verspricht. So kann man zunächst Namenmoden vergangener Epochen abbilden und dann das herausgearbeitete derzeit gültige Unternehmensnamenideal (aus Sicht der Konzerne) auf seine Beurteilung durch die Bevölkerung testen. Das vorliegende Kapitel beschreibt die beiden Datenbasen (Kap. 3.1 und 3.2), bevor es abschließend den Gang der Untersuchung näher darlegt (Kap. 3.3).

3.1 Korpus

3.1.1 Datenerhebung

Grundlage für die diachrone Korpusuntersuchung bilden die Namen der 160 größten und bedeutendsten an der Frankfurter Börse notierten Aktiengesellschaften. Sie alle waren zum Stichtag 29. April 2009 im Dax, MDax, SDax oder TecDax gelistet.[33] Tab. 2 charakterisiert diese Indizes. Die Wahl fiel auf Dax-Werte, da somit erstens große und wirtschaftlich starke Unternehmen erfasst werden, bei denen man davon ausgehen darf, dass die Firma für sie besonders wichtig und Gegenstand vielfältiger Reflexion bezüglich Corporate Identity, Image sowie Werbewirksamkeit ist.[34] Zweitens weisen alle heutzutage dieselbe Rechtsform auf – zwar in unterschiedlichen Ausgestaltungen (*AG*, *N.V.*, *SE* etc., vgl. Kap. 2.2), doch bleibt das für meine Belange unerheblich. Dadurch ähneln

---

33 Spätere Veränderungen konnten nicht mehr berücksichtigt werden.

34 Namen kleinerer Unternehmen sind diachron kaum analysierbar, da meist nur der Familien-, nicht aber der Firmengeschichte große Bedeutung beigemessen wird, wie im Rahmen eines Projekts zu Mainzer Traditionsgeschäften festgestellt werden konnte (vgl. www.mainzer-namen.de; 15.01.2017). Valide Daten sind nur in Einzelfällen zu erwarten, wobei der Erhebungsaufwand in keinem Verhältnis zum Ertrag steht.

sie sich untereinander und bilden eine relativ homogene Gruppe als Grundlage für eine gute Vergleichbarkeit. So können die festgestellten Tendenzen von durch die Rechtsform bedingten „Querschlägern“ freigehalten werden (vgl. dazu FAHLBUSCH 2014). Drittens sind sie flächendeckend in ganz Deutschland (die meisten sogar weltweit) vertreten, regionale Besonderheiten fallen so kaum ins Gewicht. Und schließlich blicken viele von ihnen auf eine lange Tradition zurück: Die *BAUER Aktiengesellschaft*, das älteste Unternehmen aus dem Korpus, wurde bspw. bereits 1790 gegründet.

Index	Beschreibung
Dax	Der Deutsche Aktienindex (Dax) beinhaltet die 30 größten und umsatzstärksten an der Frankfurter Börse gehandelten Unternehmen. Damit repräsentiert er über 80 Prozent des Grundkapitals inländischer Aktiengesellschaften und gilt als Marktbarometer.
MDax	Er setzt sich aus 50 an der Frankfurter Börse notierten mittelgroßen Gesellschaften (Mid Caps) zusammen. Sie gehören klassischen Branchen wie Chemie, Maschinenbau und Finanzen an. Nach Marktkapitalisierung und Börsenumsatz liegen sie direkt unterhalb der Dax-Werte.
SDax	Der SDax ist ein Auswahlindex von 50 an der Frankfurter Börse gehandelten kleineren Unternehmen (Small Caps) aus klassischen Wirtschaftszweigen. Hinsichtlich der Größenkriterien wie Marktkapitalisierung und Börsenumsatz schließen sie unmittelbar an die Werte des MDax an.
TecDax	Im TecDax befinden sich 30 an der Frankfurter Börse notierte Werte aus Technologiebranchen. Nach ihrer Marktkapitalisierung und ihrem Börsenumsatz rangieren diese Unternehmen direkt unterhalb der Dax-Gesellschaften.

Tab. 2: Darstellung der untersuchten Aktienindizes[35]

Im Mittel bestehen die untersuchten Gesellschaften schon 72 Jahre, was in etwa dem internationalen Durchschnittsalter über alle Rechtsformen von 75 Jahren entspricht (vgl. VAHS/SCHÄFER-KUNZ 2012: 7). Tab. 3 nennt die Anzahl der Neugründungen und Umbenennungen pro Zeitraum:[36]

---

35 Vgl. GABLER-WIRTSCHAFTSLEXIKON, Stichworte *Dax*, *MDax*, *SDax*, *TecDax*, sowie den Index-Leitfaden der Frankfurter Börse unter www.dax-indices.com/DE/MediaLibrary/Document/Leitfaden_Aktienindizes.pdf (jeweils 15.01.2017).

36 Bei Fusionen werden die jeweiligen Vorgängerunternehmen angesetzt. Dadurch ergeben sich insgesamt 165 Neugründungen, obwohl das Korpus lediglich 160 Aktiengesellschaften umfasst. Jede Umbenennung in der entsprechenden Periode wird einzeln gezählt, auch wenn es sich um dasselbe Unternehmen handelt.

Zeitraum	Neugründungen	Umbenennungen	Gesamt
1850 - 1869	19	4	23
1870 - 1889	23	8	31
1890 - 1909	10	13	23
1910 - 1929	20	16	36
1930 - 1949	9	25	34
1950 - 1969	17	22	39
1970 - 1989	32	62	94
1990 - 2009	35	141	176
Gesamt	165	291	456

Tab. 3: Neugründungen und Umbenennungen pro Zeitschnitt (absolut)

Mit dem Jahr 1850 setzt die Analyse ein, da ab diesem Zeitpunkt ausreichend Material vorliegt; alle zuvor gegründeten Unternehmen sind der ersten Periode zugeschlagen. Folglich nimmt die Arbeit eine relativ langfristige Perspektive ein und vollzieht an den traditionsreichsten Aktiengesellschaften über 160 Jahre die Geschichte ihrer Namen von der Gründung bis heute nach. Durch diese Vorgehensweise können Entwicklung und Wandel der Firmen kontinuierlich anhand der immer gleichen Unternehmen beobachtet werden. Inklusive aller Vorstufen ergeben sich aufgrund von 291 Umbenennungen insgesamt 456 zu untersuchende Namen. Im Schnitt hat also jede Gesellschaft 1,8-mal ihre Firma geändert.

Um mehr über deren Herausbildung, Benennungsmotive sowie Gründe für ihre Wahl etc. zu erfahren, wurde Anfang Juni 2009 eine E-Mail mit offenen Fragen zur (Namen-)Geschichte an die Kommunikationsabteilungen der 160 ausgewählten Unternehmen versandt. Das Ergebnis: Von 160 kontaktierten Aktiengesellschaften gingen 88 (55,0%) mehr oder weniger ausführlich auf die Fragen ein, 29 (18,1%) teilten lediglich mit, dass man aus Zeitgründen o.Ä. generell nicht an Umfragen teilnehme, und 43 (26,9%) antworteten überhaupt nicht.[37] Die so gesammelten Informationen wurden um eigene Recherchen im Internet und in entsprechender Fachliteratur ergänzt (vgl. bspw. HOPMANN 1996, FELDENKIRCHEN/HILGER 2001, KRONSEDER ³2001, FELDENKIRCHEN 2003).

[37] An dieser Stelle sei den Unternehmen für die vielen ausführlichen, aufschlussreichen Informationen gedankt.

3.1.2 Korpusaufbau[38]

Für jedes Unternehmen liegen alle relevanten Kennzahlen (Kap. 3.1.2.1) sowie die acht zu untersuchenden Parameter (Kap. 3.1.2.2) folgendermaßen vor.

3.1.2.1 Allgemeine Daten

Index: Der Aktienindex liefert einen ersten Eindruck von Größe, Bedeutung und Wirtschaftszweig des betrachteten Unternehmens (vgl. Tab. 2).

Branche: Den heutigen Gegenstand der Aktiengesellschaften gibt die Branche an, in der sie operieren. Ihre Zuordnung erfolgt nach der Klassifikation der Wirtschaftszweige, Ausgabe 2008 des Statistischen Bundesamtes (WZ 2008).[39]

Gründung: Angesetzt ist das Jahr, in dem die bis heute fortbestehende Aktiengesellschaft ihre Geschäftstätigkeit aufgenommen hat. Dabei kann es sich entweder um eine originäre Neugründung oder die Fusion zweier bereits existierender Unternehmen handeln. Entnommen sind die Daten den Antworten auf die Umfrage bzw. den entsprechenden Internetauftritten.

Hauptsitz / Standorte: Diese beiden Kategorien sollen einen Eindruck von den internationalen Aktivitäten der betrachteten AG vermitteln. Als Hauptsitz wird die Zentrale mit der Verwaltung aufgefasst, zu den Standorten zählen Filialen, Vertriebsbüros und Produktionsstätten. Hierbei ist nach Aktivitäten in Deutschland, Europa oder der ganzen Welt gruppiert. Die Informationen stammen aus den Geschäftsbericht von 2008 bzw. den jeweiligen Webseiten.

Umsatz / Beschäftigte: Zur Operationalisierung der Größe des Unternehmens wird die Zahl der MitarbeiterInnen sowie der Umsatz in Euro bzw. bei Banken und Versicherungen aufgrund der abweichenden Rechnungslegungsvorschriften

---

[38] Alle Angaben wurden mit größter Sorgfalt recherchiert. Ungenauigkeiten und Fehler lassen sich dennoch nicht völlig ausschließen, weil bspw. gerade ältere Namenformen nicht immer zuverlässig überliefert sind. Bei den folgenden Beispielen handelt es sich, soweit nicht anders angegeben, um aktuelle Namenformen.

[39] Abrufbar unter www.destatis.de/DE/Methoden/Klassifikationen/GueterWirtschaftklassifikationen/Content75/KlassifikationWZ08.html (15.01.2017).

die Bilanzsumme herangezogen. Die Daten sind den Geschäftsberichten für das Jahr 2008 entnommen, überwiegend mit Stichtag 31.12.2008.

3.1.2.2 Entwicklung des Unternehmensnamens

Offizieller Name: Soweit möglich sind sämtliche Veränderungen der offiziellen Firma seit Unternehmensgründung inklusive des entsprechenden Jahres ermittelt worden. Für ihre Gestalt in zurückliegenden Zeitstufen muss man sich auf die E-Mail-Antworten der Gesellschaften, deren Internetseiten oder Bücher zu ihrer Geschichte verlassen. Die heutige amtliche Form des Namens entstammt der Satzung bzw. dem Impressum der Homepage. Normalerweise wird nur das übernehmende Unternehmen betrachtet, im Falle eines gleichberechtigten Zusammenschlusses sind beide Partner von Beginn an parallel aufgenommen.

Benennungsmotiv (HGB): Gemäß HGB werden die Unternehmensnamen nach Benennungsmotiv in Personal-, Sach-, Phantasie- und Mischfirmen unterschieden (vgl. CANARIS [24]2006: 182). Diese vier Möglichkeiten beschreibt Tab. 4:

Benennungsmotiv	Erläuterung	Beispiele
Person (= Personalfirma)	(Vor-) und Familienname eines oder mehrerer GesellschafterInnen des Unternehmens, oft dessen GründerInnen.	*Axel Springer Aktiengesellschaft* *Henkel AG & Co. KGaA* *Wacker Neuson SE*
Sache (= Sachfirma)	Die Firma nimmt direkten Bezug auf den Gegenstand und/oder den Sitz der Gesellschaft.	*Deutsche Börse Aktiengesellschaft* *Hannover Rückversicherung AG* *Software Aktiengesellschaft*
Phantasie (= Phantasiefirma)	Beliebiges Wort oder Syntagma. Eine Verbindung zum genauen Tätigkeitsfeld muss nicht erkennbar sein.	*Gagfah S.A.* *Nordex Aktiengesellschaft* *Vivacon AG*
Gemischt (= Mischfirma)	Freie Kombination der vorgenannten Möglichkeiten. Es können alle drei Motive in einem Namen vorkommen.	*Carl Zeiss Meditec AG* *centrotherm photovoltaics AG* *Phoenix Solar Aktiengesellschaft*

Tab. 4: Benennungsmotive (nach Handelsgesetzbuch)

Akronyme wie bspw. *RWE Aktiengesellschaft* (< *Rheinisch-Westfälisches Elektrizitätswerk Aktiengesellschaft*) werden dabei nicht unter ihrer Vollform (hier:

Sachfirma) eingeordnet, sondern als Phantasiebezeichnung klassifiziert, da die Wenigsten wissen, wofür die Abkürzung genau steht. Das Benennungsmotiv muss aber ohne Vorwissen deutlich erkennbar sein.

Bildungsweise: Die Untersuchung der Bildungsweise folgt der Klassifikation von RONNEBERGER-SIBOLD (2004: 575-592 und 2008a: 778f.), welche sich für die von ihr analysierten Warennamen bewährt hat. In leicht abgewandelter Form kann man diese auf die Firmen übertragen. Abb. 1 fasst alle verschiedenen Typen zusammen. Zunächst erfolgt auf der obersten Gliederungsebene eine Unterteilung in übernommene Namen, also bereits existierende Begriffe und Namen (*Allianz SE*, *Salzgitter Aktiengesellschaft*) oder Syntagmen (*Axel Springer Aktiengesellschaft*, *HUGO BOSS AG*), und solche, die eigens zur Benennung von Unternehmen neu erzeugt worden sind. Letztere sind aufgespalten in einzelne Lexeme (*Commerzbank Aktiengesellschaft*, *LEONI AG*) sowie Mehrwortverbindungen (*Praktiker Bau- und Heimwerkermärkte Holding AG*, *STADA Arzneimittel Aktiengesellschaft*). Beide können nach den gültigen Normen der deutschen bzw. einer fremden Grammatik gestaltet sein (Wortbildung / reguläres Syntagma, Juxtaposition) oder in unterschiedlichem Grad unregelmäßig (Wortschöpfung / irreguläres Syntagma, Juxtaposition). An regulären Wortbildungsmustern findet sich im Korpus nur die **Komposition** als Zusammensetzung von zwei oder mehr vorhandenen Lexemen (*Rheinmetall Aktiengesellschaft*, *Wirecard AG*). Techniken der Kürzung, Kreuzung und der irregulären Suffigierung herrschen hier vor:

- Eine extra-grammatische Form der Derivation stellt die **irreguläre Suffigierung** dar. Sie kann als Pseudosuffixbildung auftreten, bei der wie in *Curanum AG* ein offenkundiges Suffix (hier: lat. *-um*; plus Lauterweiterung s.u.) an eine erkennbare Basis tritt, ohne dass dies einem regulären Muster entspräche, oder als Pseudokonfixbildung mit einem bzw. zwei Elementen, welche nur gebunden vorkommen, aber dennoch lexikalische Bedeutung aufweisen wie *Bio-* und *-tech* in *BB BIOTECH AG*. Da Basis, Suffix und Konfix(e) nahezu unverändert erhalten sein müssen, erlaubt dieser Typ die geringste Freiheit (vgl. dazu die ausdifferenzierte Typologie von RONNEBERGER-SIBOLD 2009b und Kap. 11).

- Die **Wortkürzung** reduziert eine vorhandene Ausgangsform ggf. bis zur Unkenntlichkeit. Um ein Buchstabierakronym handelt es sich, wenn man die ersten Buchstaben von Konstituenten des Ursprungslexems bzw. -syntagmas alphabetisch ausspricht: *QSC AG* [ku: ɛs tse:] (< *Quality Services Communications*). Bei einem Lautwertakronym wie *Demag Cranes AG* [de:mak] (< *Deutsche Maschinenfabrik Aktiengesellschaft*) geht hingegen ihr Lautwert in die neue Verbindung ein. Werden längere Anfangssequenzen genommen, liegt eine akronymische Kürzung vor (*BayWa Aktiengesellschaft* [baɪva:] < *Bayerische Warenvermittlung landwirtschaftlicher Genossenschaften*).

- Zwei oder mehr Lexeme fügt die **Wortkreuzung** außerhalb der Regeln für die deutsche oder fremdsprachliche Komposition zu einem neuen zusammen. *SMARTRAC N.V.* (< engl. *smart* + *track*) repräsentiert eine Vollkreuzung, da beide Bestandteile als Ganzes enthalten sind. In einer Konturkreuzung, bspw. *Conergy AG* (< rom. *con* + engl. *energy*), umhüllt das formal gewichtigere Matrixwort (hier: *energy*) ein ihm eingekreuztes Lexem und bewahrt zur besseren Wiedererkennbarkeit seine silbisch-rhythmische Grundstruktur. Um eine Halbvollkreuzung handelt es sich, wenn wie bei *Symrise AG* (< *Sympathie* + engl. *rise*) ein oder mehrere Wörter voll und andere nur teilweise erhalten sind, keines aber die Gesamtkontur liefert. Eine Splitterkreuzung aus „Bruchstücken" der verwendeten Lexeme stellt die Firma *AIXTRON Aktiengesellschaft* (< frz. *Aix-la-Chapelle* 'Aachen' + *Elektronik*) dar. Diese vier Verfahren erlauben insgesamt die größte Gestaltungsfreiheit, da keine feste Ausgangsform nötig ist und die gekreuzten Lexeme beliebig verändert werden können.

- Weitere Möglichkeiten der Wortschöpfung, welche allerdings für die Bildung von Unternehmensnamen seltener Verwendung finden, sind unter der Rubrik **andere** zusammengefasst. Im Einzelnen handelt es sich um Kopfwörter (*INDUS Holding AG* < *Industrie*), Lautersatz (*QIAGEN N.V.* < *DIAGEN GmbH*), Lauterweiterung (*Tognum AG* < *tog-* + *n* + *-um*) sowie orthographische Verfremdung (*PATRIZIA Immobilien AG* < *Patrizier*). Sie alle sind ausführlich bei RONNEBERGER-SIBOLD (2004: 575-592) beschrieben.

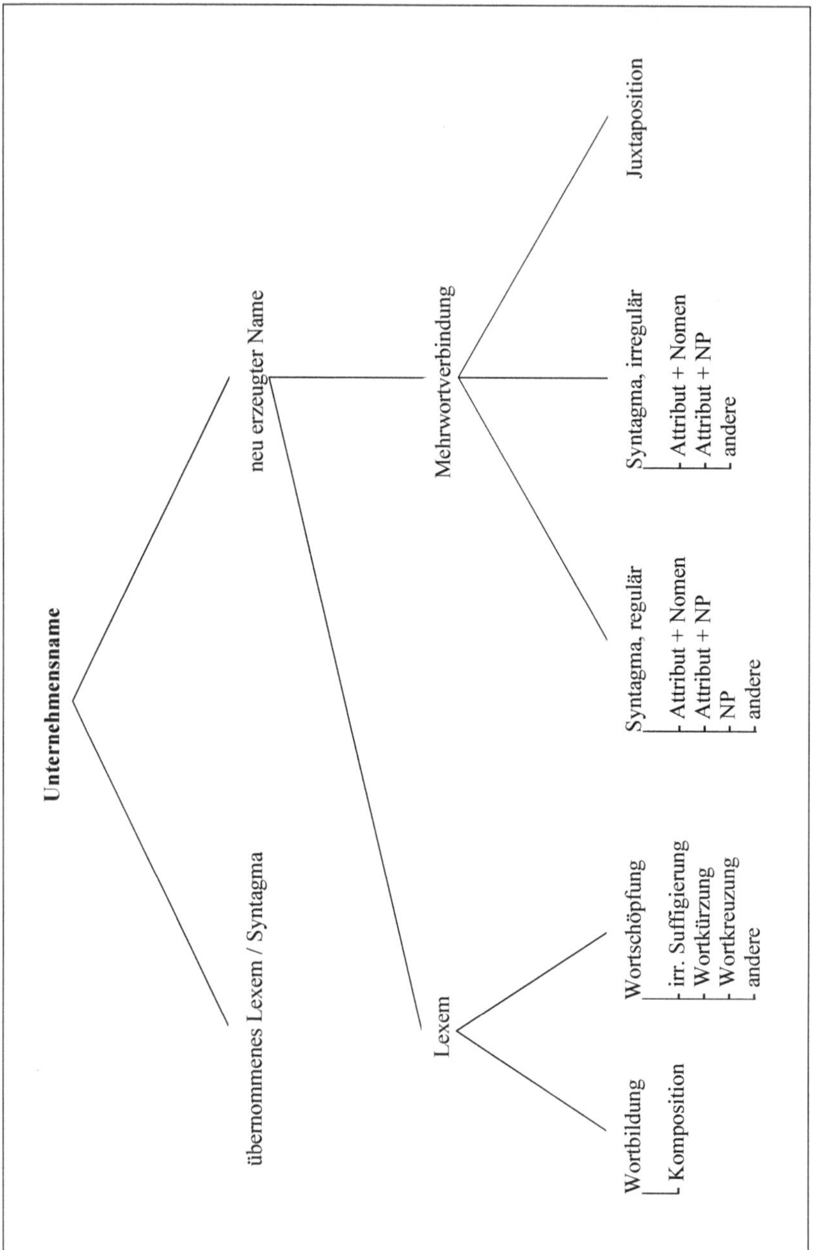

Abb. 1: Bildungsweisen der Unternehmensnamen
(in Anlehnung an RONNEBERGER-SIBOLD 2008a: 778f.)

Schließlich gibt es noch Mehrwortverbindungen als Unternehmensnamen. Ein **reguläres Syntagma** besteht hauptsächlich aus Substantiven oder Nominalphrasen mit prä- bzw. postponierten Attributen, wobei die vorangestellten flektiert werden müssen und die anderen meist nach Präpositionen erscheinen (*Telegraphen-Bau-Anstalt <u>von</u> Siemens & Halske*, 1847, > *Siemens Aktiengesellschaft*). Abweichungen kommen beim **irregulären Syntagma** hauptsächlich durch Wegfall der Flexionsendungen (*Pfeiffer[s] Vacuum Technology AG*) oder der Präpositionen (*Manufactur-, Confections- und Tuchgeschäft [von] C. Karstadt*, 1881, > *ARCANDOR Aktiengesellschaft*) zustande. Überwiegend unregelmäßig gestaltet sich auch die **Juxtaposition** – nur wenige dieser Reihungen von Einzelelementen entsprechen wie die *Roth & Rau AG* der deutschen Grammatik. Bei solchen willkürlich nebengeordneten, ursprünglich meist wesensfremden übernommenen bzw. neu geschaffenen Lexemen oder Mehrwortverbindungen, die keinerlei syntaktische Subordination mehr aufweisen, kann folglich nicht entschieden werden, was der Kopf ist.

Graphematische Besonderheiten: Das Nicht-Befolgen orthographischer Normen erzeugt Aufmerksamkeit, sodass sich Unternehmen mit solchen Attraktoren (KREMER 2007: 181) auch visuell von ihren Wettbewerbern abheben. Tab. 5 präsentiert die im Korpus vorgefundenen regelwidrigen Schreibungen (vgl. dazu MENGEL 1992, KREMER 1996: 367f., DÜRSCHEID 2005: 43-45). Die Verwendung der Logogramme +, & u.a. sowie von Ziffern bspw. in *K+S Aktiengesellschaft*, *KOENIG & BAUER Aktiengesellschaft* oder *1&1 Aktiengesellschaft & Co. KGaA* (1998, > *United Internet AG*) stellt keine Abweichung dar. Der Gesetzgeber sieht diese sogar als sprachliche Zeichen an, weil sie wortersetzend und allgemein verständlich seien (vgl. CANARIS [24]2006: 185f.). Fehlende Bindestriche sind nur in Komposita oder vor dem obligatorischen Rechtsformzusatz vermerkt, sofern er integraler Bestandteil der Firma ist, da diese bei mehrgliedrigen Bezeichnungen eigentlich erforderlichen Syngrapheme mittlerweile etwa in Straßen- oder Institutionsnamen (bspw. *Johannes_Gutenberg-Universität*) häufig weggelassen werden (vgl. GALLMANN 1996: 1465). Sind sie hingegen zur Kenntlichmachung einzelner Elemente eingesetzt, wird dies nicht gesondert aufgeführt. Auch die Abkürzung von Vornamen wie in *Drägerwerk, Heinr. & Bernh. Dräger* (1902, > *Drägerwerk AG & Co. KGaA*) bleibt unberücksichtigt.

Obwohl großgeschriebene Buchstabierakronyme strenggenommen keine orthographische Norm verletzen (vgl. etwa *DNS*, *ICE*, *USA*), fallen sie auf und erscheinen deswegen hier.[40]

Graphematische Besonderheit	**Kurznotation**	**Beispiele**
Altertümliche oder an Fremdsprachen orientierte Orthographie, oft *C-* statt *K-*	**Schreibweise**	*Constantin Medien AG* *Continental Aktiengesellschaft* *HeidelbergCement AG*
Durchgängige Großschreibung oder Großschreibung ganzer Namenteile	**Großschreibung**	*ARQUES Industries Aktiengesellschaft* *HOCHTIEF Aktiengesellschaft* *METRO AG*
Binnenmajuskel innerhalb eines Lexems	**Binnengroßschr.**	*CeWe Color Holding AG* *MorphoSys AG* *SolarWorld Aktiengesellschaft*
Durchgängige Kleinschreibung oder Kleinschreibung ganzer Namenteile	**Kleinschreibung**	*adidas AG* *elexis AG* *freenet AG*
Binnenpunktsetzung oder Punkt(e) in Abkürzungen	**Punktsetzung**	*C.A.T. oil AG* *E.ON AG* *ProSiebenSat.1 Media AG*
Fehlender Bindestrich bei Getrenntschreibung eines Kompositums	**kein Bindestrich**	*Air Berlin PLC & Co. Luftverkehrs KG* *Deutsche Beteiligungs AG* *Deutsche EuroShop AG*
Auslassung von Leerzeichen bzw. Wortzusammenschreibung	**kein Leerzeichen**	*ElringKlinger AG* *GRENKELEASING AG* *ThyssenKrupp AG*
Buchstabenverdoppelung Binnenkleinschreibung „Angelsächsischer Genitiv“	**andere**	*TAKKT AG* *GfK SE* *Gesellschaft für Linde's Eismaschinen*[41]

Tab. 5: Graphematische Besonderheiten

Elemente aus Fremdsprachen: Die Einteilung erfolgt zunächst in deutsche, hybride und fremdsprachliche Namen – auf Basis des Vorliegens von Elementen aus Fremdsprachen bzw. Imitationen typischer nicht-nativer Lautgestalten (nach

40 Buchstabierakronyme sind dabei typischerweise dreigliedrig, vgl. FAHLBUSCH/NÜBLING (2014: 280-283).

41 Name von 1879 > *Linde Aktiengesellschaft*. Abgesehen davon tritt kein Apostroph im Korpus auf.

RONNEBERGER-SIBOLD 2008a: 782f.). Ob und nach welchen Regeln bzw. Mustern die Benennungen gebildet worden sind, bleibt unerheblich:

Klassifikation	Merkmale	Beispiele
deutsch	Es handelt sich um Firmen, die einzig aus deutschen Elementen bestehen, wozu auch deutsche Orts- und Familiennamen zählen.	*Deutsche Wohnen AG* *Dürr Aktiengesellschaft* *VOLKSWAGEN AKTIENGESELL-SCHAFT*
hybrid	Sowohl deutsche als auch Elemente aus einer oder mehreren fremden Sprachen sind im Namen enthalten.	*Deutsche Postbank AG* *FUCHS PETROLUB AG* *JENOPTIK Aktiengesellschaft*
fremd-sprachlich	Die Firma ist nur aus nicht-nativem Material zusammengesetzt, das einer Fremdsprache oder mehreren entstammt.	*Aurubis AG* *LANXESS Aktiengesellschaft* *United Internet AG*

Tab. 6: Elemente aus Fremdsprachen (nach RONNEBERGER-SIBOLD 2008a: 782f.)

Für die Klassifikation von Fremdwörtern ist ihre Herkunftssprache, für die Einschätzung von Neologismen ihre Prosodie maßgeblich.[42] Buchstabierakronyme werden unabhängig von der zugrundeliegenden Ausgangsform als einheimisch angesehen, solange sie deutschen Ausspracheregeln gehorchen. Schließlich geht es weniger um die tatsächliche Etymologie, sondern vielmehr um die Wirkung auf KundInnen bzw. GeschäftspartnerInnen und damit die synchrone Analyse des Namens durch SprecherInnen des Gegenwartsdeutschen, die teilweise nur über allgemeine Kenntnisse der jeweiligen Sprachen verfügen, aber ein intuitives Gespür für die ungefähre Herkunft von Wörtern besitzen. Aus den genannten Gründen werden Latein und Griechisch sowie Französisch, Italienisch, Portugiesisch und Spanisch zusammengefasst. Eine eindeutige Entscheidung kann man hier ohnehin oft gar nicht treffen. Viele griechische Fremdwörter gelangten bspw. über das Lateinische ins Deutsche; eine romanische Vermittlung dieser Lexeme ist ebenfalls nicht berücksichtigt. Darüber hinaus lässt sich der Ursprung romanischer Wörter mitunter kaum exakt bestimmen (rom. *casa* 'Haus' etwa kann sowohl aus dem Italienischen als auch aus dem Spanischen stammen). Nähere Ausführungen zur Klassifikation und den dabei auftretenden

42 Für die Einschätzung, welche Begriffe in unserer heutigen Gesellschaft noch als Fremdwörter zu gelten haben, ist das DUDEN FREMDWÖRTERBUCH konsultiert worden.

Schwierigkeiten bietet RONNEBERGER-SIBOLD (2005: 95-97). Diese Arbeit legt folgende Liste zugrunde, wobei die Rechtsform außer Acht gelassen wird (vgl. RONNEBERGER-SIBOLD 2009a: 146):

Klassifikation	Einzelsprachen
Deutsch	Deutsch, deutscher Dialekt, Vorstufen des heutigen Deutschen
Englisch	Englisch
Latein	Lateinisch, Griechisch
Romanisch	Französisch, Italienisch, Portugiesisch, Spanisch

Tab. 7: Klassifikation nach Sprachen (in Anlehnung an RONNEBERGER-SIBOLD 2009a: 146)

Die prototypischen Merkmale der lateinischen und romanischen Lautgestalt sind (vgl. RONNEBERGER-SIBOLD 2004: 594f.):

- Lateinische bzw. griechische Fremdwörter im Deutschen bestehen meist aus zwei oder mehr Silben mit Vollvokalen und gehen auf betonten Langvokal plus einen Konsonanten aus, bspw. *Jubiläum*, *Literatur* (< lat. *littera'tūra*), *Rezept* (< lat. *re'ceptum*). Charakteristisch ist oftmals die Endung *-um*. Unter den 160 analysierten Aktiengesellschaften kommen etwa *Colonia Real Estate AG*, *Singulus Technologies Aktiengesellschaft*, *Tognum AG* vor.
- Die Lautgestalt italienischer, portugiesischer und spanischer Wörter zeichnet sich durch mindestens drei Silben mit Vollvokalen, Pänultima-Akzent und Ausgang auf *-a* oder *-o*, selten auf *-i* aus wie *Veranda*, *Espresso*, *Spaghetti*. Da dieses Muster in den Unternehmensnamen insgesamt nicht sehr häufig auftritt, wird darunter auch die französische Lautgestalt (volle Vokale in vortonigen Silben, Betonung auf der letzten Silbe mit Vollvokal, Endung vornehmlich auf [e:], bspw. *Allee*, *Büro*, *Fondue*) gefasst. Im Korpus begegnen bspw. *Celesio AG* oder *ESCADA Aktiengesellschaft*.

Länge, Silbenzahl: Lexem- sowie Silbenzahl sollen die Länge der Namen messbar machen. Zur einfacheren Handhabbarkeit wird eine relativ schlichte Definition des Wortes verwendet: Hier handelt es sich um Einheiten, die in der

Schrift durch Leerstellen getrennt werden. Somit gilt jegliche zusammengeschriebene Verbindung, gleich ob mit oder ohne Bindestrich, als ein Lexem (*RHÖN-KLINIKUM Aktiengesellschaft*). Fehlt dieses Syngraphem innerhalb von Komposita, so sind entsprechend mehrere Wörter veranschlagt (*Bayerische Motoren Werke Aktiengesellschaft*). Auf eine Einbeziehung der Rechtsform (in abgekürzter oder ausgeschriebener Gestalt) wird verzichtet, da die Angaben bezüglich ihrer Schreibung oft unzuverlässig sind und auch ein Wechsel (meist von GmbH zu AG) das Ergebnis verfälschte. Dies gilt selbst dann, wenn es sich etwa im Fall der *Bilfinger + Berger Bauaktiengesellschaft* (1975, > *Bilfinger Berger AG*) um einen integralen Bestandteil der Firma handelt. Andeutungen von Geschäftsverhältnissen durch Zusätze wie *& Co.*, *et comp.* etc. bleiben ebenfalls außen vor. Der Begriff *Gesellschaft* findet nur Berücksichtigung, sofern er nicht die Rechtsform darstellt, bspw. in *Münchener Rückversicherungs-Gesellschaft Aktiengesellschaft in München*. Logogramme (&, +) sind als eine Silbe gezählt, Hiate als zu zwei verschiedenen Silben gehörig, Ziffern nach ihrer Aussprache und Abkürzungen (*Farbenfabriken vorm. Friedr. Bayer & Co.*, 1881, > *Bayer Aktiengesellschaft*) in der realisierten Form.

Gesamtsonoritätswert: Eine Operationalisierung des Wohlklangs fällt schwer, da viele Faktoren wie etwa volle Nebentonvokale, Hiate oder Konsonantencluster eine Rolle spielen. Generell verleiht ein hoher Anteil an Vokalen und Sonoranten dem Lexem eine Geschmeidigkeit, die man allgemein als angenehm empfindet. Aus diesem Grund ist die Gesamtsonorität des Namens zur Messung seiner Euphonie herangezogen worden. Dafür wird jedem Phonem ein entsprechender Wert gemäß Abb. 2 (nach NÜBLING 2009: 81) zugeordnet.[43]

Der durchgezogene senkrechte Strich markiert die traditionelle Trennung zwischen Konsonanten und Vokalen. Am linken Rand der Skala befinden sich die stimmlosen Plosive [p], [t] und [k], welche den niedrigsten Wert in Höhe von eins erhalten. Bis zum entgegengesetzten Pol, den [ɑː] und [a] besetzen, nimmt die konsonantische Stärke immer weiter ab bzw. die Sonorität zu. Als stimmhaftester Vokal bekommt /a/ den Wert zehn. Zwischen benachbarten Phonemen wird jeweils ein Abstand von eins angenommen, allein den beiden

43 Dies gilt selbstverständlich auch für Buchstabierakronyme wie *SAP*.

Schwa-Lauten [ə] und [ɐ] mit 7,5 ein Zwischenwert gegeben (vgl. NÜBLING 2009: 81). Für jede Firma wird der Durchschnitt (ohne die obligatorische Rechtsformangabe) berechnet und auf eine Nachkommastelle gerundet. Das so ermittelte Maß ermöglicht, Aussagen über den Wohlklang zu treffen, wobei hohe Ergebnisse euphonische Namen bedeuten.

1	2	3	4	5	6	7	7,5	8	9	10
p	b	f	v	m				i:/ɪ	e:/ɛ:/ɛ	
t	d	s/ʃ	z/ʒ	n	l		ə/ɐ	y:/ʏ	ø:/œ	ɑ:/a
k	g	χ/ç/x	ʁ	ŋ		j		u:/ʊ	o:/ɔ	
		h								

zunehmende Konsonantizität ← → zunehmende Sonorität

Obstruenten (1–4) | Sonoranten (5–7)

Abb. 2: Sonoritätshierarchie und Sonoritätswerte (nach NÜBLING 2009: 81)

Transparenz, Motivierbarkeit: Hier geht es darum, ob man aus dem Namen die genaue Tätigkeit bzw. zumindest die Branche des Unternehmens ablesen kann oder ob beides im Dunkeln bleibt. In Anlehnung an RONNEBERGER-SIBOLD (2004: 574 und 2008a: 786-788) werden drei Transparenzgrade voneinander unterschieden, deren Grenzen fließend sind. Weltwissen ist dabei nicht berücksichtigt. Auch bekannte Konzerne wie *DOUGLAS HOLDING AG* oder *Sixt Aktiengesellschaft*, von denen anzunehmen ist, dass viele Deutsche deren Geschäft kennen, gelten somit als intransparent. Die morphologische Durchsichtigkeit, d.h. die Entschlüsselbarkeit der formalen Bildungsweise (bspw. dass es sich bei der Firma um einen Familiennamen handelt) wird nicht behandelt.

Transparenzgrad	Erläuterung	Beispiele
volltransparent (deskriptiv)	Der Geschäftszweck wird soweit beschrieben, dass man sich ein relativ präzises Bild vom Gegenstand des Unternehmens machen kann. Alle Namenbestandteile sind allgemeinverständlich.	*Deutsche Bank Aktiengesellschaft* *Hamburger Hafen und Logistik Aktiengesellschaft* *Südzucker Aktiengesellschaft Mannheim/Ochsenfurt*
halbtransparent (assoziativ)	Bestimmte Elemente in der Firma erlauben den Rückschluss auf eine mehr oder minder konkrete Branche, aber nicht mehr direkt auf die genaue Tätigkeit des betreffenden Unternehmens.	*Infineon Technologies AG* *Kontron AG* ('Elektrotechnik') *MediGene AG* ('Gentechnik, Medizin')
intransparent (opak)	Aus der Firma lässt sich weder ein bestimmtes Geschäftsfeld noch die Branche des Unternehmens ableiten. Der Name weckt lediglich mehr oder weniger konkrete Assoziationen.	*Fielmann AG* *GESCO AG* *MLP AG*

Tab. 8: Transparenzgrade (nach RONNEBERGER-SIBOLD 2004: 574 und 2008a: 786-788)

Assoziationen, Konnotationen: In den meisten Fällen haben Firmen eine mehr oder minder bewusst erzeugte konnotative „Bedeutung". Immerhin sollen sie bei KundInnen wie GeschäftspartnerInnen gewisse positive Emotionen hervorrufen und das intendierte Corporate Image transportieren. Zur Einordnung in Vorstellungsbereiche orientiert sich die Arbeit am ausführlichen Katalog von RONNEBERGER-SIBOLD.[44] Vor dem Hintergrund der untersuchten Aktiengesellschaften wurde daraus eine Liste mit acht typischen Assoziationen entwickelt (vgl. Tab. 9). Die Klassifikation beruht auf Begriffen bzw. Elementen im Namen, die spezifische Vorstellungen auslösen. Lateinische Formen bzw. Lautgestalten, etwa *RATIONAL Aktiengesellschaft*, deuten vornehmlich Technik, Wissenschaft und/oder Zuverlässigkeit an, englische Ausdrücke, bspw. in *Highlight Communications AG*, *Hypo Real Estate Holding AG* oder *SMA Solar Technology AG*, lassen u.a. Internationalität anklingen, Buchstabierakronyme (*BASF SE*, *EADS N.V.*, *SAP AG*) stehen für Zuverlässigkeit, da sie Seriosität suggerieren (vgl. RONNEBERGER-SIBOLD 2004: 571), Familiennamen wie *Fresenius SE*, *Klöckner*

[44] Elke RONNEBERGER-SIBOLD sei für die Überlassung der unveröffentlichten Liste herzlich gedankt. Vgl. dazu RONNEBERGER-SIBOLD (2004: 570-573 und 2008b: 131f.).

& Co SE oder *Merck Kommanditgesellschaft auf Aktien* können auf eine lange Tradition hinweisen. Mehrere Assoziationen pro Firma stellen die Regel dar. Die Einordnungen fallen bis zu einem gewissen Grad subjektiv aus, weshalb untereinander relativ scharf abgrenzbare, aber in sich offene Kategorien verwendet wurden. Da Unternehmen gezielt versuchen, bestimmte überindividuelle Gefühle hervorzurufen, scheint die Vorgehensweise jedoch gerechtfertigt.[45]

Assoziation	Beschreibung
Gesundheit	Gesundheit, Medizin, Wellness, Bio
Internationalität	Internationalität, Größe, Modernität
Luxus	Luxus, Eleganz, Schönheit, Lifestyle
Spaß	Spaß, Spiel, Sport, Unterhaltung, Entertainment
Technik	Technik, Industrie, Hightech, Präzision, Neue Medien
Tradition	Tradition, Heimat, Handwerk, Geschichte
Wissenschaft	Wissenschaft, Forschung, Fortschritt
Zuverlässigkeit	Zuverlässigkeit, Seriosität, Sachlichkeit, Qualität

Tab. 9: Assoziationsbereiche (nach RONNEBERGER-SIBOLD)

3.1.2.3 Etymologie des Unternehmensnamens

Besonders wichtig sind neben Informationen über Entstehung und Geschichte des Unternehmens sowie Hintergründen zur Namenfindung die Etymologie der Firma und die Motive für deren Wahl bzw. Änderung. Umweltfaktoren (Politik, Gesellschaft, Wirtschaft) oder interne Ursachen (Geschäftstätigkeit, neue Eigentumsverhältnisse, Fusionen), welche mit Umbenennungen in Verbindung stehen, müssen ebenfalls berücksichtigt werden, genauso wie Wechsel der Rechtsform. Für die Bildungsweise der Firma und Assoziationen, die sie idealerweise auslösen soll, muss man hauptsächlich auf die Ausführungen der Aktiengesellschaften in ihrem Online-Angebot bzw. die Antworten auf die E-Mail-Anfrage vertrauen. Manchmal lassen sich auch nur Vermutungen bezüglich der morphologischen Struktur anstellen. Dennoch wird versucht, jede Firma wenigstens in Ansätzen zu deuten.

---

45 Mit der Umfrage sollen die Kriterien zur Einordnung verfeinert werden, vgl. Kap. 10.

3.2 Fragebogen

Der Fragebogen für die vorliegende Studie ist das Ergebnis einer Reihe von Vorüberlegungen zu Hypothesen bezüglich der Wirkung von Firmen, potentiellen Einflussfaktoren, Namenbeispielen, Antwortalternativen. Er stellt dabei einen Kompromiss zwischen Beantwortbarkeit und Aussagekraft der Daten dar, um die Befragung nicht zu umfangreich geraten zu lassen. Verständlichkeit der Aufgaben und Bearbeitungshinweise, intuitive Ausfüll- bzw. Bedienbarkeit sowie ordnungsgemäße technische Funktionalität der Online-Version sind in einem Pretest vor der Feldphase geprüft worden.

Die vorgelegten Namenbeispiele orientieren sich hauptsächlich am Korpus, also der aktuell gängigen Benennungspraxis großer deutscher Aktiengesellschaften (vgl. Kap. 4), und versuchen einen repräsentativen Querschnitt prototypischer Merkmalsbündel abzubilden. Es handelt sich einerseits um eigens kreierte, teils an (ehemals) bestehende Firmen angelehnte, andererseits um existierende, aber der breiten Bevölkerung durch geringe Medienpräsenz oder reines Business-to-Business-Geschäft relativ unbekannte Unternehmensnamen, die es allesamt in der Realität geben bzw. gegeben haben könnte. Bei den zugehörigen Branchen wird ebenfalls auf Ausgewogenheit durch Wahl der in den Dax-Indizes vertretenen Wirtschaftszweige geachtet.

Letztendlich sind sechs Fragen mit 105 Namen bzw. 30 Beispielsätzen entstanden, wobei es von der ersten zwei unterschiedliche Versionen gibt (vgl. Kap. 6.1). Zur Beurteilung der Firmen erhalten die TeilnehmerInnen verschiedene Skalen bzw. Kategorien an die Hand. Alle zeichnet jedoch aus, dass sie weder eine Enthaltungsmöglichkeit wie „keine Angabe“ noch eine mittlere „Ausweichkategorie“ anbieten. Kommentarfelder geben bei einigen Fragen die Gelegenheit, Gründe für die Wahl anzuführen oder die eigene Meinung zu äußern. An persönlichen Daten der TeilnehmerInnen werden Geschlecht, Alter (14-19, 20-29, 30-39, 40-49, 50-59, 60-69, 70-89[46]), Muttersprache (deutsch, andere), den höchsten Bildungsabschluss (in schulischer Ausbildung, ohne bzw. Volks-/ Hauptschule, Realschule, (Fach-)Abitur/Studium/Promotion, Sonstiges), Studienfach/Beruf (Freitext) und Wohnsitz (deutsche Bundesländer) erhoben.

[46] Eine Trennung in 70-79- und 80-89-Jährige hat sich als nicht durchführbar erwiesen.

3.2.1 Datenerhebung

Die Ergebnisse der Studie sollen für nahezu die gesamte Bevölkerung der Bundesrepublik Deutschland von Jugendlichen bis hin zu SeniorInnen (14 bis 89 Jahre) mit Deutsch als Muttersprache repräsentativ sein, und zwar hinsichtlich Geschlecht, Alter, Bildung, Wohnsitz – allesamt potentielle Einflussfaktoren bei Aufnahme und Beurteilung von Unternehmensnamen.[47] Als Stichprobengröße bieten sich 600 TeilnehmerInnen an.[48] Da es nahezu unmöglich scheint, alleine durch Verteilen der Fragebögen im Freundes- und Bekanntenkreis, Verlinkung einer Online-Version in sozialen Netzwerken etc. eine umfangreiche, halbwegs repräsentative Stichprobe zu erhalten, d.h. nicht nur eine junge, studentische Population, sondern (annähernd) sämtliche Bevölkerungsschichten aus allen Bundesländern abzudecken, hat das Marktforschungs-Institut *SSI Survey Sampling International* (kurz *SSI*) passende TeilnehmerInnen rekrutiert.

Am 15. April 2011 startete SSI die Online-Umfrage auf seiner deutschsprachigen Internet-Plattform www.meinungswelt.de. Dieses Portal zählt über 70.000 registrierte Mitglieder, die Geld- oder Sachprämien für die regelmäßige Teilnahme an Studien zu Marktforschungs- bzw. wissenschaftlichen Zwecken erhalten. Für jede der beiden unterschiedlichen Versionen (von Frage 1) zog das System auf Basis festgelegter Quoten, die Geschlecht, Alter, Bildung, Wohnsitz der bundesdeutschen Bevölkerung mit Muttersprache Deutsch als repräsentativen Querschnitt abbilden, eine Zufallsstichprobe aus allen Mitgliedern des Online-Panels. Die Feldphase beendete SSI am 5. Mai, da ausreichend TeilnehmerInnen aller Altersklassen vorlagen.

Insgesamt resultieren folgende Zahlen je Altersklasse (entsprechend ihres Anteils an der Grundgesamtheit bzw. Gesamtbevölkerung):

---

47 Weitere Faktoren wie Haushaltsgröße oder Einkommen werden als irrelevant für die Einschätzung der Unternehmensnamen angesehen und daher hier nicht berücksichtigt.

48 Ähnliche Untersuchungen setzen laut Auskunft von SSI ebenfalls häufig 600 TeilnehmerInnen an. Bei einem Konfidenzlevel von 95% und einem Konfidenzintervall von vier weicht folglich das Ergebnis mit 95%iger Sicherheit lediglich um plus/minus vier Prozent von der tatsächlichen Meinung der Grundgesamtheit ab, also der soeben hinsichtlich meiner Kriterien spezifizierten bundesdeutschen Öffentlichkeit.

Alter	TeilnehmerInnen
14-19	43
20-29	84
30-39	84
40-49	117
50-59	97
60-69	78
70-89	97
Summe	600

Tab. 10: Verteilung der 600 repräsentativen TeilnehmerInnen auf die Altersklassen

Um allerdings für die Einzelauswertung v.a. nach dem Lebensalter der TeilnehmerInnen über ausreichend große Gruppen von jeweils mindestens 150 Personen zu verfügen, sind die repräsentativen Daten noch einmal entsprechend aufgestockt worden: Einerseits mit überzähligen Rückläufern von SSI, andererseits durch die flankierende Verbreitung des Online- bzw. Papierfragebogens. Vom 1. Februar bis zum 31. Juli 2011 wurden auf unterschiedlichen Kontaktkanälen Papier-Fragebögen verteilt (u.a. in Schulen, universitären Vorlesungen, Altenwohnheimen) oder über Rundmails (an KollegInnen, (Senior-)Studierende etc.), in sozialen Netzwerken, Internetforen (bspw. für SchülerInnen, Eltern, SeniorInnen) auf den Link zur Online-Umfrage hingewiesen, und zwar nahezu im gesamten Bundesgebiet, in vielen Berufs-, Bildungs- und Altersgruppen. Diese Zahlen sind selbstverständlich nicht mehr repräsentativ, bieten aber doch eine größtmögliche, gegenüber Ausreißern weniger anfällige Vergleichsbasis.

3.2.2 Qualitätssicherung

Um eine hohe Qualität der Rückläufer zu gewährleisten, wurden verschiedene Kontrollmechanismen angewendet. Bereits während der Eingabe erhielten die TeilnehmerInnen der Online-Umfrage einen Hinweis, sollten sie zu viele oder zu wenige Antwortmöglichkeiten ausgewählt haben. Papier-Fragebögen mit fehlenden bzw. überzähligen Kreuzen oder unvollständigen statistischen Angaben zur Person mussten hingegen aussortiert werden. Nicht einbezogen sind außerdem Completes, die bei einer Frage durchweg nur Antworten einer einzigen Spalte oder erkennbare geometrische Kreuz-Muster aufwiesen. Die nicht-obligatorischen Freitexte waren ebenfalls Bestandteil der Qualitätsprüfung, wobei sämtliche Bögen mit willkürlichen Buchstabenfolgen oder Scherzantworten letztlich wegfielen. Ausgeschlossen wurden darüber hinaus diejenigen TeilnehmerInnen der Online-Umfrage, welche die Umfrage in weniger als einem Drittel der durchschnittlichen Bearbeitungszeit absolvierten, weil all das auf mangelnde gedankliche Auseinandersetzung mit den dargestellten Sachverhalten schließen lässt. Die spezifischen Anforderungen sind im Folgenden bei der Auswertung jeder Frage einzeln aufgeschlüsselt. Dort findet sich zudem in einer Tabelle jeweils die konkrete TeilnehmerInnen-Zahl je Altersgruppe. Im Mittel verbleiben für die Detailanalysen insgesamt 2.086 Completes (600 repräsentative plus durchschnittlich 1.486 AufstockerInnen).

3.3 Analyse der Daten

3.3.1 Korpus

Die Analyse aller 456 Namen aus dem Korpus erfolgt in zwei Schritten. Dazu wird als Erstes der Untersuchungszeitraum von 1850 bis 2009 in acht Abschnitte à 20 Jahre (vgl. Tab. 3) gegliedert, was einen guten Kompromiss zwischen ausreichender Datengrundlage sowie historischer Differenzierung darstellt. Diese einzelnen Stadien beschreibt das vierte Kapitel aus synchroner Perspektive anhand von einem Diagramm pro Parameter und Periode, welches den erreichten, zeitgenössischen Entwicklungsstand, d.h. die Charakteristika der betreffenden Epoche, erkennen lässt. Aufgeführt sind stets die prozentualen Anteile sämtlicher in der jeweiligen Spanne erfolgten Neugründungen bzw. Umbenennungen, bezogen auf alle Firmen des entsprechenden Intervalls. Nach jedem Schaubild folgt eine ausführliche Interpretation der Daten inklusive mehrerer Beispiele sowie Hintergrundinformationen, etwa zu den damaligen Warennamen oder aus den Antworten der Unternehmen auf meine Anfrage. Neben der zeitgenössischen ist jeweils ergänzend auch die heutige Version der Firma angegeben. Darüber hinaus wird hier versucht, Ursachen für das sich einstellende Bild zu identifizieren, indem mögliche Verbindungen zur außersprachlichen Realität (bspw. politische Ereignisse, aktuelle Tendenzen in Wirtschaft und Gesellschaft) hergestellt sowie zusätzlich die Verflechtungen der einzelnen Parameter untereinander dokumentiert werden. Da Erstellung und Anordnung der Diagramme jeweils nach denselben Prinzipien erfolgen, sind diese hier gebündelt erläutert:

Benennungsmotiv (HGB): Im Hauptschaubild sind die Unternehmensnamen nach den vier Benennungsmotiven aufgeschlüsselt. Das nebenstehende Kreisdiagramm weist die Kombinationen von Personal-, Sach- und Phantasiefirma im gemischten Typus separat aus.

Bildungsweise: Bei diesem Punkt wird zwischen übernommenen Lexemen oder Syntagmen, Wortbildungen und -schöpfungen, regulären und irregulären Syntagmen sowie Juxtapositionen unterschieden. Eine weitere Aufspaltung erfolgt der Übersichtlichkeit halber nicht. Zusätzlich wird allerdings noch registriert, wie viele Namen den grammatischen Normen folgen, also regelgerecht geschaffen worden sind, oder nicht.

Graphematische Besonderheiten: Hier werden die prozentualen Anteile der festgestellten Auffälligkeiten im Schriftbild (Schreibweise, Großschreibung, Binnengroßschreibung, Kleinschreibung, Punktsetzung, kein Bindestrich, kein Leerzeichen, andere) an der Gesamtzahl aller graphematischen Besonderheiten des betreffenden Zeitraums ausgewiesen. Das Kreisdiagramm setzt solche Firmen zu denjenigen, welche die orthographischen Regeln befolgen, ins Verhältnis – stets getrennt nach Neugründungen oder Umbenennungen.

Elemente aus Fremdsprachen: Ob es sich um deutsche, hybride oder fremdsprachliche Unternehmensnamen handelt, zeigt dieses Schaubild. Sämtliche nicht-nativen Bestandteile werden noch einmal entsprechend ihrer Herkunft aus dem Lateinischen, Englischen oder Romanischen aufgefächert, wobei mehrere unterschiedliche Fremdsprachen pro Firma jeweils einzeln gewertet sind. Auf die Summe jener Elemente beziehen sich die Anteile im Kreisdiagramm.

Länge, Silbenzahl: Von einer bis zu mehr als zehn Silben ist hier die Namenlänge abgetragen. Zudem wird dokumentiert, wie viele Firmen aus einem Einzellexem oder einer Mehrwortverbindung bestehen. Unter den Schaubildern ist jedes Mal die durchschnittliche Silben- bzw. Lexemzahl der Periode genannt.

Gesamtsonoritätswert: Zur Darstellung der Gesamtsonorität werden die Namen in vier Klassen eingeteilt: Werte unter 5,0, zwischen 5,0 und 5,4, von 5,5 bis 5,9 sowie über 5,9.

Transparenz, Motivierbarkeit: Analog zur Klassifikation im Korpus wird für dieses Diagramm eine Unterscheidung zwischen voller, halber und fehlender Transparenz angesetzt.

Assoziationen, Konnotationen: Das letzte Schaubild gilt den Assoziationen, die eine Firma hervorruft. Jeder der acht möglichen Vorstellungsbereiche wird einzeln gezählt, auch wenn der Name zugleich mehrere auslösen sollte. Ausgehend von dieser Gesamtzahl sind die jeweiligen Anteile berechnet.

Im Anschluss erfolgt in Kap. 4.2 die diachrone Präsentation der Ergebnisse aus der Detail-Untersuchung aller Zeitschnitte. Es vollzieht die Entwicklung jedes Parameters von den Anfängen im Jahre 1850 bis heute nach und deckt damit die langfristigen Trends der Namen großer deutscher Aktiengesellschaften auf. Für jeden der acht analysierten Faktoren werden dafür einzelne aussagekräftige Größen herangezogen, um mit ihnen beispielhaft das beobachtete Phänomen abzubilden. Auf ein im Hinblick darauf erstelltes Diagramm folgt jeweils die knappe Zusammenfassung der wichtigsten Fakten. Aus der Verknüpfung der gewonnenen Erkenntnisse sämtlicher Einzelzeiträume zu solchen kurzen, thematisch gebundenen Resümees entsteht so ein Bild der wesentlichen Tendenzen und Veränderungen in 160 Jahren Firmengeschichte. Diese Quintessenz soll den Untersuchungsgegenstand in seinen historischen Dimensionen beleuchten, bevor die folgenden Kapitel den gegenwärtigen Einflussfaktoren der Unternehmensnamenwahl nachspüren.

3.3.2 Fragebogen

Der Analyse der erhobenen Daten ist pro Frage jeweils ein eigenes Kapitel gewidmet.[49] Auf eine kurze Beschreibung von Aufgabenstellung, Beispielfirmen

[49] Die Fragen werden in anderer Reihenfolge behandelt als im Fragebogen, da dieser so angelegt ist, dass thematisch ähnliche Fragen gerade nicht direkt hintereinander stehen.

bzw. -sätzen und Antwortkategorien folgt die Darstellung des Erkenntnisinteresses sowie ggf. erster Hypothesen. Daran schließt sich die Auswertung des Datensatzes an, zunächst der repräsentativen Zahlen, dann im Detail aller Completes nach Alter, fallweise ergänzt um Bildungsstand und Wohnsitz – entweder als eigenes Unterkapitel oder bei nur geringen Abweichungen von der Grundgesamtheit direkt im Haupttext.[50] Eine Zusammenfassung bzw. Interpretation der Ergebnisse vollendet jedes Kapitel. Die Analyse basiert auf den in Kap. 3.1.2.2 bzw. 3.3.1 getroffenen Festlegungen bezüglich der acht Parameter. Zur Operationalisierung der Namenlänge werden hier allerdings die Zeichen inklusive Spatien gezählt und nach folgendem Schema klassifiziert: kurz (unter zehn Zeichen), mittel (zwischen zehn und 20 Zeichen), lang (über 20 Zeichen).

[50] Auflistungen der genauen TeilnehmerInnen-Zahlen sowie detaillierte Angaben zur Erstellung der Diagramme erfolgen jeweils gesondert in den einzelnen Kapiteln. Eine Aufschlüsselung nach Geschlecht und Beruf unterbleibt, da sich einerseits keine Anzeichen eines maßgeblichen Einflusses ergeben haben und das Bildungsniveau hier ungleich bedeutsamer erscheint, andererseits das Spektrum unterschiedlicher Berufe zu heterogen für eine vernünftige Gruppenbildung ist.

Entwicklung

4. Wandel der Unternehmensnamen seit 1850

4.1 Auswertung

4.1.1 1850 - 1869

4.1.1.1 Benennungsmotiv (HGB)

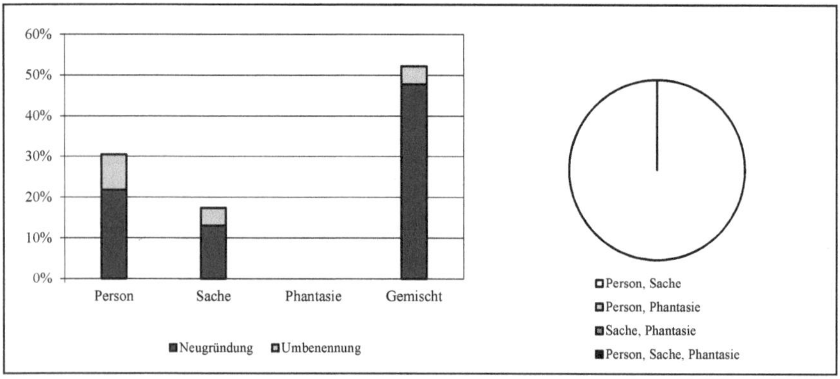

Abb. 3: Unternehmensnamen nach Benennungsmotiv; Kombinationen im Typ ‚Gemischt' (1850 - 1869)

Die ersten Unternehmen im heutigen Sinn werden meist von einem oder mehreren Erfindern[51] sowie ihren Kapitalgebern errichtet, um das neue bzw. verbesserte Produkt herzustellen und zu verkaufen. Es sind kleine Fertigungsbetriebe mit wenigen Mitarbeitern, die patriarchalische Organisationsstrukturen aufweisen. Als Rechtsform herrschen der Einzelkaufmann sowie die offene Handelsgesellschaft (OHG) vor. Ihre Namen haben deskriptiven Charakter, der Hinweis auf Gründer respektive Eigentümer dominiert bei der Benennung neben einer ausführlichen Beschreibung des Geschäftszwecks bzw. der Erzeugnisse. In 21,7% der Fälle werden zusätzlich Ort oder Region des Unternehmenssitzes genannt, bspw. in *Ferd. Heye, Glas-Fabrik, Gerresheim bei Düsseldorf* (> *Gerres-*

[51] In diesem Kapitel wird auf feminine Formen verzichtet, da Frauen gerade im 19. Jahrhundert keine große Rolle im Wirtschaftsleben spielten bzw. spielen konnten. Auch in späteren Zeiten ist es fraglich, inwieweit sie bereits als Kundinnen oder Geschäftspartnerinnen der großen Unternehmen wahrgenommen werden.

heimer AG). So möchte man deutlich machen, wer hinter der Gesellschaft steht und/oder was sie herstellt, um die Qualität der Güter, Zuverlässigkeit sowie Vertrauenswürdigkeit hervorzuheben – auch bei den ersten Warennamen die besten Verkaufsargumente (vgl. RONNEBERGER-SIBOLD 2005: 101f.). Aspekte der Werbung werden zu dieser Zeit nicht beachtet, es gibt keine „über die inhaltliche Bezeichnung hinausgehende Markierungsabsicht“ (E-Mail der BASF SE < *Badische Anilin- & Soda-Fabrik*). Die prototypische Firma der Anfangsjahre ist eine Zusammensetzung aus Personenname und Sachbezeichnung (52,2%), wie *Glockengießerei und Maschinenfabrik Hemmer, Hamm & Co.* (> *Heidelberger Druckmaschinen Aktiengesellschaft*) oder *Portland-Cement-Fabrik Dyckerhoff & Söhne* (> *Dyckerhoff Aktiengesellschaft*). Mit 30,4% erreicht die Personalfirma von 1850 bis 1869 den Höchststand im Korpus. Das Motiv der Phantasie hingegen kommt selbst in Kombinationen nicht vor.

4.1.1.2 Bildungsweise

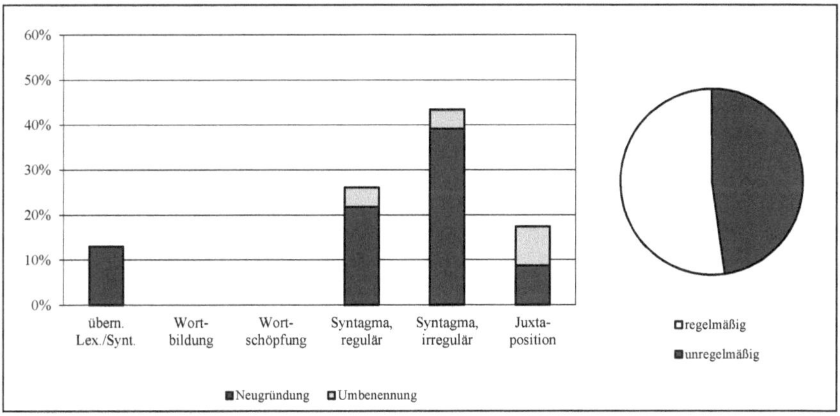

Abb. 4: Bildungsweise der Unternehmensnamen;
Anteil (un-)regelmäßiger Firmen (1850 - 1869)

Alle Namen der Anfangsjahre sind aus mehreren Lexemen zusammengesetzt. Dabei kann es sich um ein übernommenes Syntagma in Form des vollen Namens eines der Gründer oder Eigentümer handeln, etwa *Friedr. Bayer et comp.* (> *Bayer Aktiengesellschaft*). Einiger Beliebtheit erfreuen sich auch reguläre Mehrwortbezeichnungen, die zumeist aus Attribut und Nomen bzw. Nominalphrase bestehen wie *Sander'sche Maschinenfabrik* (> *MAN Aktiengesellschaft*). Sehr häufig folgen die Unternehmen in derartigen Verbindungen allerdings nicht den grammatischen Vorschriften, sodass irreguläre Syntagmen ihren größten Anteil von 43,5% im Korpus erreichen. Der Firma *Kupferschmiede Sebastian Bauer* (> *BAUER Aktiengesellschaft*) fehlt bspw. die besitzanzeigende Präposition *von*. Hierin besteht auch der Unterschied zu einer Juxtaposition als willkürlicher Aneinanderreihung von Einzelelementen ohne erkennbares Abhängigkeitsverhältnis, etwa in *Langen, Otto & Roosen* (> *DEUTZ Aktiengesellschaft*). Abgesehen von *J.S. Douglas Söhne* (> *DOUGLAS HOLDING AG*) verstößt jedoch keine gegen die Normen der deutschen Sprache (hier fehlt der eigentlich erforderliche Apostroph). Insgesamt überwiegen die regelmäßigen Namen mit 52,2% leicht. Wortbildungen oder -schöpfungen gibt es nicht.

4.1.1.3 Graphematische Besonderheiten

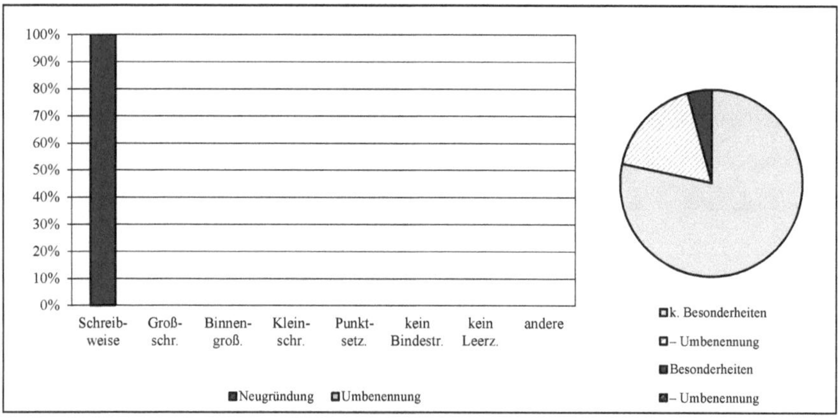

Abb. 5: Anteil einzelner Abweichungen an allen graphematischen Besonderheiten; Verhältnis von Namen mit Auffälligkeiten im Schriftbild zu solchen ohne (1850 - 1869)

Noch versuchen die Unternehmen mit dem Inhalt, nicht aber der Form ihrer Namen Aufmerksamkeit bei potentiellen Kunden oder Geschäftspartnern zu erregen, was sich auch in der hohen Transparenz und Länge gegenwärtiger Firmen widerspiegelt (vgl. Kap. 4.1.1.5 und 4.1.1.7). Ein einziger Attraktor (4,3%) begegnet im Abschnitt 1850-69 – der niedrigste im Korpus festgestellte Wert. Es handelt sich um die Schreibung des Baustoffs *Zement* mit *C-* in *Portland-*

Cement-Fabrik Dyckerhoff & Söhne (> *Dyckerhoff Aktiengesellschaft*), obwohl dies zeitgenössischen Werken wie dem von Jacob und Wilhelm Grimm herausgegebenen Deutschen Wörterbuch oder Meyers Konversationslexikon[52] zufolge eigentlich als „Fehler“ gelten muss. Hier hat man bewusst eine ältere, auf der lateinischen bzw. romanischen Orthographie (lat. *caementum*, frz. *ciment*) beruhende Fassung gewählt, um besondere Hochwertigkeit, Qualität und Solidität des Produkts bereits im Namen zu suggerieren. Teilweise werden – wie auch im vorliegenden Beispiel – Bindestriche zur besseren Erkennbarkeit der einzelnen Kompositionsglieder eingesetzt, vgl. *Telegraphen-Bau-Anstalt von Siemens & Halske* (> *Siemens Aktiengesellschaft*). Die große Mehrheit der Firmen (95,7%) orientiert sich aber an der Appellativik (vgl. Kap. 4.1.1.2) und damit den Normen der deutschen Sprache.

4.1.1.4 Elemente aus Fremdsprachen

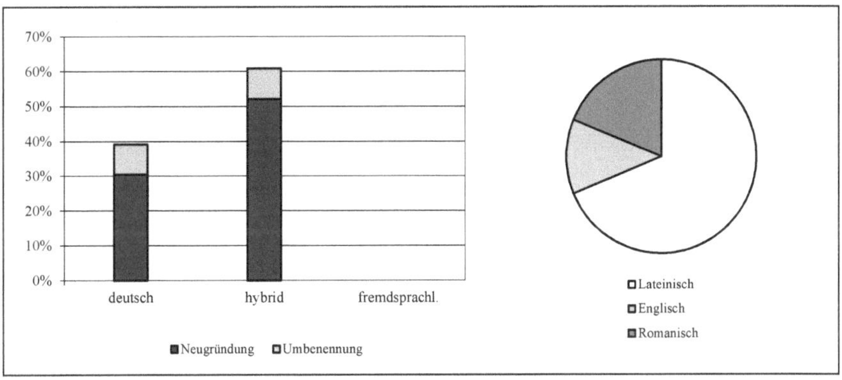

Abb. 6: Anteil deutscher, hybrider und fremdsprachlicher Firmen; Verhältnis der Fremdsprachen (1850 - 1869)

Die frühesten Zeiträume im Korpus zeichnen sich durch Namen aus, welche allesamt mindestens einen ererbten deutschen Begriff enthalten. Rein nicht-native Firmen kommen erst in späteren Jahrzehnten auf (vgl. Kap. 4.1.4.4). Dafür sind Kombinationen mit Fremd- und Lehnwörtern, die ihren Ursprung noch durch spezifische Lautgestalten oder Buchstabenverbindungen erkennen lassen,

52 Stichwort *Zement* (Zugriff jeweils am 15.01.2017).

sehr beliebt (60,9%). Die häufigste Synthese gehen deutsche und lateinische Lexeme ein, bspw. in *Mechanische Werkstätten Harkort & Co.* (> *Demag Cranes AG*) oder *Telegraphen-Bau-Anstalt von Siemens & Halske* (> *Siemens Aktiengesellschaft*). Der Einsatz solcher Termini steht – neben einer korrekten Bezeichnung des Geschäftsgegenstandes – in engem Zusammenhang mit der Erzeugung gewünschter Assoziationen wie Hochwertigkeit, Qualität oder Tradition (vgl. Kap. 4.1.1.8). Von den modernen Fremdsprachen liegt das Romanische wie in der *Drogerie- und Farbwarenhandlung Gehe & Comp.* (> *Celesio AG*) oder der *Norddeutschen Affinerie* (> *Aurubis AG*) leicht vor dem Englischen mit *J.S. Douglas Söhne* (> *DOUGLAS HOLDING AG*) und der *Portland-Cement-Fabrik Dyckerhoff & Söhne* (> *Dyckerhoff Aktiengesellschaft*). Überraschenderweise sind durchgängig deutsche Namen fast ausnahmslos opaker als die zu 81,3% durchsichtigen hybriden. Dies liegt in der Tatsache begründet, dass native Bezeichnungen meist Personalfirmen, hybride hingegen Mischformen oder Sachnennungen darstellen (vgl. Kap. 4.1.1.7).

4.1.1.5 Länge, Silbenzahl

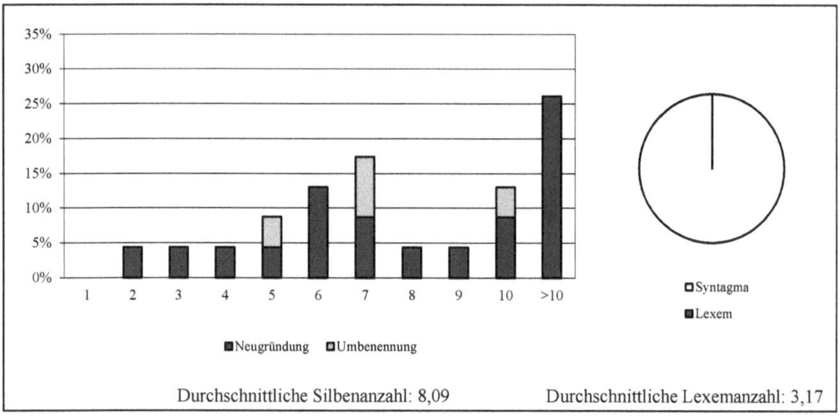

Abb. 7: Anzahl der Silben je Unternehmensname;
Verhältnis von Syntagmen zu Lexemen (1850 - 1869)

Ein Blick auf Abb. 7 macht deutlich: In den Anfangsjahren sind Unternehmensnamen sowohl relativ lang – 39,1% von ihnen bestehen aus zehn und mehr Silben – als auch syntaktisch komplex, wobei sich beide Faktoren gegenseitig bedingen. Die zeitgenössische umfassende Beschreibung des Geschäftsgegenstandes erfordert eine entsprechend ausgreifende Firma, bspw. *Drogerie- und Farbwarenhandlung Gehe & Comp.* (> *Celesio AG*), *Telegraphen-Bau-Anstalt von Siemens & Halske* (> *Siemens Aktiengesellschaft*). Am beliebtesten sind fünf bis sieben sowie zehn und mehr Silben, monolexematische Namen oder Einsilber existieren nicht. Allerdings lassen sich bereits erste Kürzungstendenzen erkennen. So werden Rufnamen der Gründer abgekürzt, als Initialen verwendet oder ganz weggelassen: *C. Reichenbach'sche Maschinenfabrik* (> *MAN Aktiengesellschaft*), *Gußstahlfabrik Fried. Krupp* (> *ThyssenKrupp AG*), *Schnellpressenfabrik Koenig & Bauer* (> *KOENIG & BAUER Aktiengesellschaft*). Auch der Einsatz des Logogramms *&* 'und' zielt in diese Richtung.

4.1.1.6 Gesamtsonoritätswert

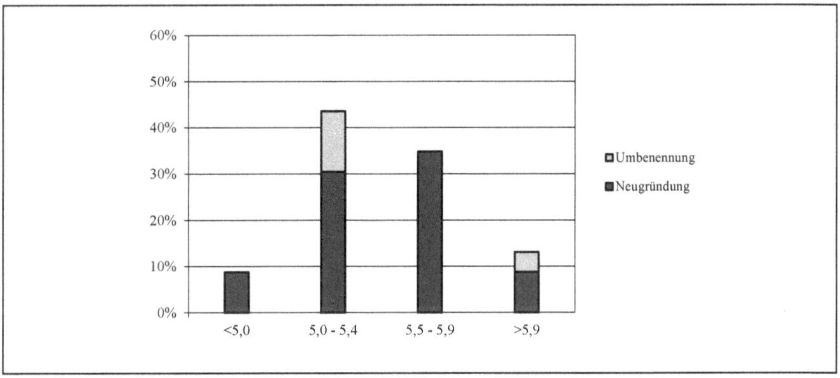

Abb. 8: Gesamtsonoritätswerte der Unternehmensnamen (1850 - 1869)

Mit einer Gesamtsonorität von 7,2 gibt es überraschenderweise gleich im ersten Zeitabschnitt einen äußerst klangvollen Namen (*N.A. Otto & Cie.* > *DEUTZ Aktiengesellschaft*). Gleichzeitig finden sich die wenigsten mit einem Wert unter 5,0 (8,7%). Zum überwiegenden Teil liegen die Firmen in den mittleren Intervallen. Bei näherer Betrachtung wird jedoch deutlich, dass keine bewusste Absicht hinter diesen Ergebnissen steckt. Es handelt sich vielmehr um reinen Zufall denn das Resultat einer Wahl besonders stimmhafter Elemente: Nicolaus August Otto, Erfinder des nach ihm benannten Motors, gibt der mit einem Partner gegründeten Werkstatt bspw. seinen eigenen Namen (*N.A. Otto & Cie.*). Auch

Matthias Christian Rabbethge, Matthias Rabbethge jun. und Julius Giesecke gehen ähnlich vor (*Rabbethge & Giesecke OHG* > *KWS SAAT AG*). Da ihre Familiennamen jedoch deutlich weniger klangvoll sind, erreicht die Firma nur einen relativ geringen Sonoritätswert von 5,0. Wie die beiden Beispiele und die Überlegungen zu den bereits analysierten Parametern belegen, macht man sich zu diesem Zeitpunkt kaum Gedanken über die Gestalt und damit verbunden den Wohlklang von Unternehmensnamen.

4.1.1.7 Transparenz, Motivierbarkeit

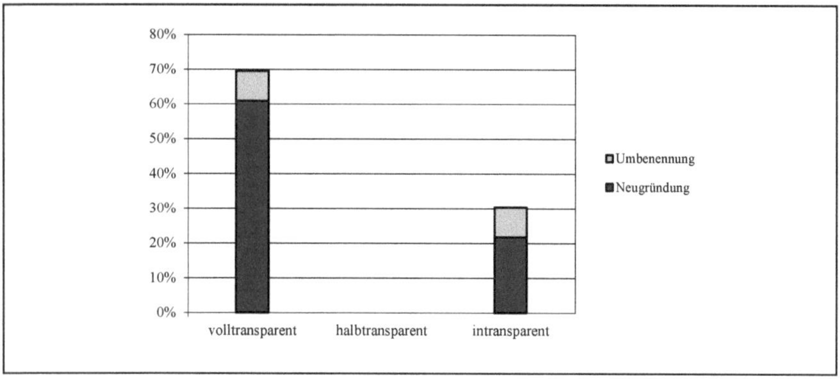

Abb. 9: Anteil voll-, halb- und intransparenter Firmen (1850 - 1869)

In den Anfangsjahren herrschen lange, detaillierte, äußerst präzise und damit transparente Namen vor, etwa *Norddeutsche Affinerie* (> *Aurubis AG*) oder *Schnellpressenfabrik Koenig & Bauer* (> *KOENIG & BAUER Aktiengesellschaft*). Kunden wie Geschäftspartnern vermitteln sie einen recht genauen Eindruck von Gegenstand, Tätigkeit und Produkten des betreffenden Unternehmens. Reine Personalfirmen, bspw. *J.S. Douglas Söhne* (> *DOUGLAS HOLDING AG*) oder *N.A. Otto & Cie.* (> *DEUTZ Aktiengesellschaft*), bleiben indessen unverständlich, sie liefern keine näheren Informationen über die Gesellschaft. An den genannten Beispielen zeigt sich für den Zeitraum von 1850 bis 1869 eine 1:1-Beziehung zwischen Benennungsmotiv und Transparenz: Sachbezeichnungen (Sache sowie Person und Sache) sind durchsichtig (69,6%), reine Personalfirmen hingegen nicht (30,4%). Ein Wechsel vom gemischten Typ zum Personennamen (*Telegraphen-Bau-Anstalt von Siemens & Halske > Siemens & Halske und Co. > Siemens Aktiengesellschaft*) zieht unwillkürlich eine Änderung der Motivierbarkeit nach sich und kann als Beweis dafür gelten, dass bei ausreichender Bekanntheit das Kriterium der Kürze wichtiger als jenes der Transparenz ist. Alle anderen Firmen ändern sich in dieser Hinsicht nicht.

4.1.1.8 Assoziationen, Konnotationen

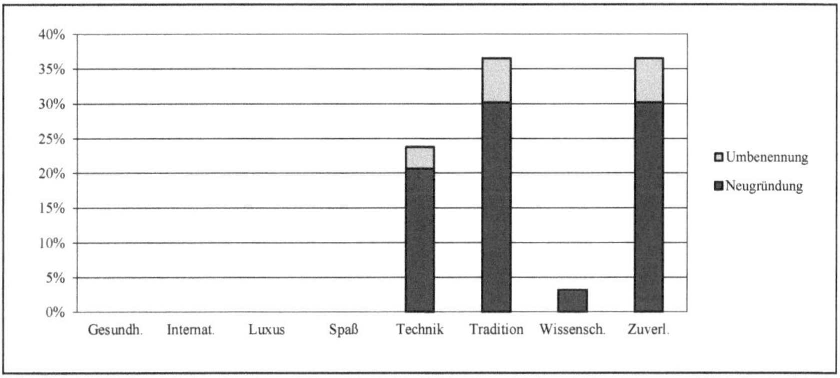

Abb. 10: Von den Unternehmensnamen ausgelöste Assoziationen (1850 - 1869)

Durch Hinweise auf die Herkunft, ausführliche Beschreibungen des Geschäftszwecks oder Nennung der Eigentümer wollen die allesamt noch recht jungen Unternehmen eine eigene Geschichte etablieren bzw. Erinnerungen an eine ebensolche hervorrufen und so das Vertrauen von potentiellen Kunden wie Geldgebern gewinnen. Mit ihrem Familiennamen bürgen die Erfinder oder Gründer für die Qualität der Produkte (*Schmiedewerkstatt Wacker > Wacker Neuson SE*). Ortszusätze zeigen Bodenständigkeit und Heimatverbundenheit an (*Maschinenfabrik Augsburg Aktiengesellschaft > MAN Aktiengesellschaft*). Genaue Sachnennungen stehen für Erfahrung sowie Seriosität (*Drogerie- und Farbwarenhandlung Gehe & Comp. > Celesio AG*). Alle Firmen dieser Periode lösen gleichzeitig die Assoziation langer Tradition und damit verbunden besonderer Zuverlässigkeit aus. Teilweise kommen je nach Tätigkeitsfeld die Konnotationen Technik (*Glockengießerei und Maschinenfabrik Hemmer, Hamm & Co. > Heidelberger Druckmaschinen Aktiengesellschaft*) oder Wissenschaftlichkeit

(*Badische Anilin- & Soda-Fabrik* > *BASF SE*) hinzu. Internationalität, Luxus und Spaß sind in der Gesellschaft Mitte des 19. Jahrhunderts noch unbedeutende Werte. Daher finden sie sich nicht in zeitgenössischen Unternehmensnamen.

4.1.2 1870 - 1889

4.1.2.1 Benennungsmotiv (HGB)

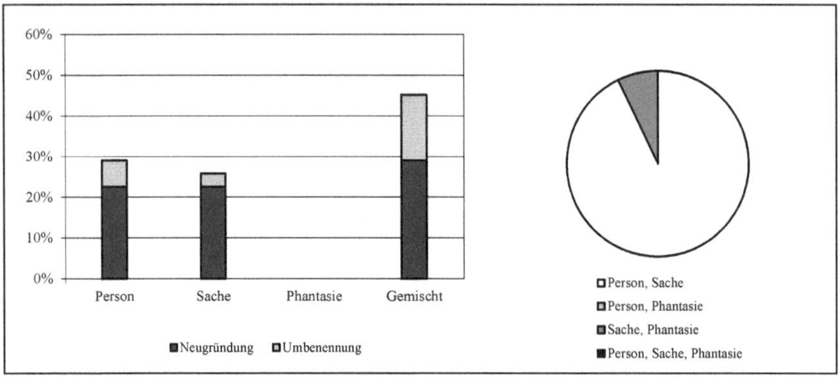

Abb. 11: Unternehmensnamen nach Benennungsmotiv; Kombinationen im Typ ‚Gemischt' (1870 - 1889)

Auch in den Jahren zwischen 1870 und 1889 gibt es noch kein Unternehmen mit einem beliebigen Lexem oder Syntagma als alleinigem Namen. Wohl aber taucht die erste Phantasiebezeichnung in Kombination mit einer Produktangabe in *Continental-Caoutchouc- und Gutta-Percha-Compagnie* (> *Continental Aktiengesellschaft*) auf. Der Begriff *Continental* entspricht dem Zeitgeist, deutet Größe, Stärke sowie Internationalität als Kontrast zur überwundenen Kleinstaaterei an (vgl. KILIAN[53]). Allerdings bleibt die allgemeine Ablesbarkeit des Geschäftsgegenstands bzw. der Erzeugnisse (hier Kautschuk und Guttapercha) übergeordnetes Kriterium. Die Personalfirma hält sich in etwa auf gleichem Niveau wie in der vorigen Periode, doch werden Sachbenennungen wichtiger, bspw. *Gasmotoren-Fabrik Deutz AG* (> *DEUTZ Aktiengesellschaft*), *Metallgesellschaft AG* (> *GEA Group Aktiengesellschaft*). Letzteres lässt sich mit der Größe der Unternehmen und ihrem Expansionskurs erklären. Teilweise sind die

[53] Stichwort *Continental* (Zugriff am 15.01.2017).

Gründer verstorben oder ausgeschieden, mussten wegen Kapitalbedarfs neue Partner aufgenommen werden, was oft mit der Umwandlung in eine Aktiengesellschaft (29,0%) einherging. Aus diesem Grund änderte man den Namen, häufig ergänzt um den Zusatz der früheren Bezeichnung wie in *Zuckerfabrik Kleinwanzleben vormals Rabbethge & Giesecke Aktiengesellschaft* (> *KWS SAAT AG*). Bei der gemischten Form dominiert weiter die Kombination aus Sach- und Personalfirma (71,0%). An Neugründungen haben alle drei genutzten Typen einen Anteil von um die 30%. Es zeichnen sich somit weder hier noch bei den Umbenennungen klare Tendenzen ab. Die Ortszusätze steigen stark auf 41,4% an. In Zeiten nationaler Begeisterung (Reichsgründung 1871) soll so die deutsche Herkunft betont werden und vertrauensstiftend wirken. Als eindrucksvolles Beispiel hierfür mag die *Deutsche Bank* gelten. In einer Denkschrift von 1869 heißt es: „Die deutsche Flagge trägt den deutschen Namen jetzt in alle Welttheile, hier wäre ein weiterer Schritt, dem deutschen Namen in ferneren Gegenden Ehre zu machen und endlich Deutschland auf dem Felde der finanziellen Vermittelung eine Stellung zu erobern, – angemessen derjenigen, die unser Vaterland bereits auf dem Gebiete der Civilisation, des Wissens und der Kunst einnimmt“ (zitiert aus der E-Mail der Deutsche Bank Aktiengesellschaft).

4.1.2.2 Bildungsweise

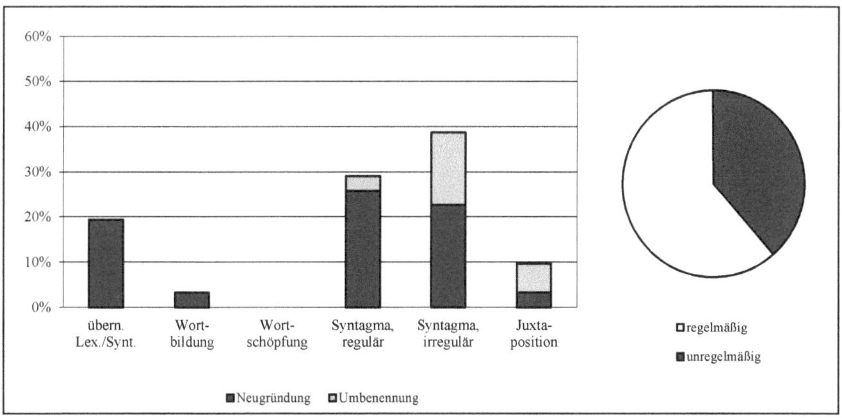

Abb. 12: Bildungsweise der Unternehmensnamen;
Anteil (un-)regelmäßiger Firmen (1870 - 1889)

Mit lediglich 38,7% Normabweichungen liegen in dieser Periode die regulärsten Unternehmensnamen vor. Übernommene Lexeme und Syntagmen wie *Henkel & Cie.* bzw. *P. Beiersdorf & Co.* (> *Beiersdorf Aktiengesellschaft*) erreichen den Höchststand im Korpus (19,4%). Juxtapositionen, bspw. *Haarmann & Reimer* (> *Symrise AG*), fallen hingegen auf ihr Minimum von 9,7% zurück. Die Firma *Metallgesellschaft AG* (> *GEA Group Aktiengesellschaft*) stellt als Kompositum die erste Wortbildung dar, Wortschöpfungen gibt es weiterhin keine. Nach wie vor bilden Syntagmen – zum überwiegenden Teil bestehend aus Attribut und Nomen bzw. Nominalphrase – den weitaus häufigsten Typ, etwa *Hamburger Freihafen-Lagerhaus-Gesellschaft* (> *Hamburger Hafen und Logistik Aktiengesellschaft*), *Rheinische Metallwaaren- und Maschinenfabrik Actiengesellschaft* (> *Rheinmetall Aktiengesellschaft*) oder *Wasserbaugeschäft Weis & Bernatz* (> *Bilfinger Berger AG*). Nur hier finden sich Verbindungen wie die letztgenannte, welche nicht den gültigen Regeln der deutschen Grammatik entsprechen. Insgesamt kann dieser Zeitraum als relativ konservative Epoche gelten, in der nur wenig experimentiert wird.

4.1.2.3 Graphematische Besonderheiten

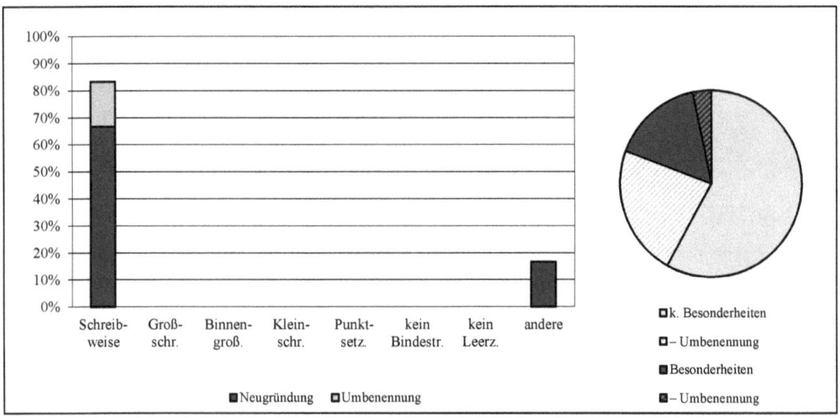

Abb. 13: Anteil einzelner Abweichungen an allen graphematischen Besonderheiten; Verhältnis von Namen mit Auffälligkeiten im Schriftbild zu solchen ohne (1870 - 1889)

Lateinisch, romanisch oder englisch inspirierte Schreibweisen mit *C-* statt *K-* erfreuen sich weiterhin großer Beliebtheit, transportieren sie doch mit diesen

Sprachen in Verbindung gebrachte Eigenschaften und Assoziationen wie Qualität, Eleganz bzw. Internationalität (vgl. Kap. 4.1.2.4). So in *Commerz- und Disconto-Bank in Hamburg* (> *Commerzbank Aktiengesellschaft*), *Continental-Caoutchouc- und Gutta-Percha-Compagnie* (> *Continental Aktiengesellschaft*) oder *Manufactur-, Confections- und Tuchgeschäft C. Karstadt* (> *ARCANDOR Aktiengesellschaft*). Laut Deutschem Wörterbuch der Gebrüder Grimm sowie Meyers Konversationslexikon wären hier richtigerweise *Kommerz*, *Kontinental*, *Konfektion* etc. anzusetzen. Da sie das Lemma *Ware* sowohl mit einfachem als auch Doppelvokal verzeichnen,[54] stellt die *Rheinische Metallwaaren- und Maschinenfabrik Actiengesellschaft* (> *Rheinmetall Aktiengesellschaft*) keine graphematische Besonderheit dar. Wie im vorigen Abschnitt werden auch in diesem Zeitraum Bindestriche zur einfacheren Segmentierbarkeit von Komposita eingesetzt. Erstmals verbinden sie in *Eisenbahn Actiengesellschaft Schaftlach-Gmund-Tegernseee* (> *TAG Immobilien AG*) auch Ortsnamen. Der Genitiv-Apostroph taucht mit der *Gesellschaft für Linde's Eismaschinen Aktiengesellschaft* (> *Linde Aktiengesellschaft*) bereits früh auf, bleibt aber eine Ausnahme im Korpus. Insgesamt verzeichnen die Attraktoren einen deutlichen Anstieg auf 19,3%, Firmen ohne solche Abweichungen dominieren aber weiterhin mit 80,7%. Das erste phantasievolle Element in einem Unternehmensnamen (*Continental*) weist dabei gleich eine Besonderheit auf.

4.1.2.4 Elemente aus Fremdsprachen

In Zeiten nationaler Begeisterung erreichen rein deutsche Namen ohne ausländischen Einfluss ihren Höchststand. Insgesamt sind die Anteile des nativen wie hybriden Typus aber sowohl bei Neugründungen als auch Umbenennungen recht ausgeglichen, wogegen komplett fremdsprachliche Firmen weiterhin nicht vorkommen. Mit *Cement*, *Commerz*, *Manufactur*, *Motor*, *Vanillin* u.a. (*Portland-Cement-Werk Heidelberg, Schifferdecker & Söhne* > *HeidelbergCement AG*, *Commerz- und Disconto-Bank in Hamburg* > *Commerzbank Aktiengesellschaft*, *Manufactur-, Confections- und Tuchgeschäft C. Karstadt* > *ARCANDOR Aktiengesellschaft*, *Benz & Co. Rheinische Gasmotoren-Fabrik* > *Daimler AG*, *Haarmanns Vanillinfabrik* > *Symrise AG*) vergrößert sich das Inventar der latei-

[54] Stichworte *Kommerz*, *Kontinental*, *Konfektion*, *Manufaktur*, *Ware* (Zugriff jeweils am 15.01.2017).

nischen Bildungen stark; meist handelt es sich um Beschreibungen der Erzeugnisse. Bezeichnenderweise gehört *Continental*, das erste frei gewählte Lexem in einem Unternehmensnamen, ebenfalls hierher. Die gegenseitige Abhängigkeit der Parameter Fremdsprachlichkeit und Assoziationen zeigt sich sehr deutlich beim *Manufactur-, Confections- und Tuchgeschäft C. Karstadt*, das Eindrücke von französischer Eleganz gepaart mit traditionsreicher Handwerkskunst bereits im Namen mitschwingen lassen soll (vgl. Kap. 4.1.2.3). Geldhäuser setzen auf das vertrauensstiftende Moment lateinischer und romanischer Fachbegriffe der Finanzwelt wie *Commerz* oder *Disconto*, bspw. in *Commerz- und Disconto-Bank in Hamburg*. Das Englische wird noch nicht als Prestigefremdsprache wahrgenommen und bleibt daher auf die Baustoffbezeichnung *Portlandzement* beschränkt (*Portland-Cement-Werk Heidelberg, Schifferdecker & Söhne*).

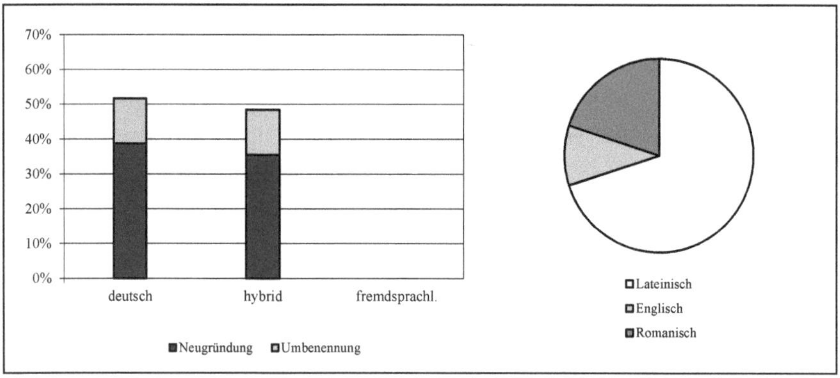

Abb. 14: Anteil deutscher, hybrider und fremdsprachlicher Firmen;
Verhältnis der Fremdsprachen (1870 - 1889)

4.1.2.5 Länge, Silbenzahl

Die Zeitspanne zwischen 1870 und 1889 ist der Abschnitt mit den längsten Namen im Korpus. Im Schnitt verteilen sich 8,94 Silben auf 3,29 Lexeme, 32,3% der Benennungen bestehen sogar aus mehr als zehn Silben. Dies liegt oftmals in einer durch Eigentümerwechsel bedingten Änderung der Firma begründet. Zur besseren Wiedererkennbarkeit wird an den neuen Namen der vormals verwendete angehängt. Aus neun Wörtern und 21 Silben besteht bspw. die *Aktien-Gesellschaft der Gerresheimer Glashüttenwerke, vorm. Ferd. Heye,*

Gerresheim bei Düsseldorf (> *Gerresheimer AG*). Einsilber liegen weiter nicht vor, doch gibt es das erste Mal drei Unternehmen, deren Firma nur aus einem Lexem besteht: *Henkel & Cie.*, *Metallgesellschaft AG* (> *GEA Group Aktiengesellschaft*), *Thyssen & Co* (> *ThyssenKrupp AG*). Bezüglich der Länge lassen sich, selbst bei den Umbenennungen, keine favorisierten Tendenzen feststellen.

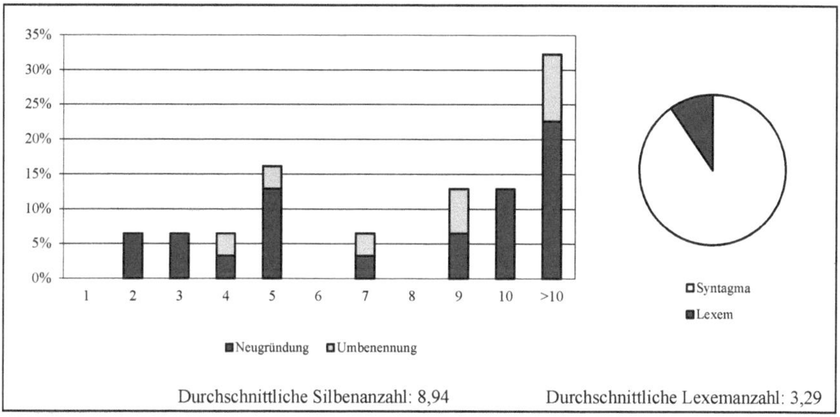

Abb. 15: Anzahl der Silben je Unternehmensname;
Verhältnis von Syntagmen zu Lexemen (1870 - 1889)

4.1.2.6 Gesamtsonoritätswert

Nach wie vor bewegt sich das Gros der Unternehmensnamen in den mittleren Intervallen zwischen 5,0 und 5,9, jedoch mit Tendenz zu etwas geringerer Euphonie. Beide Extreme verfügen über Anteile von jeweils knapp unter 10%. Insgesamt sinkt die durchschnittliche Sonorität leicht auf 5,4. Dabei rangiert der niedrigste Wert von 4,8 (*Manufactur-, Confections- und Tuchgeschäft C. Karstadt* > *ARCANDOR Aktiengesellschaft*) jedoch bedeutend höher als in allen anderen Abschnitten, sodass sämtliche Firmen recht nah beieinanderliegen. Auf diese Weise ergibt sich ein uneinheitliches Bild, das aber ähnlich gestuft ist wie im vorigen Zeitraum. Eine bewusste Entwicklung kann man nicht erkennen. Vielmehr handelt es sich um unbeabsichtigte Schwankungen. Wohlklang spielt bei der Namengebung weiterhin keine Rolle. Dies illustrieren gerade die sonorsten Firmen zwischen 1870 und 1889, welche eher „zufällig" besonders stimmhaft (6,3) sind, nämlich *Haarmann & Reimer* (> *Symrise AG*) sowie *Paul*

Lechler (> *ElringKlinger AG*). Auch bei ausführlichen Sachbezeichnungen stehen andere Aspekte im Vordergrund, v.a. die genaue Beschreibung des Geschäftszwecks. Sogar Umbenennungen offenbaren keine Reflexionen in Richtung Euphonie – hier schlagen sich eher die Aufnahme neuer Partner oder Veränderungen der Produktpalette nieder.

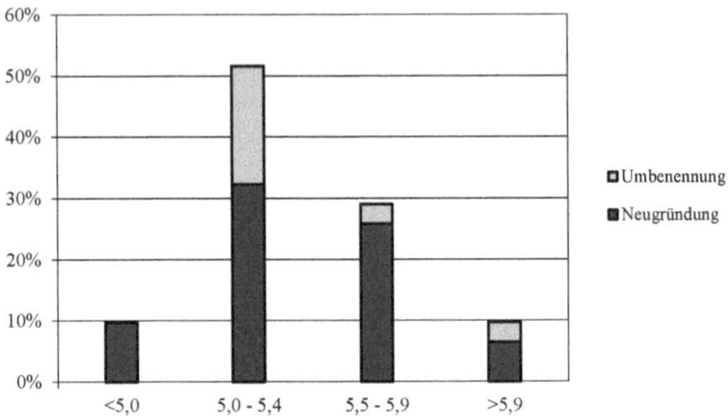

Abb. 16: Gesamtsonoritätswerte der Unternehmensnamen (1870 - 1889)

4.1.2.7 Transparenz, Motivierbarkeit

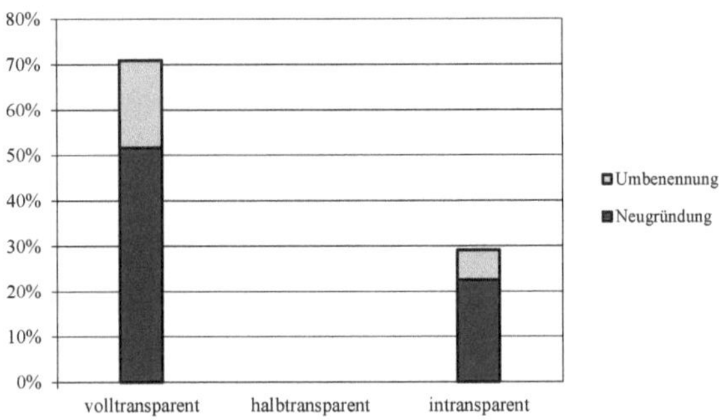

Abb. 17: Anteil voll-, halb- und intransparenter Firmen (1870 - 1889)

In diesem Zeitraum finden sich nicht nur die durchschnittlich längsten Firmen aus dem Korpus mit dem geringsten Anteil an fremdsprachlichen Elementen, sondern auch die transparentesten (71,0%). Allerdings verändert sich das Niveau

– bei bestehenden wie neuen Unternehmen – im Vergleich zu den Jahren 1850-69 nur leicht. Die unverständlichen Bezeichnungen beginnen ihren (vorläufigen) Abwärtstrend, motivierbare Neugründungen fallen ebenfalls etwas zurück. Bestehen bleibt die 1:1-Beziehung zwischen Benennungsmotiv und Transparenz, halbdurchsichtige Namen begegnen weiterhin nicht. Bei Umfirmierungen kommt es entweder zu keiner Modifikation oder einem Wechsel in beide möglichen Richtungen (intransparent → volltransparent und umgekehrt). Eine allgemeine Tendenz ist nicht abzulesen. Randerscheinungen bleiben Bezeichnungen, welche den wahren Geschäftszweck verschleiern sollen: Die Rheinische Metallwaaren- und Maschinenfabrik Actiengesellschaft (> *Rheinmetall Aktiengesellschaft*) – mit einer auf den ersten Blick offenkundigen Firma – stellt bspw. Rüstungs- sowie Wehrtechnik her. Ein intransparenter (Phantasie-)Name scheint für diesen Euphemismus noch nicht infrage zu kommen.

4.1.2.8 Assoziationen, Konnotationen

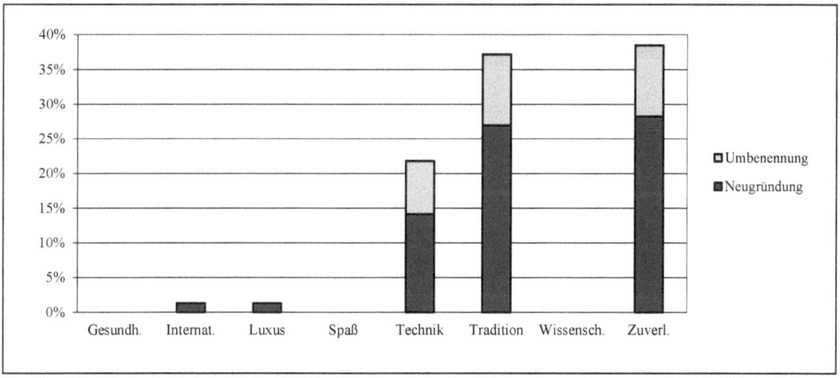

Abb. 18: Von den Unternehmensnamen ausgelöste Assoziationen (1870 - 1889)

Die Assoziationen wandeln sich im Vergleich zur vorangegangenen Periode nur geringfügig. Weiterhin wollen die meisten Gesellschaften mit ihren Namen Tradition und Zuverlässigkeit suggerieren, bspw. *Deutsche Bank*, *Gebrüder Siemens & Co.* (> *SGL CARBON SE*), *Portland-Cement-Werk Heidelberg AG, vormals Schifferdecker & Söhne* (> *HeidelbergCement AG*). Doch die *Continental-Caoutchouc- und Gutta-Percha-Compagnie* (> *Continental Aktien-*

gesellschaft) sorgt schon nicht mehr für den Eindruck einer langen Unternehmensgeschichte. Der Hannoveraner Reifenhersteller und Automobilzulieferer spielt durch Einsatz des Begriffs *Continental* sowie der fremden Schreibweise von *Kautschuk* stattdessen auf Internationalität an. Diese Konnotation taucht zum ersten Mal auf. Neu ist auch der Vorstellungsbereich ‚Luxus, Eleganz, Schönheit', der mit dem romanischen Element *Confection* in *Manufactur-, Confections- und Tuchgeschäft C. Karstadt* (> *ARCANDOR Aktiengesellschaft*) erzeugt wird und an französische Mode denken lässt. Da sich nur wenige Unternehmen der Bekleidungsindustrie etc. im Korpus finden, spielt diese Assoziation insgesamt eine untergeordnete Rolle. Im Falle von Umbenennungen bleiben die meisten Konnotationen bestehen. Teilweise kommt der Bereich Technik hinzu oder wird wieder weggelassen, bspw. *Friedr. Bayer et comp.* > *Farbenfabriken vorm. Friedr. Bayer & Co.* (> *Bayer Aktiengesellschaft*) bzw. *Wasserbaugeschäft August Bernatz* > *Bernatz & Grün OHG* (> *Bilfinger Berger AG*).

4.1.3 1890 - 1909

4.1.3.1 Benennungsmotiv (HGB)

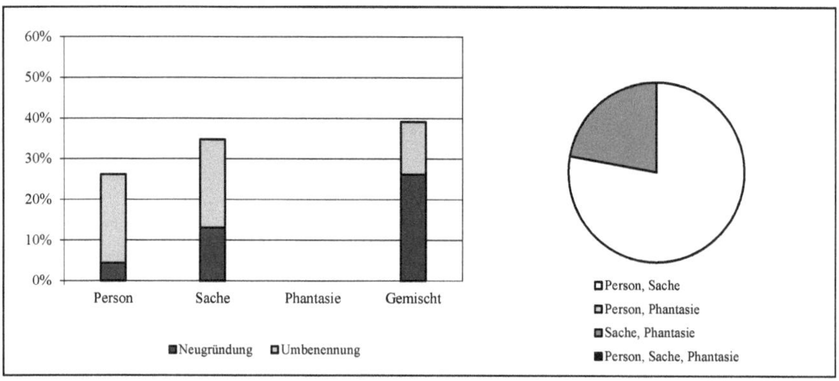

Abb. 19: Unternehmensnamen nach Benennungsmotiv;
Kombinationen im Typ ‚Gemischt' (1890 - 1909)

Die Bezeichnung nach dem Geschäftszweck hat mit insgesamt 34,8% die Personennamen (26,1%) erstmals überrundet. Deren Domäne beschränkt sich fast nur noch auf Umbenennungen bereits bestehender Unternehmen, wobei die

Änderungsrichtungen (Person → Gemischt etc.) allgemein kein klares Bild ergeben. Neugründungen erhalten zum überwiegenden Teil eine Kombination aus Personal- und Sachfirma, meist genau in dieser Reihenfolge, bspw. *Arthur Pfeiffer Vakuumtechnik GmbH* (> *Pfeiffer Vacuum Technology AG*), *Daimler-Motoren-Gesellschaft* (> *Daimler AG*). Die Phantasienamen bauen ihren Anteil am gemischten Typ weiter aus, alleine treten sie nach wie vor nicht auf: *Allianz Versicherungs-Aktiengesellschaft* (> *Allianz SE*), *M.A.N. Maschinenfabrik Augsburg-Nürnberg AG* (> *MAN Aktiengesellschaft*). Der Begriff *Allianz* 'Bündnis' soll dabei Zuverlässigkeit andeuten, steht aber nur indirekt mit dem Versicherungsgeschäft in Zusammenhang und wird daher wie das Buchstabierakronym *M.A.N.* als beliebiges Lexem angesehen. Hier kann man bereits von einer werbenden Absicht ausgehen, die klare Beschreibung des Unternehmensgegenstandes bleibt aber oberstes Ziel. Insgesamt erfreuen sich Kombinationen mit 39,1% weiterhin einiger Beliebtheit. Die Angabe von Regionen oder Städten in den Unternehmensnamen geht auf 34,8% zurück. Bspw. verzichtet die Commerz- und Disconto-Bank in Hamburg (> *Commerzbank Aktiengesellschaft*) nach Eröffnung von Filialen in Frankfurt/Main und Berlin im Jahre 1898 auf den allzu kleinräumigen Ortszusatz.

4.1.3.2 Bildungsweise

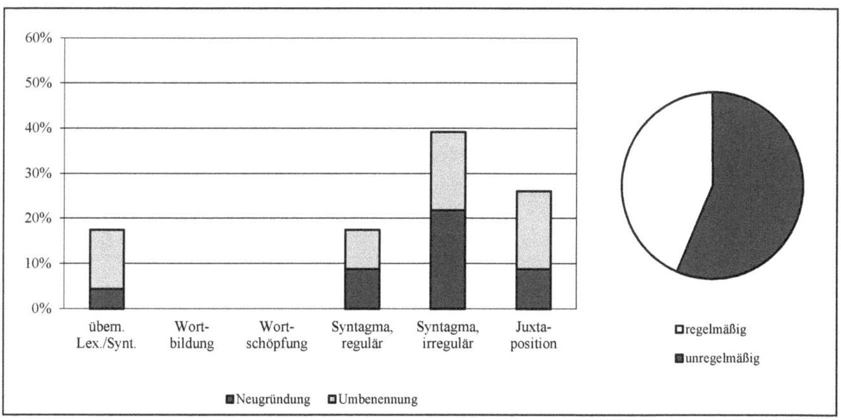

Abb. 20: Bildungsweise der Unternehmensnamen;
Anteil (un-)regelmäßiger Firmen (1890 - 1909)

Allmählich kommt eine neue Unterart der Juxtaposition auf, die im Laufe der Zeit zur prototypischen Bildungsweise aufsteigen wird. In Analogie zu irregulären Syntagmen wie *G.A. Pfleiderer Langholzhandlung* (> *Pfleiderer Aktiengesellschaft*) besteht sie aus einem zumeist phantasievollen „Hauptnamen“, der sich als Kurzform im alltäglichen Sprachgebrauch durchsetzt und später oft die alleinige Firma bildet, ergänzt um eine Beschreibung des Geschäftsgegenstandes, etwa *Allianz Versicherungs-Aktiengesellschaft* (> *Allianz SE*), *M.A.N. Maschinenfabrik Augsburg-Nürnberg AG* (> *MAN Aktiengesellschaft*). Letztere weist mit ihrem Buchstabierakronym die erste Wortschöpfung im Korpus auf – noch allerdings kein eigenständiger Name. Damit befolgen auch die stark angestiegenen Juxtapositionen den Trend zu größerer Unregelmäßigkeit, der sich in diesem Zeitraum bemerkbar macht: 56,5% der Firmen halten nicht die grammatischen Normen ein. Irreguläre Syntagmen bleiben am häufigsten, übernommene Bezeichnungen und regelmäßige Mehrwortverbindungen fallen indes zurück.

4.1.3.3 Graphematische Besonderheiten

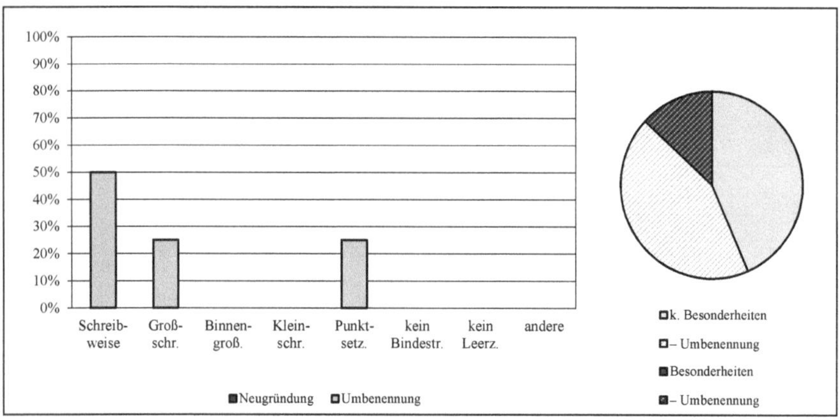

Abb. 21: Anteil einzelner Abweichungen an allen graphematischen Besonderheiten; Verhältnis von Namen mit Auffälligkeiten im Schriftbild zu solchen ohne (1890 - 1909)

Zwischen 1890 und 1909 neu gegründete Unternehmen zeigen keinerlei Auffälligkeiten im Schriftbild ihrer Namen, lediglich bei 23,1% der Umbenennungen kommt es zu graphematischen Besonderheiten. Auch insgesamt gehen diese nach ihrem starken Anstieg im vorigen Zeitraum wieder leicht auf 13,0%

zurück. Bindestriche sind weiterhin beliebt, erstmals sorgen sie wie im Falle der *Daimler-Motoren-Gesellschaft* (> *Daimler AG*) für den Anschluss von Familiennamen. In Gestalt der Großschreibung eines Bestandteils und der Punktsetzung tauchen gleich zwei neue Attraktoren auf – sogar kombiniert in einer einzigen Firma, nämlich der *M.A.N. Maschinenfabrik Augsburg-Nürnberg AG* (> *MAN Aktiengesellschaft*). Das Buchstabierakronym entspricht zwar den orthographischen Regeln für Abkürzungen, unterscheidet die Gesellschaft durch Majuskeln sowie Punkte jedoch von der Konkurrenz und erzeugt die gewünschte Aufmerksamkeit. Nur zehn Jahre nach der Fusion zur *Vereinigten Maschinenfabrik Augsburg und Maschinenbaugesellschaft Nürnberg A.G.* gibt sich das Unternehmen 1908 den neuen Namen mit einem kreativen Bestandteil sowie einem charakteristischen Zug im Schriftbild – in offensichtlich kürzender aber auch individualisierender Absicht. Zum ersten Mal wird so bei einer Umbenennung gezielt eine graphematische Besonderheit erzeugt.

4.1.3.4 Elemente aus Fremdsprachen

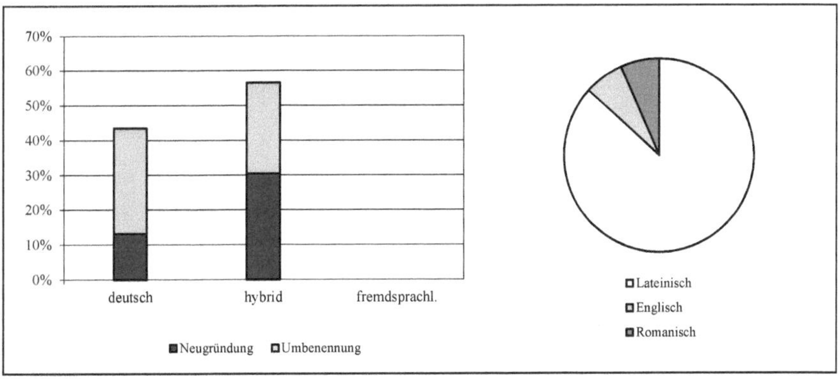

Abb. 22: Anteil deutscher, hybrider und fremdsprachlicher Firmen;
Verhältnis der Fremdsprachen (1890 - 1909)

Während das Deutsche langsam seinen Abwärtstrend beginnt, steigen hybride Firmen wieder an und weisen zudem deutlich mehr Neugründungen auf als der native Typ. Sämtliche Mischformen enthalten dabei lateinisch-griechische Elemente, sodass jene in über der Hälfte aller Namen vorkommen – ihr absoluter Höchststand. Teilweise lässt sich dies darauf zurückführen, dass es im

Deutschen keine andere Bezeichnung für den betreffenden Geschäftsgegenstand, das hergestellte Produkt etc. gibt, bspw. *Arthur Pfeiffer Vakuumtechnik GmbH* (> *Pfeiffer Vacuum Technology AG*) oder *Rheinisch-Westfälisches Elektrizitätswerk Aktiengesellschaft* (> *RWE Aktiengesellschaft*). Auf der anderen Seite werden lateinische Begriffe oft bewusst in wissenschaftlich-technischen Kontexten eingesetzt (*Standard-Präparate deutscher Apotheker* > *STADA Arzneimittel Aktiengesellschaft*) oder aber, um in der Finanzbranche Seriosität sowie Solidität zu vermitteln (*Allianz Versicherungs-Aktiengesellschaft* > *Allianz SE*). Die beiden modernen Fremdsprachen fallen auf ihr Allzeit-Minimum von je 6,7%. Nach wie vor gibt es keine Firmen ohne deutsche Bestandteile.

4.1.3.5 Länge, Silbenzahl

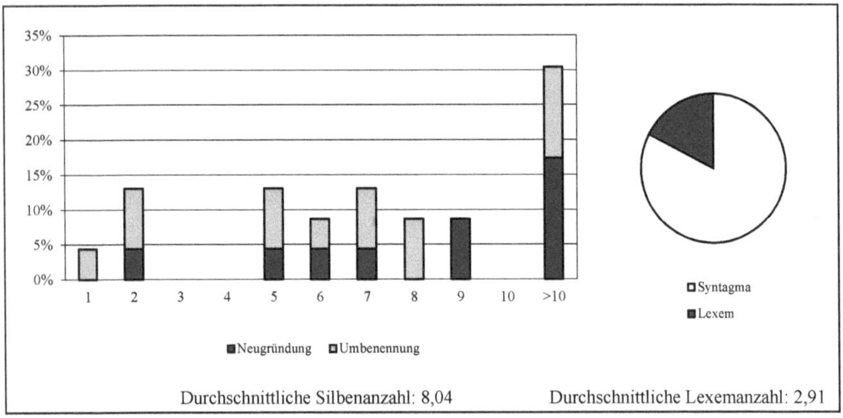

Abb. 23: Anzahl der Silben je Unternehmensname;
Verhältnis von Syntagmen zu Lexemen (1890 - 1909)

Mit der *Benz & Cie. AG* (> *Daimler AG*) besteht erstmals eine Firma nur aus dem absoluten Minimum von einer einzigen Silbe. Auch die monolexematischen Namen bauen ihren Anteil auf 17,4% weiter aus. Neu gegründete Unternehmen wählen tendenziell eher längere Bezeichnungen, da sie sich am Markt erst etablieren müssen und folglich noch nicht auf die nach wie vor üblichen erklärenden Zusätze verzichten können. Auffällig ist die deutliche Dreiteilung der Firmen in kurze (eine bis zwei Silben), mittlere (fünf bis neun Silben) und lange (über zehn Silben). Die Anteile der beiden erstgenannten Gruppen erscheinen dabei relativ ausgeglichen, klare Tendenzen lassen sich nicht ausmachen. Der Silbendurchschnitt und die Anzahl der Wörter gehen leicht zurück.

4.1.3.6 Gesamtsonoritätswert

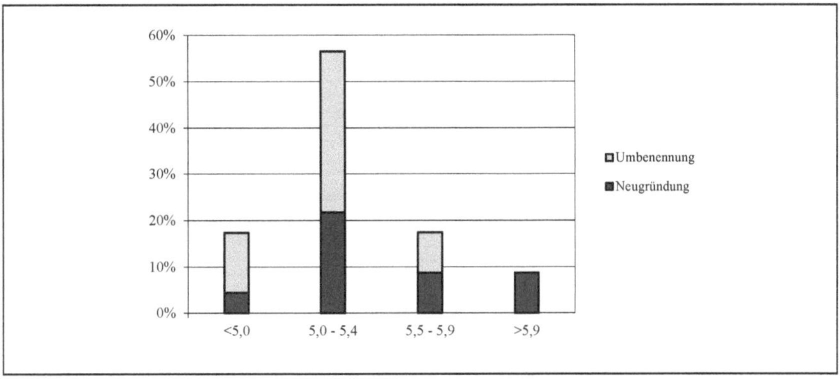

Abb. 24: Gesamtsonoritätswerte der Unternehmensnamen (1890 - 1909)

Dominierend, sowohl bei Neugründungen als auch Umbenennungen, sind Namen, die eine Gesamtsonorität zwischen 5,0 und 5,4 aufweisen; sie erreichen mit 56,5% einen absoluten Höchststand. Werte darunter können ihren Anteil fast verdoppeln, das Intervall von 5,5 bis 5,9 erreicht hingegen sein Minimum, sodass man in diesem Abschnitt insgesamt die am wenigsten klangvollen Firmen aus dem ganzen Korpus vorfindet, bspw. *Benz & Cie.* (3,5; > *Daimler AG*) oder *Fried. Krupp AG* (4,0; > *ThyssenKrupp AG*). Der Durchschnitt liegt gerade einmal bei 5,2. Allerdings stellt sich im Zuge der Namenwahl gegenwärtig – beide vorgenannten Beispiele belegen dies – auch weiterhin nicht die Frage nach Stimmhaftigkeit. Vielmehr sollten die Firmen *Benz & Co. Rheinische Gasmotoren-Fabrik* sowie *Gußstahlfabrik Fried. Krupp* einfach gekürzt werden. Der Wohlklang bleibt ein eher untergeordnetes Kriterium, allein die Mindestanforderung der Aussprechbarkeit muss hier erfüllt sein. Auch kaum sonore Namen halten sich und haben keine negativen Auswirkungen, wenn es etwa auf die Betonung von Tradition ankommt. So ist bspw. die Firma *Klöckner & Co* seit Gründung des Unternehmens im Jahre 1906 bis heute nicht verändert worden. Damit weist sie den längsten Zeitraum ohne Umbenennungen auf.

4.1.3.7 Transparenz, Motivierbarkeit

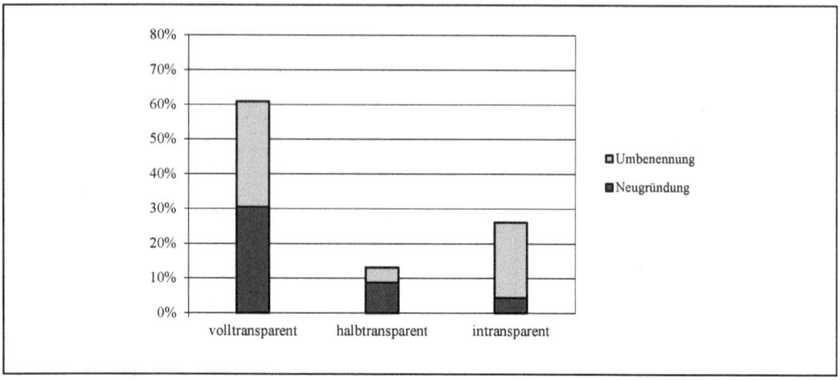

Abb. 25: Anteil voll-, halb- und intransparenter Firmen (1890 - 1909)

Mit *Arthur Pfeiffer Vakuumtechnik GmbH* (> *Pfeiffer Vacuum Technology AG*), *Drägerwerk, Heinr. & Bernh. Dräger* (> *Drägerwerk AG & Co. KGaA*) sowie *Keller & Knappich G.m.b.H. Maschinenfabrik Augsburg* (> *KUKA Aktiengesellschaft*) gibt es nun erstmals halbtransparente Namen. Aus ihnen kann man nicht mehr unmittelbar auf Gegenstand oder Erzeugnisse des Unternehmens schließen: Was wird bspw. im Drägerwerk hergestellt, welche Maschinen liefern Keller & Knappich, produziert die Arthur Pfeiffer Vakuumtechnik GmbH entsprechende Geräte oder vertreibt sie diese nur? Erstgenanntes Beispiel firmierte vorher unter *Dräger & Gerling*, ist also eindeutiger geworden. Abgesehen davon behält die Mehrheit der Namen (69,2%) ihren Transparenzgrad bei, 23,1% wechseln von voll- zu undurchsichtig, bspw. *Drogerie- und Farbwarenhandlung Gehe & Comp.* > *Gehe & Co. AG* (> *Celesio AG*). Die 1:1-Beziehung zwischen Benennungsmotiv und Verständlichkeit brechen die halbtransparenten Bezeichnungen auf: Alle reinen Personalfirmen bleiben zwar undurchsichtig, doch bei Sachhinweisen ist keine Vorhersage mehr möglich. Insgesamt gehen beide Haupttypen zurück, die einzige opake Neugründung stellt *Klöckner & Co* dar.

4.1.3.8 Assoziationen, Konnotationen

Nach wie vor ergeben sich bei den Assoziationen kaum Änderungen. Einzig die *Aktiengesellschaft für Hoch- und Tiefbauten* (> *HOCHTIEF Aktiengesellschaft*) löst keine Vorstellungen von Tradition sowie Zuverlässigkeit aus. 56,5% der Firmen enthalten zusätzlich Anklänge an Industrie und Handwerk, bspw. *Bau-Flaschnerei Paul Dürr* (> *Dürr Aktiengesellschaft*). Außerdem erscheint erstmals die Konnotation Gesundheit in Form der *Standard-Präparate deutscher Apotheker* (> *STADA Arzneimittel Aktiengesellschaft*). Jedoch muss sie nicht zwangsläufig wie im vorliegenden Beispiel mit Wissenschaftlichkeit zusammenfallen. Kein Name dieses Zeitraums lässt an Internationalität, Größe bzw. Modernität denken. Bei Umbenennungen erweisen sich v.a. „Neben-Assoziationen“ (Wissenschaft, Technik) als wenig stabil: Sie werden häufiger (etwa in Form von Sachzusätzen) weggelassen oder neu hinzugenommen, bspw. *Drogerie- und Farbwarenhandlung Gehe & Comp.* > *Gehe & Co. AG* (> *Celesio AG*) bzw. *Gußstahlfabrik Fried. Krupp* > *Fried. Krupp AG* (> *ThyssenKrupp AG*).

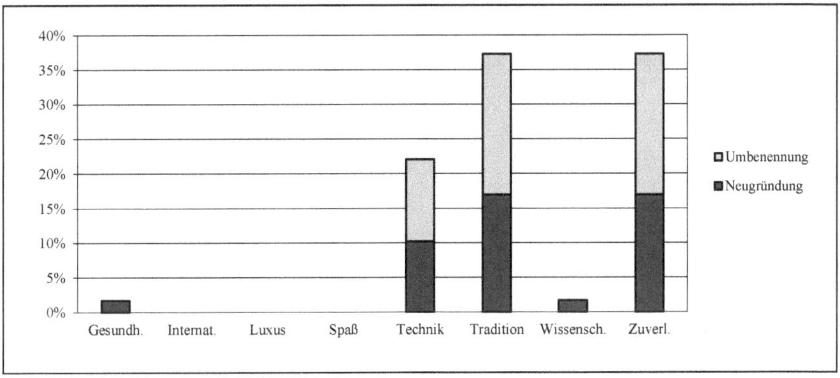

Abb. 26: Von den Unternehmensnamen ausgelöste Assoziationen (1890 - 1909)

4.1.4 1910 - 1929

4.1.4.1 Benennungsmotiv (HGB)

Einen großen Sprung auf ihren Höchststand im Korpus vollführt die Sachfirma. Jedes zweite der zwischen 1910 und 1929 gegründeten oder umbenannten Unternehmen wird einzig nach seinem Gegenstand bezeichnet, bspw. *Bayerische Warenvermittlung landwirtschaftlicher Genossenschaften AG* (> *BayWa Aktiengesellschaft*), *Vereinigte Elektrizitäts- und Bergwerks-Aktiengesellschaft* (> *E.ON AG*). Personennamen sind mit 13,9% nur noch selten allein vertreten und bei Neugründungen nahezu bedeutungslos. In Verbindung mit Sachhinweisen kommen sie aber weiterhin häufig vor. Zum ersten Mal dienen frei gewählte Lexeme bzw. Syntagmen ohne Hinweise auf Gründer oder hergestellte Produkte zur Kennzeichnung, obwohl dies eigentlich noch gar nicht erlaubt ist (vgl. Kap. 2.2): *Deutsche Luft Hansa Aktiengesellschaft*, *Dragoco* (> *Symrise AG*), *Radiofrequenz GmbH* (> *Loewe AG*). Auch in Kombinationen bauen kreative Firmen ihren Anteil aus (40,0%). Insgesamt weisen 19,4% aller Namen zumindest einen solchen Bestandteil auf, welcher verstärkt als schick und modern gilt. Der gemischte Typ nimmt zwar ab, erstmals gehen hier jedoch gleichzeitig alle drei Motive eine Verbindung ein, bspw. in *HOCHTIEF Aktiengesellschaft für Hoch- und Tiefbauten vorm. Gebrüder Helfmann* (> *HOCHTIEF Aktiengesellschaft*) oder *Siemens-Planiawerke AG für Kohlefabrikate* (> *SGL CARBON SE*). Vor dem Hintergrund des Ersten Weltkriegs und eines gesteigerten Nationalgefühls erreichen Ortszusätze mit 41,7% wieder einen hohen Wert, wobei der direkte Hinweis auf Deutschland sogar in 40,0% dieser Fälle auftritt.

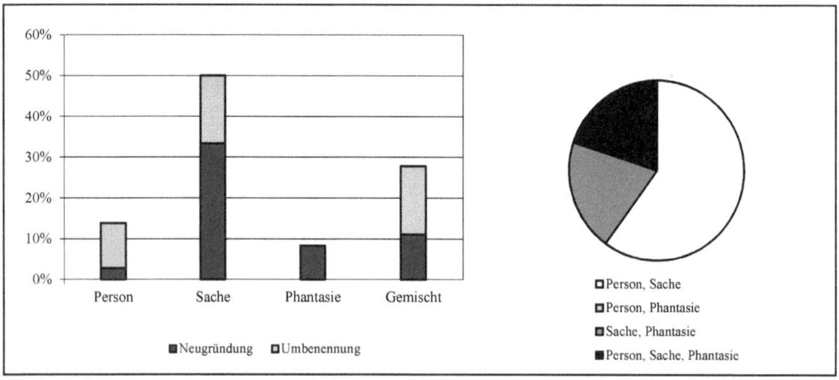

Abb. 27: Unternehmensnamen nach Benennungsmotiv;
Kombinationen im Typ ‚Gemischt' (1910 - 1929)

4.1.4.2 Bildungsweise

Bei diesem Jahresschnitt handelt es sich erneut um eine Epoche mit vergleichsweise regulären Namen – 58,3% von ihnen befolgen die grammatischen Normen. Regelkonform gebildete Syntagmen können ihren Anteil auf 41,7% mehr als verdoppeln und stellen jetzt das häufigste Muster, bspw. *Deutsche*

Maschinenfabrik AG (> *Demag Cranes AG*), *Gemeinnützige Aktien-Gesellschaft für Angestellten-Heimstätten* (> *Gagfah S.A.*). Doch mit diesem Höchststand ist zugleich ihr Wendepunkt erreicht, von dem aus sie in den folgenden Perioden kontinuierlich an Bedeutung verlieren werden. Zum ersten Mal tritt in Gestalt von *Dragoco* (> *Symrise AG*) eine Wortschöpfung, genauer gesagt eine akronymische Kürzung aus *Dragon Company*, als eigenständige Firma auf. Eine weitere liegt in der Juxtaposition *HOCHTIEF Aktiengesellschaft für Hoch- und Tiefbauten vorm. Gebrüder Helfmann* (> *HOCHTIEF Aktiengesellschaft*) vor. Die einzige allein stehende Wortbildung im Zeitraum zwischen 1910 und 1929 verkörpert das Kompositum *Radiofrequenz GmbH* (> *Loewe AG*). Alle anderen Typen außer den soeben genannten büßen Anteile ein. Abgesehen von den besprochenen Wortschöpfungen und den geänderten Häufigkeitsverteilungen kommt es jedoch bei der Bildungsweise zu keinen gravierenden Umbrüchen. Irreguläre Unternehmensnamen fallen im Vergleich zur vorhergehenden Epoche zwar zurück, setzen nun aber zu einem kontinuierlichen Aufschwung an.

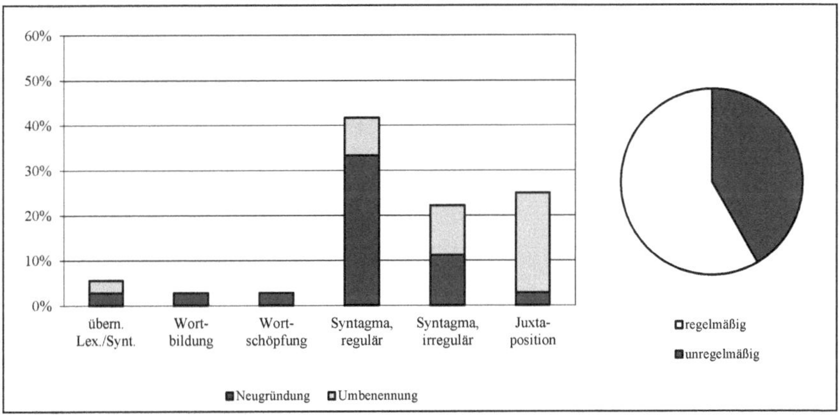

Abb. 28: Bildungsweise der Unternehmensnamen;
Anteil (un-)regelmäßiger Firmen (1910 - 1929)

4.1.4.3 Graphematische Besonderheiten

Erfreut sich der Bindestrich zur Anzeige einzelner Elemente innerhalb von Komposita auch weiterhin großer Beliebtheit, so gibt es nun erstmals Namen, welche ihn bewusst auslassen, bspw. *Bayerische Motoren Werke GmbH*,

Deutsche Luft Hansa Aktiengesellschaft, Süddeutsche Luftverkehrs AG (> *Fraport AG Frankfurt Airport Services Worldwide*). In der Firma *Bayerische Flugzeug-Werke* (> *Bayerische Motoren Werke Aktiengesellschaft*) trat er ein Jahr zuvor noch auf. Durch den absichtlichen „Regelbruch" wollen die Unternehmen Aufmerksamkeit infolge eines Überraschungseffektes erzeugen und damit bewirken, dass sich Geschäftspartner sowie Kunden besser bzw. länger an sie erinnern. Zu einer weiteren Neuerung kommt es bei der Großschreibung. Nicht eine Abkürzung, sondern ein ganzes Wort steht nun erstmals komplett in Majuskeln: *HOCHTIEF Aktiengesellschaft für Hoch- und Tiefbauten vorm. Gebrüder Helfmann* (> *HOCHTIEF Aktiengesellschaft*). Abweichende Schreibweisen stellen wieder die Begriffe *Cement, Commerz* und *Continental* dar (*Portland-Cementwerke Heidelberg-Mannheim-Stuttgart AG* > *HeidelbergCement AG, Commerz- und Privat-Bank Aktiengesellschaft* > *Commerzbank Aktiengesellschaft, Continental Gummi-Werke AG* > *Continental Aktiengesellschaft*). Vom Gesamtumfang steigen die graphematischen Besonderheiten leicht auf 22,2% – die Unternehmen bleiben hier also immer noch eher zurückhaltend. Auch die neu aufgekommenen reinen Phantasiebezeichnungen weisen nur wenig mehr Abweichungen auf als Sach- und Mischfirmen – einzig Personennamen zeigen keinerlei Auffälligkeiten im Schriftbild.

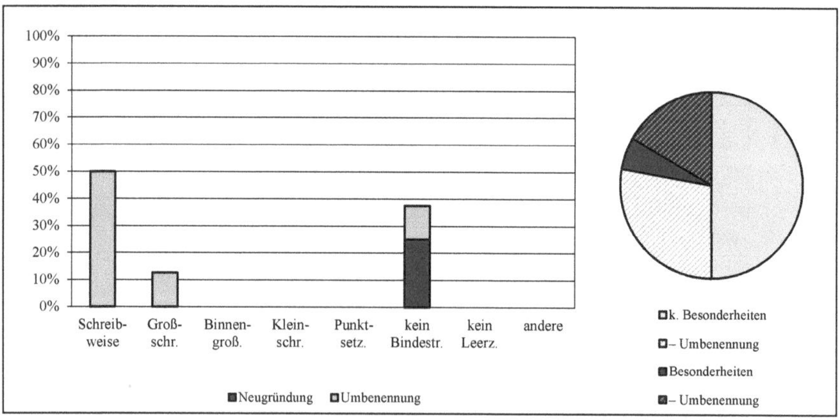

Abb. 29: Anteil einzelner Abweichungen an allen graphematischen Besonderheiten; Verhältnis von Namen mit Auffälligkeiten im Schriftbild zu solchen ohne (1910 - 1929)

4.1.4.4 Elemente aus Fremdsprachen

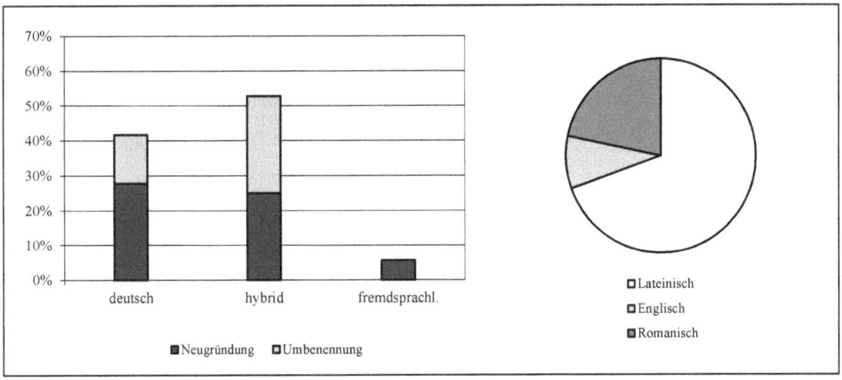

Abb. 30: Anteil deutscher, hybrider und fremdsprachlicher Firmen; Verhältnis der Fremdsprachen (1910 - 1929)

Dragoco (> *Symrise AG*) und *Radiofrequenz GmbH* (> *Loewe AG*) stellen die ersten Firmen im Korpus dar, welche allein mit nicht-nativem Material gebildet worden sind. Aus Begeisterung für die ostasiatische Kultur gibt der Friseurmeister Carl Wilhelm Gerberding seiner neu gegründeten Parfüm- und Seifenfabrik eine akronymische Kürzung aus *Dragon Company* als Namen. Die Brüder David Ludwig und Siegmund Loewe nennen ihren Betrieb zur Herstellung von Rundfunkempfängern *Radiofrequenz GmbH*. Beide Male handelt es sich um Phantasiebezeichnungen, die lediglich Komponenten aus einer (Englisch bzw. Latein), nicht aber unterschiedlichen Fremdsprachen verwenden. Hybride Formen bleiben zwar weiterhin am häufigsten, werden aber von deutschen Firmen bei Neugründungen überholt, etwa *Gottfried Schill KG* (> *VBH Holding Aktiengesellschaft*) oder *Vogtländische Baugesellschaft mbH* (> *Vivacon AG*). Experimentierfreude zeigen die Kombinationen nativer mit nicht-nativen Elementen. Jede mögliche Zusammenstellung kommt vor, wobei die Verbindung Deutsch-Latein klar überwiegt, bspw. in *Dr. Eduard Fresenius chemisch-pharmazeutische Produkte KG* (> *Fresenius SE*) oder *Motorenfabrik Deutz AG* (> *DEUTZ Aktiengesellschaft*). Bewegung kommt auch in die Durchsichtigkeitsgrade der einzelnen Typen. So kann man native Namen entweder durchgängig oder gar nicht (Personenamen) „verstehen“, während hybride Formen halb- oder volltransparent ausfallen (vgl. Kap. 4.1.4.7).

4.1.4.5 Länge, Silbenzahl

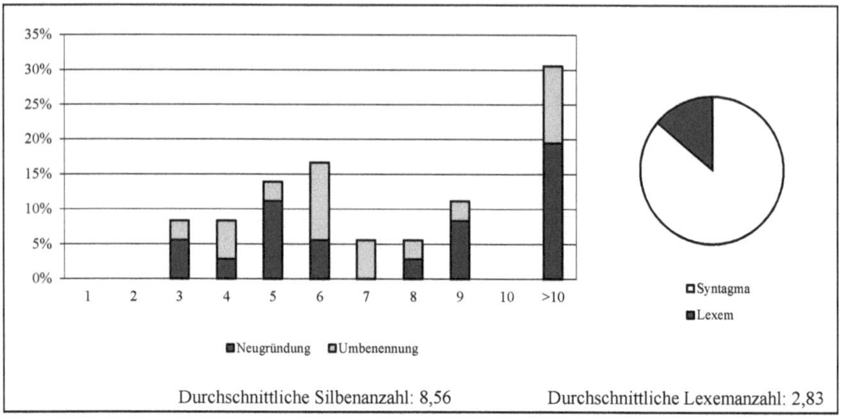

Abb. 31: Anzahl der Silben je Unternehmensname;
Verhältnis von Syntagmen zu Lexemen (1910 - 1929)

Bei gleichbleibendem Anteil der äußerst langen Namen mit über zehn Silben fällt ein Zusammenrücken im Mittelfeld auf. Ein- und Zweisilber gibt es nicht, ebenso gehen monolexematische Benennungen zurück. Wiederum gehören die ausführlichsten Firmen meist zu Neugründungen, etwa *Dr. Eduard Fresenius chemisch-pharmazeutische Produkte KG* (> *Fresenius SE*), *Bayerische Warenvermittlung landwirtschaftlicher Genossenschaften AG* (> *BayWa Aktiengesellschaft*). Durch Fusion zweier Unternehmen sowie anschließender gleichberechtigter Aufnahme in den neuen Namen werden diese einerseits länger: *Allianz Versicherungs-Aktiengesellschaft* + *Stuttgarter Verein Versicherungs-AG* > *Allianz und Stuttgarter Verein Versicherungs-AG* (> *Allianz SE*), *Gebrüder Siemens & Co.* + *Planiawerke AG für Kohlefabrikate* > *Siemens-Planiawerke AG für Kohlefabrikate* (> *SGL CARBON SE*). Andererseits lässt sich die gegenläufige Tendenz beobachten, Hinweise auf den Geschäftszweck zu streichen, um so kürzere Firmierungen zu erhalten: *Portland-Cement-Fabrik Dyckerhoff & Söhne* > *Dyckerhoff & Söhne GmbH* (> *Dyckerhoff Aktiengesellschaft*), *Schnellpressenfabrik Koenig & Bauer* > *KOENIG & BAUER Aktiengesellschaft*. Oft werden diese Bestrebungen aber in den Folgejahren wieder zurückgenommen. Aufgrund der Ausgeglichenheit beider Bewegungen bleibt die durchschnittliche Silben- bzw. Wortanzahl auf hohem Niveau nahezu unverändert.

4.1.4.6 Gesamtsonoritätswert

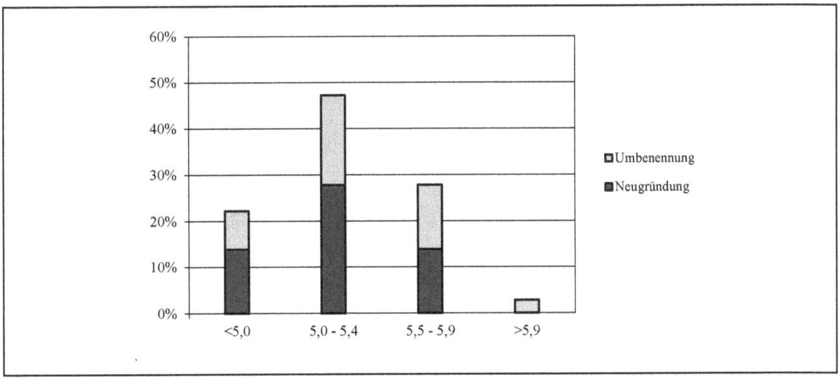

Abb. 32: Gesamtsonoritätswerte der Unternehmensnamen (1910 - 1929)

Kaum euphonische Firmen kommen auf ihren höchsten Anteil von 22,2%, während zugleich die wenigsten äußerst wohlklingenden Namen in einem Zeitabschnitt vorliegen (2,8%). Allein die *Bayerische Motoren Werke GmbH* erreicht mit 6,0 einen Wert über 5,9. Diese beiden Extreme markieren einen Wendepunkt innerhalb der Sonoritätsentwicklung, der leicht gestiegene Durchschnitt von 5,3 zeigt schon die künftige Richtung an: In den kommenden Perioden werden wenig sonore Firmen abnehmen, klangvolle hingegen ihren Anteil ausbauen – lediglich unterbrochen durch kleinere Schwankungen. Das Intervall von 5,0 bis 5,4 bleibt, wenn auch bereits im Rückzug begriffen, weiter am häufigsten. Ferner fallen die ersten Phantasienamen in diese Spanne: *Dragoco* (5,1; > *Symrise AG*), *Radiofrequenz GmbH* (5,2; > *Loewe AG*), *Deutsche Luft Hansa Aktiengesellschaft* (5,4). Damit dokumentieren sie, dass es noch nicht um gesteigerten Wohlklang geht bzw. nach wie vor eher geringere Niveaus präferiert werden. Dennoch erkennen die Unternehmen vermutlich schon die harmonische Wirkung voller Nebentonvokale und offener Endsilben. Andernfalls hieße die größte deutsche Fluggesellschaft vielleicht **Luft Hanse* (5,2).

4.1.4.7 Transparenz, Motivierbarkeit

Halbtransparente Firmen können ihren Anteil mehr als verdoppeln (33,3%), überrunden damit erstmals die opaken (16,7%) und rücken auf den zweiten Platz hinter den durchsichtigen Namen (50,0%) vor. Im Falle von Neugründungen liegen die beiden häufigsten Typen annähernd gleichauf. Intransparente Firmen verlieren zwar weiter an Bedeutung, dennoch kündigt sich hier ein Paradigmenwechsel an. Denn es sind nicht mehr nur Personennamen opak, sondern mit *Dragoco* (> *Symrise AG*) auch zum ersten Mal eine der in diesem Zeitraum aufgekommenen Phantasiebezeichnungen. Halbdurchsichtige reine Sachfirmen (bspw. *Süddeutsche-Zucker-Aktiengesellschaft* > *Südzucker Aktiengesellschaft Mannheim/Ochsenfurt*, *Vereinigte Industrie-Unternehmungen Aktiengesellschaft* > *E.ON AG*, *Verwertungsgesellschaft für Montanindustrie GmbH* > *IVG Immobilien AG*) weichen die Korrelation zwischen Transparenzgrad und Benennungsmotiv vollends auf. Bei einer Namenänderung verbleibt nur noch die Hälfte der Firmen im angestammten Durchsichtigkeitslevel, der Rest verteilt sich auf andere, wobei allerdings keine besonderen Vorlieben erkennbar werden.

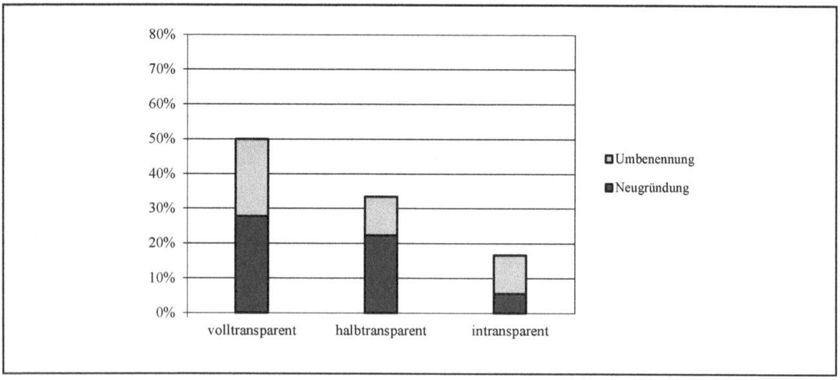

Abb. 33: Anteil voll-, halb- und intransparenter Firmen (1910 - 1929)

4.1.4.8 Assoziationen, Konnotationen

In dieser Zeitspanne beginnt die anhaltende Abwärtsbewegung des Assoziationsbereichs Tradition, noch ändert sich das Bild aber nicht gravierend. Erst allmählich versuchen die Unternehmen auf andere Weise, potentiellen Kunden und Geschäftspartnern über ihre Namen Werte wie Vertrauenswürdigkeit oder Qualität zu vermitteln. Zwei der drei neuen Phantasiefirmen, nämlich *Dragoco* (> *Symrise AG*) sowie *Radiofrequenz GmbH* (> *Loewe AG*), lassen bereits nicht mehr an eine lange Geschichte denken, sondern an Internationalität bzw.

Technik und Verlässlichkeit. Anders verfährt die *Deutsche Luft Hansa Aktiengesellschaft* mit Hinweisen auf das Heimatland sowie alte Handelsverbünde. Der Eindruck von Zuverlässigkeit kann seinen Anteil wieder leicht ausbauen und erreicht den Höchststand im Korpus, etwa durch die *Continental Gummi-Werke AG* (> *Continental Aktiengesellschaft*) oder die *Gemeinnützige Aktien-Gesellschaft für Angestellten-Heimstätten* (> *Gagfah S.A.*). Zum ersten aber auch einzigen Mal setzen Unternehmen den akademischen Titel ihrer Gründer zur Vertrauensbildung ein: *Dr. Alexander Wacker Gesellschaft für elektrochemische Industrie KG* (> *Wacker Chemie AG*) sowie *Dr. Eduard Fresenius chemisch-pharmazeutische Produkte KG* (> *Fresenius SE*). Anklänge an Internationalität, Modernität und Größe steigen auf ein Zwischenhoch von 3,4% aller Assoziationen, getragen von den genannten Gesellschaften *Continental Gummi-Werke AG*, *Deutsche Luft Hansa Aktiengesellschaft* sowie *Dragoco*. Die Andeutung von Industrie und Technik bleibt häufigem Wandel unterworfen.

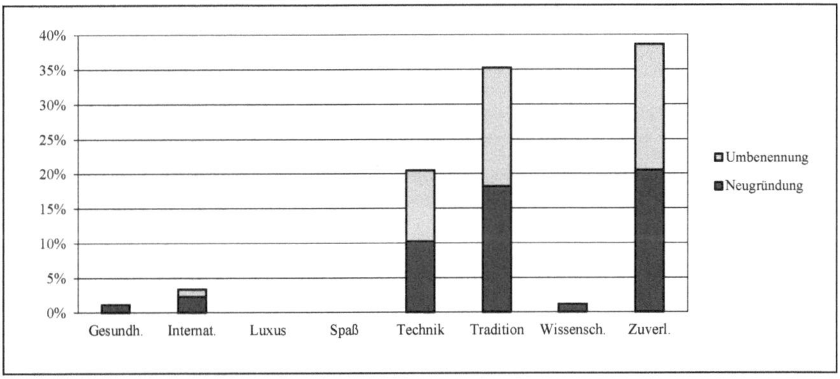

Abb. 34: Von den Unternehmensnamen ausgelöste Assoziationen (1910 - 1929)

4.1.5 1930 - 1949

4.1.5.1 Benennungsmotiv (HGB)

NS-Regime sowie Zweiter Weltkrieg mit Aufrüstung und Gleichschaltung, aber auch die Stunde null, Wiederaufbau sowie beginnendes Wirtschaftswunder kennzeichnen diese Periode. Vor 1945 machen nationalsozialistische Eingriffe in die Unternehmenspolitik selbst bei der Firmierung nicht halt. Dies kann man an der heutigen Loewe AG erkennen, welche 1923 von den jüdischen Brüdern David Ludwig und Siegmund Loewe als *Radiofrequenz GmbH* gegründet wird. Sechs Jahre später schließen sich alle zwischenzeitlich entstandenen Tochterbetriebe zur *Radioaktiengesellschaft D. S. Loewe* zusammen. Das „arisierte" Unternehmen muss 1940 seinen Namen in *Löwe Radio AG* ändern sowie 1942 nach Einspruch des Gauleiters von Sachsen gegen diese immer noch „zu jüdische" Firma in *Opta Radio AG*. Im Zuge der Rückerstattung an die Familie 1949 nennt sich die Aktiengesellschaft *Loewe Opta AG*.

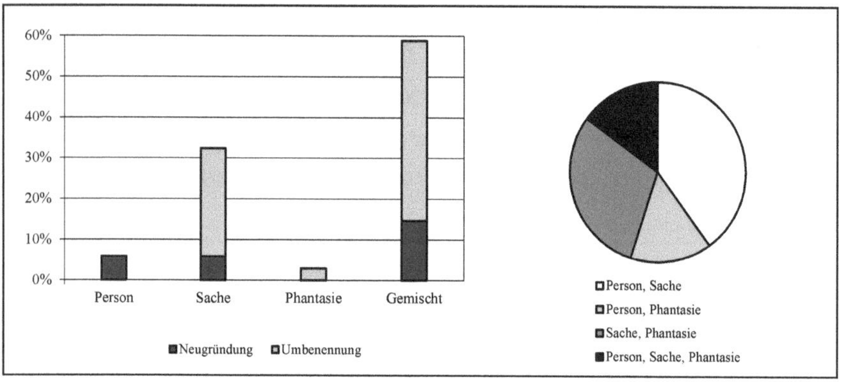

Abb. 35: Unternehmensnamen nach Benennungsmotiv;
Kombinationen im Typ ‚Gemischt' (1930 - 1949)

Trotz alledem bleibt die Namenwahl den seit 1850 bestehenden Traditionen verhaftet. Bei Neugründungen liegt sogar wieder fast das Verhältnis der Anfangsjahre vor. Der gemischte Typ rangiert auf einem Höchststand von 58,8%, gefolgt von Sachbezeichnungen mit 32,4%. Kreative Formen gehen stark zurück (2,9%), in Kombinationen machen sie allerdings nun fast zwei Drittel (60,0%) aus und überrunden hier zum ersten Mal Verknüpfungen von Personal- sowie Sachfirma. Die Personennamen nehmen ebenfalls weiter ab. Auch Ortszusätze sind überraschenderweise rückläufig, ein Anstieg von besonders „deutschen" Bezeichnungen wie in den nationalistisch geprägten Phasen zuvor stellt sich nicht ein. Ein entsprechender Hinweis auf das Herkunftsland taucht nur in 14,7% aller Firmen auf, wovon allein die *Gesellschaft zur Vorbereitung des Deutschen Volkswagens mbH* (> *VOLKSWAGEN AKTIENGESELLSCHAFT*) und die *Süddeutschen Kalkstickstoff-Werke* (> *SKW Stahl-Metallurgie Holding*

AG) Neugründungen darstellen. Vielleicht wollten die Nationalsozialisten einer „Profanisierung" des Adjektivs *deutsch* entgegenwirken, um es für Prestigeprojekte wie die *Deutsche Lufthansa*, den *Deutschen Volkswagen* oder die *Standesgemeinschaft deutscher Apotheker* (> *STADA Arzneimittel Aktiengesellschaft*) zu reservieren (vgl. RONNEBERGER-SIBOLD 2008b: 139-143). Die Mehrheit der Namen wechselt bei Umfirmierungen das Benennungsmotiv nicht.

4.1.5.2 Bildungsweise

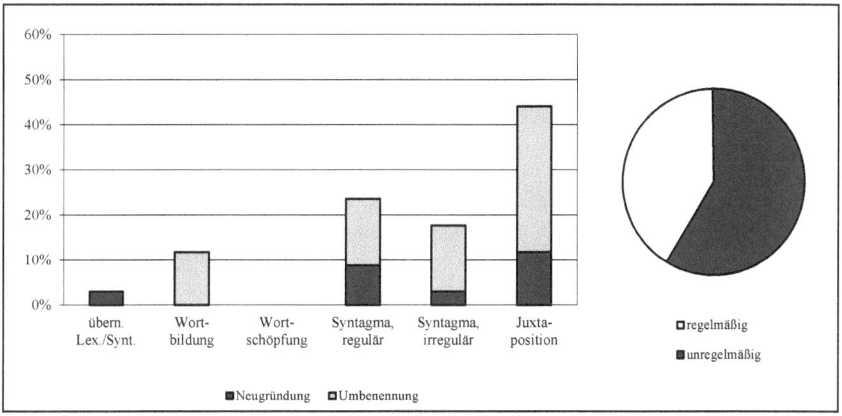

Abb. 36: Bildungsweise der Unternehmensnamen;
Anteil (un-)regelmäßiger Firmen (1930 - 1949)

Juxtapositionen stellen erstmals sowohl bei Neugründungen als auch Umbenennungen den häufigsten Typ. Reguläre wie irreguläre Syntagmen gehen zurück, übernommene Bezeichnungen fallen sogar auf ihren niedrigsten Stand überhaupt. Dagegen erreichen Wortbildungen in Form von Komposita mit 11,8% eine Rekordmarke – Derivationen und Konversionen hingegen tauchen nicht auf. Die Unternehmen kombinieren dabei verstärkt eher wesensfremde Substantive: *Humboldt-Deutzmotoren AG* (> *DEUTZ Aktiengesellschaft*), *Rheinmetall-Borsig AG* (> *Rheinmetall Aktiengesellschaft*), *Volkswagenwerk GmbH* (> *VOLKSWAGEN AKTIENGESELLSCHAFT*). Somit dürfen sie als Vorstufe für die noch freieren, keinen Regeln mehr unterliegenden Wortschöpfungen gelten, welche mit der folgenden Etappe verstärkt als eigenständige Namen aufkommen. Gegenwärtig liegen sie ausschließlich im Rahmen von Juxtapositionen vor. Hier finden sich zwei neue Muster, nämlich das Lautwertakronym *WASAG-Chemie AG* (> *H&R WASAG Aktiengesellschaft*), das für *Westfälisch-Anhaltische Sprengstoff-Actien-Gesellschaft* steht sowie die Splitterkreuzung *Opta Radio AG* (> *Loewe AG*), deren genaue Herkunft bis heute nicht geklärt ist. Vermutlich wurde sie aus *Optik* und *-a* zusammengesetzt, was sich durch den Beginn der Fernsehproduktion sowie die Aufnahme eines stilisierten Auges in die Bildmarke stützen lässt. Des Weiteren existiert noch die akronymische Kürzung *Adolf Dassler adidas Sportschuhfabrik* (> *adidas AG*) aus dem Spitz- und Familiennamen des Gründers *Adi Dassler*.

4.1.5.3 Graphematische Besonderheiten

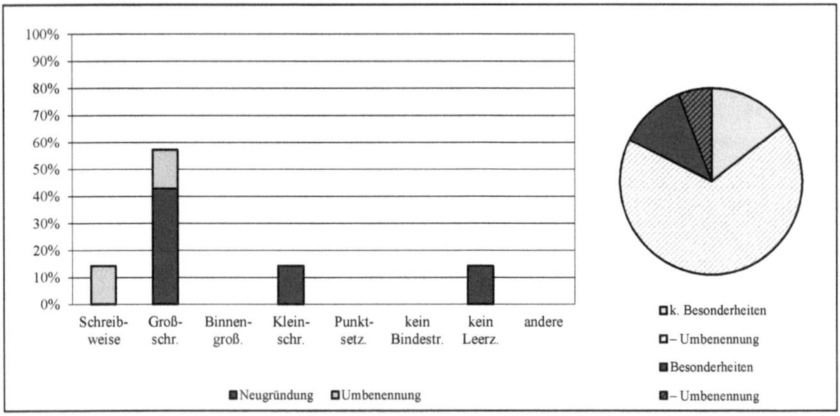

Abb. 37: Anteil einzelner Abweichungen an allen graphematischen Besonderheiten; Verhältnis von Namen mit Auffälligkeiten im Schriftbild zu solchen ohne (1930 - 1949)

Der Anteil graphematischer Besonderheiten sinkt in diesem Zeitraum auf 17,6% und damit unter den Stand der Jahre 1870-89. Doch es wäre falsch, die Firmen während des NS-Regimes sowie nach Ende des Zweiten Weltkriegs als besonders konservativ einzustufen. Auch hier kommt es nämlich zu kleineren Innovationen: Die durchgängige Großschreibung ganzer Namenteile steigt weiter stark an (57,1% aller Abweichungen). Zudem steht erstmals eine komplette Unternehmensbezeichnung samt Rechtsform in Majuskeln: *RUDOLF FUCHS GMBH & CO.* (> *FUCHS PETROLUB AG*). Gleichzeitig handelt es sich dabei um die erste Abweichung in einer reinen Personalfirma. Mit der *Adolf Dassler adidas*

Sportschuhfabrik (> *adidas AG*) taucht nun auch das Gegenteil, ein Nomen mit kleinem Anfangsbuchstaben auf. Neu ist ebenfalls der bewusste Verzicht auf Leerzeichen, wie in *KAISER+KRAFT GmbH* (> *TAKKT AG*). Merklich an Bedeutung verlieren hingegen Schreibweisen mit *C-*. Die Baustoffproduzenten *Dyckerhoff Portland-Zementwerke AG* (> *Dyckerhoff Aktiengesellschaft*) sowie *Portland-Zementwerke Heidelberg Aktiengesellschaft* (> *HeidelbergCement AG*) haben sich bereits der Standardorthographie angepasst. Übrig bleibt allein die *Commerzbank Aktiengesellschaft*. Einen Höchststand verzeichnet der Einsatz von Bindestrichen: In 44,1% aller Namen dienen sie zur Kenntlichmachung der Kompositionsglieder oder der Verbindung von Personennamen. Bei den Neugründungen zeichnet sich indes eine richtungsweisende Trendwende ab. Hier erreichen nämlich Firmen sowohl mit als auch ohne graphematische Besonderheiten nahezu gleiche Anteile (44,4% bzw. 55,6%).

4.1.5.4 Elemente aus Fremdsprachen

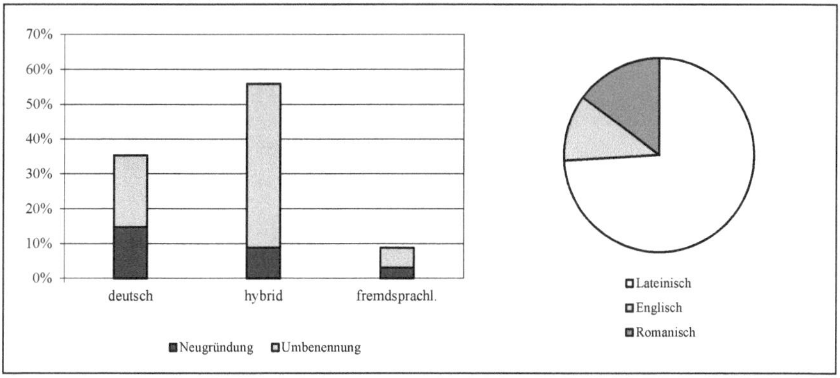

Abb. 38: Anteil deutscher, hybrider und fremdsprachlicher Firmen; Verhältnis der Fremdsprachen (1930 - 1949)

Die zwischen 1930 und 1949 entstandenen oder umbenannten Unternehmen ergeben hinsichtlich ihrer Fremdsprachlichkeit ein eher diffuses Bild. Über die Hälfte der Neugründungen führt deutsche Firmen, insgesamt aber fällt dieser Typus mit nur 35,3% auf seinen zweitniedrigsten Stand im Korpus – noch seltener kommt er lediglich im Zeitraum 1990-2009 vor. Hybride Namen nehmen wieder zu und erreichen ein Zwischenhoch von 55,9%. Weiter wachsender

Beliebtheit erfreuen sich auch rein nicht-native Bezeichnungen. Nach Protesten gegen die „zu jüdischen“ Firmierungen *Radioaktiengesellschaft D. S. Loewe* bzw. *Löwe Radio AG* (vgl. Kap. 4.1.5.1) tritt das Unternehmen von 1942 bis 1949 unter dem unverfänglichen Pseudolatinismus *Opta Radio AG* (> *Loewe AG*) auf. Die *Biotest-Serum-Institut GmbH* (> *Biotest Aktiengesellschaft*) setzt hingegen die klassische Sprache ein, um Assoziationen von Wissenschaftlichkeit hervorzurufen. Hybride und fremde Namen sind dabei jedoch nicht unverständlicher als die hauptsächlich halb- oder volltransparenten deutschen (vgl. Kap. 4.1.5.7). Während romanische Elemente zurückgehen, setzt das Englische (*Dyckerhoff <u>Portland</u>-Zementwerke AG* > *Dyckerhoff Aktiengesellschaft*, *<u>Portland</u>-Zementwerke Heidelberg Aktiengesellschaft* > *HeidelbergCement AG*) seinen leichten Aufwärtstrend der vergangenen Perioden fort. Bei Neugründungen dominieren aber weiterhin lateinisch-griechische Wörter. Im Falle von Umbenennungen ändert sich der Grad an Fremdheit meist nicht.

4.1.5.5 Länge, Silbenzahl

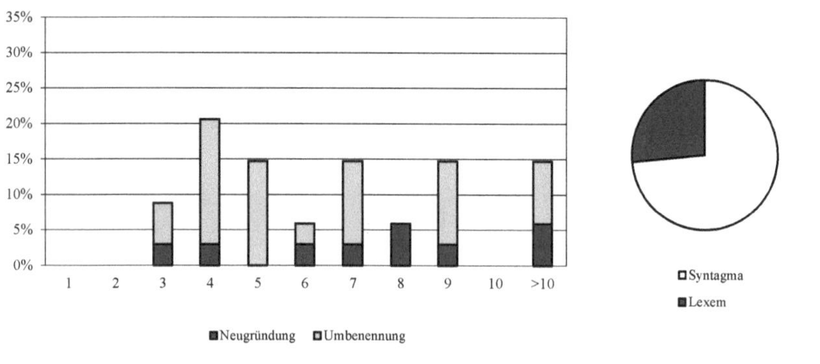

Durchschnittliche Silbenanzahl: 6,65 Durchschnittliche Lexemanzahl: 2,35

Abb. 39: Anzahl der Silben je Unternehmensname;
Verhältnis von Syntagmen zu Lexemen (1930 - 1949)

Lange Namen empfindet man in diesem Zeitraum das erste Mal als unpraktisch und hinderlich im Geschäftsverkehr. Folgerichtig verschwinden sie allmählich, v.a. bei Umbenennungen. Firmen mit über zehn Silben verzeichnen einen deutlichen Rückgang – von mehr als 30% auf jetzt unter 15%. Ihr Anteil entspricht nun demjenigen der Fünf-, Sieben- oder Neunsilber. Darüber hinaus stellen sie nicht mehr den gebräuchlichsten Typ dar. Das absolute Maximum sinkt auf zwölf Silben bzw. fünf Wörter (*Siemens Plania Chemische Fabrik Griesheim*), und auch im Durchschnitt sind beide Parameter stark rückläufig. Monolexematische Benennungen hingegen bauen ihren Anteil weiter aus. Zwei Beispiele des Finanzsektors können die Entwicklung gut veranschaulichen: 1940 nimmt die *Commerz- und Privat-Bank Aktiengesellschaft* den Namen *Commerzbank Aktiengesellschaft* an, da dieser in der Öffentlichkeit bereits oft verwendet worden ist. Ihr Wettbewerber, die *Deutsche Bank und Disconto-Gesellschaft*, kehrt bereits 1937 wieder zur älteren und prägnanteren Firmierung *Deutsche Bank Aktiengesellschaft* zurück. In der Praxis hatte sich die neue Bezeichnung nach Zusammenschluss mit der *Disconto-Gesellschaft* nämlich als „zu umständlich" erwiesen (E-Mail der Deutsche Bank Aktiengesellschaft).

4.1.5.6 Gesamtsonoritätswert

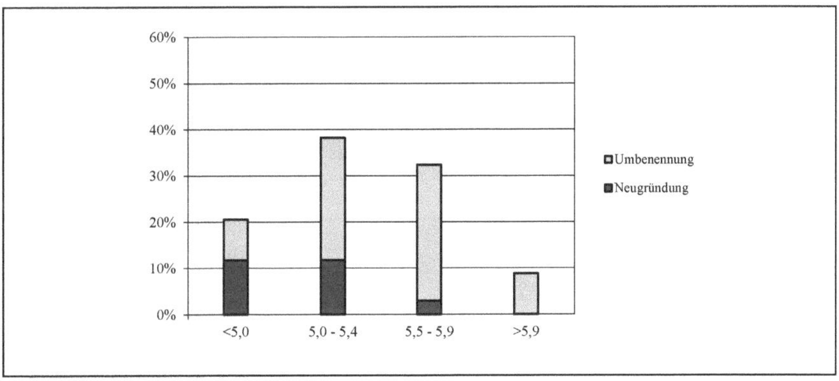

Abb. 40: Gesamtsonoritätswerte der Unternehmensnamen (1930 - 1949)

Hohe Sonoritätslevel steigen an, geringe fallen hingegen zurück – das ist kurz zusammengefasst die Entwicklung in den Jahren 1930 bis 1949. Der Anteil sehr euphonischer Firmen verdreifacht sich sogar auf 8,8%. Mit einem Wert von 6,7 bildet die *Löwe Radio AG* (> *Loewe AG*) den Spitzenreiter. Wahrscheinlich wählt man die Namenelemente aber noch eher unbewusst nach deren Klang aus. So tilgen die Gebrüder Loewe bspw. recht bald nach der Gründung das wenig sonore Wort *Frequenz* (4,2) aus ihrer Firma.[55] Bei einem Durchschnitt von 5,4 verringern sich insgesamt die Abstände zwischen euphonischen und weniger stimmhaften Bezeichnungen. Im Rahmen von Umbenennungen bleiben die meisten Namen in ihrer angestammten Sonoritätsklasse. Überraschen mag die Tatsache, dass sich neue Unternehmen häufig sehr „unharmonische" Firmen geben, bspw. *Süddeutsche Kalkstickstoff-Werke* (4,6; > *SKW Stahl-Metallurgie Holding AG*), *RUDOLF FUCHS GMBH & CO.* (4,7; > *FUCHS PETROLUB AG*) oder *KAISER+KRAFT GmbH* (4,8; > *TAKKT AG*). In Bezug auf die einzelnen Benennungsmotive sind keine besonderen Präferenzen auszumachen.

4.1.5.7 Transparenz, Motivierbarkeit

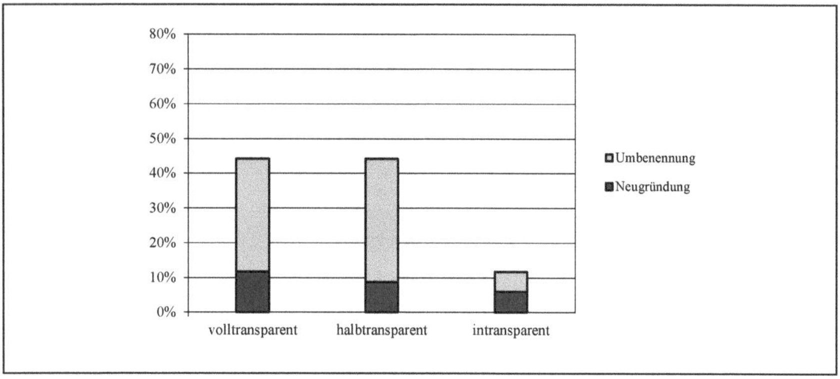

Abb. 41: Anteil voll-, halb- und intransparenter Firmen (1930 - 1949)

Dieser Abschnitt markiert einen Wendepunkt in der Entwicklung der Transparenz: Voll- und halbdurchsichtige Namen kommen mit je 44,1% auf exakt denselben Anteil, opake Firmen erreichen ihren absoluten Tiefstand von 11,8%. Bei Neugründungen bestehen lediglich geringfügige Häufigkeitsunterschiede. Im Falle einer Umbenennung ändern 60,0% der Unternehmen die Motivierbarkeit ihrer Bezeichnung nicht. Daneben verlaufen die Wechsel hauptsächlich in Richtung Halb- und zu geringeren Teilen gen Volltransparenz. Meist geschieht dies durch Austausch oder Weglassen von genaueren bzw. allgemeineren Sachzusätzen, bspw. voll-/intransparent → halbtransparent: *Bau-Flaschnerei Paul*

[55] Die Firmierung *Löwe Radio AG* bestimmten die Nationalsozialisten (vgl. Kap. 4.1.5.1).

Dürr > Otto Dürr Industrieanlagen GmbH (> Dürr Aktiengesellschaft), Eduard Vossloh > Vossloh-Werke GmbH (> Vossloh Aktiengesellschaft); halb-/intransparent → volltransparent: *Leonische Werke Roth-Nürnberg AG > Leonische Drahtwerke AG (> LEONI AG), Dyckerhoff & Söhne GmbH > Portland-Zementwerke Dyckerhoff-Wicking AG (> Dyckerhoff Aktiengesellschaft).*

4.1.5.8 Assoziationen, Konnotationen

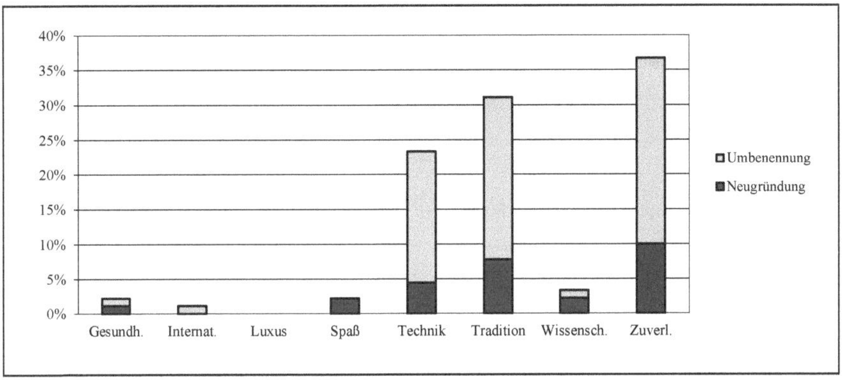

Abb. 42: Von den Unternehmensnamen ausgelöste Assoziationen (1930 - 1949)

Vor dem geschichtlichen Hintergrund dieses Zeitraums verwundert es wenig, dass „internationale" Namen bloß einen sehr geringen Anteil von 1,1% ausmachen – lediglich in den Anfangsjahren sowie zwischen 1890 und 1909 waren sie gar nicht vertreten. Nun erinnert einzig die *Deutsche Lufthansa Aktiengesellschaft* noch an Fernreisen sowie die große weite Welt. Nach Kriegsende tritt mit ‚Spiel, Spaß, Sport' eine neue Assoziation auf, die gleichzeitig den Beginn einer US-amerikanisch geprägten Lebens- und Freizeitgestaltung markiert. Da sich nur zwei Unternehmen der Sportartikelbranche – *Adolf Dassler adidas Sportschuhfabrik (> adidas AG)* sowie *PUMA Schuhfabrik Rudolf Dassler (> PUMA Aktiengesellschaft Rudolf Dassler Sport)* – im Korpus finden, bleibt dieser Vorstellungsbereich ein peripheres Phänomen. Noch verlässt man sich nicht allein auf dessen Wirkung, sondern deutet zusätzlich Tradition, Zuverlässigkeit und Technik an. Neben ihrer Länge wirken beide Firmen so leicht „überfrachtet". Ansonsten kommt es zu keinen grundlegenden Veränderungen, auch nicht im

Falle von Umbenennungen. Anklänge langer Geschichte sinken erneut, bleiben aber weiterhin selbst bei Neugründungen wichtig. Die *Leonische Werke Roth-Nürnberg AG* > *Leonische Drahtwerke AG* (> *LEONI AG*) sowie die *Westfälisch-Anhaltische Sprengstoff-Actien-Gesellschaft Chemische Fabriken* > *WASAG-Chemie AG* (> *H&R WASAG Aktiengesellschaft*) streichen derartige Hinweise auf Herkunft und Vergangenheit, der *Löwe Radio AG* > *Opta Radio AG* (> *Loewe AG*) werden sie vom NS-Regime verboten (vgl. Kap. 4.1.5.1). Die jungen Unternehmen *Biotest-Serum-Institut GmbH* (> *Biotest Aktiengesellschaft*) sowie *Gesellschaft für Konsumforschung e.V.* (> *GfK SE*) setzen auf Wissenschaftlichkeit.

4.1.6 1950 - 1969

4.1.6.1 Benennungsmotiv (HGB)

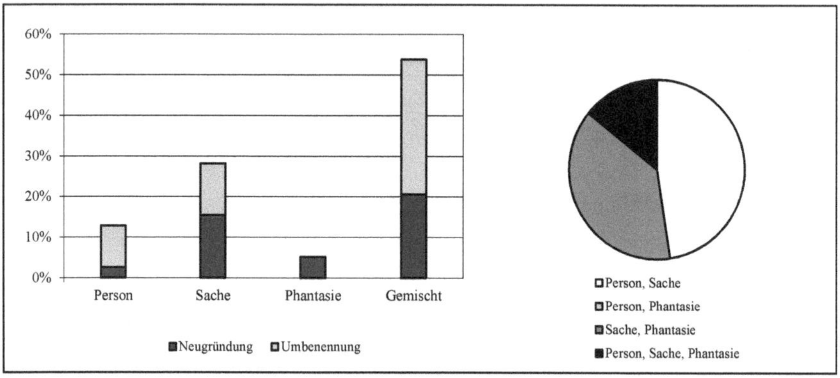

Abb. 43: Unternehmensnamen nach Benennungsmotiv;
Kombinationen im Typ ‚Gemischt' (1950 - 1969)

Die Kriegsschäden sind größtenteils beseitigt, das Wirtschaftsleben blüht auf, der Export boomt, und viele Unternehmen entstehen (wieder) – zumindest in Westdeutschland. Auf dem Gebiet der DDR herrschen Staatsbetriebe, Planwirtschaft sowie Mangel vor. Das häufigste Benennungsmotiv bleibt der gemischte Typ (53,9%). Auf Platz zwei folgen Sachfirmen mit 28,2%, etwa *Aktiengesellschaft für Transport und Rückversicherung* (> *Hannover Rückversicherung AG*) oder *Heidelberger Druckmaschinen Aktiengesellschaft.* Dahinter rangieren

Personennamen und Phantasiebezeichnungen, bspw. *Linde Aktiengesellschaft*, *Schippert & Stetter KG* (> *VBH Holding Aktiengesellschaft*) sowie *HOCHTIEF Aktiengesellschaft*, *Kontron GmbH*. War in den Anfangsjahren die Nennung des Erfinders bzw. Gründers am wichtigsten, so ist es für die beginnende Konsumgesellschaft das Produkt: Alle Kombinationen weisen den Geschäftsgegenstand aus, etwa *Nixdorf Computer AG* (> *Wincor Nixdorf Aktiengesellschaft*), *PUMA-Sportschuhfabriken Rudolf Dassler KG* (> *PUMA Aktiengesellschaft Rudolf Dassler Sport*), *SIGRI Elektrographit GmbH* (> *SGL CARBON SE*). Person und Phantasie kommen nie gemeinsam als Firma vor. Wegen der internationaleren Ausrichtung gehen die Ortszusätze weiter zurück: Nur noch eines von fünf Unternehmen zeigt seine Herkunft an. Vielleicht wird eine Verbindung zu Deutschland kurz nach Ende des Zweiten Weltkriegs auch als hinderlich angesehen. Ein Wechsel des Benennungsmotivs bspw. von Sache zu Gemischt o.Ä. findet nur in 21,7% der Namenänderungen statt.

4.1.6.2 Bildungsweise

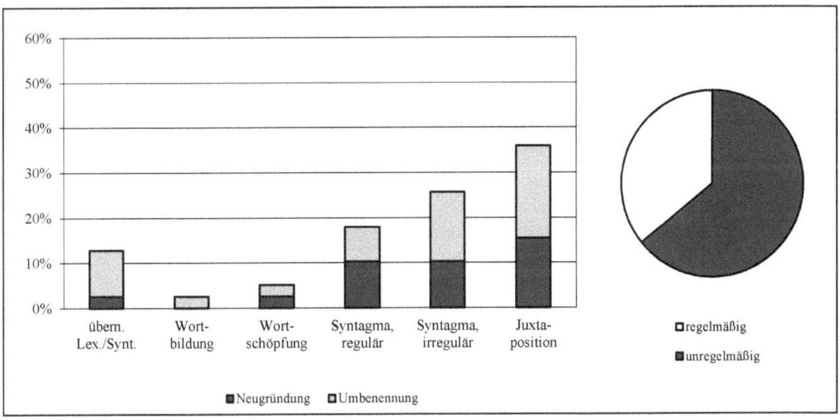

Abb. 44: Bildungsweise der Unternehmensnamen;
Anteil (un-)regelmäßiger Firmen (1950 - 1969)

Nach ihrem Höchststand in der vergangenen Epoche fallen Komposita mit nur noch einem Vertreter (*Industrieverwaltungsgesellschaft mbH* > *IVG Immobilien AG*) auf ihr Minimum von 2,6%. Dafür setzen Wortschöpfungen zu einem nachhaltigen Aufschwung an. Die Unternehmen zeigen hier immer mehr Kreativität, experimentieren mit verschiedenen Verfahren. Besonders beliebt sind Kürzungen, bspw. Buchstabierakronyme wie *MTU München GmbH* (> *MTU Aero Engines Holding AG*), das für *Motoren- und Turbinen-Union* steht. Ein Lautwertakronym aus *Standard-Präparate deutscher Apotheker* stellt *STADA Arzneimittel Genossenschaft mbH* dar. Die Firma *HOCHTIEF Aktiengesellschaft* wurde als akronymische Kürzung aus *Aktiengesellschaft für Hoch- und Tiefbauten* gebildet. Noch allerdings kommen die meisten von ihnen nicht eigenständig vor. Gerne fügt man auch mehrere einzelne Wortbestandteile außerhalb der Kombinationsregeln zu neuen Bezeichnungen zusammen. Um eine solche Splitterkreuzung aus *Siemens* und *Griesheim* – dem Familiennamen der Gründer sowie dem Sitz des Unternehmens – handelt es sich bei *SIGRI Elektrographit GmbH* (> *SGL CARBON SE*). Ein Kopfwort aus *Metropole* erscheint in *Metro SB-Großmärkte GmbH & Co. KG* (> *METRO AG*). Außerdem gibt es wieder mehr übernommene Bezeichnungen. Auch irreguläre Syntagmen steigen etwas, nach diesem Zwischenhoch setzen sie aber ihren Abwärtstrend fort. Juxtapositionen fallen zwar leicht, bleiben jedoch der häufigste Typ. Insgesamt knapp zwei Drittel aller Firmen sind irregulär.

4.1.6.3 Graphematische Besonderheiten

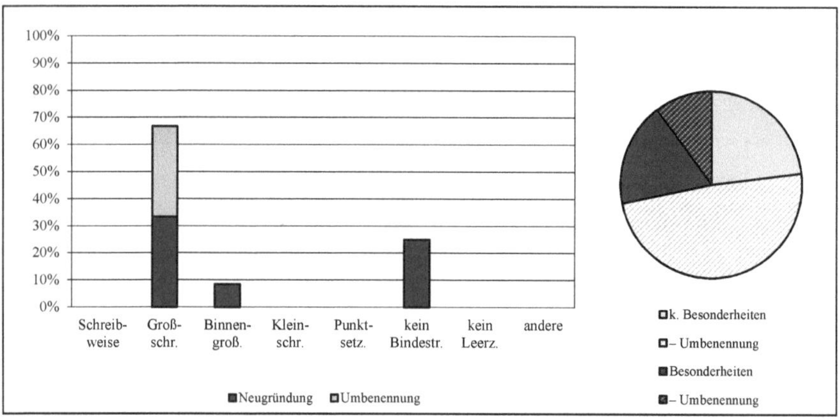

Abb. 45: Anteil einzelner Abweichungen an allen graphematischen Besonderheiten; Verhältnis von Namen mit Auffälligkeiten im Schriftbild zu solchen ohne (1950 - 1969)

Der Bindestrich fehlt nun genauso oft, wie er bewusst gesetzt wird, bspw. in *Touristik Union International GmbH & Co. KG* (> *TUI AG*) bzw. *Wacker-Werke GmbH* (> *Wacker Neuson SE*). Im Bestreben aufzufallen entsteht dafür eine neue Abweichung zur Kenntlichmachung einzelner Elemente, nämlich die Binnengroßschreibung am Anfang eines weiteren (Kompositions-)Gliedes. Die Firma *CeWe Color Betriebe* (> *CeWe Color Holding AG*) nutzt den jungen Attraktor in Anlehnung an den Lautwert der Initialen von *Carl Wöltje*, dem Schwiegervater des Gründers. Auf diese und ähnliche Weise versuchen einige Unternehmen, sich von der Konkurrenz abhebend, einen Wettbewerbsvorteil zu erzielen. Allein die Qualität der Produkte sowie ein Hinweis darauf im Namen reichen nicht mehr. Auf 66,7% aller Abweichungen kann die Großschreibung eines ganzen Bestandteils ihren Anteil ausbauen (*STADA Arzneimittel Genossenschaft mbH*), und auch insgesamt steigen die graphematischen Besonderheiten in diesem Zeitraum weiter auf 28,2%. Mehr als jede vierte Gesellschaft sucht nun mit ihnen bei Kunden wie Geschäftspartnern Aufmerksamkeit zu erregen. Relativ gesehen am häufigsten treten Auffälligkeiten im Schriftbild reiner Phantasienamen oder gemischter Firmen mit einer ebensolchen Komponente auf.

4.1.6.4 Elemente aus Fremdsprachen

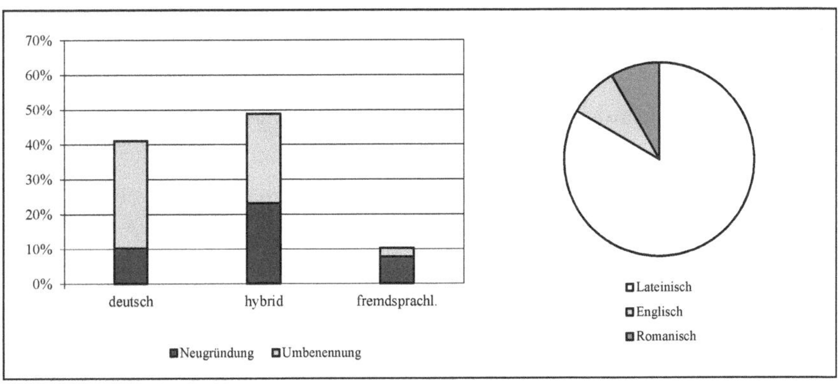

Abb. 46: Anteil deutscher, hybrider und fremdsprachlicher Firmen; Verhältnis der Fremdsprachen (1950 - 1969)

Nach dem Auf und Ab der vergangenen Perioden beginnt nun eine Phase stabiler Trends. Die Unternehmen fangen an, sich systematisch Gedanken über

Einsatz sowie Wirkung von Fremdsprachen in ihren Namen zu machen. Zunächst standen einfach das Produkt und dessen Qualität im Mittelpunkt der Verkaufsbemühungen, erst später entdeckt man Image sowie Corporate Identity – u.a. ausgedrückt durch die Firma – als mindestens ebenso entscheidende Faktoren, v.a. bei Dienstleistern ohne materielles Warenangebot. Nicht-native Begriffe helfen hier, Aufmerksamkeit zu erzeugen und bestimmte Eindrücke zu vermitteln (vgl. Kap. 4.1.6.8). Die klassischen Sprachen erreichen abermals einen sehr hohen Anteil (83,4%), romanische sowie englische Elemente fallen hingegen auf jeweils 8,3% zurück. Insgesamt ähnelt dies der Situation von 1890 bis 1909. Dennoch gibt es einige bedeutsame Unterschiede: So entsteht etwa mit der *Software Aktiengesellschaft* erstmals eine rein englische Firma. Namen fremden Ursprungs setzen die seit 1910 ungebrochene Aufwärtsbewegung fort, ihre einheimischen Pendants holen sie bei Neugründungen bereits fast ein. Obwohl immer noch überwiegend, geht der hybride Typ weiter zurück – deutsch-lateinische Kombinationen sind hier nach wie vor am beliebtesten. Ein Wechsel im Zuge von Umbenennungen bleibt selten. Nur native Firmen wie *Karstadt AG* (> *ARCANDOR Aktiengesellschaft*) oder *MTU Friedrichshafen GmbH* (> *Tognum AG*) fallen opak aus, alle anderen verteilen sich recht gleichmäßig auf volle sowie halbe Transparenz (vgl. Kap. 4.1.6.7).

4.1.6.5 Länge, Silbenzahl

Der Trend zu kürzeren, weniger komplexen Namen setzt sich fort. Sowohl der durchschnittliche Umfang als auch der Anteil aller Bezeichnungen mit über zehn Silben nehmen weiter ab. Letztere liegen wie die Acht- bis Zehnsilber unter 10%. Wiederum haben neu gegründete Gesellschaften die längsten Firmen, bspw. *Betrieb zur Fabrikation von Sitzkissen* (> *Grammer AG*) oder *VTG Vereinigte Tanklager und Transportmittel GmbH* (> *VTG Aktiengesellschaft*) – die genaue Beschreibung zur besseren Erkenn- und Memorierbarkeit ist in der Anfangsphase höher gerankt als die ebenfalls favorisierte Kürze, nach einigen Jahren am Markt wird sich dieses Verhältnis umkehren. Namen mit zwei Silben verzeichnen einen deutlichen Zuwachs, Einwortbenennungen gehen leicht zurück. Beim Wechsel der Firma besteht die Tendenz zur Vereinfachung, 81,8% der Namen werden im Zuge von Umbenennungen kürzer oder bleiben zumindest in ihrer Länge unverändert. Die Strategien hierfür sind vielfältig (Abkürzungen, Weglassen von Zusätzen, neue Bezeichnungen u.a.). Den stärksten Rückgang um über zehn Silben erfährt *HOCHTIEF Aktiengesellschaft für Hoch- und Tiefbauten vorm. Gebrüder Helfmann* > *HOCHTIEF Aktiengesellschaft*. Hier konnte auf die „Erklärung“ der akronymischen Kürzung dank deren leichter Interpretierbarkeit und allgemeiner Bekanntheit verzichtet werden.

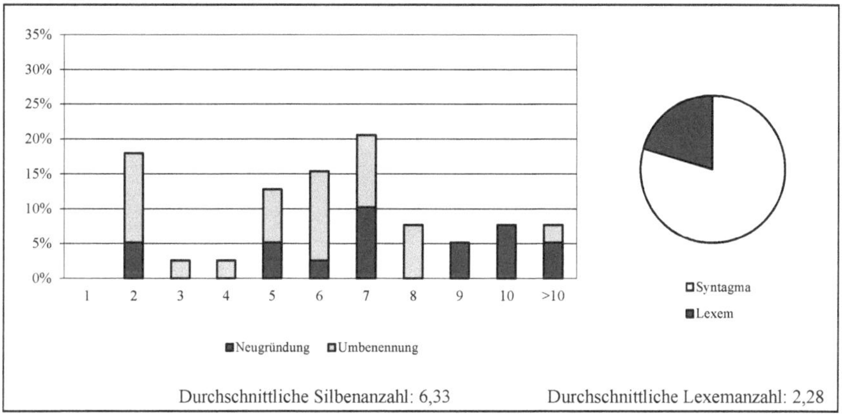

Abb. 47: Anzahl der Silben je Unternehmensname;
Verhältnis von Syntagmen zu Lexemen (1950 - 1969)

4.1.6.6 Gesamtsonoritätswert

Die beiden mittleren Intervalle legen zu, extreme Werte geben Anteile ab. Damit sind bei Neugründungen wie Umbenennungen Firmen mit einer Sonorität zwischen 5,0 und 5,4 am beliebtesten, gefolgt von der sich anschließenden Spanne 5,5 bis 5,9. Auf dem dritten Platz befinden sich die unsonorsten Vertreter, während sehr klangvolle Formen nur selten auftauchen. Durchschnittlich erreichen die Namen einen Wert von 5,3. Bei Umbenennungen gehen lediglich 21,7% in eine niedrigere Klasse zurück – bis auf eine Ausnahme nicht unter 5,0. In den oberen Kategorien gibt es viele Wechselbewegungen ohne klare Richtung. Die Phantasiebezeichnungen *HOCHTIEF Aktiengesellschaft* sowie *Kontron GmbH* kommen lediglich auf Sonoritäten von 4,5 bzw. 4,7. Die Firma des Essener Baukonzerns ist historisch gewachsen, beim Computertechnikproduzenten wurde sie hingegen eigens zur Gründung im Jahre 1962 kreiert. Hier bahnt sich ein dem Wohlklang entgegengesetztes Motiv an: Durch Konsonantencluster samt charakteristischem lateinischem Konfix *-tron* (< *Elektronik*) sollen Zuverlässigkeit, Qualität und Seriosität zum Ausdruck kommen (vgl. Kap. 4.1.6.8 und 11.3.2). Ein zu sonorer Name wirkte dabei kontraproduktiv. Solche Überlegungen stellen aber weiterhin nur wenige Unternehmen an. Andere Parameter wie Kürze sind höher gerankt, bspw. *Sixt Autofahrten und Selbstfahrer* (4,9) > *Auto Sixt* (4,9; > *Sixt Aktiengesellschaft*).

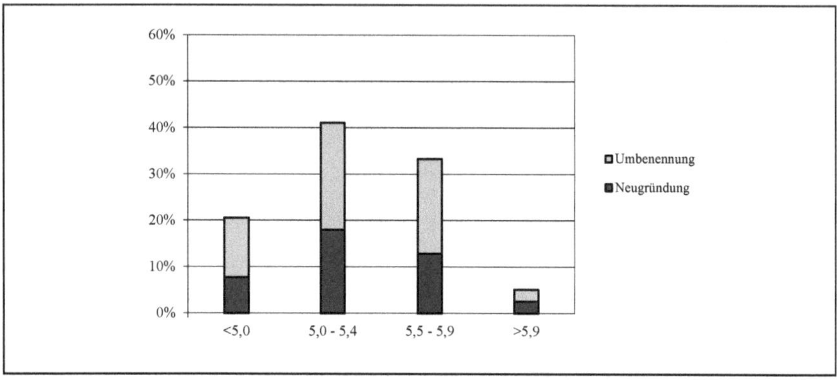

Abb. 48: Gesamtsonoritätswerte der Unternehmensnamen (1950 - 1969)

4.1.6.7 Transparenz, Motivierbarkeit

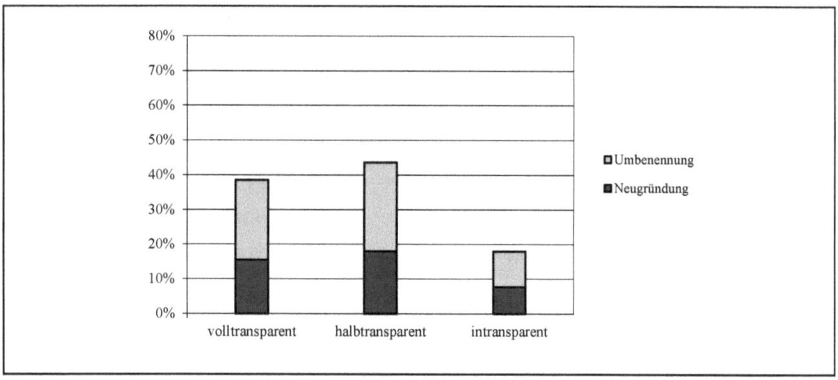

Abb. 49: Anteil voll-, halb- und intransparenter Firmen (1950 - 1969)

In Sachen Transparenz zeigen sich die Unternehmen nur wenig experimentierfreudig, selbst bei 69,6% der Umbenennungen bleibt sie unangetastet. Folgende

Beispiele illustrieren dies: *Preußische Landespfandbriefanstalt* > *Deutsche Pfandbriefanstalt* (> *Aareal Bank AG*), *PUMA Schuhfabrik Rudolf Dassler* > *PUMA-Sportschuhfabriken Rudolf Dassler KG* (> *PUMA Aktiengesellschaft Rudolf Dassler Sport*), *Rudolph Karstadt AG* > *Karstadt AG* (> *ARCANDOR Aktiengesellschaft*). Der Anteil halbdurchsichtiger Namen fällt nahezu unverändert aus, offenkundige Firmen sinken weiter, die opaken Bezeichnungen steigen leicht an. Dennoch verschieben sich die Prioritäten; sowohl für bestehende als auch neue Unternehmen gilt die gleiche, gegenüber dem Vorzeitraum umgestellte Rangordnung: Erstmals ist das mittlere Level am häufigsten, gefolgt von voll- bzw. intransparenten Namen, Letztere weiterhin zumeist als Personal- und Sach- oder reinen Personalfirmen. Um eingeschränkte Durchsichtigkeit zu erzielen, bedient man sich der unterschiedlichsten Kombinationen, etwa Person und Sache; Person, Phantasie und Sache; Phantasie und Sache etc.

4.1.6.8 Assoziationen, Konnotationen

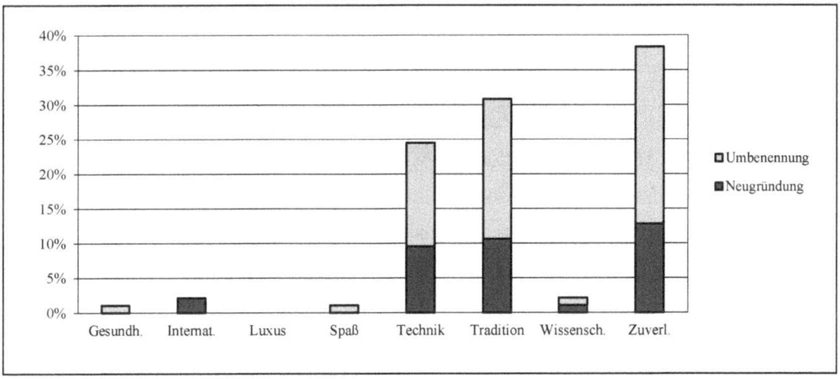

Abb. 50: Von den Unternehmensnamen ausgelöste Assoziationen (1950 - 1969)

Auch wenn es noch nicht danach aussieht, beginnt nun der rasante Aufstieg internationaler Konnotationen – im Vergleich zum vorherigen Zeitabschnitt verdoppeln sie ihren Anteil bereits: *Metro SB-Großmärkte GmbH & Co. KG* (> *METRO AG*) verspricht neue Einkaufserlebnisse nach US-amerikanischem Vorbild. Fernweh und Reiselust deutet *Touristik Union International GmbH & Co. KG* (> *TUI AG*) nicht nur an, sondern nennt die entsprechenden Stichworte auch gleich im Namen. Einen Höchststand verzeichnen Firmen, welche an Technik denken lassen. Doch handelt es sich nicht mehr nur um Anklänge an Industrie bzw. Massenfertigung wie in den Anfangsjahren. Aufgrund des Fortschritts der Informationstechnologie kommen Hightech und Neue Medien hinzu, bspw. *Kontron GmbH, Labor für Impulstechnik* > *Nixdorf Computer AG* (> *Wincor Nixdorf Aktiengesellschaft*) sowie *Software Aktiengesellschaft*. Erstere setzt das griechisch-lateinische Konfix *-tron* ein, um derartige Assoziationen hervorzurufen (vgl. Kap. 11.3.2). In den folgenden Perioden werden die Möglichkeiten der Wortschöpfung dann noch konsequenter genutzt.

Buchstabierakronymen haftet der Eindruck von Sachlichkeit und damit Zuverlässigkeit an, vermutet man doch bedeutungsschwere Langformen dahinter (vgl. Ronneberger-Sibold 2004: 571). Unternehmen setzen sie deshalb – neben ihrer beträchtlichen Kürze – gerne ein. Gut sichtbar wird dies an *MTU München GmbH* (< *Motoren- und Turbinen-Union*; > *MTU Aero Engines Holding AG*) oder *VTG Vereinigte Tanklager und Transportmittel GmbH* (> *VTG Aktiengesellschaft*), wobei im zweiten Beispiel das Akronym eigentlich überflüssig ist. Sonst bleiben die Mittel, um Tradition und Zuverlässigkeit anzuzeigen, dieselben, etwa in *Deutsche Beteiligungsgesellschaft mbH* (> *Deutsche Beteiligungs AG*), *H. Jungheinrich & Co. Maschinenfabrik* (> *Jungheinrich Aktiengesellschaft*) oder *Hornberger Maschinenbaugesellschaft OHG* (> *Homag Group AG*). Im Rahmen von Umbenennungen fallen oftmals die Eindrücke von Geschichte sowie Technik weg. Allerdings kommt es hier nur in 27,3 % der Fälle überhaupt zu Veränderungen.

4.1.7 1970 - 1989

4.1.7.1 Benennungsmotiv (HGB)

Mit dieser Periode setzt eine grundlegende Veränderung im Betätigungsfeld der analysierten Aktiengesellschaften ein. Dominierte bislang das verarbeitende Gewerbe, so entstehen jetzt verstärkt Handels- und Dienstleistungsunternehmen, der tertiäre Sektor gewinnt an Bedeutung. Durch den Eintritt in das Computertechnik-Zeitalter erlebt v.a. die Informations- bzw. Kommunikationsbranche einen nachhaltigen Boom. Deren junge Unternehmen folgen anderen, kreativeren Firmierungsstrategien, und die etablierten ziehen nach: Neugründungen wie Umbenennungen zeigen nun die gleichen Tendenzen. Dadurch kommt Bewegung in die Namen. Zum ersten Mal vollzieht sich ein bedeutender Wechsel zwischen den einzelnen Benennungsmotiven: Nur noch knapp die Hälfte der Firmen verbleibt in ihrer angestammten Kategorie. Folgende kleine Übersicht stellt die Hauptrichtungen dar:

Person	→	Gemischt	(nicht zu Phantasie oder Sache)
Sache	→	Phantasie	
Gemischt	→	Phantasie; Person	(zu je gleichen Teilen)

An den schwindenden Ortszusätzen kann man die auflebende Globalisierung ablesen: Nur noch 17,0% der Unternehmensnamen weisen einen solchen auf, darunter mit *Air Berlin Inc.* (> *Air Berlin PLC & Co. Luftverkehrs KG*) lediglich eine Neugründung.

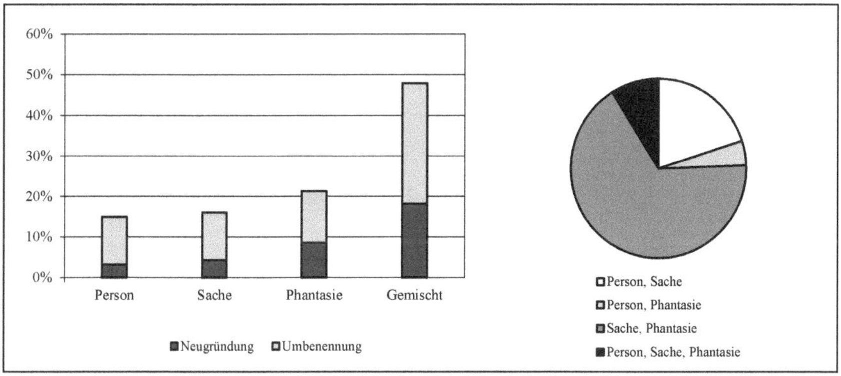

Abb. 51: Unternehmensnamen nach Benennungsmotiv;
Kombinationen im Typ ‚Gemischt' (1970 - 1989)

Das Benennungsmotiv Phantasie überschreitet erstmals die Marke von 20% und wird zum zweithäufigsten Muster. Jede fünfte Gesellschaft wählt somit eine „erfundene" Bezeichnung als alleinigen Namen, bspw. *Hatex KG* (> *Gerry Weber International Aktiengesellschaft*), *Krones Aktiengesellschaft*, *SIGRI GmbH* (> *SGL CARBON SE*). Auch bei Neugründungen liegt dieser Typ vor den angestammten Personal- bzw. Sachfirmen. Darüber hinaus stellt er den Hauptanteil in Kombinationen. Hier hat die Verbindung von Sache und Phantasie diejenige von Sache und Person abgelöst. 59,6% der umbenannten oder neu gegründeten Unternehmen führen zumindest einen kreativen Bestandteil im Namen, wobei erklärende Zusätze zur besseren (Wieder-)Erkennbarkeit – v.a. Hinweise auf das Tätigkeitsfeld – weiter häufig anzutreffen sind, etwa in *Praktikus Bau- und Heimwerkermarkt GmbH* (> *Praktiker Bau- und Heimwerkermärkte Holding AG*) oder *Rofin-Sinar Laser GmbH* (> *Rofin-Sinar Technologies Inc.*). Mit den Phantasiebezeichnungen versuchen die Gesellschaften nun ganz bewusst, bestimmte Empfindungen bei ihren Kunden bzw. Geschäftspartnern hervorzurufen. Für solche Andeutungen und die Erzeugung positiver Gefühle ist gerade dieses Motiv besonders geeignet (vgl. Kap. 4.1.7.8).

4.1.7.2 Bildungsweise

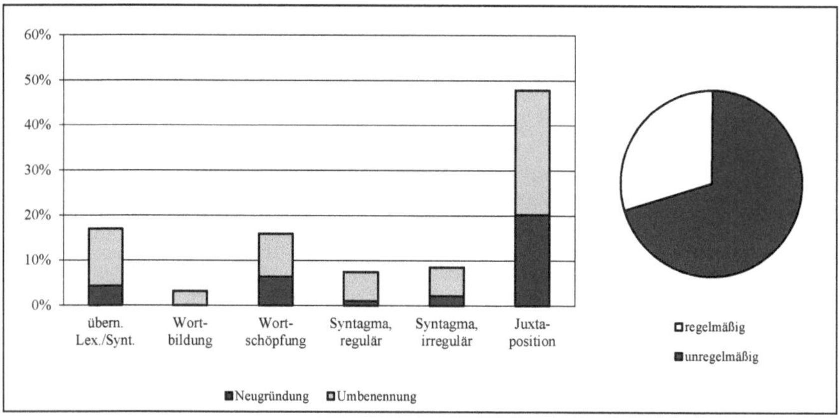

Abb. 52: Bildungsweise der Unternehmensnamen;
Anteil (un-)regelmäßiger Firmen (1970 - 1989)

Der Trend in Richtung Unregelmäßigkeit der Firmen verfestigt sich. Mittlerweile befolgen 70,2% von ihnen nicht mehr die grammatischen Normen. Syntagmen fallen deutlich zurück, Wortbildungen halten ebenso wie übernommene Bezeichnungen annähernd das Niveau des vergangenen Zeitraums, wobei Letztere mit einem Anteil von immerhin noch 17,0% am zweitbeliebtesten sind. Juxtapositionen hingegen steigen neben Wortschöpfungen relativ stark an. Sowohl bei Neugründungen als auch Umbenennungen dominieren diese willkürlich nebeneinandergestellten Elemente, bspw. in *Deutsche Bundespost*

Postdienst (> *Deutsche Post AG*) oder *Homag Maschinenbau AG* (> *Homag Group AG*). Besondere Kreativität zeigen die Unternehmen, wenn sie sich für Neologismen im Namen entscheiden. Hier greifen sie fast durchweg auf Wortschöpfungen zurück, die dann eigenständig oder in Juxtapositionen auftauchen. Gängig sind Buchstabierakronyme, etwa *GfK GmbH*, das für *Gesellschaft für Konsumforschung* steht, gefolgt von Splitterkreuzungen, bspw. *GESCO AG* (< *Gesellschaft* + *Coaching*, *Consulting* u.Ä.). Doch gibt es auch jeweils eine Pseudokonfixbildung (*centrotherm Elektrische Anlagen GmbH & Co. KG* > *centrotherm photovoltaics AG*), eine Konturkreuzung (*MEDION Brachmann & Linnemann OHG* < *Medien* + engl. *on*; > *MEDION AG*) sowie eine irreguläre Suffigierung (*Curanum AG*).

4.1.7.3 Graphematische Besonderheiten

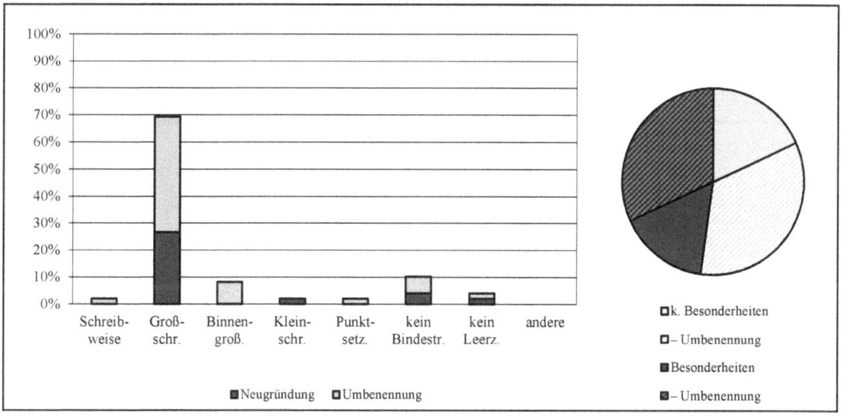

Abb. 53: Anteil einzelner Abweichungen an allen graphematischen Besonderheiten; Verhältnis von Namen mit Auffälligkeiten im Schriftbild zu solchen ohne (1970 - 1989)

Auffälligkeiten im Schriftbild breiten sich rapide aus. Fast die Hälfte aller Namen enthält nun solche Attraktoren. Der Anteil von Firmen mit bzw. ohne graphematische Besonderheiten ist sowohl bei Unternehmensgründungen als auch Umbenennungen nahezu ausgeglichen, die regelkonformen überwiegen aber jeweils leicht. Ganze drei Viertel der Phantasiebezeichnungen verfügen über Attraktoren, insgesamt weisen lediglich 15,6% aller Abweichungen keinen kreativen Bestandteil auf. Am Inventar ändert sich allerdings kaum etwas. Neu hinzu kommt nur die Binnenkleinschreibung *GfK GmbH*, welche jedoch im Korpus eine Ausnahmeerscheinung bleiben wird. Fehlende Leerzeichen gibt es erstmals auch innerhalb eines Wortes: *Sat.1 SatellitenFernsehen GmbH* (> *ProSiebenSat.1 Media AG*). Dieser Name birgt darüber hinaus mit Punktsetzung sowie Majuskel in einem Kompositum die meisten graphematischen Besonderheiten des Zeitraums. Ansonsten gehen die Unternehmen eher sparsam mit ihnen um und nutzen hauptsächlich nicht mehr als einen Attraktor. Dazu schöpfen sie zwar das gesamte Repertoire aus, eine Modeerscheinung stellt aber die Großschreibung zumindest eines Firmenbestandteils dar. Diese steigt weiter auf 69,4% aller Abweichungen. Hierbei kann es sich um Buchstabier- oder Lautwertakronyme, Phantasiebezeichnungen, Personennamen oder ganze Firmen handeln: *SMA Regelsysteme GmbH* (> *SMA Solar Technology AG*), *VIAG AG* (> *E.ON AG*), *PUMA Aktiengesellschaft Rudolf Dassler Sport*, *GEHE AG* (> *Celesio AG*), *VOLKSWAGEN AKTIENGESELLSCHAFT*.

4.1.7.4 Elemente aus Fremdsprachen

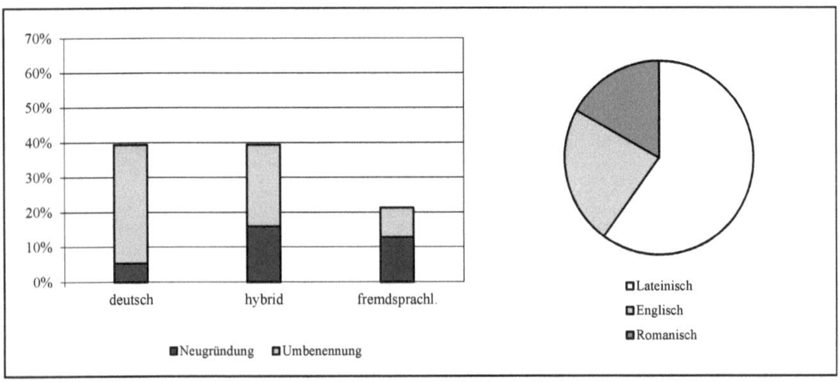

Abb. 54: Anteil deutscher, hybrider und fremdsprachlicher Firmen;
Verhältnis der Fremdsprachen (1970 - 1989)

Deutsche Namen halten in etwa das Niveau des vorigen Zeitraums und stellen jetzt gemeinsam mit hybriden Formen erstmals den häufigsten Typ. Letztere fallen allerdings auf den niedrigsten Stand im Korpus zurück, während fremdsprachliche Firmen ihren Anteil verdoppeln. Betrachtet man ausschließlich die Neugründungen, entsteht ein deutlich gewandeltes Bild. Hier liegen gemischte sowie nicht-native Bezeichnungen klar vor rein deutschen. So kündigt sich die Globalisierung bereits in den Namen an. Auch die Entwicklung des Englischen zur Prestigefremdsprache und Lingua franca kann man ablesen: Auf ganze 23,4% aller ausländischen Komponenten verdreifacht es seinen Anteil. Umstrukturierungen bringen v.a. den angelsächsischen Organisationsterminus *Holding* hervor, bspw. in *DOUGLAS HOLDING AG*, *VBH Holding Aktiengesellschaft*. Wie die Continental Gummi-Werke AG und die Badische Anilin- & Soda-Fabrik, welche nunmehr lediglich unter *Continental Aktiengesellschaft* bzw. *BASF AG* firmieren, reduzieren viele Gesellschaften deutsche Zusätze in ihren Namen oder weichen auf Akronyme aus, um „eine der zunehmenden Internationalisierung entsprechende verständliche Bezeichnung zu haben" (E-Mail der Continental Aktiengesellschaft). Latein bleibt bei rein fremdsprachlichen Firmen weiter am häufigsten (*RATIONAL Aktiengesellschaft*), gefolgt von Englisch sowie Romanisch (*Highlight Communications AG*; *ESCADA Aktiengesellschaft*) – jeweils mit den Konnotationen Verlässlichkeit, Modernität bzw. Eleganz, für welche die betreffenden Sprachen stehen (vgl. Kap. 4.1.7.8). Die Kombination mehrerer nicht-nativer Elemente gewinnt zunehmend an Beliebtheit, bspw. in *AIXTRON GmbH* (< frz. *Aix-la-Chapelle* 'Aachen' + *-tron*). Beim hybriden Typus dominiert ebenfalls das Lateinische, aber auch hier holt Englisch auf, etwa in *1&1 EDV Marketing GmbH* (> *United Internet AG*), *EM-Entertainment Merchandising, Film und Fernseh GmbH* (> *Constantin Medien AG*), *Grenke-Leasing KG*. Im Rahmen von Umbenennungen werden Wechsel häufiger, ohne dass jedoch klare Tendenzen hervortreten.

4.1.7.5 Länge, Silbenzahl

In Abb. 55 kündigt sich eine dauerhafte Verschiebung zum linken Rand, zu den kürzeren Namen an. Seit 1899 (*Benz & Cie. AG* > *Daimler AG*) gibt es mit der *Dürr Aktiengesellschaft* und der *Sixt Aktiengesellschaft* erstmals wieder einsilbige Bezeichnungen, am häufigsten sind jedoch zwei Silben. Fünf- bis Zehnsilber rangieren allesamt unter 10%, noch längere Firmen steigen nur leicht. Einen großen Zuwachs auf 37,2% verzeichnen monolexematische Benennungen. Kürzungstendenzen durch das Weglassen von Zusätzen oder Rufnamen sowie knappere neue Firmierungen überwiegen bei Umbenennungen zwar die Erweiterungen existierender Bezeichnungen etwa um Sachhinweise, insgesamt bleibt die durchschnittliche Länge jedoch annähernd auf dem Niveau des vorigen Abschnitts. Folgendes Beispiel zeigt dies: *Deutsche Beteiligungsgesellschaft mbH* (1965) > *Deutsche Beteiligungs AG Unternehmensbeteiligungsgesellschaft* (1984) > *Deutsche Beteiligungs AG* (1985).

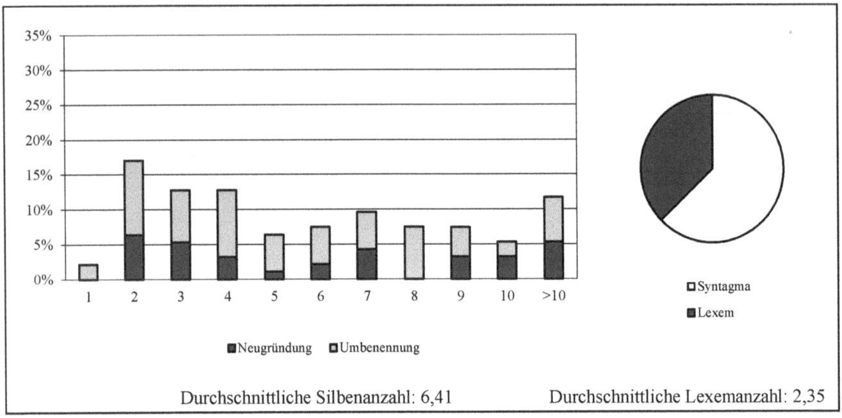

Abb. 55: Anzahl der Silben je Unternehmensname;
Verhältnis von Syntagmen zu Lexemen (1970 - 1989)

In den 1970er- und 1980er-Jahren lässt sich erstmals das systematische Aufkommen von Abkürzungen ausführlicher deskriptiver Syntagmen der Anfangszeit beobachten. Allmählich werden sie nicht mehr als Akronyme, sondern autonome Firmen angesehen (die Zitate sind jeweils den E-Mail-Antworten auf meine Anfrage entnommen): „GfK ist (...) kein Kürzel mehr, sondern ein eigenständiger Name", „‚BASF' – dieser Name wird seit 1972 nicht mehr als Abkürzung betrachtet, d.h. nicht zur Vermittlung einer allgemein verständlichen Bezeichnung verwendet, sondern ist Ausdruck einer übertragenen Bedeutung, der Markenpositionierung", „Demag ist das Telegrammkürzel der Deutschen Maschinenfabrik AG gewesen (...). Irgendwann hat sich das Kürzel als Name verselbständigt" (> *Demag Cranes AG*).[56] An der Bayerische Motoren Werke Aktiengesellschaft lässt sich die Entwicklung besonders gut nachzeichnen: „In

[56] Dass Abkürzungen keine Bedeutung mehr tragen, sieht man an „sinnlosen" Kombinationen wie *KWS SAAT AG* (1999), bei der das *S* bereits für *Saatzucht* steht. Aber auch der gegenläufige Trend lässt sich etwa in der Werbung beobachten, wenn opake Abkürzungen remotiviert werden, wie bei *PSD Bank* (< *Post-Spar- und Darlehnsverein*) mit dem Slogan „persönlich, sicher, direkt" (nicht im Korpus).

den Geschäftsberichten wird die Bezeichnung ‚BMW AG' das erste Mal 1937 verwendet (1x), 1938 kommt der Begriff zweimal vor. Dann gibt es eine Pause bis zum Geschäftsbericht 1956, in dem ‚BMW AG' wieder einmal verwendet wird. Es folgen die Häufigkeiten: 1957: 4x, 1958: 8x, 1959: 9x, ..., 1967: 17x, ..., 1975: 34x, ..., 1985: 60x, ... Insgesamt fällt auf, dass sich ‚BMW AG' vor allem Anfang/Mitte der 70er Jahre als Bezeichnung immer mehr etablierte." Die offizielle Firma hat sich jedoch seit 1917 nicht verändert. Auch die *Münchener Rückversicherungs-Gesellschaft Aktiengesellschaft in München* tritt unter ihrer Kurzform *Münchener Rück* auf, obwohl der Handelsregistereintrag von 1880 gleich geblieben ist. Insbesondere junge Unternehmen fügen aber häufig zunächst noch die ausgeschriebene Vollform als Erklärung hinzu, etwa in *CTS Computer Ticket Service GmbH* (> *CTS Eventim AG*) oder *SAP GmbH Systeme, Anwendungen und Produkte in der Datenverarbeitung* (> *SAP AG*).

4.1.7.6 Gesamtsonoritätswert

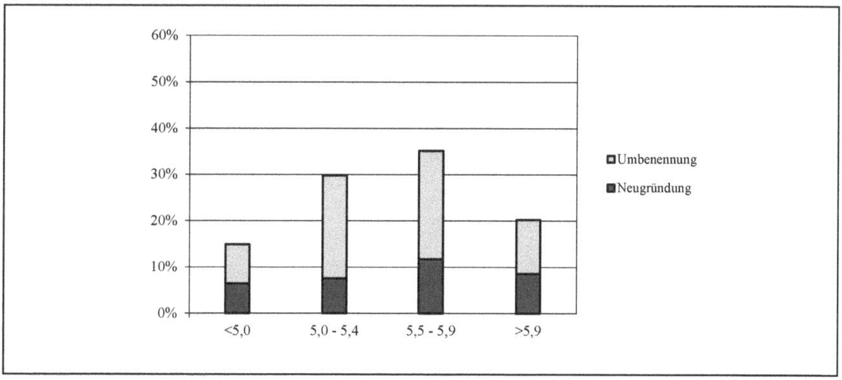

Abb. 56: Gesamtsonoritätswerte der Unternehmensnamen (1970 - 1989)

Die nachhaltige Bewegung in Richtung höherer Sonorität wird nun sehr deutlich. Erstmals ist das Intervall zwischen 5,5 und 5,9 am beliebtesten, wobei es zugleich seinen absoluten Höchststand von 35,1% erreicht. Damit hat sich das Verhältnis der beiden mittleren Bereiche im Vergleich zum vorherigen Abschnitt fast genau umgekehrt. Unsonore Namen gehen weiter zurück und kommen am seltensten vor, während Werte größer als 5,9 anwachsen. Bei Neugründungen überwiegen sogar zum ersten Mal die euphonischen Bezeichnungen (> 5,5). Auch der Durchschnitt steigt auf 5,5. Die Kluft zwischen den Extrempunkten öffnet sich jedoch so weit wie nie zuvor: Ganze 4,4 Sonoritätsgrade trennen *Sixt Aktiengesellschaft* mit dem niedrigsten Wert aus dem Korpus (3,2) von der bislang wohlklingendsten Firma *MAN Aktiengesellschaft* (7,6) als Folge starker Ausdifferenzierung und gegenläufiger Trends. In Kombination oder eigenständig stellt das Benennungsmotiv Phantasie 84,2% der euphonischsten Namen sowie über die Hälfte der Gruppe 5,5 bis 5,9, bspw. *BayWa Aktiengesellschaft* (6,8), *VEBA AG* (6,3; > *E.ON AG*), *DIAGEN GmbH* (6,0; > *QIAGEN N.V.*). Diese neu kreierten Firmen sind mit einem durchschnittlichen Wert von 5,7 zwar deutlich klangvoller als etwa Sachbezeichnungen (5,3). Gleichzeitig belegen die Neologismen *AIXTRON Aktiengesellschaft* (4,4), *Biotest Aktiengesellschaft* (4,7) oder *Nordex A/S* (5,2) aber, dass man auch nicht übermäßig stimmhaft und damit allzu „niedlich“ erscheinen möchte. Eine Solidität vermittelnde „Härte“ ist besonders bei Technikunternehmen erwünscht. Umbenennungen lassen eine klare Tendenz erkennen: 88,7% der Gesellschaften behalten ihre Sonoritätsklasse oder wechseln in eine höhere. Schlüsselt man die Euphonie nach Fremdsprachlichkeit auf, ergibt sich, dass 75,0% der nicht-nativen Namen die höchsten Werte aufweisen und deutsche wie hybride Firmen zu 73,0% bzw. 70,3% in den mittleren Intervallen liegen.

4.1.7.7 Transparenz, Motivierbarkeit

Während der mittlere Transparenzgrad das Niveau des vorigen Zeitabschnitts hält, gewinnen opake Firmen – sie überspringen erstmals wieder den Wert der Jahre 1850-69 – in gleichem Maße hinzu wie die vollkommen durchsichtigen verlieren. Letztere belegen damit auf der Beliebtheitsskala nur noch den letzten Platz, bspw. *Deutsche Pfandbrief- und Hypothekenbank AG* (> *Aareal Bank AG*), *KWS Kleinwanzlebener Saatzucht AG vormals Rabbethge & Giesecke* (> *KWS SAAT AG*). Bei Neugründungen übertreffen halbtransparente Namen mit 56,3% die beiden anderen Klassen deutlich, etwa *centrotherm Elektrische Anlagen GmbH & Co. KG* (> *centrotherm photovoltaics AG*), *Grenke-Leasing KG*. Durchsichtige Firmen gehen auch hier weiter zurück, wohingegen opake ihren Anteil von 25,0% aufrechterhalten. Betrachten man die Benennungsmotive hinsichtlich ihrer Verständlichkeit, ergibt sich eine klar gestufte Rangordnung:

Sachbezeichnungen sind entweder voll- oder halb-, aber nie intransparent. Ihnen folgt der gemischte Typ, welcher hauptsächlich ein mittleres Niveau aufweist. Bei Phantasienamen überwiegen opake Formen, durchsichtige kommen nicht vor. Personalfirmen bleiben schließlich zu über 90% intransparent. Einzige Ausnahme bildet wegen zutreffender Handwerks-Anklänge der Werkzeugmaschinenbauer *GILDEMEISTER Aktiengesellschaft*. Im Falle von Umbenennungen werden die meisten Namen intransparenter. Halb- und intransparente Firmen bestehen fort oder wechseln mit leicht geringerer Tendenz zum jeweils anderen Level. Nur beim volltransparenten Typ ist keine klare Richtung erkennbar.

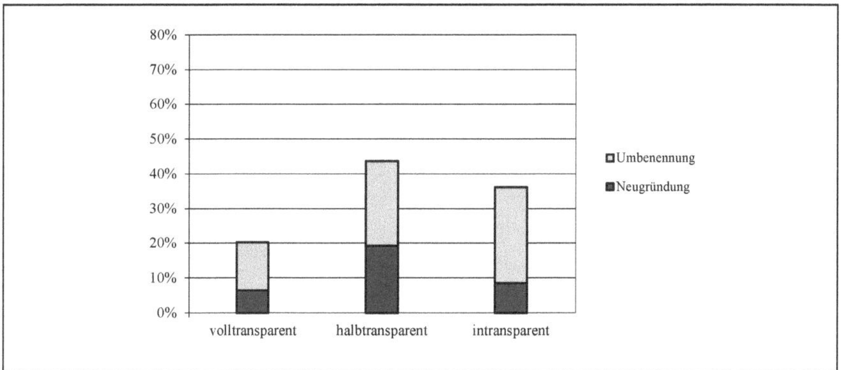

Abb. 57: Anteil voll-, halb- und intransparenter Firmen (1970 - 1989)

4.1.7.8 Assoziationen, Konnotationen

Erstmals trifft man in einem Zeitabschnitt alle betrachteten Konnotationen an – wenn auch mit deutlich abgestuften Häufigkeiten. Nach ihrem Höchststand während der Vorperiode fallen Technik-Assoziationen auf ihr absolutes Minimum von 16,8% zurück. Anklänge einer langen Geschichte sinken ebenfalls weiter, der Abstand zur Zuverlässigkeit vergrößert sich merklich. „Internationale“ Firmen hingegen steigen in der Beliebtheit erneut beträchtlich und stehen nun auf dem vierten Platz, bei Neugründungen liegen sie sogar fast gleichauf mit der Tradition, bspw. *1&1 EDV Marketing GmbH* (> *United Internet AG*), *Air Berlin Inc.* (> *Air Berlin PLC & Co. Luftverkehrs KG*), *Highlight Communications AG*. Weil die als Basis für das Korpus gewählten Aktienindizes viele bekannte deutsche Industrieunternehmen enthalten, sind die Bereiche Gesundheit, Luxus,

Spaß sowie Wissenschaft unterrepräsentiert. Am frequentesten bleiben Kombinationen von Tradition und Zuverlässigkeit vor Technik, Tradition und Zuverlässigkeit mit 30,9% bzw. 17,0% aller Namen der Periode. Den Rest stellen vielfältige Verbindungen, u.a. *Eureka Televison GmbH* (Spaß, Technik; > *ProSiebenSat.1 Media AG*), *MEDION Brachmann & Linnemann OHG* (Internationalität, Technik, Tradition, Zuverlässigkeit; > *MEDION AG*), *RHÖN-KLINIKUM GmbH* (Gesundheit, Tradition, Zuverlässigkeit).

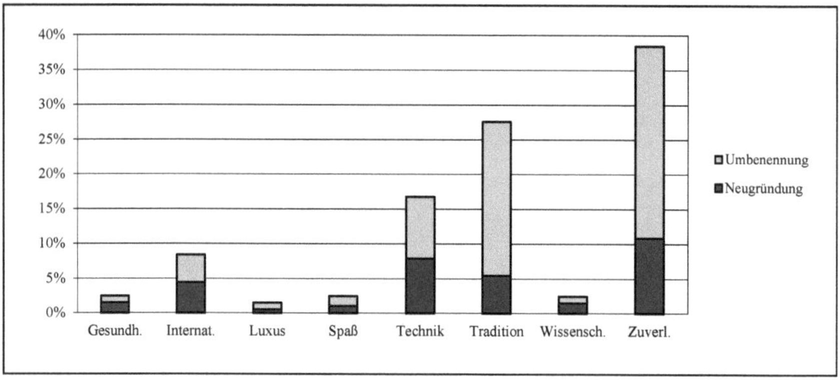

Abb. 58: Von den Unternehmensnamen ausgelöste Assoziationen (1970 - 1989)

Mit Konfixen, Lexemen aus Prestigefremdsprachen oder deren Lautgestalten versuchen die Unternehmen, gewisse Assoziationen hervorzurufen – auch in reinen Phantasiefirmen ohne eigentliche „Bedeutung", bspw. durch *-gen* (*DIAGEN GmbH* > *QIAGEN N.V.*; Gesundheit, Wissenschaft), *-tron* (*AIXTRON GmbH*; Technik), *-um* (*Curanum AG*; Gesundheit, Tradition, Zuverlässigkeit; vgl. Kap. 11) bzw. *Entertainment* (*EM-Entertainment Merchandising, Film und Fernseh GmbH* > *Constantin Medien AG*; Internationalität, Spaß, Zuverlässigkeit), *Holding* (*Allianz AG Holding* > *Allianz SE*; Internationalität, Tradition, Zuverlässigkeit), *International* (*Gerry Weber International Aktiengesellschaft*; Internationalität, Luxus) oder *ESCADA AG* (die romanische Lautgestalt signalisiert Luxus, Eleganz). Dabei stehen allein nicht-native Elemente für Modernität sowie weltweite Präsenz. Aktiv formt man nun die Namen, um ein gewünschtes Image zu transportieren, den Kunden bestimmte Lebenswelten zu vermitteln. Deutlich wird dieser Umbruch an der Entwicklung der Metzinger Fabrik für

Uniformen und Arbeitskleidung *Schneiderei Hugo Boss* hin zum internationalen, exklusiven Modekonzern *HUGO BOSS AG*. Ohne Tätigkeitsbezeichnung lässt der deutsche Familienname des Gründers aufgrund der Homonymie mit dem englischen 'Chef' sowohl an Führungskräfte, Globalität als auch Luxus denken. Noch weiter geht der Neckarsulmer IT-Dienstleister *Bechtle GmbH EDV-Technik* (> *Bechtle Aktiengesellschaft*). Zur Ausstrahlung von Bodenständigkeit, wodurch man das Vertrauen mittelständischer Betriebe aus der Region gewinnen möchte, soll das Unternehmen einen schwäbischen Familiennamen führen. Da die beiden Gründer Ralf Klenk sowie Gerhard Schick keinen solchen tragen, fällt ihre Wahl auf den eines Mitarbeiters: *Hans-Joachim Bechtle*. In etwas mehr als der Hälfte aller Umbenennungen kommt es zu Veränderungen bei den Konnotationen. Häufig schwinden die angestammten Bereiche Tradition und Technik, stattdessen tritt Internationalität hinzu, bspw. *VBH Vereinigter Baubeschlag-Handel GmbH* > *VBH Holding Aktiengesellschaft*.

4.1.8 1990 - 2009

4.1.8.1 Benennungsmotiv (HGB)

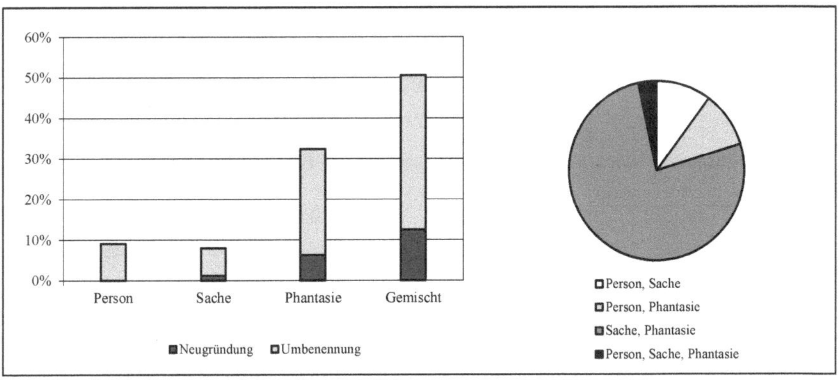

Abb. 59: Unternehmensnamen nach Benennungsmotiv;
Kombinationen im Typ ‚Gemischt' (1990 - 2009)

Globalisierung, Internet Start-ups, New Economy – die Wirtschaft wandelt sich schneller und grundlegender als früher. Besonders die sogenannten Zukunftsbranchen Biotechnologie, IT, Multimedia oder Telekommunikation erleben ein rasantes Wachstum. Ende der 1990er-Jahre ist die Offenheit für innovative Geschäftsmodelle groß, was auch die Firmen bzw. deren häufige Änderungen widerspiegeln. Seit der Novelle des HGB von 1998 nun offiziell erlaubt (vgl. Kap. 2.2), steigt die Phantasie – autonom oder in Kombination – zum wichtigsten Benennungsmotiv auf: 77,8% der Namen enthalten zumindest einen kreativen Bestandteil, bei Neugründungen sind es sogar 88,6%, bspw. *Carl Zeiss Meditec AG*, *Conergy AG*, *Wirecard AG*. Personal- sowie Sachfirmen gelten mit 9,1% bzw. 7,9% als nicht mehr zeitgemäß und belegen, dass eine Entkoppelung von Traditionen stattgefunden hat. So benennt sich bspw. keine neue Gesellschaft nur nach ihrem Gründer. Auch eine alleinige Sachbezeichnung kommt lediglich zweimal auf (*Deutsche Wohnen AG*, *Frankfurter Wertpapierbörse Aktiengesellschaft* > *Deutsche Börse Aktiengesellschaft*) – zudem ausschließlich in traditionellen Branchen.

Vor der Phantasie ist der gemischte Typ am gängigsten, wobei hier ebenfalls beliebige Syntagmen oder Lexeme, ergänzt um Angaben zu Produkten bzw. Geschäftszweck, mit 76,4% vorherrschen. Aus allen drei Motiven zusammengesetzte Namen werden kaum noch gewählt. Der Weg zur reinen Phantasiebezeichnung führt meist über eine (vorläufige) Mischform: 61,7% der kreativen Firmen sind aus solchen Kombinationen entstanden. Junge Unternehmen müssen sich erst am Markt etablieren und führen daher zunächst einen direkten Bezug zu ihrem Gegenstand im Namen, welchen sie jedoch recht bald wieder ablegen (vgl. Kap. 4.1.8.5). Daneben treten vornehmlich folgende Wechselbewegungen auf, die illustrieren, dass sämtliche Kategorien stabil bleiben oder zur Phantasie übergehen:

Person	→	Person; Phantasie
Sache	→	Sache; Phantasie
Gemischt	→	Gemischt; Phantasie

In gesättigten Märkten setzen sich die Anbieter oftmals nicht mehr durch die Qualität der Produkte voneinander ab, sondern durch ihr Image. Folgerichtig weist man im Namen nur noch selten auf Gründer bzw. Erzeugnisse hin, sondern versucht, möglichst positive Assoziationen bei potentiellen Kunden und Geschäftspartnern hervorzurufen. Hierfür eignen sich kreative Firmen besonders (vgl. Kap. 4.1.8.8). Aus dem gleichen Grund fallen Ortsangaben weiter zurück (12,5%) – sie sind lediglich für Traditionsunternehmen wie die *Deutsche Post AG* oder die *Gerresheimer AG* wichtig. Mit der Wiedervereinigung hält auch auf dem Gebiet der ehemaligen DDR die Marktwirtschaft Einzug. Volkseigene Betriebe (VEB) werden privatisiert oder rückübereignet, wobei man ihnen neue Namen gibt und dazu den in der Bundesrepublik herrschenden Trends folgt bzw. vor der Verstaatlichung genutzte Firmen wieder etabliert (vgl. SCHREIBER 1994, KÜHN 2000: 6-10). Im Korpus findet sich nur ein Beispiel: *VEB Carl Zeiss JENA > JENOPTIK Aktiengesellschaft*.

4.1.8.2 Bildungsweise

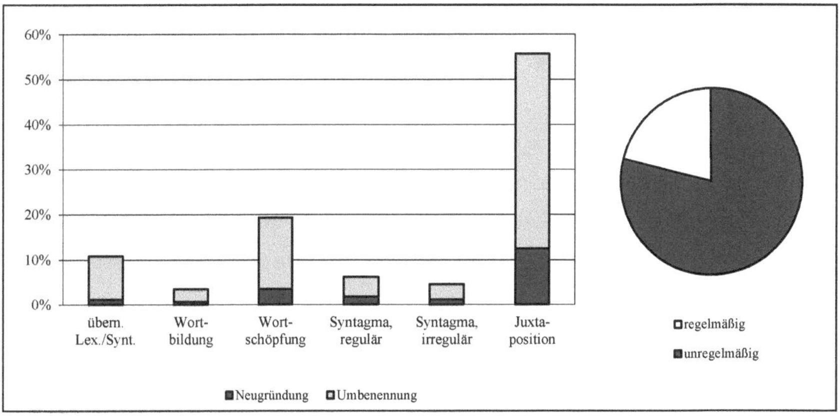

Abb. 60: Bildungsweise der Unternehmensnamen;
Anteil (un-)regelmäßiger Firmen (1990 - 2009)

Heutzutage haben sich die Namen von der deutschen Grammatik weiter entfernt als jemals zuvor. Vier aus fünf Firmen sind mittlerweile unregelmäßig, vor rund 150 Jahren befolgte noch jede zweite die Normen. Im Rahmen dieser Bewegung entwickelten und profilierten die Unternehmen ein eigenes Bildungsmuster, die Juxtaposition. Durch eine Verdreifachung ihres Anteils seit 1850 konnte sie zum mit großem Abstand beliebtesten Typ aufsteigen, veränderte währenddessen jedoch grundlegend ihre Gestalt. Herrschte in der Anfangszeit die regelkonforme Verbindung zweier Familiennamen nach dem Muster *Rabbethge & Giesecke OHG* (> *KWS SAAT AG*) vor, so dominieren heute neu geschaffene oder übernommene Lexeme, die willkürlich, ohne Beachtung der Syntax nebeneinandergestellt werden, bspw. *ARQUES Industries Aktiengesellschaft, comdirect bank Aktiengesellschaft, IDS Scheer AG, Phoenix Solar Aktiengesellschaft.* Auch Wortschöpfungen erreichen gegenwärtig als eigenständige Bezeichnungen ihren Höchststand und etablieren sich, nachdem sie ihren Anteil innerhalb der vergangenen Perioden versechsfachten, mit 19,3% auf dem zweiten Platz hinter den Juxtapositionen – diese Reihenfolge gilt für Neugründungen wie Umbenennungen. Das Inventar an Bildungsweisen ändert sich allerdings nur geringfügig. Neu hinzu kommt die Vollkreuzung bspw. in Gestalt der *Wincor Nixdorf Aktiengesellschaft* (< engl. *win* 'gewinnen' + *core* 'Kern'). Am häufigsten sind weiterhin Buchstabierakronyme (*MVV Energie AG* < *Mannheimer Versorgungs- und Verkehrsgesellschaft*), gefolgt von Splitter- und Halbvollkreuzungen (*LANXESS Aktiengesellschaft* < frz. *lancer* 'einführen' + engl. *success* 'Erfolg' bzw. *Infineon Technologies AG* < engl. *infinity* 'Unendlichkeit' + gr. *aeon* 'Leben, Ewigkeit') sowie akronymischen Kürzungen (*Homag Group AG* < *Hornberger Maschinenbaugesellschaft*). Meist liegen ihnen keine sinnvollen, zusammenhängenden Ausgangsformen mehr zugrunde. Reguläre oder irreguläre Syntagmen gibt es kaum, Letztere machen gerade noch ein Zehntel ihres ursprünglichen Werts zwischen 1850 und 1869 aus. Eigenständige Wortbildungen finden sich ausschließlich als Phantasiefirmen. Auch übernommene Lexeme wie *Premiere AG* sind hier öfter präsent, insgesamt aber fallen sie zurück.

4.1.8.3 Graphematische Besonderheiten

Erstmals gibt es mehr Firmen mit graphematischen Eigentümlichkeiten als ohne – sowohl bei neu gegründeten als auch umbenannten Unternehmen zu jeweils fast gleichen Anteilen von rund 60%. Die Phantasie stellt dasjenige Motiv dar, welches sich durch die meisten Besonderheiten im Schriftbild auszeichnet. Ganze 89,5% der über Abweichungen verfügenden Namen enthalten eine kreative Komponente. Mit Groß- bzw. Kleinschreibung, Punktsetzung und fehlendem Leerzeichen vereint *C.A.T.oil GmbH* die größte Zahl bewusster Regelverstöße. 14 Jahre nach der Gründung reduziert man diese aber durch Hinzufügen des Spatiums zwischen *C.A.T.* und *oil* wieder ein wenig. Viele Unternehmen vertrauen weiterhin einem altbewährten Attraktor, nämlich der Großschreibung. Majuskel sowie Minuskel sind der Bereich der Graphie, mit dem am häufigsten experimentiert wird (72,1%), bspw. *BAUER Aktiengesellschaft*, *TAG Immobilien AG*; *centrotherm photovoltaics AG*.

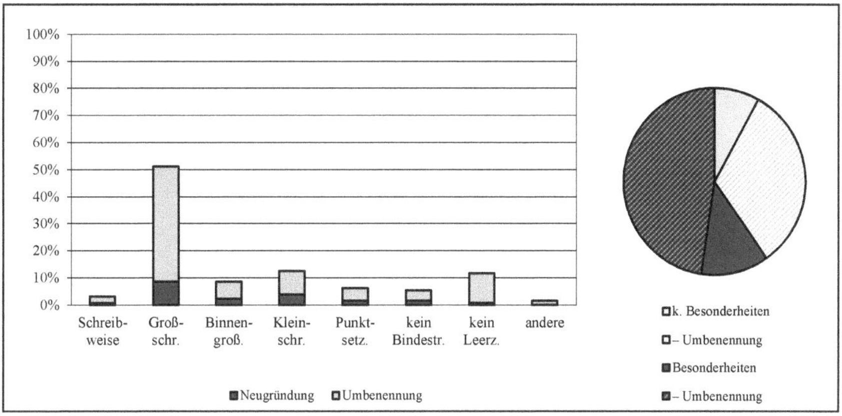

Abb. 61: Anteil einzelner Abweichungen an allen graphematischen Besonderheiten; Verhältnis von Namen mit Auffälligkeiten im Schriftbild zu solchen ohne (1990 - 2009)

Alle sonstigen Kategorien rangieren abgeschlagen unter oder um die 10%-Marke, wobei sich allerdings überall auch junge Firmen finden. Eine neue Figur birgt die Gruppe ‚andere'. Hierunter fallen Buchstabenverdoppelungen. Dies geschieht hauptsächlich, um aufzufallen, gleichwohl stecken noch weitere Überlegungen dahinter: 2002 geht aus der *DePfa Deutsche Pfandbrief Bank AG* die *Aareal Bank AG* hervor. Der Adler bleibt im Logo erhalten, seine ältere bzw. poetische Form *Aar* wird für den neuen Namen verwendet. Als Teil des englischen Begriffs *real estate* 'Immobilien' zeigt das zweite Element das Geschäftsfeld an. Die *TAKKT AG* weist auf ihren Gegenstand hin, nämlich im Versandhandel von Büro- sowie Lagereinrichtung Warenströme zeitlich zu takten. Die graphematische Geminate steht für die Unternehmensgründer *Helmut Kraft* und *Walter Kaiser*. Auch bei den Schreibweisen kommt es zu einer beachtenswerten Änderung: Seit 1983 firmiert die *Portland-Zementwerke Heidelberg Aktiengesellschaft* den orthographischen Normen entsprechend mit *Z-*. Im Jahre 2002 kehrt sie als *HeidelbergCement AG* zur alten Form zurück. Bindestriche nehmen weiter ab (4,6%). Entweder werden sie ganz weggelassen oder durch Punktsetzung, Binnengroßschreibung bzw. fehlende Leerzeichen „ersetzt":

Hamburger Hafen- und Lagerhaus-Aktiengesellschaft > *Hamburger Hafen und Logistik Aktiengesellschaft, EM.TV AG* (> *Constantin Medien AG*), *Air Berlin PLC & Co. Luftverkehrs KG, SolarWorld Aktiengesellschaft, ThyssenKrupp AG.* Die Verwendung graphematischer Besonderheiten stellt einen allgemeinen Trend dar, lediglich in 5,6% der Umbenennungen macht man diese Abweichungen wieder rückgängig.

4.1.8.4 Elemente aus Fremdsprachen

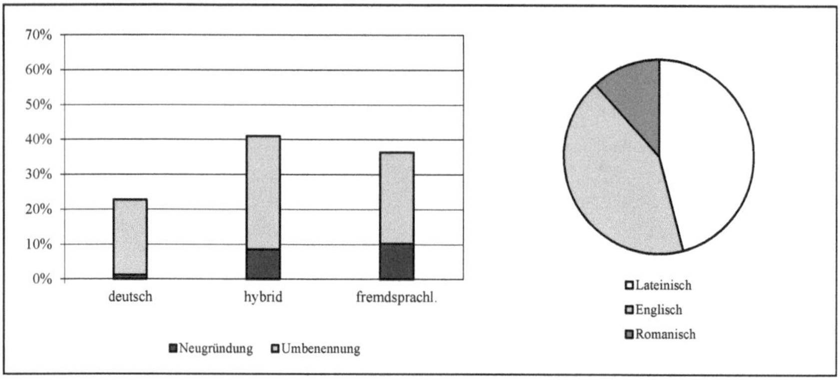

Abb. 62: Anteil deutscher, hybrider und fremdsprachlicher Firmen;
Verhältnis der Fremdsprachen (1990 - 2009)

Nur jedes fünfte Unternehmen trägt heute einen gänzlich deutschen Namen – der niedrigste Wert im Korpus. Zum Vergleich: Zwischen 1870 und 1889 war es noch jedes zweite. Mehr als ein Drittel enthält sogar überhaupt kein natives Element, bspw. *Allianz SE, Celesio AG, United Internet AG.* Seit dem ersten Auftreten vollständig fremdsprachlicher Firmen im Jahre 1919 hat sich deren Anteil – auf Kosten rein deutscher Bezeichnungen – fast versiebenfacht. Bei Neugründungen übertreffen sie nun erstmals den hybriden Typus leicht. Im Falle von Umbenennungen nehmen lediglich 9,1% der fremden Namen wieder native Bestandteile auf. Die meisten Unternehmen haben ihre Aktivitäten über die Grenzen der Bundesrepublik ausgedehnt, weshalb internationale Aussprech- und Verstehbarkeit sowie positive Konnotationen auch in anderen Kulturkreisen immer wichtiger werden. Um dies zu gewährleisten, ersetzen die Gesellschaften deutsche Zusätze durch englischsprachige (*Centrotec Hochleistungskunststoffe*

AG > Centrotec Sustainable AG) oder lassen sie komplett weg (*Metro SB-Großmärkte GmbH & Co. KG > METRO AG*). Teilweise führt man englische Beschreibungen neu ein (*Mannesmann Demag AG > Demag Cranes AG*). Buchstabierakronyme (*EADS N.V.*, *MLP AG*, *QSC AG*) bieten sich überdies an, weil sie nahezu rund um den Globus ausgesprochen werden können. In anderen Fällen kreiert man gleich einen völlig neuen Namen (*MTU Friedrichshafen GmbH > Tognum AG*, *Norddeutsche Affinerie AG > Aurubis AG*) oder übersetzt den ursprünglichen (*Arthur Pfeiffer Vakuumtechnik GmbH > Pfeiffer Vacuum Technology AG*). Selbst ausschließlich deutschlandweit tätige Unternehmen wählen nicht-native Firmen, bspw. *alstria office REIT-AG*, *freenet AG*. Hinsichtlich der Herkunft fremdsprachlicher Elemente kommt es zu einem Umbruch: Seit den 1950er-Jahren hat das Englische seinen Anteil verfünffacht (42,3%) und damit das Lateinische, welches um nahezu die Hälfte gesunken, aber nach wie vor stark ist (45,9%), sowohl bei den Kombinationen als auch eigenständig fast eingeholt. Ganze 88,9% aller nicht-nativen Neugründungen beinhalten eine englische Komponente. Romanische Lautgestalten bzw. Lexeme treten nur vereinzelt auf. Personalfirmen bestehen meist aus deutschen Wörtern, Sach- sowie gemischte Bezeichnungen gehören dem hybriden Typus an, und kreative Namen nutzen ausnahmslos fremdsprachliches Material.

4.1.8.5 Länge, Silbenzahl

Zwischen 1990 und 2009 finden sich die kürzesten Firmen im Korpus. Durchschnittlich bestehen sie nur aus fünf Silben sowie weniger als zwei Wörtern. Sehr lange Namen mit über zehn Silben gehen weiter zurück und erreichen ihren niedrigsten Stand, am häufigsten kommen Dreisilber vor. Ein- bzw. Zweiwortbenennungen sind äußerst beliebt (78,0%). Dabei scheint es manchmal, als versuchten die Unternehmen ihre Firmen auf ein Lexem zu reduzieren, bspw. *ElringKlinger AG*, *GRENKELEASING AG*, *HeidelbergCement AG*. Des Weiteren sparen sie nicht selten in Logo, Internetadresse sowie öffentlicher Darstellung (Anzeigen, Broschüren o.Ä.) erklärende Zusätze aus oder verwenden sonstige Kurzformen. So tritt etwa die PUMA Aktiengesellschaft Rudolf Dassler Sport seit Mitte der 1990er Jahre verstärkt unter ihrem bekannten Markennamen *PUMA* auf, die Beteiligungsgesellschaft Colonia Real Estate AG führt sowohl im Logo als auch in der Internetadresse lediglich das Buchstabierakronym *CRE*.

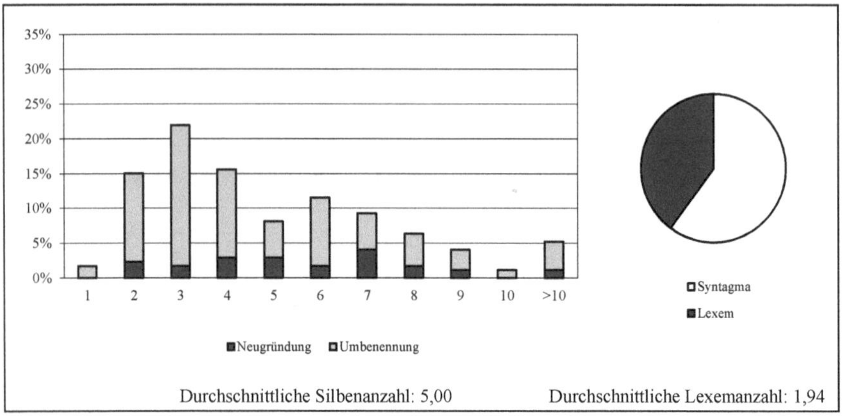

Abb. 63: Anzahl der Silben je Unternehmensname;
Verhältnis von Syntagmen zu Lexemen (1990 - 2009)[57]

Die offizielle Firma mehrerer Unternehmen ist daher nur noch wenigen Menschen geläufig (bspw. *Südzucker Aktiengesellschaft Mannheim/Ochsenfurt*) und könnte bald selbst im Handelsregister durch die verbreitete knappere Version ersetzt werden – wie dies bereits öfter geschah (vgl. FAHLBUSCH 2013). Frühere Kürzel entwickeln sich u.a. dann zu selbständigen Bezeichnungen, wenn deren Ursprungsformen ihre eigentliche Motivation verlieren. Seit Aufhebung der Gemeinnützigkeit firmiert etwa die ehemalige Gemeinnützige Aktien-Gesellschaft für Angestellten-Heimstätten unter dem Lautwertakronym *Gagfah S.A.* Aber auch, wenn der traditionelle Name nicht mehr zur erweiterten Geschäftstätigkeit passt, verwenden die Unternehmen Abkürzungen. Der Kali und Salz Beteiligungs AG wurde bspw. ihre ausgeschriebene Bezeichnung „zu eng“, weshalb man sie durch die bereits vereinzelt genutzte Kurzfassung *K+S Aktiengesellschaft* ersetzte. „Ziel der Umbenennung war es, die Gesellschaft prägnanter nach außen und innen darzustellen, ohne das positive Image des bisherigen Firmennamens aufzugeben“ (E-Mail der K+S Aktiengesellschaft). Diese Entwicklung geht teilweise sogar noch weiter: Intern benutzt die LANXESS Aktiengesellschaft „z.B. für Abteilungsbezeichnungen die Abkürzung LXS“ (E-Mail der LANXESS Aktiengesellschaft). Darüber hinaus entsteht mit *DIC*

[57] Das Unternehmen Medigene AG hat sich im betrachteten Zeitraum insgesamt drei Mal umbenannt und stellt mit jeweils 26 bis 28 Silben die längsten Namen im Korpus. Um die Ergebnisse nicht zu verzerren, wurden diese „Ausreißer“ nicht berücksichtigt.

Asset AG erstmals eine Firma, deren Vollform (hier: *Deutsche Immobilien Chancen*) nie im Handelsregister eingetragen war.

Meist verläuft die Bewegung allerdings nicht so geradlinig, wie man es zunächst vermuten würde. Bevor sie schließlich endgültig die prägnante Fassung wählen, erproben die Unternehmen unterschiedliche – auch längere – Firmen oder Zusätze. Letztere verschwinden erst, wenn sich der „Hauptname“ soweit am Markt durchgesetzt hat, dass er ohne nähere Erläuterungen alleine stehen kann, bspw. *SOLON AG für Solartechnik* > *SOLON SE*. Reine Phantasiebezeichnungen enthalten im Mittel 2,96 Silben bzw. 1,13 Wörter, Personal-, Sach- sowie Mischfirmen sind bedeutend länger. Da Erstere in einem fast keinen Zwängen unterliegenden kreativen Prozess mit konkreten Absichten gebildet werden, verdeutlichen sie den Trend zu sehr knappen Bezeichnungen. Bei der Fusion von VEBA AG und VIAG AG etwa war ein kurzer, einprägsamer neuer Name erklärtes Ziel. Man entschied sich letztlich für *E.ON AG*.

4.1.8.6 Gesamtsonoritätswert

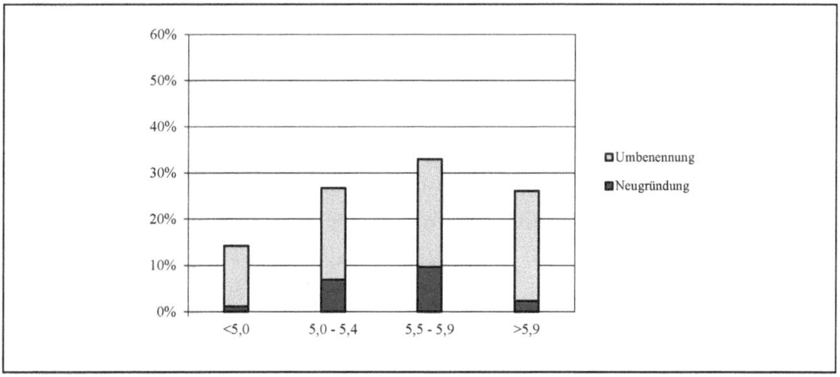

Abb. 64: Gesamtsonoritätswerte der Unternehmensnamen (1990 - 2009)

Allianz SE, *Celesio AG*, *LEONI AG*, *MEDION AG* – gegenwärtige Namen sind die klangvollsten im gesamten Betrachtungszeitraum. Neben dem erneut gestiegenen Durchschnitt von 5,6 erreichen äußerst euphonische Firmen (> 5,9) mit 26,1% ihren höchsten Anteil, was einer Verzehnfachung seit 1910 entspricht. Infolgedessen liegen sie nur noch knapp hinter dem Intervall 5,0 bis 5,4, welches auf seinen Tiefststand absinkt. Am beliebtesten bleiben auch bei Neugründungen Sonoritäten zwischen 5,5 und 5,9. Das absolute Maximum erhöht sich durch *E.ON AG* sowie *RWE Aktiengesellschaft* geringfügig auf 7,7. Von Werten um 8,0 einiger zeitgenössischer Moderufnamen, bspw. *Lea* (8,3) oder *Noah* (8,0), sind die Unternehmen aber noch entfernt (vgl. NÜBLING 2009: 83-91). Es scheint eine Grenze erreicht, deren Überschreiten als unvorteilhaft angesehen wird. Man möchte nämlich nicht allzu „weich" wirken, sondern vielmehr Seriosität, Glaubwürdigkeit und Ernsthaftigkeit ausstrahlen.

Eine gewisse Markanz der Firma sorgt für gute Wiedererkennbarkeit sowie klare Differenzierung vom Wettbewerber. Deshalb setzen die meisten Gesellschaften mit Sonoritäten im höheren Mittelfeld (5,0 bis 7,0) auf Ausgewogenheit zwischen Euphonie und einigen „charakteristischen" Elementen in Form gezielt integrierter Konsonanten(-verbindungen), bspw. *BB BIOTECH AG*, *elexis AG* oder *METRO AG*. Ein bedingter Wohlklang wird demnach präferiert, wenngleich es sich um keine einhellige Zielsetzung handelt. Auch das Gegenteil ist möglich, wie die neu kreierten Phantasienamen zeigen. Zwar gehören 79,3% der Werte von 5,5 bis 5,9 und sogar 82,6% des folgenden Intervalls diesem Benennungsmotiv an, sodass seine mittlere Sonorität bei 5,7 liegt. Gleichzeitig weist es aber einige der unsonorsten, „kantigsten" Firmen auf, etwa *TAKKT AG* (3,3), *SMARTRAC N.V.* (4,7), *Centrotec Sustainable AG* (4,8). Zu den bereits erwähnten Spitzenreitern *E.ON AG* bzw. *RWE Aktiengesellschaft* besteht somit ein Abstand von maximal 4,4 Einheiten. Anhand der Umbenennungsrichtungen erkennt man ebenfalls, dass sehr hohe Werte nicht immer als optimal gelten. So behalten zwar 75,2% der Firmen ihre Sonoritätsklasse bei oder wechseln in eine höhere, doch gerade die euphonischste Gruppe verliert fast genauso viele Mitglieder wie neu hinzukommen.

4.1.8.7 Transparenz, Motivierbarkeit

Fanden sich zwischen 1870 und 1889 neben den längsten auch die transparentesten Unternehmensnamen, so liegt 120 Jahre später genau die gegenteilige Situation vor: Nun gibt es die bei weitem kürzesten sowie intransparentesten Firmen. Halbe und vollständige Opazität erreichen mit 51,1% bzw. 39,2% ihren jeweiligen Höchststand, während durchsichtige Bezeichnungen auf den tiefsten

Wert von 9,7% fallen. Der überwiegende Teil aller Neugründungen (85,7%) ist halbtransparent, was jedoch nicht zwangsläufig bedeutet, dass mittlere Verständlichkeitsgrade angestrebt würden. Kommende Entwicklungstendenzen offenbaren die Umbenennungen. Hier wandern 47,5% zur Opazität, aber „nur" noch 41,8% zur eingeschränkten Durchsichtigkeit. In Zukunft wird sich daher vermutlich ein Gleichgewicht zwischen teilweiser und fehlender Transparenz einstellen – je nach Alter der betreffenden Gesellschaften bzw. ihrer Firmen.

Die Unternehmen tilgen nämlich erst dann Sachzusätze und vertrauen gänzlich abstrakten (Phantasie-)Bezeichnungen, wenn diese – bspw. Abkürzungen, beliebige Lexeme oder Neologismen – in der jeweiligen Branche so bekannt geworden sind, dass sie beschreibende Hinweise zur besseren (Wieder-)Erkennbarkeit entbehren können (vgl. Kap. 4.1.8.5). Hieran zeigt sich die enge Verzahnung der Parameter Benennungsmotiv, Länge und Transparenz: *MediGene Aktiengesellschaft Gesellschaft für molekularbiologische Kardiologie und Onkologie > MediGene AG*, *Morphosys Gesellschaft für Proteinoptimierung GmbH > MorphoSys AG*, *Roth & Rau Oberflächentechnik GmbH > Roth & Rau AG*. Die Flughafen Frankfurt/Main AG fügt bspw. ihrem 2002 zum Börsengang neu kreierten Namen *Fraport* den Zusatz *Frankfurt Airport Services Worldwide* bei, der im Logo (nicht jedoch in der offiziellen Firma) nach einigen Jahren weggelassen wird, „da wir inzwischen in der Fachwelt mit dem Namen Fraport am Markt wieder etabliert sind" (E-Mail der Fraport AG Frankfurt Airport Services Worldwide).

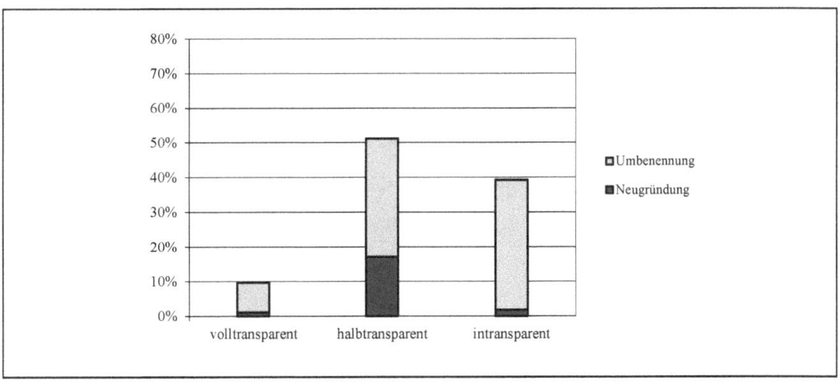

Abb. 65: Anteil voll-, halb- und intransparenter Firmen (1990 - 2009)

Untersucht man die einzelnen Benennungsmotive hinsichtlich ihrer Konkretheit, resultiert in der Hauptsache folgendes Bild: Sachbezeichnungen sind zu 42,9% voll- und zu 35,7% halbtransparent. Mischformen weisen mit 67,4% meist ein mittleres Durchsichtigkeitsniveau auf. Bei den Phantasienamen existieren entweder intransparente (59,7%) oder halb-opake Formen (40,3%). Personalfirmen bleiben vollständig opak.

4.1.8.8 Assoziationen, Konnotationen

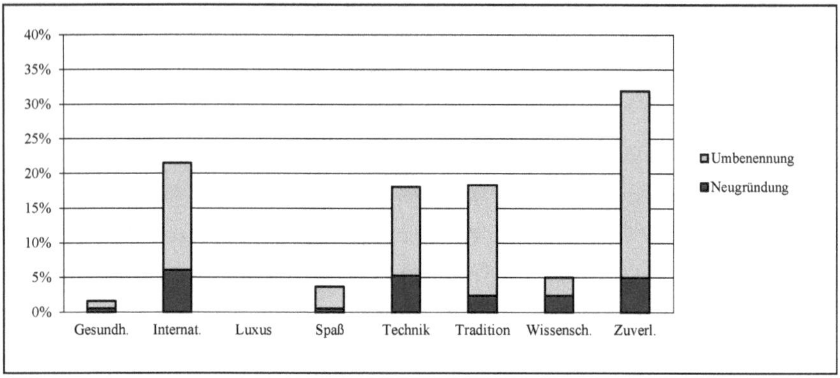

Abb. 66: Von den Unternehmensnamen ausgelöste Assoziationen (1990 - 2009)

In dem Maße, wie die Transparenz abnimmt und Phantasiefirmen aufsteigen, gewinnen die Assoziationen kontinuierlich an Bedeutung. Allerdings verändern sie dabei ihre Gestalt, werden insgesamt vager. Teilweise kann man aus den gegenwärtigen Namen nur allgemeine Werte wie Qualität oder Fortschrittlichkeit ablesen. Dennoch handelt es sich um eine beabsichtigte Entwicklung, die anhand der *ARCANDOR Aktiengesellschaft* exemplarisch skizziert sei: Infolge einer Fokussierung auf das Tourismusgeschäft empfindet der Vorstand die eng mit den Warenhäusern bzw. dem Versandhandel verknüpfte Firma *KarstadtQuelle AG* als nicht mehr passend und sucht stattdessen einen Namen, unter den sich alle Konzerntöchter gruppieren können. Da er folglich keine konkreten Bezüge zu einem einzelnen Geschäftsfeld aufweisen darf, lässt man 2007 von einer Agentur das Kunstwort *Arcandor* kreieren (vgl. Kap. 8), welches entfernt an Internationalität, Hochwertigkeit sowie Verlässlichkeit erinnern soll. Dieses

Beispiel hat symptomatischen Charakter: Viele Unternehmen dehnen ihre Tätigkeitsbereiche durch Akquisitionen oder organisches Wachstum immer weiter aus, trennen sich allerdings auch von manchen Abteilungen. Damit die Firmen neue Sparten gleichermaßen umfassen wie angestammte Segmente, sprechen sie lediglich unspezifische Gefühle an, erlauben aber nicht mehr den direkten Rückschluss auf eine bestimmte Branche (vgl. Kap. 4.1.8.7), bspw. *DEUTZ Aktiengesellschaft* (Tradition, Zuverlässigkeit), *LANXESS Aktiengesellschaft* (Internationalität, Technik, Wissenschaft), *SGL CARBON SE* (Technik, Zuverlässigkeit), *Symrise AG* (Internationalität).

Über charakteristische Elemente können selbst wenig transparente Namen gewisse Vorstellungen erzeugen, etwa *BB BIOTECH AG* (Konfixe *bio* und *tech*), *CTS <u>Event</u>im AG*, *Delti<u>com</u> AG*, *<u>Medi</u>Gene AG* (vgl. Kap. 11). Besonders beliebt ist der Hinweis auf Internationalität. Seit dem ersten Auftreten 1871 (vgl. Kap. 4.1.2.8) konnte diese Assoziation ihren Anteil mehr als versechzehnfachen, knapp die Hälfte der Firmen enthält nun solche Anklänge. Damit übertrifft sie erstmals die Tradition, welche sich in den vergangenen 160 Jahren halbiert und mittlerweile ihren tiefsten Stand erreicht hat. Am häufigsten bleibt weiterhin die Zuverlässigkeit (69,3%), auch wenn dieser Wert ihr Minimum markiert. Bei Neugründungen dominiert bereits die Internationalität, möchte man sich doch weltoffen sowie fortschrittlich präsentieren, was häufig über Anglizismen geschieht, bspw. *GEA Group Aktiengesellschaft*, *Hypo Real Estate Holding AG*, *MPC Capital AG*, *Q-Cells GmbH*, *Singulus Technologies GmbH*. So zeichnen die Unternehmensnamen einen elementaren Wertewandel und Paradigmenwechsel in unserer Gesellschaft nach.

Insgesamt differenzieren sich die Konnotationen immer stärker aus, gehen vielfältige Verbindungen untereinander ein. Im vorliegenden Zeitabschnitt treten 32 verschiedene Kombinationen auf, von denen knapp die Hälfte lediglich einmal vorkommt – ein Signal fortschreitender Individualisierung. Junge Unternehmen favorisieren das Zusammenspiel aus Internationalität sowie Technik, etablierte Aktiengesellschaften wollen Tradition und Verlässlichkeit betonen. In 64,5% der Umbenennungen treten Änderungen bei den Assoziationen ein. Am häufigsten lässt sich ein Rückgang der Vorstellungsbereiche Technik, Tradition sowie Zuverlässigkeit beobachten, während internationale Anklänge zulegen.

4.2 Zusammenfassung und Interpretation der Befunde

4.2.1 Benennungsmotiv (HGB)

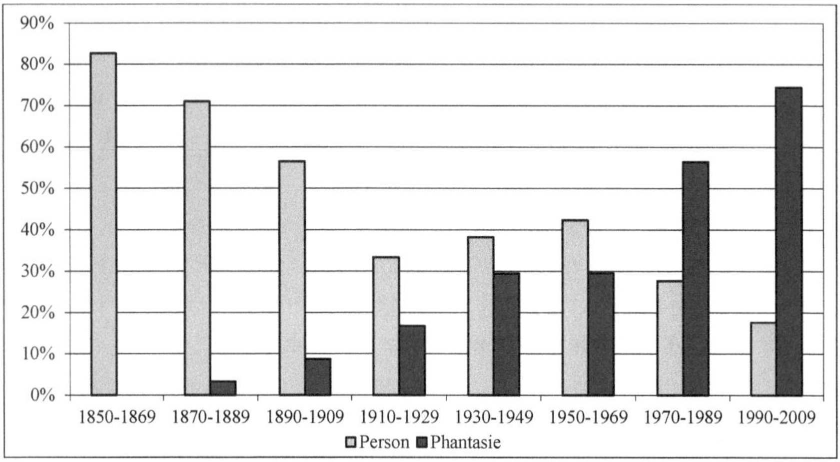

Abb. 67: Anteil der Benennungsmotive ‚Person' und ‚Phantasie' am Namenbestand der jeweiligen Periode (tauchen sie kombiniert in Mischfirmen auf, ist der entsprechende Wert beiden je zur Hälfte zugeschlagen.)

Am Ende einer gegenläufigen Entwicklung ersetzt das Benennungsmotiv Phantasie heutzutage eigenständig oder in Kombinationen die früher überaus beliebten Personalfirmen. Obwohl erst mit der 1998 in Kraft getretenen Novelle des Handelsrechts offiziell erlaubt, tauchen derartige Namen(-bestandteile) bereits ab 1871 auf (vgl. Kap. 2.2 und 4.1.2.1). Seitdem tauschen beide Typen ihre Anteile an Neugründungen wie Umbenennungen sukzessive aus. Als Garant für Erfahrung und Qualität hat die Erfinderpersönlichkeit im 21. Jahrhundert ausgedient. Stattdessen versuchen die Unternehmen in offensichtlich werbender Absicht, mit kreativen Bezeichnungen bestimmte Assoziationen bei ihrer Kundschaft auszulösen. Die Veränderung in den Benennungsstrategien geht u.a. mit einem Umbruch im Betätigungsfeld der Gesellschaften einher: Neben der Informations- und Kommunikationsbranche gewinnt der Dienstleistungssektor seit den 1970er-Jahren kontinuierlich an Bedeutung. Durch ihre einfallsreichen, moderneren Firmierungen setzen sich diese jungen Unternehmen von den etablierten ab, welche jedoch recht bald nachziehen. Der Weg zum bekannten, phantasievollen Namen führt dabei oft über eine vorläufige Mischform, die noch einen direkten Hinweis auf den Gegenstand enthält. Jener bleibt zu allen Zeiten ein wichtiger Namengeber.

4.2.2 Bildungsweise

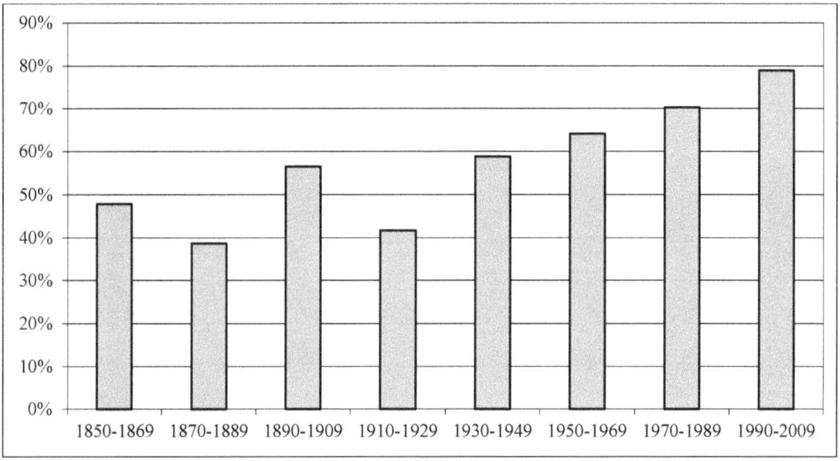

Abb. 68: Anteil unregelmäßig gebildeter Namen am Namenbestand der jeweiligen Periode

In ihrem Bestreben, sich von der Appellativik abzusetzen und eine eigenständige Namenklasse mit hohem Wiedererkennungswert sowie charakteristischen Merkmalen zu formen, rücken die Firmen immer weiter von der deutschen Grammatik ab. Zwischen 1850 und 1869 befolgt noch jede zweite die Normen, heutzutage ist lediglich eine von fünf regelkonform zusammengesetzt. Hinter dieser Entwicklung stecken weitreichende Umbrüche in der Bildungsweise: Lange Zeit dominieren Syntagmen, bestehend aus Attribut und Nomen oder Nominalphrase, die ab 1930 von der erstarkenden Juxtaposition schrittweise verdrängt werden. Das willkürliche Nebeneinanderstellen von ursprünglich wesensfremden, neu geschaffenen bzw. übernommenen Lexemen oder Mehrwortverbindungen entwickelt sich allmählich zum spezifischen, konstituierenden Bildungsmuster der Unternehmensnamen, an dem man selbige heute oft sofort erkennen kann. In den Anfangsjahren herrscht hier noch eine Kombination aus Familiennamen vor, gegenwärtig bestehen sie in der Regel aus einem zumeist phantasievollen „Hauptnamen“, welcher sich als Kurzform im alltäglichen Sprachgebrauch durchsetzt, ergänzt um eine genauere Beschreibung des Geschäftsgegenstandes. Daneben kommen Wortschöpfungen immer öfter auch eigenständig vor und ersetzen die zunächst verwendeten Wortbildungen. Besonders beliebt sind Buchstabierakronyme, Splitter- sowie Halbvollkreuzungen. Insgesamt steigen Kreativität und Experimentierfreude merklich an.

4.2.3 Graphematische Besonderheiten

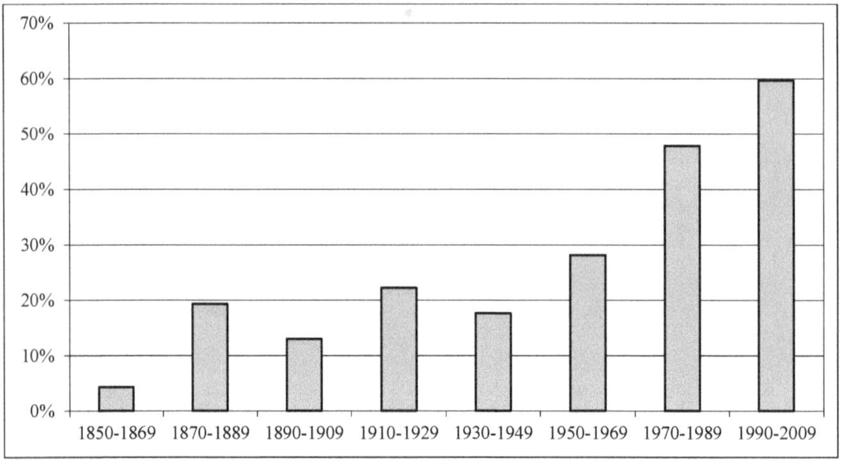

Abb. 69: Anteil der Namen mit graphematischen Besonderheiten am Namenbestand der jeweiligen Periode

Die Firmen wenden sich im Bemühen um Differenzierung nicht nur immer stärker von der deutschen Grammatik ab, sondern auch von der Orthographie. Zu Beginn weisen lediglich 4,4% Besonderheiten im Schriftbild auf, heute hat sich der Anteil dieser Attraktoren relativ beständig auf 59,7% fast vervierzehnfacht. Mit ihnen wollen die Unternehmen Aufmerksamkeit erregen und bezwecken, dass man sich besser bzw. länger an sie erinnert. Zunächst setzen die Gesellschaften dafür ausschließlich auf altertümliche bzw. fremdsprachlich beeinflusste Schreibweisen bestimmter Begriffe zur Andeutung langjähriger Tradition und Erfahrung. Ab 1908 beginnen sie, mit Majuskeln zu experimentieren. 41 Jahre später taucht dann der erste Name mit kleinem Anfangsbuchstaben auf.

Gegenwärtig zählt dieser Bereich der Graphie zum verbreitetsten Ausdrucksmittel. Über die Hälfte aller bewussten Regelverstöße entfällt auf die durchgängige Großschreibung eines Bestandteils bzw. einer ganzen Firma. Ebenfalls beliebt ist es, Lexeme in Minuskeln zu setzen oder eigentlich erforderliche Spatien wegzulassen. Früher gebräuchliche Methoden wie die Verwendung von Bindestrichen in Komposita trifft man heute eher selten an. Am häufigsten kommen die graphematischen Auffälligkeiten in den neu kreierten Phantasiefirmen bzw. in Kombinationen mit solchen Elementen vor. Immer öfter werden auch mehrere Abweichungen gleichzeitig in einer Firma eingesetzt, zumeist bleibt es aber lediglich bei einer.

4.2.4 Elemente aus Fremdsprachen

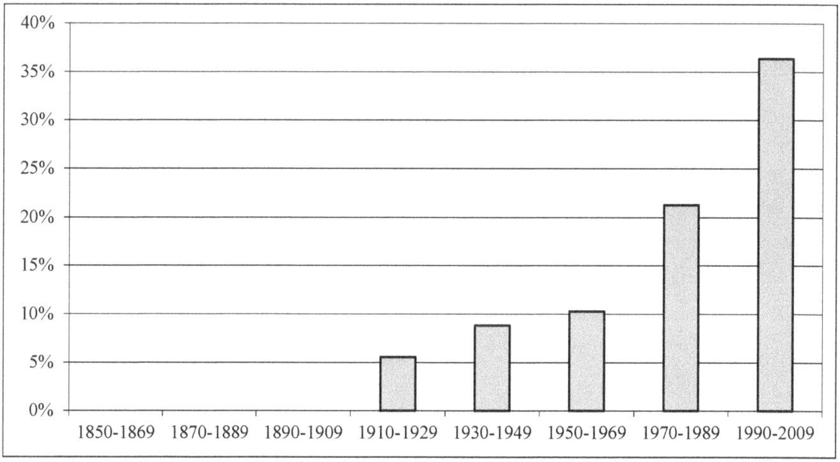

Abb. 70: Anteil rein fremdsprachlicher Namen am Namenbestand der jeweiligen Periode

Eine beispiellose Aufwärtsbewegung vollziehen Unternehmensnamen, welche überhaupt kein deutsches Element mehr enthalten. Seit sie 1919 das erste Mal in Erscheinung traten (vgl. Kap. 4.1.4.4) konnten rein fremdsprachliche Firmen ihren Anteil auf aktuell 36,4% knapp versiebenfachen. Zunehmend an Beliebtheit gewinnen dabei sogar Kombinationen mehrerer nicht-nativer Elemente unterschiedlichen Ursprungs. Auf diese Weise macht sich die zunehmende Globalisierung auch in den Namen der analysierten Aktiengesellschaften bemerkbar.

Viele haben bereits einen beachtlichen Teil ihrer Aktivitäten ins Ausland verlagert. Eine immense Bedeutung fällt daher der internationalen Aussprechbarkeit zu, weshalb häufig deutsche Zusätze in den Firmen getilgt oder Akronyme eingesetzt werden. Darüber hinaus geraten die Vorstellungen und Lebenswelten, welche mit bestimmten Ländern und für sie typischen Lautgestalten verknüpft sind, ebenfalls in den Blick der Unternehmen. Insbesondere der Aufstieg des Englischen zur modernen Prestigefremdsprache und Lingua franca seit den 1950er-Jahren lässt sich an den Namen ablesen. Bis heute verfünffachte es seinen Anteil auf ganze 42,3% aller nicht-nativen Komponenten und holt damit klassische lateinisch-griechische Elemente – die zwar stark gesunken sind aber weiterhin vorne liegen – sowohl eigenständig als auch in Kombinationen fast ein. Romanische Lexeme treten dagegen nur noch vereinzelt auf, waren aber eigentlich nie von größerer Relevanz.

4.2.5 Länge, Silbenzahl

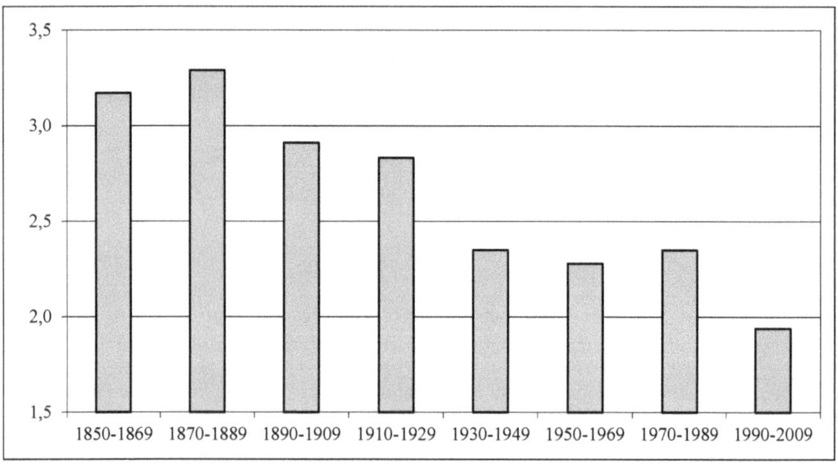

Abb. 71: Länge der Unternehmensnamen als durchschnittliche Anzahl der Lexeme in der jeweiligen Periode

Seit 1850 sind die Namen durchschnittlich um rund drei Silben bzw. etwas mehr als ein Wort kürzer geworden. Entsprechende Schritte kündigen sich bereits sehr früh an, monolexematische Bezeichnungen tauchen bspw. erstmals 1871 auf (vgl. Kap. 4.1.2.5). Heute besteht ein Großteil der Firmen aus zwei bis vier Silben, verteilt auf ein oder zwei Wörter. Tendenziell geraten die Namen junger Unternehmen in den ersten Jahren ihres Bestehens zur besseren Wiedererkennbarkeit stets ein wenig länger, bis sie sich nach einiger Zeit am Markt etabliert haben und folglich eher auf erklärende Sachzusätze wie Geschäftssitz oder Angebotspalette verzichten können – v.a. bei Phantasiefirmen sind solche zunächst noch sehr wichtig. Als Katalysator dieser Bewegung wirkt die Umständlichkeit allzu ausführlicher Bezeichnungen in Wirtschaftsleben und Alltag. Sobald sich die praktischeren Kurzformen eingebürgert haben, werden sie oftmals zum offiziellen Namen erhoben. In Logos sowie Internetadressen verwendet man sie bereits meist lange vor dem Eintrag ins Handelsregister (vgl. FAHLBUSCH 2013). Zwischen 1970 und 1989 kommen erstmals systematisch Abkürzungen langer deskriptiver Syntagmen der Anfangsjahre auf, die allmählich nicht mehr als Akronyme, sondern eigene Namen angesehen werden. Dabei darf man sich den allgemeinen Verlauf jedoch nicht durchgängig linear vorstellen, vielmehr liegt ein genereller, langfristiger Trend zu prägnanteren Formen vor.

4.2.6 Gesamtsonoritätswert

Ging es anfangs hauptsächlich um eine aussagekräftige Bezeichnung des Betriebs, muss ein Unternehmensname heute mehrere Anforderungen erfüllen. Seit den 1970er-Jahren soll er u.a. oft auch gut klingen. Zuvor schenkte man diesem Kriterium keine große Beachtung, wie die Schwankungen in Abb. 72 offenbaren. In Zeiten gesättigter Märkte und immer ähnlicher werdender Produktportfolios gewinnen solche eher weichen Faktoren hingegen kontinuierlich an Bedeutung. Demzufolge bauen sehr euphonische Firmen mit einem Sonoritätswert von 6,0 und mehr ihren Anteil merklich aus. Auch insgesamt werden die Namen klangvoller. Phantasiebezeichnungen spielen dabei eine Vorreiterrolle, bspw. durch besonders stimmhafte Wörter, fremdsprachliche Lautgestalten, volle Nebentonvokale oder offene Endsilben. Der Maximalwert beträgt gegenwärtig 7,7, markiert jedoch zugleich eine gewisse Obergrenze. Schließlich wollen die Unternehmen nicht allzu konturlos bzw. „niedlich" wirken, sondern stattdessen Seriosität, Vertrauenswürdigkeit und Solidität ausstrahlen. Dabei helfen bewusst eingesetzte, charakteristische Konsonanten(-verbindungen), die gleichzeitig für gute Memorierbarkeit sowie Abhebung von der Konkurrenz sorgen. Dies bewirkt teilweise aber auch recht unsonore Firmen und eine starke Ausdifferenzierung im Bereich der Euphonie. Trotz allem gehört sie zu den sekundären Kriterien, da andere Parameter wie Kürze oder Assoziationen höher gerankt sind.

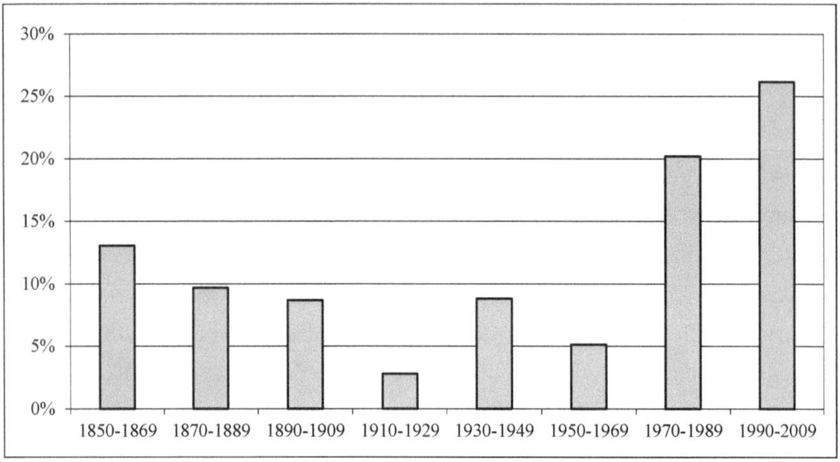

Abb. 72: Anteil der Namen mit einem Gesamtsonoritätswert von 6,0 und mehr am Namenbestand der jeweiligen Periode

4.2.7 Transparenz, Motivierbarkeit

Von den Namen der allermeisten analysierten Unternehmen lässt sich heute nur schwerlich auf deren genauen Gegenstand schließen. Vor 160 Jahren gelang das noch in rund 70% der Fälle problemlos, mittlerweile sind die Firmen jedoch insgesamt bedeutend undurchsichtiger geworden. Diese regelrechte „Flucht" aus der Transparenz geht mit einer fortschreitenden Abkehr von gewohnten, appellativen Strukturen einher. Kurze, intransparente, assoziativere Lexeme haben oftmals die langen, detaillierten Syntagmen der Anfangszeit ersetzt. Sie können viele unterschiedliche Sparten umfassen und dadurch dem sich immer schneller wandelnden, von vielfältigen Umbrüchen geprägten Geschäftsleben besser entsprechen. Zwischen den Parametern Transparenz, Länge und Benennungsmotiv besteht folglich ein enger Zusammenhang. Gegenwärtig deuten Neugründungen und Umbenennungen in verschiedene Richtungen, sodass man für die Zukunft ein ungefähres Gleichgewicht zwischen halbdurchsichtigen sowie gänzlich opaken Firmen prophezeien kann – dies allerdings abhängig vom Alter der betreffenden Gesellschaften und ihrer Namen. Wie bereits häufiger festgestellt, vertrauen Unternehmen nämlich erst dann allein auf opake Bezeichnungen, wenn sich diese in der jeweiligen Branche eingebürgert haben.

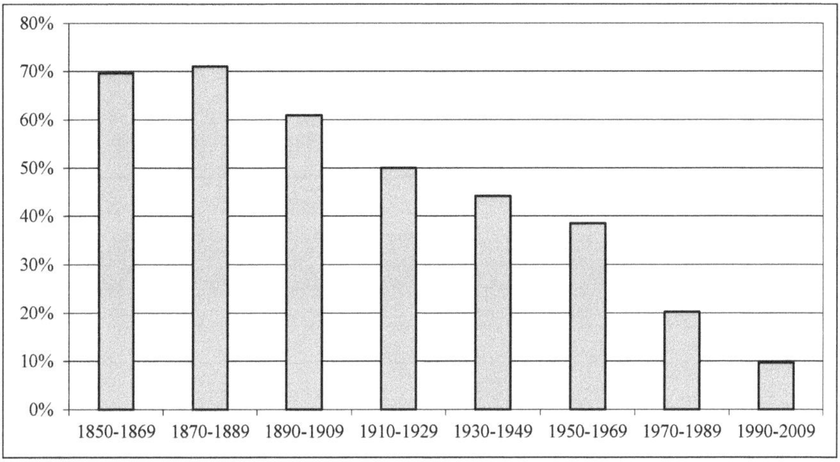

Abb. 73: Anteil volltransparenter Namen am Namenbestand der jeweiligen Periode

4.2.8 Assoziationen, Konnotationen

An den Assoziationen, welche die Unternehmen mit ihren Namen erzeugen (wollen), lässt sich ein Paradigmenwandel in unserer Gesellschaft beobachten. Durch bestimmte Begriffe, Elemente oder Benennungsmotive möchte man zwar nicht direkt zum Kauf eines Produktes animieren, aber dennoch ein positives Image aufbauen. In den Anfangsjahren betonen die Geschäftsleute ihre Herkunft und Erfahrung, um damit sowohl eine Tradition zu etablieren als auch Vertrauen zu schaffen. Folglich spiegeln alle Firmen dieser Zeit solche Werte wider. Im Zuge der Globalisierung expandieren die Unternehmen ins Ausland, wobei sie das gleichfalls über ihre Namen ausdrücken, da mittlerweile nicht mehr nur eine lange Geschichte, sondern eben auch weltweite Aktivität für Qualität sowie darüber hinaus Modernität und Fortschrittlichkeit steht. So versechzehnfachte die Konnotation Internationalität seit dem ersten Auftreten im Jahre 1871 (vgl. Kap. 4.1.2.8) ihren Anteil, knapp die Hälfte der Firmen lässt nun an sie denken. Kontinuierlich an Bedeutung büßte hingegen die Tradition ein. Allein etablierte Aktiengesellschaften weisen in Verbindung mit Zuverlässigkeit noch auf sie hin, jüngere bevorzugen demgegenüber das Zusammenspiel von Weltoffenheit und Technik. Unabhängig davon sprechen aber viele Unternehmensnamen nur allgemeine Gefühle an, lassen nicht mehr direkt auf eine bestimmte Branche schließen. Dadurch sollen auch die Firmen Erweiterungen sowie Veränderungen in der Geschäftstätigkeit flexibel mittragen können.

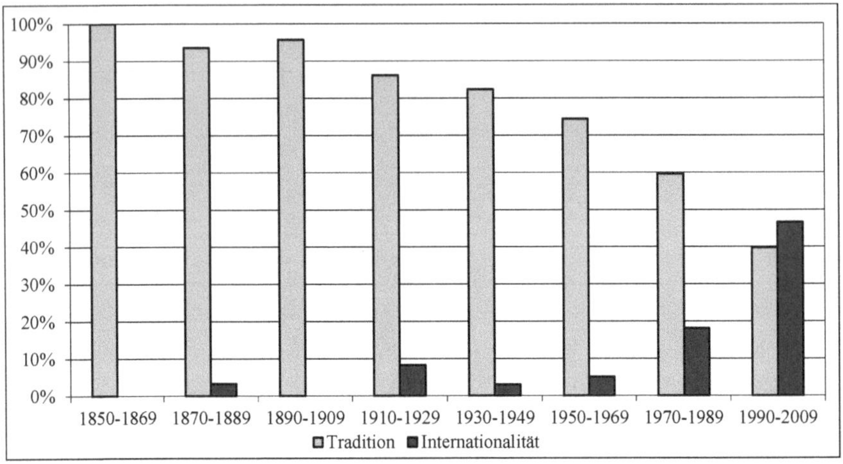

Abb. 74: Anteil der Namen mit den Assoziationsbereichen ‚Tradition' bzw. ‚Internationalität' am Namenbestand der jeweiligen Periode

Gestaltung

5. Einflussfaktoren der Namenwahl von Unternehmen

5.1 Erkenntnisinteresse

Im Anschluss an die Darstellung des Wandels der Dax-Firmen von den Anfängen bis in die Gegenwart sol nun der Frage nachgegangen werden, wie heutzutage der prototypische Unternehmensname aussieht und welche Ausprägungskombinationen der acht Parameter er aufweist – zumindest aus Konzernperspektive (ob das in gleichem Maße auch für alle KundInnen oder aber nur für bestimmte KäuferInnenschichten zutrifft, hat die nachfolgende Fragebogenstudie zu ergeben, vgl. Kap. 6). Diese allgemein vorherrschenden Trends sollen sodann heruntergebrochen und auf ihre potentiellen Einflussfaktoren hin überprüft werden, nämlich Alter, Größe, bediente Märkte sowie Branche des Unternehmens: Wie wirken sich solche grundlegenden Kennziffern auf die Gestalt der jeweiligen Firma aus, bringen sie eventuell unterschiedliche ergonomastische Ideale hervor? In die Betrachtung gehen hierzu die bekannten acht Parameter ein, verbunden mit der zentralen Frage nach möglicher Hierarchisierung und der Form ihrer gegenseitigen Verquickung. Am Ende des Kapitels sollen die gewonnenen Erkenntnisse in Faustregeln zur Vorhersage bestimmter Namenformen bei Kenntnis wichtiger Wirtschaftsdaten einer Aktiengesellschaft (Alter, Größe, Internationalität, Branche) fließen – was v.a. von Bedeutung für die Kreierung passender Firmen sein kann.

Die folgenden Ausführungen basieren auf dem Korpus der Namen aller 160 Dax-Gesellschaften, und zwar auf deren derzeit gültigen Firmen (Stand 2009). Sämtliche Schaubilder zeigen die Reinformen der Benennungsmotive (Person (28 Unternehmen), Sache (18), Phantasie (66)) sowie als häufigsten Mischtypus Phantasie und Sache (36), teils auch die minderfrequenten Kombinationen Person und Sache sowie Person und Phantasie (je 6). Sie sind allerdings immer vor dem Hintergrund zu sehen, dass die absoluten Basen z.T. erheblich voneinander abweichen (bspw. 15 deutschland- vs. 21 europa- vs. 124 weltweit tätige Aktiengesellschaften) und dass das Benennungsmotiv Phantasie deutlich häufiger vorkommt als alle anderen. Die beschriebenen Korrelationen müssen auch nicht für jeden Einzelfall gelten, da sich die Realität oft viel komplexer gestaltet.

5.2 Gegenwärtige Namensituation

Dieses Kapitel dokumentiert das Spektrum der aktuellen Dax-Firmen mit dem charakteristischen Nebeneinander traditionsreicher sowie jüngerer, modernerer Bezeichnungen (vgl. hierzu Kap. 5.3.1, das die Benennungsmotive nach Alter der Aktiengesellschaften aufschlüsselt) – ergänzend zum nur die Neugründungen und Umbenennungen der letzten 20 Jahre in den Blick nehmenden Kap. 4.1.8. Tab. 11 illustriert dazu die gegenwärtig vorherrschenden Trends der Unternehmensnamengebung. Für jeden der acht Parameter zeigt über die Hälfte der Firmen eine bestimmte Ausprägung. Einzige Ausnahme bildet die Transparenz, bei der halbe sowie fehlende Durchsichtigkeit zu annähernd gleichen Teilen dominieren (vgl. Kap. 4.1.8.7). Obwohl die Mehrheit der Namen jeweils die angegebenen Merkmalsausprägungen aufweist, entspricht selbstverständlich nicht jeder zweite exakt sämtlichen Kriterien. Die konkreten Kombinationen fallen in der Praxis dann doch vielfältiger aus, als es die Tabelle suggerieren mag.

Parameterausprägung	**Relative Häufigkeit**	**Beispiel**
Benennungsmotiv ‚Phantasie'[58]	67,5%	*Vivacon AG*
Unregelmäßige Bildungsweise	62,5%	*Aurubis AG*
Graphematische Besonderheiten	53,1%	*BayWa Aktiengesellschaft*
Elemente aus Fremdsprachen	65,6%	*Symrise AG*
Ein Lexem	57,5%	*Allianz SE*
Wohlklang	58,8%	*E.ON AG*
Intransparenz/Semitransparenz	48,1%/45,6%	*elexis AG/Kontron AG*
Assoziation ‚Zuverlässigkeit'[59]	71,9%	*ThyssenKrupp AG*

Tab. 11: Gegenwärtige Namensituation (Stand 2009)[60]

Die heute gültigen Firmen der 160 Dax-Aktiengesellschaften zeichnen sich vorwiegend aus durch mindestens einen kreativen (d.h. als dem Benennungsmotiv Phantasie zugehörig eingestuften) Bestandteil, unregelmäßige Bildungsweise, Besonderheiten im Schriftbild, wenigstens ein fremdsprachliches Element, nicht mehr als ein Wort, einen Gesamtsonoritätswert von mindestens 5,5, Opazität

58 Alle Benennungen mit mindestens einem kreativen Bestandteil, also auch Mischfirmen.

59 Alle Unternehmensnamen mit der Assoziation Zuverlässigkeit (ggf. neben anderen).

60 An den in der Tabelle aufgelisteten Kriterien einer heutzutage prototypischen Firma orientiert sich auch der Fragebogen, indem diese Ausprägungskombinationen der acht Parameter bevorzugt abgefragt werden.

oder Semitransparenz sowie (ggf. u.a.) die Assoziation Zuverlässigkeit. Das sind also die Merkmale eines idealen Namens aus Sicht der Unternehmen. Daneben enthalten lediglich 37,5% aller Firmen Sachhinweise, Personennamen finden sich in nur 25,0%. Bezüglich der Länge bestehen die Benennungen von 33,1% der Gesellschaften aus zwei und von 9,4% aus mehr als zwei Lexemen. Lediglich 6,3% sind volltransparent. Auf dem zweiten und dritten Platz der am häufigsten ausgelösten Assoziationen rangieren Tradition (45,0%) bzw. Internationalität (36,3%).

Wovon hängen aber die Ausprägungen der einzelnen Parameter im konkreten Fall ab, existiert vielleicht eine Variable, nach der sich alle anderen hauptsächlich richten? Chancenreicher Kandidat wäre hier sicher das Benennungsmotiv als zentrale onomastische Größe, welche auch bei den bisherigen Betrachtungen stets an erster Stelle stand. Es soll daher nun der Hypothese nachgegangen werden, dass das Benennungsmotiv eine übergeordnete Position einnimmt und die Ausgestaltung der anderen sieben Parameter maßgeblich beeinflusst. Tab. 12 korreliert Personal-, Sach-, Phantasiefirmen sowie den Mischtypus Phantasie und Sache mit Bildungsweise, Graphematik, Fremdsprachlichkeit, Länge, Wohlklang, Transparenz, Assoziationen. Dabei werden die bevorzugten Ausprägungen des heute frequentesten Benennungsmotivs Phantasie als Standard gesetzt und deren relative Häufigkeiten auch für die restlichen Motive eingetragen. Zur besseren Lesbarkeit enthalten die Felder einen Haken und helle Einfärbung bei Überwiegen des jeweiligen Kriteriums in den entsprechenden Firmen, sollte eine andere Ausprägung häufiger sein, erscheint ein Kreuz vor dunklerem Hintergrund. Tab. 12 basiert wiederum auf den aktuellen Firmen aller 160 Dax-Gesellschaften aus dem Korpus und beschreibt somit die Wechselwirkungen der Parameter beispielhaft zwar nur für die Gegenwart, sie darf aber sicher auch für frühere Zeiten Gültigkeit beanspruchen.

Auf den ersten Blick erkennt man eine in jeder Zeile unterschiedliche Verteilung der Parameterausprägungen, welche die charakteristischen Züge jedes Benennungsmotivs zeigt. Nicht weniger eindeutig fallen die dahinter stehenden Prozentwerte aus. Die Abweichungsrate beträgt bei Personalfirmen lediglich 15,8% über alle Parameter hinweg – ausgedrückt als durchschnittliche Anzahl derjenigen Namen, die pro Spalte nicht der üblichen „Norm" des jeweiligen Benennungsmotivs entsprechen; in diesem Fall sind das regelmäßige Bildungsweise, keine Besonderheiten im Schriftbild, keine fremdsprachlichen Elemente, ein Lexem, Wohlklang, Intransparenz sowie die Assoziation Zuverlässigkeit. Es folgt der gemischte Typus Phantasie und Sache (16,7%) vor den etwas diffuser anmutenden Motiven Sache (27,8%) bzw. Phantasie (33,3%). Auf Parameterebene gerät die Korrelation am deutlichsten bei Länge, Bildungsweise, Transparenz, Fremdsprachlichkeit und Assoziationen mit durchschnittlichen Abweichungen von 17,4%, 17,9%, 18,5%, 19,6% bzw. 21,3%, was für Graphematik (32,6%) oder Wohlklang (36,6%) nicht im gleichen Maße gilt.

Benennungsmotiv	**Unregelmäßige Bildungsweise**	**Graphematische Besonderheiten**	**Elemente aus Fremdsprachen**	**Ein Lexem**	**Wohlklang**	**Intransparenz**	**Assoziation ‚Zuverlässigkeit'**
Person	✗ (17,9%)	✗ (17,9%)	✗ (10,7%)	✓ (78,6%)	✓ (64,3%)	✓ (96,4%)	✓ (96,4%)
Sache	✗ (22,2%)	✗ (44,4%)	✓ (66,7%)	✗ (38,9%)	✗ (38,9%)	✗ (16,7%)	✓ (100,0%)
Phantasie	✓ (71,2%)	✓ (65,2%)	✓ (71,2%)	✓ (90,9%)	✓ (56,1%)	✓ (57,6%)	✓ (54,5%)
Phantasie + Sache	✓ (97,2%)	✓ (66,7%)	✓ (94,4%)	✗ (0,0%)	✓ (72,2%)	✗ (11,1%)	✓ (63,9%)

Tab. 12: Korrelation der Benennungsmotive mit den häufigsten Ausprägungen der anderen Parameter

Wie vermutet legt das Benennungsmotiv die Ausprägung der anderen Parameter fest und übt als primärer Faktor den stärksten Einfluss auf die endgültige Gestalt der Firma aus. Aber auch an dieser Stelle kann man weiter fragen nach unabhängigen Variablen aus dem Unternehmen selbst, die über das Benennungsmotiv entscheiden.

5.3 Analyse der Einflussfaktoren

Zu den wesentlichen Unternehmensdaten zählen u.a. Sitz, Rechtsform, Gründungsjahr, Branche, Umsatz, Gewinn, Bilanzsumme sowie Anzahl der MitarbeiterInnen. Sitz (in Deutschland) und Rechtsform (hauptsächlich AG) sind bei fast allen Aktiengesellschaften im Korpus aufgrund von dessen Zusammensetzung identisch, können also hier keinen Einfluss auf die Gestalt der Firmen ausüben. Nimmt man allerdings auch Einzelkaufleute (e.K.) oder offene Handelsgesellschaften (OHG) hinzu, so zeigt sich, dass die Namenwahl durchaus stark von der Rechtsform abhängt (vgl. FAHLBUSCH 2014). Das Gründungsdatum ist über das Unternehmensalter in die Betrachtung einbezogen, die Branche fließt als eigener Faktor ebenfalls ein. Die Größe eines Konzerns, bspw. angezeigt durch Umsatz, Gewinn, Bilanzsumme, lässt sich leicht durch die Anzahl der MitarbeiterInnen operationalisieren. Da (neben dem Sitz) auch der Aktionsradius der Aktiengesellschaften eine Rolle spielt, also auf welchen Märkten sie agieren, wird dies unter dem Stichwort Internationalität analysiert. Ob und in welcher Weise die Wahl eines Benennungsmotivs und damit die Gestalt des Gesamtnamens von Alter, Größe, Internationalität oder Branche des jeweiligen Unternehmens abhängt, werden die folgenden Unterkapitel ergeben.

5.3.1 Einflussfaktor Alter

Im Mittel sind die Aktiengesellschaften aus dem Korpus 72 Jahre alt. Abb. 75 schlüsselt dieses Durchschnittsalter (Stand 2009) nach Benennungsmotiven auf und präsentiert dabei die Reinformen in dunkler Färbung, die Mischtypen schraffiert. Unternehmen, welche heute nur einen (oder mehrere) Familiennamen führen, existieren im Mittel seit 116 Jahren und gehören zu den Betrieben mit der längsten Geschichte. Darunter befindet sich auch der älteste Dax-Konzern überhaupt, die bereits 1790 entstandene *BAUER AG*. Nur drei Aktiengesellschaften mit Personalfirmen sind erst in den letzten 50 Jahren gegründet worden: *Fielmann AG* (1972), *Bertrandt Aktiengesellschaft* (1974) sowie *Roth & Rau AG* (1990). Im 19. Jahrhundert kam dagegen kaum ein Unternehmen ohne den Verweis auf Gründer oder Eigentümer aus (vgl. Kap. 4.1.1.1, 4.1.2.1, 4.1.3.1). Somit dürfen Familiennamen nicht von ungefähr als besonders traditionell gelten. Da nimmt es kaum wunder, dass die am längsten unverändert gebliebene Firma des Korpus aus nur einem einzigen Familiennamen besteht, nämlich *Klöckner & Co SE*, die vom Beginn der Geschäftstätigkeit 1906 bis heute nicht ein Mal modifiziert worden ist. Unternehmen mit Sachbenennungen operieren seit durchschnittlich 90 Jahren am Markt, die Spanne reicht hier vom Gründungsjahr 1850 (*Heidelberger Druckmaschinen Aktiengesellschaft*) bis 1998 (*Deutsche Wohnen AG*). Phantasiefirmen weisen v.a. die jüngsten Aktiengesellschaften auf. Sie sind im Mittel nicht älter als 58 Jahre, allerdings zählen hierzu auch viele etablierte Unternehmen (*Celesio AG*, gegründet 1835), die ihre Namen den vorherrschenden Trends (vgl. Kap. 4.1.7.1) angepasst haben, neben den ganz jungen Vertretern (*LANXESS Aktiengesellschaft*, gegründet 2004).

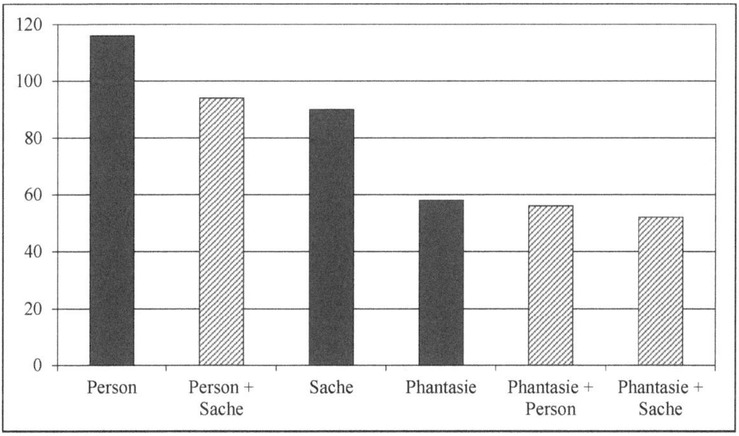

Abb. 75: Durchschnittsalter der Unternehmen mit dem entsprechenden Benennungsmotiv[61]

Mit einem Durchschnittsalter von 94 Jahren reiht sich die Kombination Person und Sache zwischen den beiden entsprechenden Benennungsmotiven in Reinform ein. Verbindungen von Familiennamen mit kreativen Elementen bringen es dagegen auf einen Schnitt von nicht mehr als 56 Jahren, das mittlere Alter der Paarungen aus Phantasie und Sache liegt weitere vier Jahre darunter – dafür sorgt u.a. die erst 2006 gegründete *alstria office REIT-AG* als jüngstes Unternehmen aus dem Korpus. Dass man gerade bei Aktiengesellschaften, deren Gründung am kürzesten zurückliegt, auf phantasievolle Mischfirmen trifft, hat

[61] Das Alter berechnet sich nach der Formel 2009 minus Gründungsjahr. Bei Fusionen ist jeweils das Gründungsdatum des ältesten Vorgänger-Unternehmens zugrunde gelegt.

einen einfachen Grund: Neue Unternehmen setzen (noch) nicht allein auf meist opake Phantasienamen, sondern wollen mit Sachhinweisen, die ihr konkretes Geschäftsmodell kommunizieren, für eine bessere (Wieder-)Erkennbarkeit sowie Einprägsamkeit sorgen. Ist dieses Ziel erreicht, haben sie sich also am Markt durchgesetzt und sind in der Branche bekannt, entfallen die Zusätze alsbald wieder (vgl. Kap. 4.2.5).

5.3.2 Einflussfaktor Größe

Diesem Abschnitt sei die gar nicht einmal triviale Bemerkung vorweggeschickt, dass Größe relativ ist. Immerhin geht es hier stets um die umsatzstärksten an der Frankfurter Börse gelisteten Werte. Das HGB definiert bereits Kapitalgesellschaften ab 250 MitarbeiterInnen als groß (§267), was auf 95,6% der Vertreter aus dem Korpus zutrifft.[62] Allein deren Rechtsform setzt durch die Höhe des vorgeschriebenen Grundkapitals (derzeit 50.000 Euro) eine gewisse Größe voraus. Substanzielle Unterschiede wie sie etwa zwischen Einzelkaufleuten und Aktiengesellschaften bestehen (vgl. FAHLBUSCH 2014) sollten daher nicht zu erwarten sein. Ein Blick auf Abb. 76 führt jedoch deutlich vor Augen, dass es auch hier „größere" und „kleinere" Betriebe – ausgedrückt über die durchschnittliche Belegschaftszahl – gibt, was sich dann direkt auf deren Benennungsmotiv auswirkt: Sach- und Personalfirmen etwa begegnen am häufigsten bei sehr großen Unternehmen mit im Schnitt 55.254 bzw. 52.770 MitarbeiterInnen. Hierzu zählt u.a. die 456.716 Menschen beschäftigende *Deutsche Post AG*, die den Spitzenplatz im Korpus vor der *Siemens Aktiengesellschaft* mit 427.000 Angestellten einnimmt. Am anderen Ende der Spanne zählt das kleinste Unternehmen, die Beteiligungsgesellschaft *Deutsche EuroShop AG*, lediglich vier MitarbeiterInnen. Sie führt eine phantasievolle Firma, und auch insgesamt sind die Aktiengesellschaften dieses Benennungsmotivs mit durchschnittlich 25.875 Beschäftigten nur halb so groß wie solche, die Sach- oder Personennamen tragen; das Maximum liegt hier bei 290.940 (*METRO AG*).

[62] Keines der Unternehmen aus dem Korpus ist also tatsächlich klein, einige haben als Beteiligungsgesellschaften zwar nur wenige MitarbeiterInnen, dafür aber einen großen Börsenumsatz oder eine hohe Marktkapitalisierung (andernfalls wären sie auch gar nicht im Dax, MDax, SDax oder TecDax vertreten).

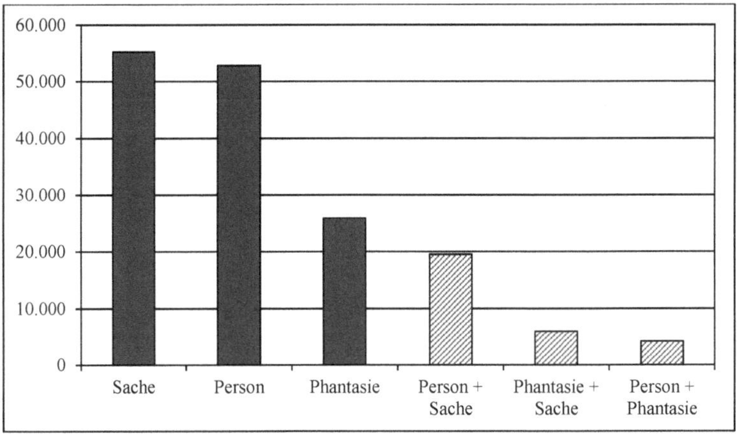

Abb. 76: Durchschnittliche Beschäftigtenzahl der Unternehmen mit dem entsprechenden Benennungsmotiv

Die schraffierten Balken präsentieren wiederum die Mischtypen: Person und Sache kommen auf 19.538 MitarbeiterInnen, Phantasie und Sache auf weniger als ein Drittel davon, nämlich nur noch 5.964 Angestellte sowie Person und Phantasie auf 4.155. Ihre Maximalwerte (Person und Sache: *Fresenius Medical Care AG & Co. KGaA*, 64.666 MitarbeiterInnen; Phantasie und Sache: *Munich Re AG*, 44.209 MitarbeiterInnen; Person und Phantasie: *Wincor Nixdorf Aktiengesellschaft*, 9.460 MitarbeiterInnen) reichen dabei nicht einmal an den Durchschnitt der Reinformen Sache bzw. Person heran. Je größer also die Betriebe werden, desto eher führen sie keine Mischfirmen mehr. Dies hängt mit den in Kap. 5.3.1 gemachten Beobachtungen bezüglich der Altersstruktur zusammen: Junge Unternehmen sind anfangs klein – das Durchschnittsalter der Aktiengesellschaften mit weniger als 1.000 MitarbeiterInnen beträgt nur 31 Jahre –, müssen sich am Markt erst durchsetzen und wählen daher zunächst oft Benennungen der Form Phantasie und Sache, um ihr Leistungsspektrum gleich im Namen zu verkünden. Große, etablierte Konzerne (Aktiengesellschaften mit 10.000 MitarbeiterInnen und mehr bestehen im Schnitt seit 98 Jahren, solche mit 1.000 bis 9.999 MitarbeiterInnen im Schnitt seit 66 Jahren) können eine weitgehende Bekanntheit am Markt voraussetzen, weshalb unter ihnen diese Kombinationen wegen ihrer Länge und Sperrigkeit als hinderlich gelten. Abb. 75f. sind zwar nicht deckungsgleich und weichen bezüglich der Motivreihenfolge voneinander ab, zeigen aber eine ähnliche Tendenz mit Personal- und Sachfirmen am linken Rand der Skala, Phantasie in der Mitte und den kreativen Mischtypen ganz rechts. Dabei wird ein Zusammenhang deutlich: Je älter die Unternehmen, desto größer sind sie (und umgekehrt) und desto eher weisen sie die Benennungsmotive Person oder Sache im Namen auf.

5.3.3 Einflussfaktor Internationalität

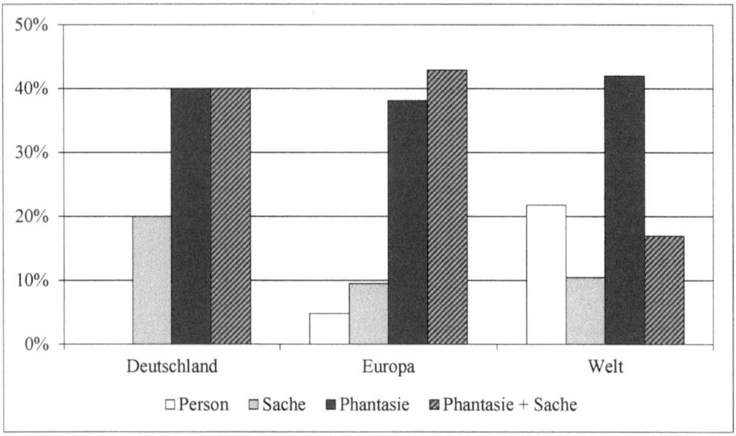

Abb. 77: Benennungsmotive der Unternehmen in Abhängigkeit von ihrem Aktionsradius[63]

Mehr als drei Viertel aller Dax-Unternehmen haben Standorte rund um den Globus, sind also international aufgestellt. Auf den Aktionsradius zurückgehende Besonderheiten sollten daher kaum zutage treten. Doch es zeigt sich, dass die bearbeiteten Märkte eines Unternehmens durchaus Einfluss auf die Wahl von dessen Benennungsmotiv nehmen: Personalfirmen wie *Henkel AG & Co. KGaA* begegnen am häufigsten bei internationalen Konzernen (21,8%), europaweit machen sie lediglich 4,8% aus, und bei auf das Heimatland beschränkten Aktiengesellschaften treten sie gar nicht auf. Allein deutschlandweit operierende Unternehmen benennen sich öfter nach ihrer Tätigkeit (20,0%, *Deutsche Beteiligungs AG*). In Europa und der Welt spielen diese Namen mit 9,5% bzw. 10,5%

[63] Zu 100% fehlende Angaben entfallen bei Europa und Welt auf die minderfrequenten Mischfirmen Phantasie und Person (Europa: 0%, Welt: 4,8%) sowie Person und Sache (Europa: 4,8%, Welt: 4,0%).

kaum eine Rolle. Phantasiefirmen sind hingegen überall annähernd gleich beliebt (Deutschland: 40,0% (*Curanum AG*), Europa: 38,1% (*Gagfah S.A.*), Welt: 41,9% (*KUKA Aktiengesellschaft*)).

Die Kombination kreativer Namenbestandteile mit Sachhinweisen kommt allerdings bei weltweit vertretenen Aktiengesellschaften schon deutlich seltener vor (Deutschland: 40,0% (*PATRIZIA Immobilien AG*), Europa: 42,9% (*comdirect bank Aktiengesellschaft*) vs. Welt: 16,9% (*Infineon Technologies AG*)). Letztere haben, wie bereits festgestellt, keine näheren Angaben zu ihrem Geschäftszweck oder -sitz mehr nötig. Außerdem brächten solche erklärenden Zusätze, da notwendigerweise in einer Landessprache verfasst, ggf. Artikulations- bzw. Verständnisschwierigkeiten in anderen Nationen mit sich. Das Benennungsmotiv Sache begegnet daher auch lediglich in der Bundesrepublik in nennenswerterer Zahl. Bedeutende traditionsreiche Konzerne führen einzig einen Familiennamen und können darauf bauen, dass dieser in vielen Ländern ausreichend bekannt ist, um das Unternehmen einwandfrei zu identifizieren. Phantasie gilt hingegen überall als modern sowie „verständlich", weshalb sie gerne auch von nur deutschlandweit tätigen Betrieben gewählt wird, um u.a. Weltläufigkeit zu suggerieren (vgl. Kap. 4.1.8.4). Insgesamt zeigen Europa und Deutschland mehr Übereinstimmungen als Differenzen, ganz im Gegensatz zu den Namen für die restliche Welt.

Ein Zusammenhang besteht wiederum mit Alter sowie Größe der Unternehmen, der sich folgendermaßen in Zahlen ausdrücken lässt: Das Durchschnittsalter nur deutschlandweit auftretender Aktiengesellschaften beträgt 37 Jahre, bei Geschäftstätigkeit innerhalb Europas sind es schon 55 Jahre und globale Konzerne bringen es auf 78 Jahre. Eine solche Abstufung wird auch bei der Größe offenbar: Auf den bundesrepublikanischen Heimatmarkt beschränkte Unternehmen zählen im Mittel 3.611 MitarbeiterInnen, die Belegschaftsgröße europaweit agierender Betriebe liegt bei gut dem Doppelten, nämlich 7.746, mehr als viermal so viele Menschen, genauer 34.629, arbeiten bei global aufgestellten Aktiengesellschaften. Der am Ende des vorangegangenen Kap. 5.3.2 formulierte Zusammenhang kann also wie folgt erweitert werden: Je älter die Unternehmen, desto größer und desto internationaler sind sie.

5.3.4 Einflussfaktor Branche

Unternehmen, die weitgehend substituierbare Produkte herstellen, mit ähnlichen Artikeln handeln bzw. verwandte Dienstleistungen erbringen, die gleichartige Fertigungstechniken oder Ausgangsstoffe einsetzen, bewegen sich in einem gemeinsamen Marktumfeld und bilden eine Branche (vgl. GABLER-WIRTSCHAFTS-LEXIKON). Der Wirtschaftszweig gibt folglich wesentliche Größen wie die oben erwähnten vor und regelt darüber hinaus die Mitgliedschaft in Fachverbänden. Praktische Bedeutung gewinnt er etwa für Einträge in Branchenbüchern. Dennoch gerät die Zuordnung aufgrund der Heterogenität mancher Mischkonzerne und ihrer umfassenden Leistungsspektren manchmal schwierig. Hier wird daher eine relativ pauschale Klassifikation verwendet, und nur die eindeutigen Vertreter liegen der Betrachtung zugrunde. In Abb. 78 erscheinen letztlich sieben bekannte Branchen, die sich (abgesehen von Immobiliendienstleistern) auch im Fragebogen wiederfinden:

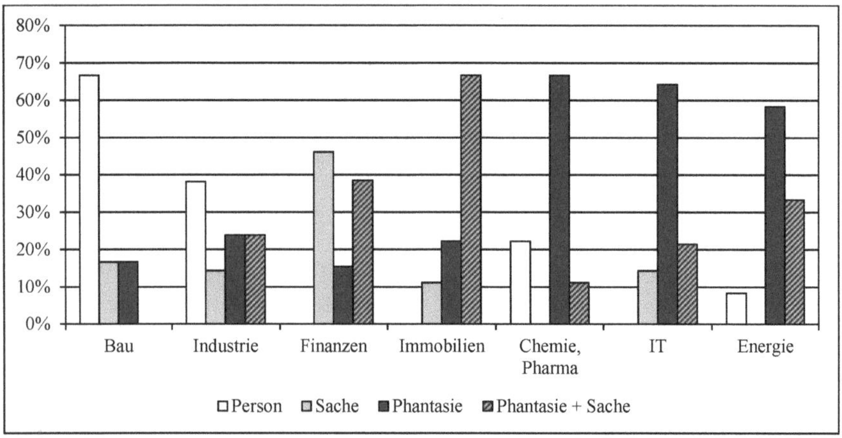

Abb. 78: Benennungsmotive der Unternehmen in Abhängigkeit ihrer Branche[64]

Baugewerbe und Industrie setzen vorrangig auf traditionsreiche Familiennamen wie *Bilfinger Berger AG* oder *Linde Aktiengesellschaft* (Bau: Person 66,7%, Sache, Phantasie je 16,7%; Industrie: Person 38,1%, Phantasie, Phantasie und Sache je 23,8%, Sache 14,3%). Die Dominanz etablierter Großkonzerne in die-

64 Die Mischtypen Person und Sache sowie Person und Phantasie sind nicht vertreten.

sen beiden klassischen Branchen wird somit auch durch das ihnen eigene Benennungsmotiv widergespiegelt (vgl. Kap. 5.3.1f.). Finanz- und Immobiliendienstleister wollen mit Sachfirmen (*Deutsche Bank Aktiengesellschaft*) bzw. entsprechenden Zusätzen (*IVG <u>Immobilien</u> AG*) Seriosität suggerieren (Finanzen: Sache 46,1%, Phantasie und Sache 38,5%, Phantasie 15,4%; Immobilien: Phantasie und Sache 66,7%, Phantasie 22,2%, Sache 11,1%). Unternehmen aus den Bereichen Chemie/Pharma, IT, Energie versprechen mit ihren Phantasienamen (*MediGene AG, SMARTRAC N.V., SolarWorld Aktiengesellschaft*) Innovationen und Visionen (Chemie/Pharma: Phantasie 66,7%, Person 22,2%, Phantasie und Sache 11,1%; IT: Phantasie 64,3%, Phantasie und Sache 21,4%, Sache 14,3%; Energie: Phantasie 58,3%, Phantasie und Sache 33,3%, Person 8,3%). Sie sind häufig jung und führen folgerichtig moderne, kreative Firmen.

Ein Bezug zum Alter der Aktiengesellschaften lässt sich dergestalt herstellen, dass etablierte Großkonzerne mit langer Tradition klassischen Wirtschaftszweigen wie Baugewerbe oder Industrie entstammen und die Familiennamen ihrer Gründer tragen, jüngere hingegen eher technischen Branchen angehören und entsprechend zeitgemäße Phantasiefirmen führen. Allerdings fallen diese Zusammenhänge nicht so eindeutig aus wie bei den drei zuvor analysierten Faktoren (vgl. Kap. 5.3.1 bis 5.3.3), die enger miteinander verflochten sind. Am größten geraten Bauunternehmen (durchschnittlich 34.356 MitarbeiterInnen), gefolgt von den Branchen Chemie/Pharma (28.005), IT (24.523), Industrie (20.946), Energie (14.893), Finanzen (14.106) und Immobilien (336). Die Alterspyramide sieht etwas anders aus: Bau (154 Jahre), Industrie (113), Chemie/Pharma (82), Finanzen (67), Immobilien (49), Energie (33), IT (27). Hinsichtlich des Aktionsradius der Wirtschaftszweige fällt einzig auf, dass sich Immobilienunternehmen mehrheitlich auf den Heimatmarkt Deutschland beschränken (77,8%).

5.4 Zusammenfassung und Interpretation der Befunde

Auf den ersten Blick erscheint die Wahl eines Namens als (abgesehen von den rechtlichen Einschränkungen, vgl. Kap. 2.2) weitgehend freie, individuelle Entscheidung der Aktiengesellschaften. Tatsächlich läuft sie aber nach bestimmten Prinzipien ab und folgt modebildenden Idealen, die sich im Laufe der Zeit verändern, wie die diachrone Analyse herausarbeiten konnte (vgl. Kap. 4). In diesem Kapitel hat sich nun erwiesen, dass es in der Gegenwart nur vier, jedes Unternehmen in der Wirtschaftswelt verortende Faktoren gibt, welche entscheidenden Einfluss auf die Ausgestaltung von dessen Firma nehmen.

Diese ist gekennzeichnet durch ein Grundgerüst charakteristischer Merkmalskombinationen acht zentraler Parameter. Einer davon, das Benennungsmotiv, tritt dabei hervor, indem er die Ausprägungen der sieben anderen (Bildungsweise, graphematische Besonderheiten, Elemente aus Fremdsprachen, Länge, Sonorität, Transparenz, Assoziationen) weitgehend festlegt. Seine Wahl hängt wiederum vom Zusammenspiel aus Alter, Größe, Internationalität sowie Branche des jeweiligen Unternehmens ab. Diese vier Einflussfaktoren bedingen sich häufig gegenseitig. So haben Aktiengesellschaften mit einer langen Geschichte viele Beschäftigte, eine internationale Ausrichtung und gehören traditionellen Wirtschaftszweigen an. Während Alter, Größe sowie Internationalität tatsächlich reziprok sind (je jünger ein Unternehmen desto kleiner und desto stärker auf Deutschland konzentriert und vice versa), steht die Branche vielmehr quer zu diesen drei Einheiten. Abb. 79 visualisiert die besprochenen Zusammenhänge.

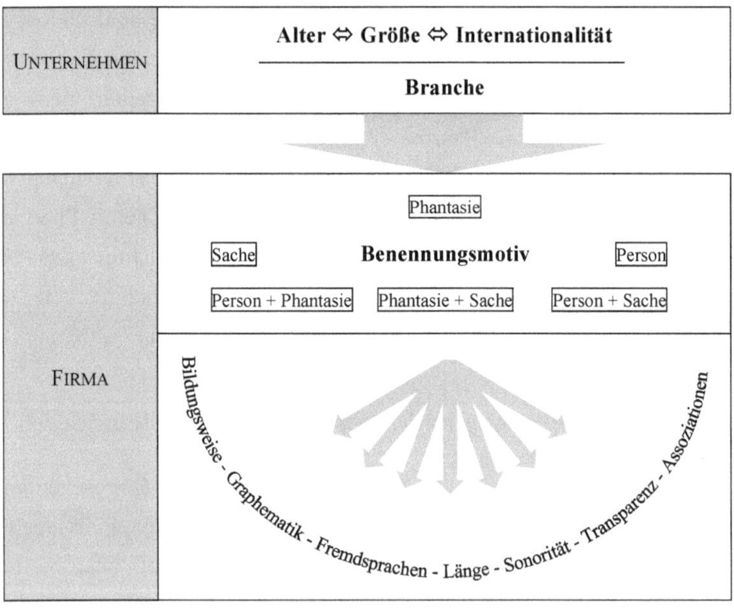

Abb. 79: Zusammenhänge zwischen Unternehmensdaten und Firmierung

Abhängig von Alter, Größe, Internationalität sowie Branche der Aktiengesellschaft existieren verschiedene Anforderungen an den perfekten Namen und somit unterschiedliche ergonomastische Ideale. Ein junges, kleines, deutschlandweit tätiges Unternehmen der Immobilienbranche etwa wählt eher eine Mischfirma aus Phantasie und Sache wie *Colonia Real Estate AG*, während ein etablierter, großer, internationaler Konzern der Baubranche mutmaßlich den/die Familiennamen des Gründers bzw. der Gründer führt (*Wacker Neuson SE*).

Alle bisherigen Aussagen sind aus Sicht der Aktiengesellschaften getroffen, da diese die analysierten Firmen schließlich selbst ausgesucht haben. Daran anknüpfend soll mit dem Fragebogen nun die KundInnenperspektive eingenommen werden: Ist auch in der Bevölkerung ein Bewusstsein für diese Einflussfaktoren und die jeweils passenden Namentypen vorhanden bzw. hängt deren Bewertung in der Gesellschaft von ihnen ab?

6. Einflussfaktoren bei der Namenwahl aus KundInnensicht

6.1 Anlage der Frage

„Wie sollte das Unternehmen heute heißen?“ – so lautet die erste Aufgabenstellung in der Umfrage. Die TeilnehmerInnen werden hier gebeten, für drei Aktiengesellschaften aus den Branchen Finanzdienstleistungen, Computertechnik und Schwerindustrie jeweils zehn vorgeschlagene Firmen auf einer sechsstufigen Skala von „sehr gut“ bis „sehr schlecht“ zu bewerten sowie anschließend ihren Favoriten zu küren, also den Namen auszuwählen, den sie diesem Unternehmen heutzutage geben würden. In einem Freitextfeld können sie ihre Entscheidung anschließend begründen. Von der vorliegenden Frage existieren zwei Versionen, was den TeilnehmerInnen allerdings verborgen bleibt: Bei jedem Unternehmen ist in der Beschreibung seiner Geschichte, seines Geschäftsmodells etc. genau ein spezifisches Charakteristikum verändert, bspw. das Gründungsjahr oder die internationale Ausrichtung. Die zu beurteilenden Firmen und deren Reihenfolge bleiben hingegen stets identisch. Im Folgenden werden die drei Unternehmensporträts dokumentiert – so wie sie im Fragebogen erscheinen mit ihren zwei verschiedenen Fassungen inklusive der entsprechenden Namenvorschläge.

Beim ersten Unternehmen handelt es sich um einen **Finanzdienstleister**:

Version A: 1878 gründete Friedrich v. See mit zwei Geschäftspartnern in Karlsruhe die Badische Bau- und Bodenbank. Seither hat sich das Unternehmen zu einem internationalen Finanzdienstleister mit Niederlassungen in 15 Ländern weltweit entwickelt.

Version B: 1995 gründete Tobias v. See eine Direktbank als Tochter der 1878 von seinem Ururgroßvater eröffneten Badischen Bau- und Bodenbank. Wie der Mutterkonzern ist sie heute international ausgerichtet, mit Kunden in 15 Ländern weltweit.

Zur Wahl stehen die folgenden zehn potentiellen Firmierungen:

- *BaBo Bank*
- *Friedr. v. See & Co.*
- *3B bank*
- *argetra*
- *Badische Bau- und Bodenbank*
- *FVS finance*
- *Baden Bank*
- *b.direct*
- *Bankhaus v. See, Karlsruhe*
- *Badena*

Ein **Chiphersteller** bildet das zweite Unternehmen:

Version A: Zwei Studenten entwickelten 1986 eine neue Prozessorplattform für Computer. Um diese zu vermarkten, haben sie ein Unternehmen gegründet, das heute zu den größten Halbleiterherstellern der Welt zählt.

Version B: Zwei Studenten entwickelten 1986 eine neue Prozessorplattform für Computer. Um diese zu vermarkten, haben sie ein kleines Unternehmen gegründet, das sich heute als Zulieferer für die deutsche Industrie etabliert hat.

Aus diesen zehn Namen können die TeilnehmerInnen hier wählen:

- *ROMEDA solutions*
- *Symtronics*
- *Mensing & Partner Halbleiter*
- *novotec*
- *Intrasys Technologies*
- *Future Chip*
- *Institut für Datentechnik*
- *winrise*
- *MSH Data*
- *Mensing Seifert*

Das dritte Unternehmen ist schließlich ein **Stahlproduzent**:

Version A: Die 1836 in Bremen gegründete Gußstahlfabrik Joh. Meyerhoff konzentriert sich seit 175 Jahren auf ihren Heimatmarkt. Daher hat das Unternehmen auch heutzutage keine Standorte außerhalb Deutschlands.

Version B: Im vergangenen Jahr hat die 1836 in Bremen gegründete Gußstahlfabrik Joh. Meyerhoff einen belgischen Konkurrenten übernommen. Mit Standorten rund um den Globus ist der Konzern heute international aufgestellt.

Abermals werden zehn Namenvorschläge angeboten:

- *Norddeutsche Stahlwerke*
- *Inoa*
- *Hansa-Stahl*
- *GJM*
- *Meyerhoff Stahl*
- *actavis*
- *MEYERHOFF*
- *JMB Industries*
- *Gußstahlfabrik Joh. Meyerhoff*
- *mSteel*

Keine der drei beschriebenen Aktiengesellschaften existiert tatsächlich. Dem Korpus der 160 Dax-Konzerne sind zwar Anregungen entnommen, um sowohl Firmen als auch Unternehmensgeschichte möglichst realitätsnah zu gestalten, letztlich bleiben diese aber rein fiktiv. So soll ausgeschlossen werden, dass positive oder negative Erfahrungen, Marketingaktivitäten, Image o.Ä. die Einschätzung der TeilnehmerInnen beeinflussen. Damit Letztere sich auch wirklich Gedanken über die dargebotenen Namen als solche machen, wird um eine Bewertung jeder einzelnen Form gebeten. Dazu ist eine Skala mit sechs Auswahlmöglichkeiten vorgegeben, um keine mittlere „Ausweichkategorie" zu eröffnen. Jede/r Befragte muss folglich eindeutig Position beziehen, ob er/sie die vorgeschlagene Firma eher gut oder eher schlecht findet.

6.2 Erkenntnisinteresse

Nachdem die Betrachtungen bislang aus Unternehmensperspektive erfolgt sind, soll es von nun an vornehmlich um die Sicht der StakeholderInnen gehen. Zunächst soll ergründet werden, ob die Faktoren Alter, Größe, Internationalität und Branche, welche sich im vorangegangenen Kap. 5 als wirksam bei der Namenwahl der Aktiengesellschaften erwiesen haben, auch die Bewertung der Firmen durch die Bevölkerung beeinflussen. Als weiterer potentiell relevanter Aspekt kommt das Lebensalter der TeilnehmerInnen hinzu. Die für die vorliegende Frage erdachten Unternehmen entstammen drei Branchen, welche hinsichtlich Tradition, Geschäftsmodell etc. stark differieren. In den Beschreibungen variieren darüber hinaus deren Alter bzw. Aktionsradius/Größe: Das Kreditinstitut agiert stets weltweit, einmal aber ist es bereits 1878 gegründet worden, das andere Mal genau 117 Jahre später. In ihrer internationalen bzw. rein auf den deutschen Markt beschränkten Ausrichtung unterscheiden sich jeweils die traditionsreiche Stahlfabrik und der junge Halbleiterproduzent, während bei Letzterem zusätzlich explizit eine Größendifferenz zur Sprache kommt.

Im Unterschied zur Betrachtung existierender Aktiengesellschaften mit einem Zusammenspiel mannigfaltiger Variablen, die zu Verzerrungen führen können, lassen sich im experimentellen Umfeld beim Vergleich zweier ansonsten identischer Unternehmen sämtliche Abweichungen in den Bewertungen beider Versionen, also Einschätzung und Bevorzugung bestimmter Ausprägungskombinationen der acht Parameter, auf genau einen Einflussfaktor sowie das Lebensalter der Befragten zurückführen.

Für jüngere Unternehmen dürften die TeilnehmerInnen mehrheitlich kreative Namen wählen, für alteingesessene hingegen traditionellere. Ähnliches wird in Bezug auf die Branche gelten. Im auf Seriosität bedachten Finanzsektor und in der eher bodenständigen Schwerindustrie müssten Sachfirmen relativ gute Bewertungen erhalten, während beim modernen Chiphersteller das Benennungsmotiv Phantasie vermutlich besonderen Anklang findet. Abhängig von der Internationalität/Größe sollten vermehrt fremdsprachliche Elemente in den für globale Konzerne präferierten Firmen begegnen, bei Konzentration auf den deutschen Markt hingegen eher native Strukturen. Das Lebensalter der TeilnehmerInnen dürfte sich v.a. auf die Bevorzugung kreativer Namen auswirken, in der Form, dass die jüngeren Gruppen Phantasiefirmen deutlich aufgeschlossener gegenüberstehen als andere Generationen.

6.3 Auswertung

Vor der Analyse werden die drei einzelnen Teilfragen separat je nach Version auf vollständige und richtige Bearbeitung geprüft. Konkret bedeutet dies, dass für jeden Namen genau eine Bewertung angekreuzt und anschließend exakt ein Favorit gewählt worden sein muss. Bei zu vielen oder zu wenigen Kreuzen bleibt das entsprechende Unternehmen unberücksichtigt. Es ergeben sich folgende absolute Zahlen (inklusive der 600 Bögen von SSI):

Alter	Unternehmen 1		Unternehmen 2		Unternehmen 3	
	A	B	A	B	A	B
14-19	163	155	166	159	172	165
20-29	324	245	320	244	316	242
30-39	122	109	128	116	126	109
40-49	162	141	162	142	162	138
50-59	103	118	100	121	99	115
60-69	91	143	92	143	92	145
70-89	70	111	69	112	72	108
Summe	1035	1022	1037	1037	1039	1022
	2057		2074		2061	

Tab. 13: Anzahl vollständig ausgefüllter Rückläufer nach Alter, Unternehmen und Fragebogenversion (Frage 1)

Da Frage 1 in zwei verschiedenen Varianten existiert, ist auch bei den 600 TeilnehmerInnen von SSI hinsichtlich dieser beiden Fassungen (jeweils 300 Rückläufer) keine Repräsentativität gegeben. Deshalb wird hier direkt zur Gesamtauswertung aller vollständig ausgefüllten Bögen übergegangen, gleich welcher Quelle sie entstammen. Beschreibung sowie Interpretation erfolgen zunächst insgesamt über alle Befragten hinweg, bevor ein eigenes Unterkapitel die einzelnen Altersklassen gesondert als Einflussfaktor herausarbeitet. Am Anfang steht jeweils ein Diagramm, das die Favoriten der TeilnehmerInnen getrennt nach Fragebogenfassung präsentiert; eine Tabelle weist anschließend die genauen Prozentwerte aus. Zur Analyse der präferierten Ausprägungskombinationen der acht Parameter im Hinblick auf charakteristische Unterschiede zwischen dem jungen und dem alten bzw. den nationalen/kleinen und den internationalen/großen Unternehmen werden die Durchschnittsnoten[65] der jeweiligen Firmen herangezogen. Als Ergebnis resultiert schließlich die ideale Namenform in Abhängigkeit von Alter, Internationalität/Größe bzw. Branche der Aktiengesellschaft – aus Sicht der deutschen Öffentlichkeit.

Die Auswertung nach dem Lebensalter der Befragten beginnt mit einer Tabelle, welche den Favoriten jeder Dekade auflistet. Um die folgenden Ränge besser beleuchten zu können, wechselt die Analyse wiederum auf die durchschnittlichen Bewertungen. Da die einzelnen Altersgruppen den Vorschlägen gegenüber allgemein unterschiedlich kritisch eingestellt sind,[66] steht die Reihenfolge der Bewertungen, nicht die absolute Durchschnittsnote im Vordergrund. Die Beobachtungen kulminieren in zwei Schaubildern, eines für jede Fragebogenversion, welche den Verlauf der Zustimmungswerte bei der Favoritenkür in Abhängigkeit vom Lebensalter der TeilnehmerInnen kontrastieren. Und zwar von jeweils zwei Namen, die im jüngsten bzw. betagtesten Lager besonderen Zuspruch finden; meist handelt es sich um die Top-Favoriten beider Fraktionen. Den Abschluss bildet eine Betrachtung der drei am besten bewerteten Firmen je Altersgruppe. Bildungsgrad und Wohnsitz der Befragten konnten nicht als Einflussfaktoren bestätigt werden, weshalb sie unberücksichtigt bleiben.

---

65 Der Berechnung basiert auf Schulnoten von eins (sehr gut) bis sechs (sehr schlecht).

66 Während bspw. die durchschnittliche Bewertung der 14-19-Jährigen beim alteingesessenen Geldhaus (Unternehmen 1) über alle Namen bei 3,70 liegt, vergeben die 60-69-Jährigen lediglich eine 4,07.

6.3.1 Unternehmen 1: Finanzdienstleister

6.3.1.1 Auswertung insgesamt

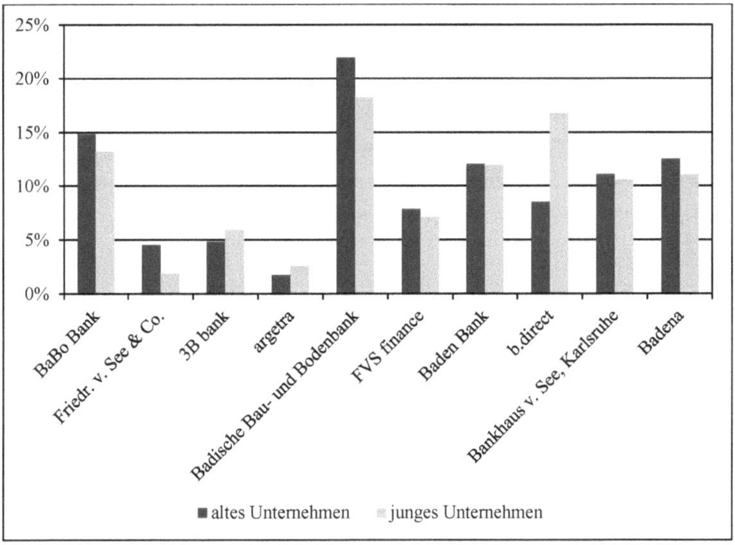

Abb. 80: Favoriten der TeilnehmerInnen in Abhängigkeit von der Fragebogenversion (Unternehmen 1)

Abb. 80 illustriert, wie viele TeilnehmerInnen welchen Namen zu ihrem Favoriten gekürt haben – in Abhängigkeit von der jeweiligen Fragebogenvariante. Dabei stechen zwei Balken hervor: *Badische Bau- und Bodenbank* sowie *b.direct.* Alle anderen zeigen zwischen den beiden Versionen nur unwesentliche Abweichungen. Für das alteingesessene Geldinstitut (Version A) präferiert gut jeder Fünfte auch heutzutage den sachlichen Namen, unter dem es 1876 gegründet worden ist. Der Abstand auf den Zweitplatzierten *BaBo Bank*, eine Mischfirma aus phantasievoller akronymischer Kürzung der ursprünglichen Benennung *Badische Bau- und Bodenbank* mit Hinweis auf den Geschäftsgegenstand, beträgt mehr als sieben Prozentpunkte. Es folgen in nennenswertem Umfang noch die ebenfalls recht klassischen Namen *Badena* (Phantasie), *Baden Bank* (Sache), *Bankhaus v. See, Karlsruhe* (Person und Sache). Alle anderen Vorschläge liegen im einstelligen Prozentbereich.

Bei der jungen Direktbank (Version B) wird zwar nach wie vor die Sachbezeichnung *Badische Bau- und Bodenbank* am häufigsten gewählt, doch muss sie knapp vier Prozentpunkte abgeben. Die intransparente Phantasiefirma *b.direct* verdoppelt ihren Anteil nahezu und rückt auf Platz zwei vor. Nun trennen nur noch weniger als zwei Prozentpunkte die beiden Bestplatzierten. Mit über 10% Zustimmung folgen wiederum die (halb-)transparenten (Misch-)firmen *BaBo Bank* (Phantasie und Sache), *Baden Bank* (Sache), *Badena* (Phantasie), *Bankhaus v. See, Karlsruhe* (Person und Sache). Die Kombinationen aus Phantasie und Sache *FVS finance*, *3B bank*, die kreative Benennung *argetra* und der Personenname *Friedr. v. See & Co.* liegen abgeschlagen unter 8%.

Rang	altes Unternehmen (Version A)		junges Unternehmen (Version B)	
1	*Badische Bau- und Bodenbank*	21,9%	*Badische Bau- und Bodenbank*	18,3%
2	*BaBo Bank*	14,9%	*b.direct*	16,8%
3	*Badena*	12,6%	*BaBo Bank*	13,3%
4	*Baden Bank*	12,1%	*Baden Bank*	12,0%
5	*Bankhaus v. See, Karlsruhe*	11,1%	*Badena*	11,2%
6	*b.direct*	8,5%	*Bankhaus v. See, Karlsruhe*	10,7%
7	*FVS finance*	7,8%	*FVS finance*	7,1%
8	*3B bank*	4,8%	*3B bank*	6,0%
9	*Friedr. v. See & Co.*	4,5%	*argetra*	2,6%
10	*argetra*	1,7%	*Friedr. v. See & Co.*	2,0%

Tab. 14: Favoriten der TeilnehmerInnen in Abhängigkeit von der Fragebogenversion (Unternehmen 1)

Die Berechnung der Durchschnittsnoten liefert ein ähnliches Bild wie die in Tab. 14 dargestellte Rangfolge der Favoriten. Wieder sind es *Badische Bau- und Bodenbank* sowie *b.direct*, welche die größten Abweichungen aufweisen. Konkret verschlechtert sich Ersteres von 2,93 (Version A) auf 3,10 (Version B), Letzteres hingegen klettert von 3,88 auf 3,46. Die höchsten durchschnittlichen Bewertungen erhalten beide Male die Sachfirmen (*Badische Bau- und Bodenbank, Baden Bank*) mit zusammen 3,14 (Version A) bzw. 3,20 (Version B),[67] gefolgt von der Kombination aus Person und Sache (*Bankhaus v. See, Karlsruhe*) mit je 3,73.

[67] Im Folgenden beziehen sich die Bewertungen, wo nicht anders angegeben, zunächst auf das alte (Version A), dann auf das junge Unternehmen (Version B). Die Reihenfolge der Namennennungen orientiert sich an den Platzierungen beim alten Unternehmen.

Reine Sachfirmen oder zumindest relativ eindeutige Hinweise auf Branche und/oder Herkunft scheinen neben vertrauenerweckenden Assoziationen wie Tradition bzw. Zuverlässigkeit bei etablierten Finanzdienstleistern sehr wichtig und machen für viele TeilnehmerInnen die Benennung einer seriösen Bank aus: „Ein klassischer Name steht bei einer Bank für Seriosität und nicht für potentiell anlegerschädigende Investments" (Version A, 30-39, zu *Badische Bau- und Bodenbank*), „dynamisch, kurz, international adäquat, Firmenursprung enthalten, ‚Bank' enthalten → jeder weiß, um welches Unternehmen es sich handelt" (Version A, 30-39, zu *BaBo Bank*). Abgesehen von *b.direct*, „ein Name, der auf modernes und internationales Banking hinweist" (Version B, 50-59, zu *b.direct*), werden auch für die moderne Direktbank eher konservative, transparente Sachfirmen allein oder in Kombination bevorzugt. Die Begründungen für diese Entscheidung lesen sich wie diejenigen beim Mutterkonzern, auf die internationale Ausrichtung und die Problematik der Aussprechbarkeit deutscher Begriffe im Ausland gehen die TeilnehmerInnen in ihren Kommentaren nur bedingt ein. Die sich anschließenden reinen Phantasiefirmen (*Badena, b.direct, argetra*) erzielen jedoch für die junge Direktbank im Schnitt bessere Werte (3,89) als für das traditionelle Geldinstitut (4,06). Die letzten Plätze belegen in beiden Fällen die Mischfirmen aus Phantasie und Sache (*BaBo Bank, FVS finance, 3B bank*) mit 4,13 bzw. 4,11 sowie der Personenname *Friedr. v. See & Co.* (4,22 bzw. 4,28).

Bezüglich der Verständlichkeit gilt allenthalben: Je opaker der Name, desto negativer die Bewertung. Die volle Durchsichtigkeit (*Badische Bau- und Bodenbank, Baden Bank, Bankhaus v. See, Karlsruhe*) erreicht beim alteingesessenen Geldhaus eine Durchschnittsnote von 3,33, bei der Direktbank von 3,38. Semitransparente Firmen (*Badena, BaBo Bank, FVS finance, 3B bank*) kommen auf 4,03 bzw. 4,00. Am schlechtesten schneiden die opaken Benennungen (*b.direct, Friedr. v. See & Co, argetra*) ab, doch werden sie beim jungen Unternehmen mit 4,09 weniger negativ eingeschätzt als beim alten mit 4,23. Rein fremdsprachliche Firmen (*Badena, b.direct, argetra*) können ebenfalls beim jungen Geldinstitut mehr überzeugen (3,92 vs. 4,03). Relativ umfangreiche, detaillierte Benennungen scheinen in der Finanzbranche nicht von Nachteil zu sein. So sehen das die meisten Befragten und wählen die längsten Kandidaten (*Badische Bau- und Bodenbank, Bankhaus v. See, Karlsruhe*) auf Platz eins (3,33 bzw. 3,42). Je kürzer, desto schlechter fällt die Bewertung aus: Namen zwischen zehn und 20 Buchstaben (*Baden Bank, FVS finance, Friedr. v. See & Co.*) rangieren im Schnitt bei 3,87 bzw. 3,88. Allerdings gelten noch knappere Firmen (*Badena, b.direct, BaBo Bank, 3B bank, argetra*) für das junge Unternehmen als deutlich tauglicher im Vergleich zum älteren (3,99 vs. 4,11). Bildungsweise und graphematische Besonderheiten unterscheiden sich kaum in Abhängigkeit vom Gründungsdatum der Gesellschaft. Präferiert werden jeweils reguläre Formen (*Badische Bau- und Bodenbank, Baden Bank, Bankhaus v. See, Karlsruhe, Friedr. v. See & Co.*) mit 3,56 bzw. 3,60 gegenüber irregulären (*Badena, b.direct, BaBo Bank, FVS finance, 3B bank, argetra*), die auf 4,10 bzw. 4,00 kommen. Namen, welche sich durch Auffälligkeiten im Schriftbild auszeichnen (*Baden Bank, b.direct, BaBo Bank, FVS finance, 3B bank, argetra*), sind mit durchschnittlich 4,01 bzw. 3,94 unbeliebter als solche ohne (*Badische Bau- und Bodenbank, Badena, Bankhaus von See, Karlsruhe, Friedr. v. See & Co.*; 3,65 bzw. 3,70). Wohlklang gilt unter den TeilnehmerInnen als nicht sonderlich erstrebenswert für die Finanzbranche. Die beste Bewertung erzielen mit 3,61 bzw. 3,38 die unsonorsten Firmen (*Baden Bank, b.direct*). Das anschließende Intervall zwischen 5,0 und 5,4 (*Badische Bau- und Bodenbank, BaBo Bank, 3B bank*) kommt im Schnitt auf 3,76 bzw. 3,78. Sehr euphonische Namen (*Badena, FVS finance*) schaffen es erst auf den dritten Platz (je 3,88) vor dem Sonoritätsniveau 5,5 bis 5,9 (*Bankhaus v. See, Karlsruhe, Friedr. v. See & Co., argetra*) mit jeweils 4,18.

Da Geldanlage immer Vertrauenssache ist, geht es v.a. um den Ausdruck von Seriosität sowie Zuverlässigkeit. Dieser gelingt am besten mit volltransparenten, langen, regulär gebildeten, Geschäftszweck wie Stammsitz anzeigenden Sachfirmen ohne graphematische Besonderheiten, die relativ hart und damit solide klingen. Daneben sollten an weiteren Assoziationen Tradition, Bodenständigkeit, Ehrlichkeit etc. ausgelöst werden. Diese schnörkellose, konservative Ausprägungskombination erweist sich tendenziell für alle Kreditinstitute als vorteilhaft, unabhängig von deren Alter. Doch gewinnen bei jungen Unternehmen moderne, intransparente, kurze, fremdsprachliche, irreguläre, graphematisch auffällige Phantasienamen an Beliebtheit, die besser zu einer jüngeren Klientel als Zielgruppe passen (vgl. Kap. 6.3.1.2).. Internationalität ist hier als Einflussfaktor, bspw. in Form einer Neigung zu englischen Firmen, nicht herausgekommen. Allerdings bestehen zwischen beiden Gesellschaften in dem Punkt auch keine Unterschiede. Vielleicht halten die TeilnehmerInnen selbst bei weltweit tätigen Geldinstituten an Traditionsnamen fest – in Analogie zur *Deutsche Bank Aktiengesellschaft*, die, obwohl auf allen Kontinenten vertreten, nicht zur **German Bank* wird.

6.3.1.2 Auswertung nach Alter

Alter	altes Unternehmen (Version A)	junges Unternehmen (Version B)
14-19	*BaBo Bank*	*b.direct*
20-29	*Badische Bau- und Bodenbank*	*b.direct*
30-39	*Badische Bau- und Bodenbank*	*b.direct*
40-49	*Badische Bau- und Bodenbank*	*b.direct*
50-59	*Badische Bau- und Bodenbank*	*Badische Bau- und Bodenbank*
60-69	*Badische Bau- und Bodenbank*	*Badische Bau- und Bodenbank*
70-89	*Badische Bau- und Bodenbank*	*Badische Bau- und Bodenbank*

Tab. 15: Favoriten der TeilnehmerInnen je Fragebogenversion abhängig vom Lebensalter (Unternehmen 1)

Tab. 15 listet den Top-Favoriten der meisten TeilnehmerInnen einer Altersgruppe je nach Fragebogenversion auf. Für das alteingesessene Geldhaus wollen fast alle den traditionsreichen Namen *Badische Bau- und Bodenbank* beibehalten. Nur die unter 20-Jährigen wählen mehrheitlich eine kreativere Benennung, nämlich die akronymische Kürzung *BaBo Bank.* Bei der jungen Direktbank sieht die Rangliste anders aus: Hier liegt der Phantasiename *b.direct* lange vorne, der Umbruch zum klassischen *Badische Bau- und Bodenbank* erfolgt erst mit der Generation 50 plus.

Die besten Durchschnittsbewertungen erhalten intransparente Phantasiefirmen wie *argetra* oder *b.direct* beim etablierten Unternehmen von den beiden jüngsten Gruppen. Gleiches gilt für die Mischformen *BaBo Bank* und *FVS finance* in Bezug auf die unter 20-Jährigen. Die klassischen reinen oder gemischten Sach- bzw. Personalfirmen *Badische Bau- und Bodenbank*, *Bankhaus v. See, Karlsruhe* und *Friedr. v. See & Co.* hingegen sind unter den älteren Befragten ab 50 am beliebtesten. Keine klaren Präferenzen ergeben sich für *3B bank*, *Badena* sowie *Baden Bank.* Bei der erst seit Kurzem bestehenden Direktbank sieht es insgesamt sehr ähnlich aus.

Daraus lässt sich der Schluss ziehen, dass die jüngsten TeilnehmerInnen kreativere Namen favorisieren, und zwar relativ unabhängig vom Alter des Unternehmens. Allerdings ist *BaBo Bank* als Kombination der Benennungsmotive Phantasie und Sache deutlich transparenter sowie in gewisser Weise „konventioneller“ als die opake Phantasiefirma *b.direct*, die auf viele verschiedene Dienstleistungsunternehmen passen würde – eine leichte Ausrichtung am Alter des Geldinstituts kommt also doch heraus. Die 20-49-Jährigen machen ihre Entscheidung zwischen modernen und überkommenen Namen von der Geschichte der betreffenden Aktiengesellschaft abhängig, während die über 50-Jährigen stets für die traditionellste Benennung votieren.

Dass es aber doch in jeder TeilnehmerInnen-Gruppe ein mehr oder weniger ausgeprägtes Bewusstsein für „altersgerechte“ Namen gibt, offenbart ein genauerer Vergleich der Durchschnittsnoten. Die Bewertung von *Badische Bau- und Bodenbank* fällt nämlich für das alteingesessene Geldhaus in allen Altersklassen im Schnitt um 0,21 Punkte besser aus als bei der jungen Tochter. Umgekehrtes gilt für *b.direct*. Hier beträgt die Differenz sogar mehr als eine halbe Note (0,56). Abb. 81f. stellen die beiden Spitzenreiter bei der Namenwahl *Badische Bau- und Bodenbank* sowie *b.direct* anhand der Zustimmungswerte je Fragebogenversion getrennt nach Altersklassen gegenüber.

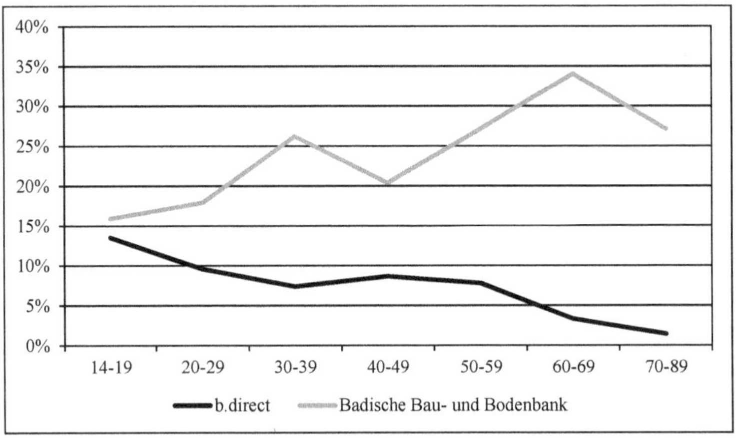

Abb. 81: *b.direct* vs. *Badische Bau- und Bodenbank* (altes Unternehmen)

Im Vergleich wird deutlich, welchen Einfluss sowohl das Lebensalter der TeilnehmerInnen als auch das Alter des Unternehmens auf den bevorzugten Namentyp haben. Beim alteingesessenen Kreditinstitut (vgl. Abb. 81) liegen die klassische Personal- und die moderne Phantasiefirma bei den 14-19-Jährigen fast gleichauf (16,0% für *Badische Bau- und Bodenbank*, 13,5% für *b.direct*). Danach öffnet sich die Schere immer weiter. Während *Badische Bau- und Bodenbank* bei den 70-89-Jährigen auf einen Anteil von 27,1% steigt, rutscht *b.direct* auf 1,4% ab. Für die junge Direktbank (vgl. Abb. 82) ergibt sich dagegen ein anderer Verlauf. *Badische Bau- und Bodenbank* verbessert sich zwar abermals deutlich von 11,0% auf 36,9%, während *b.direct* von 22,6% auf 8,5% zurückfällt, doch sind die Ausgangspunkte andere. Bis zur Gruppe der 40-49-Jährigen liegt *b.direct* nämlich klar vorn, erst danach kehrt sich das Verhältnis um.

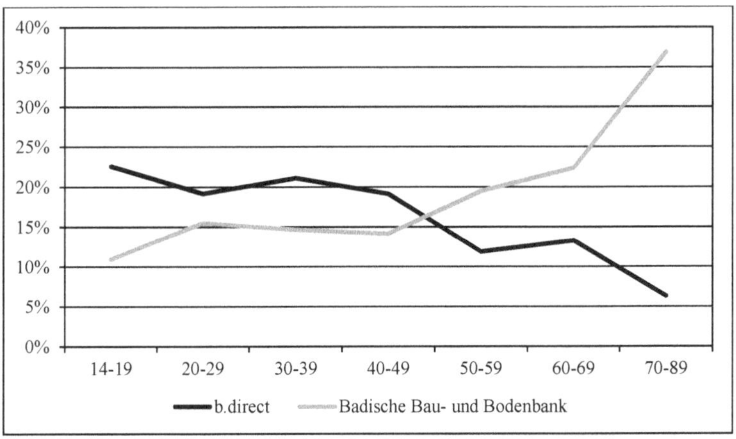

Abb. 82: *b.direct* vs. *Badische Bau- und Bodenbank* (junges Unternehmen)

Was die Bewertungen betrifft, nimmt *Badische Bau- und Bodenbank* in allen Altersklassen von Fragebogenversion A Platz eins ein, sogar bei den 14-19-Jährigen. *Baden Bank* belegt Rang zwei, abgesehen von den 50-59- und 70-89-Jährigen (hier: *Bankhaus v. See, Karlsruhe*). Für ein altehrwürdiges Kreditinstitut werden also generationenübergreifend sachliche Namen geschätzt. Erst auf Platz drei treten charakteristische Unterschiede hervor: Hier wählen die unter 20- bzw. 20-29-Jährigen die Phantasiefirmen *Badena* bzw. *b.direct*. Bei den älteren wechseln sich *Bankhaus v. See, Karlsruhe* (30-49, 60-69) und *Baden Bank*

(50-59, 70-89) ab. Deutlich gewandelt kommt das Ranking für die Direktbank (Fragebogenversion B) daher: Zunächst liegt hier bis einschließlich der 30-39-Jährigen *b.direct* vorne, danach nimmt stets *Badische Bau- und Bodenbank* die Top-Position ein. Auf Platz zwei folgen überall die klassischen Sach- bzw. Mischfirmen *Badische Bau- und Bodenbank* (14-29),[68] *Baden Bank* (30-69) und *Bankhaus v. See, Karlsruhe* (70-89). Bei der Generation 50 plus belegen diese auch den dritten Rang (*Bankhaus v. See, Karlsruhe* 50-69, *Baden Bank* 70-89). Die jüngeren TeilnehmerInnen liefern hier ein heterogeneres Bild mit *FVS finance* (14-19), *Baden Bank* (20-29), *Badische Bau- und Bodenbank* (30-39) und *b.direct* (40-49). Eine neue Internetbank darf demnach ruhig auch kreative, moderne Namen tragen, obwohl klassische Sachfirmen immer noch weit vorne liegen. Der Umschwung zu ihnen erfolgt aber deutlich später als beim Traditions-Geldhaus. Die am schlechtesten bewerteten Benennungen stellen unabhängig von der Fragebogenversion die opake Phantasiefirma *argetra* sowie das gemischte *3B bank* dar. Bei den Jüngeren zudem *Friedr. v. See & Co.*, bei den Älteren stattdessen *FVS finance*.

6.3.2 Unternehmen 2: Chiphersteller

6.3.2.1 Auswertung insgesamt

Die Balken in Abb. 83 offenbaren kaum Abweichungen zwischen den Favoriten für das große, international ausgerichtete und das kleine, auf den Heimatmarkt konzentrierte Unternehmen. Spitzenreiter ist beide Male *novotec*. In einem Abstand von rund zehn Prozentpunkten folgen *Symtronics* und *FutureChip* – ebenfalls reine Phantasiefirmen. Alle anderen Vorschläge rangieren im einstelligen Bereich. Hier erst zeigen sich charakteristische Unterschiede für beide Wirkungsbereiche. Beim deutschen Chiphersteller (Version B) schließen die traditionellen Benennungsmotive (Person und) Sache an, sprich *Mensing & Partner Halbleiter* sowie *Institut für Datentechnik*. Die Kombination aus Phantasie und Sache (*MSH Data*, *Intrasys Technologies*, *ROMEDA solutions*) landet auf den hinteren Plätzen, ebenso die reine Personalfirma *Mensing Seifert*. Am wenigsten TeilnehmerInnen küren die Wortschöpfung *winrise* zu ihrem Favoriten, evtl.

[68] Bei den 14-19-Jährigen liegen *Badische Bau- und Bodenbank* sowie *FVS finance* gemeinsam auf Platz zwei.

wegen der recht offensichtlichen Anklänge an das Betriebssystem Windows. Zwei Kommentare der Befragten stützen diese Interpretation: „winrise klingt nach Bill Gates' Steigbügelhalter" (Version A, 14-19, zu *Symtronics*), „winrise ist zu nah an Windows" (Version A, 40-49, zu *ROMEDA solutions*).

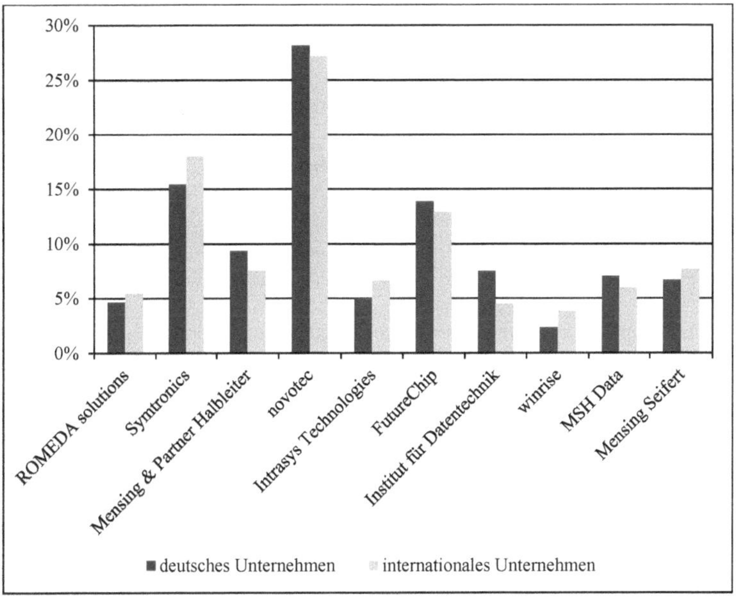

Abb. 83: Favoriten der TeilnehmerInnen in Abhängigkeit von der Fragebogenversion (Unternehmen 2)

Während *Symtronics* beim weltweit tätigen Konzern (Version A) etwas zulegen kann, geben *novotec* sowie *FutureChip* leicht nach. An ihrer gemeinsamen Vorrangstellung ändert sich aber nichts. *Mensing Seifert* rückt auf den vierten Platz vor, als Kompromiss zwischen internationaler Passfähigkeit und relativ eindeutigem Verweis auf die deutsche Herkunft: „Ein rein deutscher Name ist auf dem Weltmarkt eher schwierig -> nur die Namen scheint die beste Wahl" (Version A, 20-29), „Mensing Seifert hört sich ein wenig Deutsch und Englisch an" (Version A, 30-39, beide zu *Mensing Seifert*). Die im Ausland kaum einsetzbaren, da schwer verständlichen sowie nur mühsam auszusprechenden Namen *Mensing & Partner Halbleiter* sowie *Institut für Datentechnik* verbuchen die größten Verluste in Höhe von 1,7 bzw. 3,0 Prozentpunkten – sie belegen jetzt die Ränge fünf und neun. Die Mischfirmen *Intrasys Technologies*, *MSH Data* sowie *ROMEDA solutions* finden sich erneut in der zweiten Tabellenhälfte. Das Schlusslicht bildet wiederum *winrise*, nun aber mit einem etwas höheren Anteil.

Rang	deutsches Unternehmen (Version B)		internationales Unternehmen (Version A)	
1	*novotec*	28,2%	*novotec*	27,2%
2	*Symtronics*	15,4%	*Symtronics*	18,0%
3	*FutureChip*	13,9%	*FutureChip*	12,9%
4	*Mensing & Partner Halbleiter*	9,4%	*Mensing Seifert*	7,7%
5	*Institut für Datentechnik*	7,5%	*Mensing & Partner Halbleiter*	7,6%
6	*MSH Data*	7,1%	*Intrasys Technologies*	6,7%
7	*Mensing Seifert*	6,7%	*MSH Data*	6,0%
8	*Intrasys Technologies*	5,0%	*ROMEDA solutions*	5,5%
9	*ROMEDA solutions*	4,6%	*Institut für Datentechnik*	4,5%
10	*winrise*	2,3%	*winrise*	3,9%

Tab. 16: Favoriten der TeilnehmerInnen in Abhängigkeit von der Fragebogenversion (Unternehmen 2)

Bleibt schon die Rangfolge der Favoriten in Tab. 16 sowohl beim deutschen als auch beim internationalen Unternehmen stabil, so fällt die Hierarchie der einzelnen Namenbewertungen nahezu völlig identisch aus; lediglich die Plätze neun und zehn tauschen ihre Positionen. Selbst die Durchschnittsnoten weichen um maximal 0,17 Punkte voneinander ab. An der Spitze stehen wiederum *novotec*, *Symtronics* und *FutureChip*, auf den nachfolgenden Rängen kommt es aber, verglichen mit Tab. 16, zu leichten Veränderungen: Die Kombination der Benennungsmotive Phantasie und Sache (*Intrasys Technologies*, *ROMEDA solutions*, *MSH Data*) wird gefolgt vom Zusammenspiel aus Person und Sache (*Mensing & Partner Halbleiter*) sowie den Familiennamen *Mensing Seifert*. Auf den letzten beiden Plätzen wechseln sich die reinen Sach- bzw. Phantasiefirmen *Institut für Datentechnik* (Version A: Rang 10, Version B: Rang 9) und *winrise* (Version A: Rang 9, Version B: Rang 10) ab.

Das am besten bewertete Benennungsmotiv stellt mit einer Durchschnittsnote von 3,51 bzw. 3,43[69] die Phantasie dar (*novotec*, *Symtronics*, *FutureChip*,

69 Im Folgenden beziehen sich die Bewertungen, wo nicht anders angegeben, zunächst auf das deutschlandweit tätige Unternehmen (Version B), dann auf das international operierende (Version A). Die Reihenfolge der Namennennungen orientiert sich an den Platzierungen beim deutschen Unternehmen.

winrise), woran sich Ergänzungen derselben um Sachhinweise anschließen (*Intrasys Technologies, ROMEDA solutions, MSH Data*; 3,82 bzw. 3,77). Traditionellere Muster wie Person und Sache (*Mensing & Partner Halbleiter*; 3,97 bzw. 4,08), Person (*Mensing Seifert*; 4,05 bzw. 4,12) oder Sache (*Institut für Datentechnik*; 4,19 bzw. 4,30) finden wenig Anklang. Gute Firmen für ein Unternehmen der Computerbranche sind nach Meinung der TeilnehmerInnen halbtransparent (*novotec, Symtronics, FutureChip, MSH Data, Intrasys Technologies*; 3,46 bzw. 3,40). Vollkommene Durchsichtigkeit (*Mensing & Partner Halbleiter, Institut für Datentechnik*) gesteht man eher dem kleinen, deutschen Chiphersteller zu (4,08), beim internationalen landet sie auf dem letzten Platz (4,19). Umgekehrt sieht es für die opaken Varianten aus (*Mensing Seifert, ROMEDA solutions, winrise*; 4,09 vs. 4,06). Rein fremdsprachliche Benennungen (*novotec, Symtronics, FutureChip, Intrasys Technologies, ROMEDA solutions, winrise*) schneiden am besten ab (3,60 bzw. 3,53). Deutsche (*Mensing & Partner Halbleiter, Mensing Seifert*) und hybride Firmen (*MSH Data, Institut für Datentechnik*) können hingegen nicht überzeugen. Erstere liegen für die nationale Aktiengesellschaft leicht vor Letzteren (4,01 vs. 4,06), beim weltweit tätigen Konzern ist es genau andersherum (4,10 vs. 4,08).

Unternehmen, die Technik verkaufen, sollten keine allzu weich klingenden Namen tragen – das machen die von den Befragten vergebenen Noten deutlich. Auf den ersten beiden Plätzen landen die unsonorsten Formen, welche durch Konsonantencluster oder charakteristische Bildungselemente wie *tec*, *tron* Härte und Solidität ausstrahlen (vgl. Kap. 11.3.2), nämlich das Niveau von 5,0 bis 5,4 (*novotec, Intrasys Technologies*; 3,32 bzw. 3,25) vor den Werten unter 5,0 (*Symtronics, FutureChip, Institut für Datentechnik*; je 3,64). Euphonischere Benennungen zwischen 5,5 und 5,9 (*ROMEDA solutions, Mensing & Partner Halbleiter, Mensing Seifert*) sowie über 5,9 (*MSH Data, winrise*) erhalten deutlich schlechtere Noten (3,96 bzw. 4,02 vs. 4,15 bzw. 4,03). Lange Firmen können im Urteil der TeilnehmerInnen nicht bestehen (*Intrasys Technologies, Mensing & Partner Halbleiter, Institut für Datentechnik*; 3,95 bzw. 3,99), kurze (*novotec, MSH Data, winrise*) und mittlere (*Symtronics, FutureChip, ROMEDA solutions, Mensing Seifert*) überzeugen beim internationalen Unternehmen gleichermaßen (je 3,65), auf dem Heimatmarkt liegen Letztere leicht vorne (3,66 vs. 3,75). Namen mit graphematischen Besonderheiten (*novotec, FutureChip,*

ROMEDA solutions, *MSH Data*, *winrise*; 3,73 bzw. 3,68) schneiden besser ab als solche ohne (*Symtronics*, *Intrasys Technologies*, *Mensing & Partner Halbleiter*, *Mensing Seifert*, *Institut für Datentechnik*; 3,81 bzw. 3,83). Das spiegelt sich auch in der Dominanz der irregulären Bildungsweise (*novotec*, *Symtronics*, *Intrasys Technologies*, *ROMEDA solutions*, *MSH Data*, *Mensing & Partner Halbleiter*, *Mensing Seifert*, *winrise*; 3,75 bzw. 3,71) vor der regelkonformen (*FutureChip*, *Institut für Datentechnik*; 3,86 bzw. 3,94) wider.

Aktionsradius bzw. Größe spielen bei der Namenpräferenz in der Computerbranche keine entscheidende Rolle. Egal wie viele Beschäftigte und gleich, ob nur auf dem Heimatmarkt oder weltweit aktiv, kommt es hier v.a. auf Innovationskraft, Kreativität und Modernität an. Um dieses Bild einer jungen, dynamischen „Technik-Schmiede" zu transportieren, sollte die Firma idealerweise phantasievoll, irregulär gebildet, graphematisch auffällig, fremdsprachlich, relativ kurz, unsonor und halbtransparent mit internationalen Anklängen sein. Die Detailauswertung der hinteren Ränge erweist dann aber doch einen leichten Einfluss des Faktors Internationalität: Altmodischere, deutsche Benennungen fallen beim globalisierten Unternehmen (noch) weiter zurück als beim einheimischen, vor deskriptive Sachhinweise rücken die opaken Familiennamen *Mensing Seifert*. Sie deuten zwar noch die Herkunft an, sind aber viel einfacher auszusprechen. Aufgrund des erst recht kurzen Bestehens des gesamten Wirtschaftszweigs kann der Einflussfaktor Unternehmensalter kaum ins Gewicht fallen.

6.3.2.2 Auswertung nach Alter

Alter	deutsches Unternehmen (Version B)	internationales Unternehmen (Version A)
14-19	*novotec*	*novotec*
20-29	*novotec*	*novotec*
30-39	*novotec*	*novotec*
40-49	*novotec*	*novotec*
50-59	*novotec*	*novotec*
60-69	*novotec*	*novotec*
70-89	*Mensing & Partner Halbleiter*	*Mensing & Partner Halbleiter*

Tab. 17: Favoriten der TeilnehmerInnen je Fragebogenversion abhängig vom Lebensalter (Unternehmen 2)

Listet man die Favoriten der Mehrheit der TeilnehmerInnen abhängig von ihrem Lebensalter auf, ergibt sich ein zweigeteiltes Bild (vgl. Tab. 17): Die meisten unter 70-Jährigen halten die fremdsprachliche Wortschöpfung *novotec* für den besten Namen, alle Älteren votieren mehrheitlich für die klassische Kombination aus Familienname und Sachhinweis *Mensing & Partner Halbleiter*, womit sie eine äußerst konservative Wahl treffen. Zwischen dem kleinen, deutschen und dem großen, internationalen Unternehmen bestehen keinerlei Unterschiede.

Die besten Bewertungen erhalten die Phantasiefirmen *novotec*, *Symtronics*, *FutureChip* sowie *winrise* jeweils von den unter 30-Jährigen. Bis auf *MSH Data* (50-59) findet in dieser Altersgruppe auch das Zusammenspiel aus Phantasie und Sache (*Intrasys Technologies*, *ROMEDA solutions*) am meisten Anklang. Die althergebrachten Benennungsmotive Person (*Mensing Seifert*), Sache (*Institut für Datentechnik*) sowie deren Kombination (*Mensing & Partner Halbleiter*) erreichen hingegen ihre niedrigsten Durchschnittsnoten überhaupt. Eine spiegelbildliche Situation ergibt sich für die 60-89-Jährigen: Hier bekommen die drei traditionellen Firmen die besten Bewertungen, während sämtliche Namen mit kreativen Bestandteilen ihre schlechtesten Resultate erzielen. Die folgenden Diagramme stellen die Zustimmungswerte für die Spitzenreiter der Favoritenkür (vgl. Tab 19), *novotec* (14-69) und *Mensing & Partner Halbleiter* (70-89), getrennt nach Altersklassen für jede Fragebogenversion gegenüber:

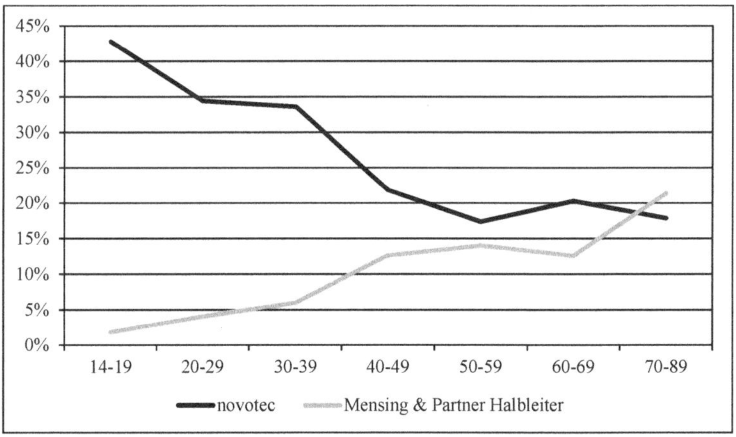

Abb. 84: *novotec* vs. *Mensing & Partner Halbleiter* (deutsches Unternehmen)

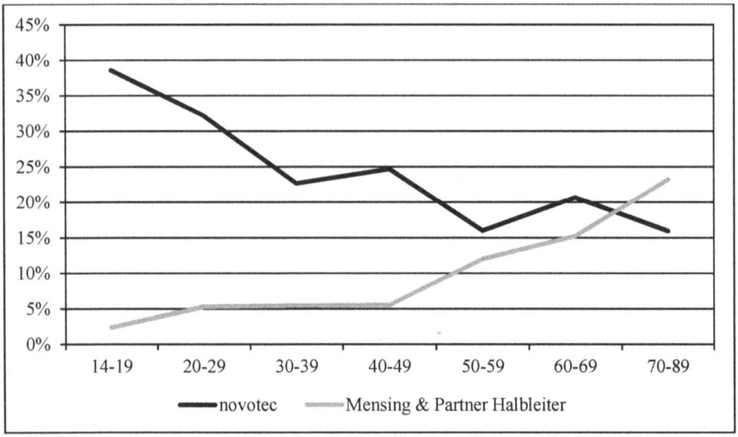

Abb. 85: *novotec* vs. *Mensing & Partner Halbleiter* (internationales Unternehmen)

Beide Diagramme zeigen einen fast deckungsgleichen Verlauf. Den größten Anklang findet *novotec* bei den 14-19-Jährigen mit 42,8% bzw. 38,6%.[70] Dieser Zuspruch sinkt anschließend kontinuierlich auf nur noch 17,9% bzw. 15,9% in der höchsten Altersgruppe. An die Stelle des phantasievollen Namens tritt die klassische Mischfirma *Mensing & Partner Halbleiter*. Sie kann ihren Anteil stetig von 1,9% bzw. 2,4% auf 21,4% bzw. 23,2% ausbauen.

Unter den drei Namen mit den besten Bewertungen je Altersklasse dominieren Phantasiefirmen klar. Konkret behält der Favorit *novotec* auch hier seinen Spitzenplatz[71] bei den unter 70-Jährigen, in der ältesten Gruppe erreicht er Rang drei (Version A) bzw. zwei (Version B) – allerdings mit seiner schlechtesten Durchschnittsnote überhaupt. *Mensing & Partner Halbleiter* klettert vom letzten (14-19) auf den ersten Platz (70-89). Einzug in die Top 3 des deutschen Unternehmens hält der Name bei den 50-59-Jährigen, beim internationalen Konzern geschieht dies erst in der Gruppe der 60-69-Jährigen. Die Sach- bzw. Personalfirmen *Institut für Datentechnik* und *Mensing Seifert* finden sich nur in den Top 3 der Generation 70 plus (Version A bzw. B). Ansonsten nehmen Phantasienamen oder Kombinationen aus Phantasie und Sache die Plätze zwei und drei ein.

70 Angegeben sind jeweils zunächst die Werte für das deutsche und dann für das internationale Unternehmen.

71 Für das internationale Unternehmen teilen sich *novotec* und *Symtronics* bei den 40-49-Jährigen Platz eins.

Das junge Lager bevorzugt demzufolge kreative, zeitgemäße Benennungen, während bei den älteren Jahrgängen eher traditionelle Namen in der Gunst weit vorne liegen. Selbst für die internationale Aktiengesellschaft der PC-Branche sinkt also die Bereitschaft zur Wahl phantasievoller Benennungsmuster mit zunehmendem Lebensalter der Befragten. Eine Abhängigkeit von Wirkungsbereich/Größe des Unternehmens lässt sich nicht feststellen – dafür sind die beiden Diagramme zu ähnlich.

6.3.3 Unternehmen 3: Stahlproduzent

6.3.3.1 Auswertung insgesamt

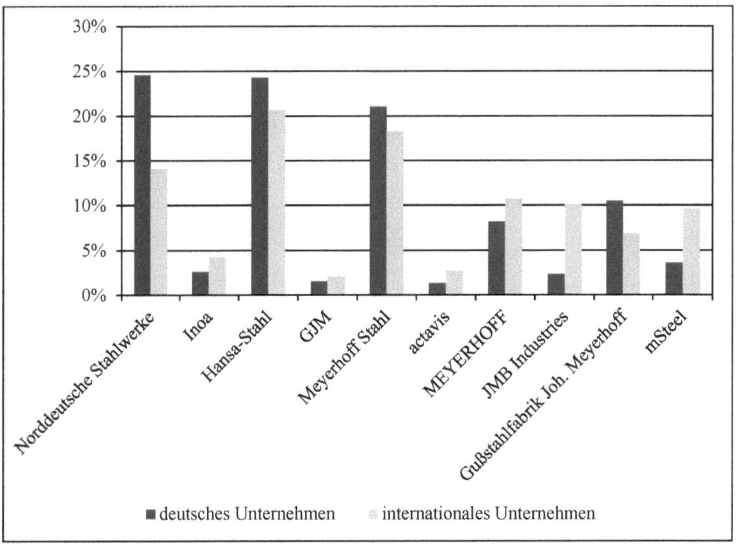

Abb. 86: Favoriten der TeilnehmerInnen in Abhängigkeit von der Fragebogenversion (Unternehmen 3)

Beim Unternehmen mit Fokus auf den deutschen Heimatmarkt (Version A) belegen die klassischsten Namen die Plätze eins bis fünf: *Norddeutsche Stahlwerke* (Sache), *Hansa-Stahl* (Phantasie und Sache), *Meyerhoff Stahl*, *Gußstahlfabrik Joh. Meyerhoff* (beide Person und Sache), *MEYERHOFF* (Person). Erst auf den hinteren Rängen folgen abgeschlagen mit Zustimmungswerten von unter 5% die

Phantasiefirmen *mSteel*, *Inoa*, *GJM*, *actavis* zusammen mit der Kombination der Benennungsmotive Phantasie und Sache *JMB Industries*. Insgesamt kommen sie nur auf 11,5%. Die drei eindeutigen Favoriten, deren Anteile relativ nah beieinanderliegen, vereinen dagegen knapp 70% der Stimmen auf sich.

Nur noch 53,2% erreichen die drei Bestplatzierten des international operierenden Unternehmens (Version B). Über zehn Prozentpunkte verliert die Sachfirma *Norddeutsche Stahlwerke*, und auch die anderen traditionellen Namen von den Rängen zwei bis vier, nämlich *Hansa-Stahl*, *Meyerhoff Stahl* und *Gußstahlfabrik Joh. Meyerhoff*, müssen Einbußen hinnehmen. Alle weiteren Kandidaten legen indes teils deutlich zu. Der größte Gewinner, *JMB Industries*, kann seinen Anteil mehr als vervierfachen (plus 7,8 Prozentpunkte), die Akzeptanz von *mSteel* wächst um 6,1 Prozentpunkte. Trotz ihrer Verluste bleiben *Hansa-Stahl*, *Meyerhoff Stahl* und *Norddeutsche Stahlwerke* nach wie vor am beliebtesten, allerdings hat sich die Reihenfolge in den Top-Positionen verändert: *Hansa-Stahl* bildet als „modernste" der klassischen Benennungen nun den Spitzenreiter vor *Meyerhoff Stahl* und *Norddeutsche Stahlwerke*, ist doch die Verbindung von „deutscher Wertarbeit" und Internationalität den Befragten sehr wichtig: „Stahl darf ruhig einen deutschen Namen haben (Stereotype willkommen), Hansa impliziert Internationalität" (20-29), „sehr informativ, regional bezogen, trotzdem international aussprechbar" (70-89; beide Version B, zu *Hansa-Stahl*); „Verbindung mit Eigentümernamen, international verständlich" (60-69, Version B, zu *Meyerhoff Stahl*).

Rang	**deutsches Unternehmen (Version A)**		**internationales Unternehmen (Version B)**	
1	*Norddeutsche Stahlwerke*	24,6%	*Hansa-Stahl*	20,7%
2	*Hansa-Stahl*	24,3%	*Meyerhoff Stahl*	18,4%
3	*Meyerhoff Stahl*	21,1%	*Norddeutsche Stahlwerke*	14,1%
4	*Gußstahlfabrik Joh. Meyerhoff*	10,5%	*MEYERHOFF*	10,8%
5	*MEYERHOFF*	8,2%	*JMB Industries*	10,2%
6	*mSteel*	3,6%	*mSteel*	9,7%
7	*Inoa*	2,6%	*Gußstahlfabrik Joh. Meyerhoff*	6,9%
8	*JMB Industries*	2,3%	*Inoa*	4,3%
9	*GJM*	1,6%	*actavis*	2,8%
10	*actavis*	1,4%	*GJM*	2,2%

Tab. 18: Favoriten der TeilnehmerInnen in Abhängigkeit von der Fragebogenversion (Unternehmen 3)

Das Favoriten-Ranking (vgl. Tab. 18) entspricht relativ genau der Rangliste nach Durchschnittsbewertungen. Auch die Veränderungen im Urteil der TeilnehmerInnen zwischen dem deutschlandweit tätigen und dem international aufgestellten Unternehmen fallen von der Tendenz her ähnlich aus:[72] Die Noten der klassischen Namen *Norddeutsche Stahlwerke, Hansa-Stahl, Meyerhoff Stahl, Gußstahlfabrik Joh. Meyerhoff* sowie *MEYERHOFF* verschlechtern sich im Mittel um 0,37 Punkte, während die moderneren, kreativen Firmen *mSteel, Inoa, JMB Industries, GJM, actavis* besser bewertet werden – durchschnittlich um 0,42 Punkte. Die größten Sprünge machen *Norddeutsche Stahlwerke* von 2,51 auf 3,25 sowie *JMB Industries* von 4,54 auf 3,77 und *mSteel* von 4,66 auf 3,97.

Betrachtet man die Durchschnittswertungen nach Benennungsmotiv, so schneidet jeweils die Sachfirma *Norddeutsche Stahlwerke* am besten ab (2,51 bzw. 3,25), vor der Kombination aus Person und Sache (*Meyerhoff Stahl, Gußstahlfabrik Joh. Meyerhoff*) mit 2,96 bzw. 3,31. Den dritten Platz nimmt beim deutschen Unternehmen der Personenname *MEYERHOFF* (3,35) ein, gefolgt von kreativen Benennungen mit Sachhinweis (*Hansa-Stahl, JMB Industries*), die im Schnitt auf 3,60 kommen. Für den weltweit agierenden Stahlproduzenten haben beide Motive ihre Plätze getauscht (Phantasie und Sache: 3,37, Person: 3,47). Das Schlusslicht bildet jeweils die Phantasie (*Inoa, GJM, mSteel, actavis*) mit 4,63 bzw. 4,30. Während also die Benennungsmotive Sache und Person sowohl alleine als auch in Kombination im Hinblick auf die internationale Aktiengesellschaft schlechtere Noten erhalten (im Schnitt 0,40 Notenpunkte weniger), werden phantasievolle Namen bzw. solche mit einem entsprechenden Bestandteil viel positiver eingeschätzt (im Schnitt 0,28 Notenpunkte mehr).

Hinsichtlich der Transparenz gilt: Je opaker die Firmen, desto schlechter sind sie bewertet, unabhängig vom Aktionsradius des Unternehmens. Allerdings weichen die entsprechenden Noten voneinander ab: Vollkommen durchsichtige Namen (*Norddeutsche Stahlwerke, Meyerhoff Stahl, Gußstahlfabrik Joh. Meyerhoff*) kommen national auf durchschnittlich 2,81, international nur auf 3,29. Hier legen stattdessen v.a. die halbtransparenten Benennungen (*Hansa-*

[72] Im Folgenden beziehen sich die Bewertungen, wo nicht anders angegeben, zunächst auf das deutschlandweit tätige Unternehmen (Version A), dann auf das international operierende (Version B). Die Reihenfolge der Namennennungen orientiert sich an den Platzierungen beim deutschen Unternehmen.

Stahl, *JMB Industries*, *mSteel*) von 3,95 auf 3,57 zu, in geringerem Maße auch die gänzlich opaken Vorschläge (*MEYERHOFF*, *Inoa*, *GJM*, *actavis*), nämlich von 4,31 auf 4,18. Stehen beim deutschen Stahlkonzern die nativen Namen (*Norddeutsche Stahlwerke*, *Meyerhoff Stahl*, *Gußstahlfabrik Joh. Meyerhoff*, *MEYERHOFF*, *GJM*) mit einer Durchschnittsnote von 3,27 an erster Stelle vor den hybriden (*Hansa-Stahl*, *JMB Industries*) mit 3,60 und den rein fremdsprachlichen (*Inoa*, *mSteel*, *actavis*) mit 4,65, so verbessern sich die gemischtsprachlichen beim weltweit vertretenen Unternehmen auf 3,37 und belegen dort die Spitzenposition. Auch die nicht-nativen finden mit 4,27 mehr Anklang, wohingegen die einheimischen merklich auf 3,55 zurückfallen.

Nach Meinung der TeilnehmerInnen dürfen die Firmen des auf den Heimatmarkt fokussierten Unternehmens länger geraten, außerhalb Deutschlands sind dann aber eher kürzere Formen gefragt: Die sehr umfangreichen Benennungen *Norddeutsche Stahlwerke* und *Gußstahlfabrik Joh. Meyerhoff* stehen national in der Gunst der Befragten ganz oben (2,88), rangieren international aber nur auf dem zweiten Platz (3,44). Hier nimmt die mittlere Kategorie (*Hansa-Stahl*, *Meyerhoff Stahl*, *JMB Industries*) mit 3,24 gegenüber 3,29 die Spitzenposition ein. Kurze Namen (*MEYERHOFF*, *Inoa*, *GJM*, *mSteel*, *actavis*) bilden überall die unbeliebteste Gruppe (4,38 vs. 4,11). Für beide Unternehmen favorisieren die Befragten regulär gebildete Firmen (*Norddeutsche Stahlwerke*, *Hansa-Stahl*, *Meyerhoff*) ohne graphematische Auffälligkeiten (*Norddeutsche Stahlwerke*, *Hansa-Stahl*, *Meyerhoff Stahl*, *Gußstahlfabrik Joh. Meyerhoff*, *Inoa*). Im internationalen Umfeld erzielen regel- und orthographiekonforme Bildungen mit 3,23 bzw. 3,43 jeweils deutlich schlechtere Noten als bei der auf bundesrepublikanische KundInnen beschränkten Aktiengesellschaft mit 2,84 bzw. 3,13, wo stattdessen die Bewertungen für unregelmäßig geformte Namen (4,14 statt 3,94) mit Abweichungen im Schriftbild (4,37 statt 4,03) viel negativer ausfallen.

Die Ergebnisse für den Faktor Euphonie gestalten sich uneinheitlich: Beim deutschen Unternehmen werden die höheren (zwischen 5,5 und 5,9: *Hansa-Stahl*, *Gußstahlfabrik Joh. Meyerhoff*) und höchsten Sonoritätsniveaus (6,0 und mehr: *Meyerhoff Stahl*, *MEYERHOFF*, *Inoa*, *GJM*) mit 2,95 bzw. 3,80 bewertet; sie landen damit auf dem ersten und zweiten Platz. Die am wenigsten wohlklingenden Namen (*Norddeutsche Stahlwerke*, *JMB Industries*, *mSteel*, *actavis*) belegen Rang drei (4,11).[73] Diese Reihenfolge bleibt auch für die international aufgestellte Aktiengesellschaft bestehen, allerdings verliert das mittlere Niveau deutlich (3,29), während die unsonorsten Firmen zulegen können (3,88). Die Note für das höchste Level bleibt unverändert.

Als idealer Name für ein Traditionsunternehmen der Schwerindustrie erweist sich eine volltransparente, regulär gebildete Sachfirma mit Hinweisen auf Geschäftszweck und/oder Gründer bzw. Eigentümer ohne Besonderheiten im Schriftbild. Die Ausprägung der Faktoren Länge und Fremdsprachlichkeit hängt vom Aktionsradius ab: Für global aufgestellte Konzerne bieten sich hybride Namen mittlerer Länge an, während rein deutschlandweit tätige Aktiengesellschaften auch lange, einheimische Firmen wählen können, die wegen ihrer unzureichenden Aussprechbarkeit im Ausland keinen Einsatz finden. Das Benennungsmotiv Phantasie allein und in Kombination, halbe und fehlende Transparenz, hybride und rein fremdsprachliche Formen sowie graphematische Besonderheiten werden beim internationalen Unternehmen deutlich besser bewertet als beim deutschen. Für überall gleich bedeutsam halten viele TeilnehmerInnen die Vermittlung von Tradition, Bodenständigkeit und Zuverlässigkeit sowie den Ausdruck eines Qualitätsversprechens direkt über den Namen.

6.3.3.2 Auswertung nach Alter

Alter	**deutsches Unternehmen (Version A)**	**internationales Unternehmen (Version B)**
14-19	*Hansa-Stahl*	*Norddeutsche Stahlwerke*
20-29	*Hansa-Stahl*	*Hansa-Stahl*
30-39	*Norddeutsche Stahlwerke*	*MEYERHOFF*
40-49	*Norddeutsche Stahlwerke*	*Meyerhoff Stahl*
50-59	*Meyerhoff Stahl*	*Meyerhoff Stahl*
60-69	*Meyerhoff Stahl*	*Hansa-Stahl*
70-89	*Norddeutsche Stahlwerke*	*Meyerhoff Stahl*

Tab. 19: Favoriten der TeilnehmerInnen je Fragebogenversion abhängig vom Lebensalter (Unternehmen 3)

Tab. 19 mit den Top-Favoriten der meisten TeilnehmerInnen je nach Fragebogenversion und Lebensalter ist relativ diffus, die beliebtesten Namen ändern sich

[73] Das Sonoritätsniveau unter 5,0 ist nicht vorhanden.

häufig und zeigen keine Tendenz in eine bestimmte Richtung. Etwas klarer wird das Bild, wenn man die Durchschnittsnoten heranzieht und analysiert, welcher Name in welcher Altersgruppe seine beste Bewertung überhaupt erhält. Die klassische Sachfirma *Norddeutsche Stahlwerke* sowie die Kombination aus Person und Sache *Gußstahlfabrik Joh. Meyerhoff* finden den größten Anklang bei den 70-89-Jährigen. *Meyerhoff Stahl* (Person und Sache) beurteilen die 50-59-Jährigen am positivsten. Moderne Phantasienamen wie *Inoa, GJM, actavis* sagen den 14-19-Jährigen am ehesten zu. Die Mischfirmen *JMB Industries* und *Hansa-Stahl* (jeweils Phantasie und Sache) erreichen ihre Bestnoten in der Gruppe der 14-19- bzw. 20-29-Jährigen.[74] Unterschiede zwischen beiden Fragebogenversionen ergeben sich allein beim Personennamen *MEYERHOFF* (A: 50-59, B: 30-39) sowie bei der Phantasiefirma *mSteel* (A: 50-59, B: 60-69).

Dass die (inter)nationale Ausrichtung des Unternehmens dennoch Einfluss auf die Namenwahl hat und auch das Lebensalter der Befragten seine Wirkung entfaltet, zeigt der Vergleich der beiden folgenden Schaubilder, für die die zwei Namen ausgewählt wurden, welche bei der Favoritenwahl die größte Rangverschiebung zwischen deutschem und internationalem Unternehmen aufweisen (vgl. Tab. 18), nämlich *JMB Industries* sowie *Gußstahlfabrik Joh. Meyerhoff*.

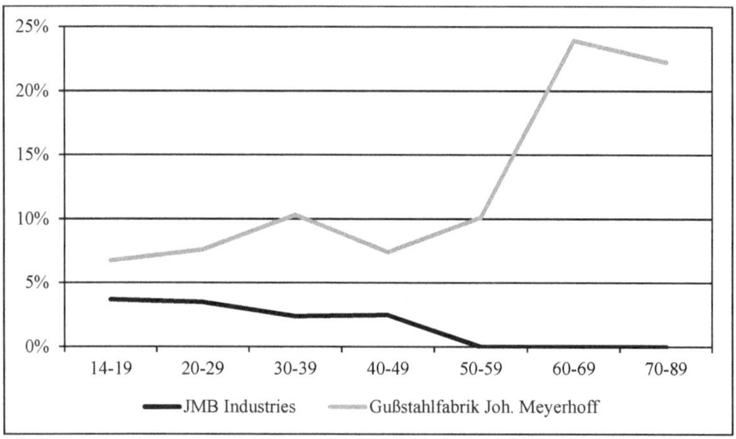

Abb. 87: *JMB Industries* vs. *Gußstahlfabrik Joh. Meyerhoff* (deutsches Unternehmen)

[74] *JMB Industries* erhält die beste Note stets von den 14-19-Jährigen. *Hansa-Stahl* überzeugt bei Version A die 14-19-Jährigen am meisten, bei Version B die 20-29-Jährigen.

Der Anteil von *JMB Industries*, insbesondere bei den jüngeren TeilnehmerInnen beliebt, geht mit zunehmendem Alter zurück. Umgekehrt sieht es für *Gußstahlfabrik Joh. Meyerhoff* aus. Von diesem Namen halten die unter 20-Jährigen weniger, während ihn die älteren Befragten umso mehr schätzen. Der Zuspruch zur modernen Mischfirma *JMB Industries* fällt dabei für die einheimische Aktiengesellschaft deutlich geringer aus als für die international operierende. Genau das Gegenteil gilt bezüglich der traditionellen Benennung *Gußstahlfabrik Joh. Meyerhoff*. Erstere liegt beim deutschen Unternehmen in der jüngsten TeilnehmerInnen-Gruppe bei 3,7%, die sich in der Folge weiter reduzieren. Von den über 50-Jährigen wählt dann niemand mehr diesen Namen. Der Konkurrent *Gußstahlfabrik Joh. Meyerhoff* beginnt seinen Aufstieg bei 6,8% (14-19) und klettert bis auf 23,9% (60-69) bzw. 22,2% (70-89).

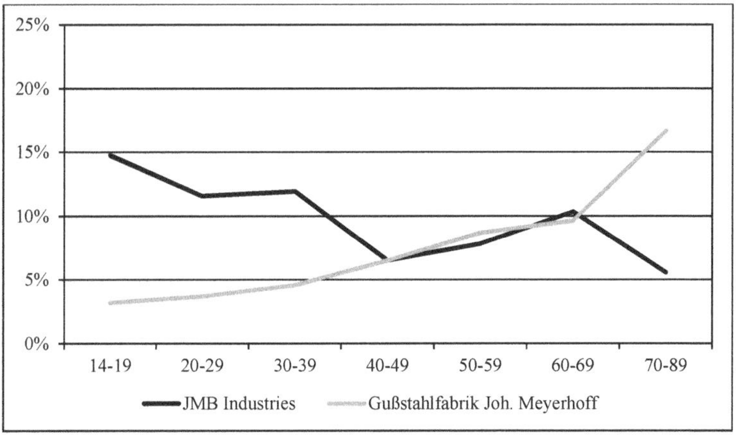

Abb. 88: *JMB Industries* vs. *Gußstahlfabrik Joh. Meyerhoff* (internationales Unternehmen)

Das Diagramm zum weltweit vertretenen Stahlproduzenten lässt sich in drei Abschnitte unterteilen: Bei den unter 20-Jährigen kommt *JMB Industries* auf 14,7%, *Gußstahlfabrik Joh. Meyerhoff* hingegen nur auf 3,2%. Anschließend verringert sich der Abstand zwischen beiden immer weiter, bis sie in der Gruppe der 40-49-Jährigen exakt denselben Wert von 6,5% erreichen. Das folgende Intervall ist durch einen leichten Anstieg gekennzeichnet, wobei die Anteile der beiden Kandidaten sehr ähnlich ausfallen und mal der eine, mal der andere minimal vorne liegt. Zum letzten Segment, den 70-89-Jährigen, öffnet sich die

Schere wieder weiter – fast wie am Anfang nur unter umgekehrten Vorzeichen: *Gußstahlfabrik Joh. Meyerhoff* erzielt den Höchstwert von 16,7%, *JMB Industries* sinkt auf den mit 8,3% tiefsten Stand ab.

Die drei in jeder Altersklasse am besten bewerteten Namen variieren kaum: In knapp 90% der Fälle handelt es sich um *Norddeutsche Stahlwerke*, *Hansa-Stahl* sowie *Meyerhoff Stahl*, welche einzig in ihrer Rangfolge differieren und häufige Wechselbewegungen vollführen. *Hansa-Stahl* fällt dabei mit zunehmendem Lebensalter der Befragten immer weiter zurück. Bei der internationalen Aktiengesellschaft verteidigt *Meyerhoff Stahl* in allen Gruppen über 30 seine Spitzenposition; für den auf Deutschland konzentrierten Stahlproduzenten hingegen liegt *Norddeutsche Stahlwerke* tendenziell weit vorne. Hier landet *Gußstahlfabrik Joh. Meyerhoff* bei den 60-69 Jährigen auf dem dritten Platz. In der Generation 70 plus rückt diese Firma um einen weiteren Rang vor; ansonsten findet sie sich jedoch nicht in den Top 3. Im Hinblick auf den rund um den Globus vertretenen Konzern nimmt *JMB Industries* in der Gruppe der 14-19-Jährigen den dritten Rang ein – die höchste Platzierung dieser Benennung überhaupt. Außerdem taucht noch zwei Mal der reine Personenname *MEYERHOFF* (30-39: Platz 3, 50-59: Platz 2) auf.

Insgesamt fällt der Einfluss des Alters der Befragten auf die Beurteilung der Firmen nur sehr schwach aus. Er offenbart sich lediglich auf den hinteren Rängen und auch dort nur in den Bewertungen, nicht aber in einer charakteristischen Veränderung der Positionierungen.

6.4 Zusammenfassung und Interpretation der Befunde

Aus dem Vergleich der Beobachtungen soll sich nun ein Ranking der Einflussfaktoren Unternehmensalter, Internationalität/Größe, Branche sowie Lebensalter der TeilnehmerInnen auf die Präferenz konkreter Ausprägungskombinationen der acht Parameter bei der Firmenwahl aus KundInnensicht ergeben. Grundlage der Analyse bilden die von den Befragten am besten bewerteten Namentypen für jedes Unternehmen (vgl. Tab. 20), wobei das Benennungsmotiv auch hier wieder größtenteils die Ausprägungen der übrigen Parameter steuert (vgl. Kap. 5.2).

Parameter	Unternehmen 1		Unternehmen 2		Unternehmen 3	
	alt	jung	deutsch	internat.	deutsch	internat.
Benennungs-motiv	Sache		Phantasie		Sache	
Bildungsweise	regulär		irregulär		regulär	
Graphematische Besonderheiten	ohne		mit		ohne	
Elemente aus Fremdsprachen	hybrid		fremdsprachlich		deutsch	hybrid
Länge	lang		mittel	kurz, mittel	lang	mittel
Wohlklang	unsonor		unsonor		sonor	
Transparenz	volltransparent		halbtransparent		volltransparent	
Assoziationen	Tradition		Internationalität		Tradition	

Tab. 20: Die am besten bewerteten Ausprägungen der acht Parameter je Unternehmen und Fragebogenversion

Der Unterschied hinsichtlich des **Alters** spielt bei dieser Frage im Finanzsektor die zentrale Rolle. Allerdings bevorzugen die TeilnehmerInnen sowohl für das traditionsreiche Geldhaus als auch die erst seit 1995 bestehende Direktbank eine seriöse Sachfirma, welche Auskunft über Stammsitz und Geschäftsmodell gibt. Für die junge Aktiengesellschaft aber können moderne, intransparente Phantasienamen aufschließen. Außerdem ist in jeder TeilnehmerInnen-Gruppe ein mehr oder weniger starkes Gespür für die Wichtigkeit „altersgerechter" Benennungen vorhanden. Indizien zur Abhängigkeit der Firmenwahl vom Unternehmensalter liefern ebenfalls die beiden anderen Branchen: Geht es nach der Mehrheit der Befragten, sollte der junge Chiphersteller einen kreativen Namen tragen, der traditionsreiche Stahlkonzern hingegen seine sachliche Benennung aus Gründertagen beibehalten. Dennoch dürfte hier der Wirtschaftszweig einen weit größeren Einfluss ausüben als das Alter der Aktiengesellschaft.

Nur gering fällt der Einfluss des Faktors **Internationalität/Größe** auf die Firmenwahl in der jungen Computer-Branche aus, was vornehmlich damit zusammenhängt, dass in diesem Umfeld auch kleine, allein auf Deutschland konzentrierte Unternehmen moderne Namen tragen. Beim traditionellen Stahlkonzern dagegen entscheiden sich die TeilnehmerInnen mehrheitlich für klassische Benennungen, die aber wegen ihrer schlechten Aussprechbarkeit im Ausland beim internationalen Unternehmen in der Gunst merklich zurückfallen, während moderne Firmen aufholen können. Das Bewusstsein für globale Einsatzfähigkeit prägt v.a. die Namenwahl in älteren Branchen, weshalb Unternehmensalter und Wirtschaftszweig als bedeutsamere Faktoren hervortreten.

Ein Blick auf die Parameter in Tab. 20 offenbart, wie entscheidend die **Branche** des Unternehmens ist: In keiner Zeile geraten die Ausprägungen identisch. Darüber hinaus legt sie die Abhängigkeit der Namenwahl von der Internationalität des Unternehmens fest; das zeigt u.a. der direkte Vergleich der je nach Aktionsradius favorisierten Strukturtypen für Chiphersteller (Computertechnologie) und Stahlproduzent (Schwerindustrie). Auch die Verläufe der Diagramme in den Kap. 6.3.1.2, 6.3.2.2 sowie 6.3.3.2 sind keinesfalls deckungsgleich – das TeilnehmerInnen-Alter wirkt sich also in jedem Wirtschaftszweig stets anders oder sogar überhaupt nicht aus (vgl. Kap. 6.3.3.2). Damit tritt die Branche als primärer Einflussfaktor hervor. Man kann demzufolge für jede Sparte ein eigenes Anforderungsprofil des idealen Namens aufstellen, bspw. halbtransparente, fremdsprachliche, irregulär gebildete, mittellange, unsonore Phantasiefirmen mit graphematischen Besonderheiten und internationalen Anklängen für die Halbleiterindustrie. Dieses Merkmalbündel wird dann durch die Haltung der Zielgruppe (nach Lebensalter), die man ansprechen möchte, aber auch Alter und Internationalität/Größe des entsprechenden Unternehmens ggf. weiter modifiziert.

Insgesamt zeigen sich die jüngeren Befragten ziemlich experimentierfreudig und beurteilen kreative Firmen stets sehr positiv, während den Älteren tendenziell eher klassische, mithin äußerst konservative Namen besonders zusagen. Abgesehen vom Stahlproduzenten wird das bereits in den Tabellen mit den Top-Favoriten sämtlicher TeilnehmerInnen-Gruppen deutlich (vgl. Tab. 15, 17). Das **Lebensalter** beeinflusst demnach, ob die vorgeschlagenen Benennungen Gefallen finden oder nicht. Dies bedeutet jedoch keineswegs, dass damit die anderen Faktoren nivelliert würden. Abhängig von der Branche des betreffenden Unternehmens und seinem/ihrem eigenen Lebensalter misst ihnen jede/r Befragte nur unterschiedlich viel Bedeutung im Rahmen der individuellen Entscheidungsfindung für ein konkretes Benennungsmotiv bei, das dann wiederum die Ausprägung der übrigen Parameter nach sich zieht (vgl. Kap. 5.2).

Die in Kap. 5 ermittelten Einflussfaktoren bei der Namenwahl von Aktiengesellschaften haben sich auch aus KundInnenperspektive als solche erwiesen. Weder für ProduzentInnen noch für RezipientInnen existiert demnach der allgemeingültige perfekte Namentyp, losgelöst von Alter, Größe, Internationalität oder Branche des jeweiligen Unternehmens. Die ideale Ausprägungskombination der acht Parameter kann folglich nur in Abhängigkeit der genannten Faktoren bestimmt werden. Zudem muss man stets die Zielgruppe in Form verschiedener Lebensabschnitte bzw. Generationen im Blick behalten – als spiegelbildliche Ergänzung des Unternehmensalters. Während Kap. 5.4 noch von Gleichrangigkeit der Variablen Alter, Größe, Internationalität ausgeht, hat sich aus dem hier angestellten Vergleich zweier nur in einem Punkt voneinander abweichender Betriebe doch eine unterschiedliche Stärke dieser Einflussfaktoren bei der Beurteilung der Firmen durch StakeholderInnen ergeben, sodass sie in eine Hierarchie ihrer ermittelten Tragweite gebracht werden können, um so den oberen der beiden Kästen aus Abb. 79 entsprechend weiter zu präzisieren; die Branche steht wiederum über den anderen Faktoren bzw. an erster Stelle:

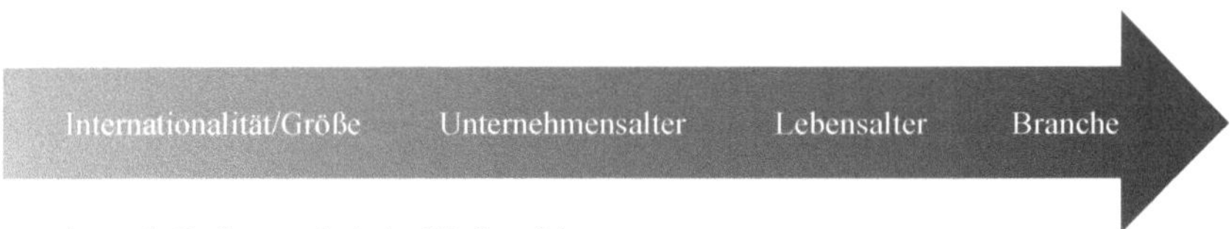

zunehmende Bedeutsamkeit der Einflussfaktoren

Abb. 89: Rangfolge der Einflussfaktoren bei der Namenwahl aus KundInnensicht

Der Wirtschaftszweig bildet den mit Abstand wichtigsten Aspekt bei der Beurteilung passender Namen aus KundInnenperspektive. Danach kommt deren Lebensalter ins Spiel. Es steuert fortan Gewichtung und Auswahl bzw. Bewertung der Benennungsmotive in Abhängigkeit der Kriterien Unternehmensalter sowie Internationalität/Größe. Selbstverständlich interagieren Alter, Aktionsradius/ Umfang und Branche des Betriebs, doch bieten sich Abb. 79 und 89 als Richtschnur für die Kreation neuer Namen an.

7. Ökonomische Erfolgsfaktoren „guter“ Unternehmensnamen

7.1 Anlage der Frage

Unter der Überschrift „Welches Unternehmen ist am erfolgreichsten?“ geht es in Frage 3 darum, eine Anlageentscheidung allein aufgrund der Firmierung zu treffen. Die TeilnehmerInnen sollen jeweils 500 Euro in Aktien eines Konzerns einer bestimmten Branche investieren; alternative Geldanlagen sowie ein Stückeln des Betrages sind ausgeschlossen. Ferner besitzen sie keine Hintergrundinformationen zu den einzelnen Gesellschaften wie Umsatz, Beschäftigtenzahl, Marktanteil o.Ä. Im Gegensatz zu Kap. 6 handelt es sich um mehrere verschiedene Unternehmen, nicht nur um unterschiedliche Namenvorschläge für ein und denselben Betrieb. Abschließend besteht für jede Branche noch die Möglichkeit, eine Begründung des eigenen Investitionsverhaltens als Freitext zu liefern.

Für die **Solarenergie**-Branche stehen folgende zehn Namen zur Auswahl:

- *Bernatz & Co.*
- *Solergy*
- *Phoenix SonnenStrom*
- *Solar Technology*
- *Astria*
- *BAUER Solartechnik*
- *SWA*
- *KMB Photovoltaik*
- *SOLutions*
- *35° solar*

Aus dem Wirtschaftszweig **Hochbau** treten diese zehn Namen an:

- *BMS*
- *KellerKnappich*
- *hochBau*
- *Baugeschäft Gebr. Helfmann*
- *Creabuilt Holding*
- *Altea*
- *SDO Hochbau*
- *accurat*
- *reliance constructions*
- *Baywobau*

Die Sparte **Arzneimittel/Medizintechnik** ist auch mit zehn Namen vertreten:

- *Celltec diagnostics*
- *Preventis*
- *Lamberti*
- *Vitana*
- *SanGen Arzneimittel*
- *Gesellschaft für Blutgruppenserologie*
- *Schleussner MedicalCare*
- *FWA*
- *centropharm*
- *EHS Pharmazeutika*

Alle Unternehmen stammen jeweils aus einer Branche. Damit wird einerseits die individuelle Risikoneigung der TeilnehmerInnen als Einflussfaktor minimiert. Denn die Entscheidung zwischen einer Anlagemöglichkeit in ein Solarenergie- oder ein Bauunternehmen wäre v.a. durch die subjektive Abwägung von generellen Ertragschancen bzw. Verlustrisiken im jeweiligen Wirtschaftszweig geprägt. Andererseits können mithilfe der Trennung branchenspezifische Unterschiede aufgedeckt werden. Der Investitionsbetrag von je 500 Euro erscheint dabei als hoch genug, um keine leichtfertigen Entschlüsse hervorzurufen, aber auch nicht als zu große Summe, welche die TeilnehmerInnen dann evtl. konservativer als gewöhnlich zur reinen Werterhaltung oder womöglich gar nicht anlegen, d.h. kein Kreuz setzen.

Bei den angebotenen Namen handelt es sich um fiktive (frei erfunden oder an existierende Benennungen angelehnt) oder äußerst unbekannte aktuelle bzw. ehemalige Firmen – in Abgrenzung zu ähnlich gelagerten Studien, welche die Auswirkungen von Namenwechseln realer Unternehmen auf deren Börsenkurse untersuchen (HORSKY/SWYNGEDOUW 1987, LEE 2001), sowie zu den populären Berechnungen des Werts bekannter Marken wie *Apple*, *Google*, *CocaCola*.[75] Auf diese Weise soll vermieden werden, dass die TeilnehmerInnen die Gesellschaft, ihre Dienstleistungen bzw. Erzeugnisse etc. bereits kennen, ggf. schon positive oder negative Erfahrungen mit ihr gemacht haben und sich letztlich an Geschäftskennzahlen, Produktprogramm oder Markenimage orientieren. Bei den erfundenen Benennungen sind diese Wirtschaftsdaten vollständig neutralisiert, man kann die Auswahl allein aufgrund des aus seinem normalen Umfeld herausgelösten reinen Namenkörpers treffen. Die angebotenen Firmen repräsentieren dabei unterschiedliche Ausprägungskombinationen aller acht untersuchten Parameter in ausgewogener Anzahl.

[75] Vgl. BEST GLOBAL BRANDS 2016 unter http://interbrand.com/best-brands/best-global-brands/2016/ranking. Die klassischen Berechnungen des Markenwerts berücksichtigen nicht nur den Namen, sondern auch und v.a. weitere Faktoren wie Umsatz oder Kaufverhalten – zur Methodik vgl. http://interbrand.com/best-brands/best-global-brands/methodology (jeweils 15.01.2017). Firmierungen tauchen nur dann auf, wenn sie sekundär zu Markennamen geworden sind.

7.2 Erkenntnisinteresse

Dass es die eine, ideale Firma für ein Unternehmen nicht gibt, haben bereits Kap. 5 und 6 erwiesen. Hier soll nun in erster Linie eine Antwort auf die Frage gefunden werden, welche ökonomische Bedeutung dem Namen(körper) allgemein bei einem neuen bzw. potentiellen KundInnen oder GeschäftspartnerInnen vollkommen unbekannten Unternehmen zukommt, ob sich (gute) Benennungen also letztlich bezahlt machen. Mit dem insgesamt zu verteilenden Investitionsbudget von 300.000 Euro je Sparte (600 Aktienkäufe zu 500 Euro) lässt sich der Wert des Namens direkt in Geldeinheiten messbar machen, indem man diesem den beim fiktiven Börsengang erzielten Erlös zurechnet – der Erfolg oder Misserfolg der Firmierung wird offensichtlich.

Selbstverständlich muss man in der Praxis das Zusammenspiel mit anderen, viel wichtigeren Aspekten und Kennziffern sehen, aber gerade in einer solch isolierten Versuchsumgebung sollte, so die Hypothese, der stets mitschwingende Wert des guten, passenden Namens zum Vorschein kommen. Spielte die Firmierung keine Rolle, müsste sich eine Gleichverteilung einstellen. Allerdings werden trotz identischer Wahrscheinlichkeiten vermutlich einige wenige Favoriten hervortreten. Die präferierten Namentypen differieren voraussichtlich je nach Branche insbesondere hinsichtlich des Benennungsmotivs. So sollten etwa die Top-Investments in der Solarenergie- oder Arzneimittelwirtschaft kreativer und fremdsprachlicher ausfallen als diejenigen bei traditionelleren Baukonzernen. Im Unterschied zu Kap. 6, wo die deutlich weniger risikobehaftete Namengebung aus KundInnensicht im Mittelpunkt steht, wird der/die AnlegerIn hier mit dem Aktienkauf zugleich (Mit-)EigentümerIn des Unternehmens. Sobald es um „ihr" Geld geht, dürften die Befragten dann aber ein (noch) größeres Augenmerk auf Werte wie Vertrauenswürdigkeit, Zuverlässigkeit, Qualität etc. legen. Nun ist nicht mehr zu beurteilen, wie gut die Firma gefällt, sondern für wie erfolgreich man ein Unternehmen mit dieser Benennung hält. Man wird es demzufolge wohl mit veränderten Ansprüchen zu tun haben und auf den ersten Rängen eher voll- bis halbtransparente Namen mit Sachhinweisen vorfinden als gänzlich opake Phantasie- oder Personalfirmen. Das Alter der TeilnehmerInnen dürfte insofern eine Rolle spielen, als die jüngeren Gruppen vornehmlich phantasievolle Benennungen präferieren, die älteren jedoch eher klassische.

7.3 Auswertung

Zur Auswertung werden die einzelnen drei Teilfragen zunächst voneinander getrennt und dann separat darauf durchgesehen, ob jeweils auch genau ein Kreuz gesetzt worden ist. Hat sich ein/e TeilnehmerIn für gar kein Unternehmen oder aber gleich für mehrere entschieden, so wird seine/ihre Auswahl für die entsprechende Branche nicht gewertet. Daraus resultieren folgende absolute Zahlen je Wirtschaftszweig (die 600 Bögen, welche als Grundlage für die repräsentative Analyse dienen, sind hierin bereits enthalten):

Alter	Branche 1	Branche 2	Branche 3
14-19	333	331	334
20-29	573	573	575
30-39	244	243	244
40-49	307	308	310
50-59	225	226	226
60-69	241	241	241
70-89	192	194	191
Summe	2115	2116	2121

Tab. 21: Anzahl vollständig ausgefüllter Rückläufer nach Alter und Branche (Frage 3)

Gelegentlich tauchen in den Kommentaren Aussagen auf wie „Ich würde nicht in ein Unternehmen investieren, von dem ich nur den Namen kenne. Da kann ich gleich ins Spielcasino gehen“ oder „Als aktiver Aktienanleger schaue ich nicht auf Namen, sondern in aller Regel auf Unternehmensdaten“ (beide 70-89). Trotzdem hat sich die große Mehrheit der Befragten auf dieses Experiment eingelassen. Dessen Auswertung erfolgt zunächst repräsentativ und dann gesondert für die einzelnen Altersklassen. Ein erstes Diagramm zeigt stets, wie viele TeilnehmerInnen sich für den Kauf von Aktien der jeweiligen Unternehmen entschieden haben, bevor analysiert wird, welche Ausprägungskombinationen der acht Parameter in der Gunst der Befragten vorne liegen. Den Auswirkungen des Lebensalters auf die Anlageentscheidung ist das zweite Unterkapitel gewidmet, beginnend mit einer Tabelle zum Anteil der getätigten Investitionen je Aktiengesellschaft und Altersgruppe. Die exemplarische Gegenüberstellung einer modernen und einer klassischen Firma in einem Schaubild soll die Einflüsse dieses Faktors abschließend noch einmal veranschaulichen.

Eine Analyse des formalen Bildungsniveaus sowie der Herkunft unterbleibt, da hier bei der Vorabauswertung in keiner Branche ein signifikanter Einfluss auf die Bevorzugung bestimmter Firmen feststellbar war. Selbst lateinische Wortschöpfungen wie *centropharm*, *Preventis* oder *Vitana* werden von allen TeilnehmerInnen in ihren Kommentaren als gleich verständlich eingestuft. Exemplarisch sollen dies die Zahlen für den Favoriten in der Arzneimittelbranche, *centropharm*, untermauern: 19,0% der Befragten ohne abgeschlossene Schulbildung oder mit Volks- bzw. Hauptschulabschluss wählen diese Phantasiefirma, ein nahezu identischer Anteil derjenigen mit Abitur oder Hochschulexamen investiert ebenfalls (19,2%). Die Quote der RealschulabsolventInnen liegt bei 21,2%. Unter den SchülerInnen sind es sogar 28,3%. Dies wird aber vornehmlich mit deren geringerem Alter zusammenhängen (vgl. Kap. 7.3.3.2).

7.3.1 Branche 1: Solarenergie

7.3.1.1 Auswertung insgesamt

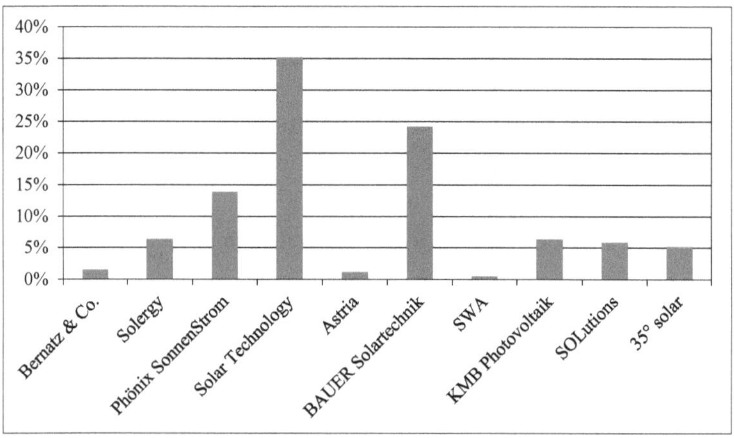

Abb. 90: Anteil der Investitionen aller TeilnehmerInnen je Unternehmen (Branche 1)

Solar Technology ist eindeutiger Favorit der TeilnehmerInnen. Über ein Drittel von ihnen (35,2%) investiert in dieses Unternehmen (vgl. Abb. 90). Damit vereint es fast so viele AnlegerInnen auf sich wie die im Abstand von elf bzw. 21 Prozentpunkten folgenden Nächstplatzierten, *BAUER Solartechnik* (24,2%) und

Phönix SonnenStrom (13,8%), zusammen. Insgesamt kommen die Top 3 auf 73,2%, alle anderen Kandidaten liegen abgeschlagen bei unter 7%. Die drei unbeliebtesten erhalten dabei nur 3,2% der Investitionssumme. Im Rahmen des fiktiven Börsengangs kann der Branchenprimus 105.500 Euro einsammeln (211 Aktien mit einem Nennwert in Höhe von 500 Euro), *SWA* hingegen nur 1.500 Euro (3 Aktien mit einem Nennwert in Höhe von 500 Euro). Der „beste" bzw. passendste Name nimmt also über 70-mal mehr Geld ein als der „schlechteste".

Ordnet man nun die einzelnen Vorschläge jeweils ihrem Benennungsmotiv zu, so ergibt sich, dass der ideale Name für Solartechnikunternehmen eine Sachfirma darstellt (*Solar Technology*). Sie wird von den TeilnehmerInnen als fortschrittlich, international (durch das Englische), aber trotzdem verständlich eingestuft. Die Verbindung von Modernität und Seriosität bzw. Sachlichkeit gelingt hier am besten. Danach folgen gemischte Namen, jeweils mit einem Hinweis auf den Geschäftsgegenstand: *BAUER Solartechnik* (Person und Sache), das für die Befragten bodenständig, solide und vertrauenswürdig klingt, sowie *Phönix SonnenStrom* vor *KMB Photovoltaik* (6,3%) und *35° solar* (5,2%; alle Phantasie und Sache). Letztere erscheinen zugleich sachlich, glaubwürdig, innovativ. Angaben zu Wirtschaftszweig und Produktpalette werden also gerade bei der jungen Solarenergiebranche als unerlässlich angesehen. Kreative Benennungen allein (*Solergy* 6,3%, *SOLutions* 5,8%, *Astria* 1,2%, *SWA* 0,5%), die modern, fortschrittlich und international wirken, oder reine Personalfirmen (*Bernatz & Co.* 1,5%), welche seriös, zuverlässig und solide anmuten, sind laut TeilnehmerInnen-Votum eher unpassend. Abweichend davon tragen die realen Energieunternehmen im Korpus hauptsächlich entweder reine Phantasienamen (*SOLON SE*; 58,3%) oder ebensolche mit Ergänzung des Geschäftsgegenstandes (*centrotherm photovoltaics AG*; 33,3%). Doch darf dieser Vergleich wegen der geringen absoluten Belegzahlen nicht überbewertet werden.

Eng mit dem Benennungsmotiv verknüpft, spielt auch die Transparenz der Firmen eine entscheidende Rolle. Die AnlegerInnen jedenfalls erwarten verständliche Namen und ein klar kommuniziertes Qualitätsversprechen – in Form entweder von Tradition bzw. Bodenständigkeit oder von internationaler Größe –, evtl. aus Angst vor kleinen, jungen, wenig vertrauenswürdigen Anbietern mit modernen, kreativen Benennungen aber ohne Substanz, die schnell wieder vom

Markt verschwinden. Die beiden Favoriten sind volltransparent, danach nimmt die Durchsichtigkeit beständig bis zur vollkommen opaken Abkürzung *SWA* ab, welche keinerlei Rückschlüsse auf den Geschäftsgegenstand mehr zulässt und auf dem letzten Platz landet. Für den gewünschten hohen Informationsgehalt dürfen bzw. müssen die Firmen ruhig etwas ausgreifender sein; die ersten vier Ränge belegen daher die längsten der vorgeschlagenen Namen. Die Ursprungssprache hingegen hat keinen großen Einfluss. So finden sich unter den drei Favoriten Englisch (Platz 1) sowie Latein und Deutsch (Platz 2 und 3). Auch Wohlklang stellt, wenn überhaupt, lediglich ein sekundäres Kriterium dar, ebenso wie graphematische Besonderheiten oder die Bildungsweise. Nur vereinzelt tauchen diese Punkte explizit in den Kommentaren der TeilnehmerInnen auf, zudem weisen die Platzierungen der Namen in keine bestimmte Richtung.

7.3.1.2 Auswertung nach Alter

Tab. 22 macht deutlich, dass die drei beliebtesten Namen in allen Altersklassen identisch sind, mit einer Ausnahme: Statt *Phönix SonnenStrom*, das sonst überall den dritten Platz belegt, nimmt bei den 14-19-Jährigen *Solergy* Rang drei ein. Ansonsten wechseln sich die Erst- und Zweitplatzierten in der Favoritenrolle untereinander ab. Mal liegt *Solar Technology* deutlich vor *BAUER Solartechnik*, dann wieder knapp dahinter.

Name	14-19	20-29	30-39	40-49	50-59	60-69	70-89
Bernatz & Co.	0,6%	3,0%	0,8%	2,0%	3,6%	2,5%	0,5%
Solergy	13,5%	8,0%	8,6%	6,8%	2,2%	2,5%	2,1%
Phönix SonnenStrom	10,2%	12,9%	13,1%	10,1%	10,2%	13,3%	17,7%
Solar Technology	26,4%	23,0%	23,0%	32,6%	32,4%	34,4%	36,5%
Astria	3,0%	2,4%	1,6%	0,7%	1,3%	0,8%	0,0%
BAUER Solartechnik	17,4%	24,8%	26,2%	25,7%	33,8%	35,7%	37,0%
SWA	0,9%	1,2%	0,4%	0,7%	0,4%	0,0%	0,0%
KMB Photovoltaik	11,1%	9,6%	9,0%	8,5%	8,4%	6,6%	4,2%
SOLutions	12,9%	10,7%	11,5%	9,8%	3,6%	3,7%	1,6%
35° solar	3,9%	4,4%	5,7%	3,3%	4,0%	0,4%	0,5%

Tab. 22: Anteil der Investitionen je Unternehmen abhängig vom Lebensalter; die Top 3 sind jeweils abgestuft grau hinterlegt (Branche 1)

Die Unterschiede entdeckt man im Detail. Am experimentierfreudigsten sind die unter 20-Jährigen. Sie wählen häufiger als jede andere Gruppe kreative Namen, und so erreichen Phantasiefirmen wie *Astria*, *Solergy* oder *SOLutions* bei ihnen relativ hohe, z.T. sogar ihre höchsten Werte. Daraus resultiert aber auch ein sehr disparates Stimmungsbild. Mit zunehmendem Alter verringert sich diese Schwankungsbreite erheblich. Schafft es Platz vier bei den 14-19-Jährigen immerhin noch auf 12,9% (*SOLutions*), sinkt dessen Anteil bis auf 4,2% am anderen Ende der Skala ab (*KMB Photovoltaik*). Damit geht eine immer stärkere Konzentration auf die drei Favoriten einher – von insgesamt 57,4% bei den 14-19-Jährigen bis zu 91,2% bei den ältesten TeilnehmerInnen. Auch einzeln betrachtet erzielen die Top 3 in letzterer Gruppe ihre besten Ergebnisse.

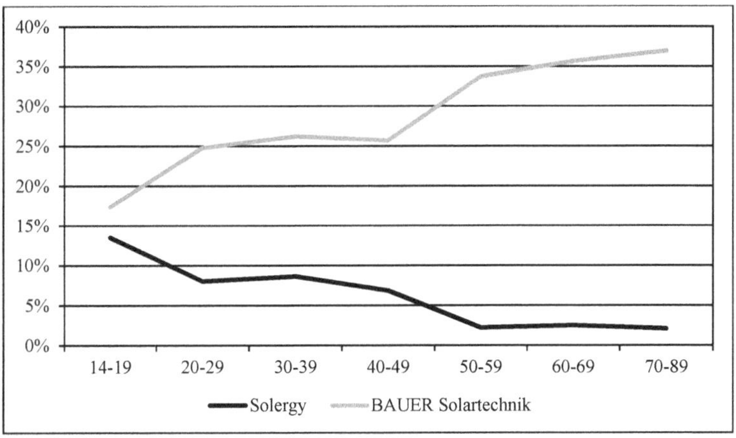

Abb. 91: *Solergy* vs. *BAUER Solartechnik*

Der an der Oberfläche nicht sofort ersichtliche Einfluss des Lebensalters der Befragten soll beispielhaft an der Gegenüberstellung der modernen Phantasiefirma *Solergy* und der klassischen Mischform *BAUER Solartechnik* verdeutlicht werden (vgl. Abb. 91). Bei den unter 20-Jährigen liegen zweitplatziertes *BAUER Solartechnik* und in der Rangfolge direkt dahinter stehendes *Solergy* relativ nah beieinander, der Abstand beträgt lediglich knapp vier Prozentpunkte. Diese Schere öffnet sich mit zunehmendem Alter immer weiter auf fast 35 Prozentpunkte. *BAUER Solartechnik* steigt dabei von 17,4% (14-19) bis 37,0% (70-89), während *Solergy* von 13,5% auf nur noch 2,1% abrutscht. Selbst wenn die Favoriten fast immer identisch ausfallen, so differieren die Zustimmungswerte teilweise ganz erheblich.

Die Assoziationen und Gründe, welche letztlich den Ausschlag für einen konkreten Namen geben, sind jedoch in allen Altersgruppen zusammengenommen nahezu gleich, wie die beiden folgenden Aussagen zu *Solar Technology* und *BAUER Solartechnik* exemplarisch belegen sollen: „Klingt modern und aufstrebend; vielleicht auch international tätig“ (14-19) vs. „Klingt modern und international“ (70-89) bzw. „Klingt nach einem soliden, deutschen Unternehmen“ (20-29) vs. „Klingt einheimisch und solide“ (60-69). Allein die Wahl an sich wird unterschiedlich häufig getroffen. Das liegt vermutlich an der altersabhängig ungleichen Gewichtung bzw. Bevorzugung der Parameter Internationalität und Modernität einerseits sowie Tradition und Heimatverbundenheit andererseits. Alle TeilnehmerInnen suchen ihr Geld durch die Investition zu vermehren, die Jüngeren setzen dabei stärker auf kreative, weltoffene Namen, bei denen sie auf Wachstum hoffen, wohingegen die älteren Befragten tendenziell eher eine solide Geldanlage in alteingesessene, einheimische Unternehmen vorziehen.

7.3.2 Branche 2: Hochbau

7.3.2.1 Auswertung insgesamt

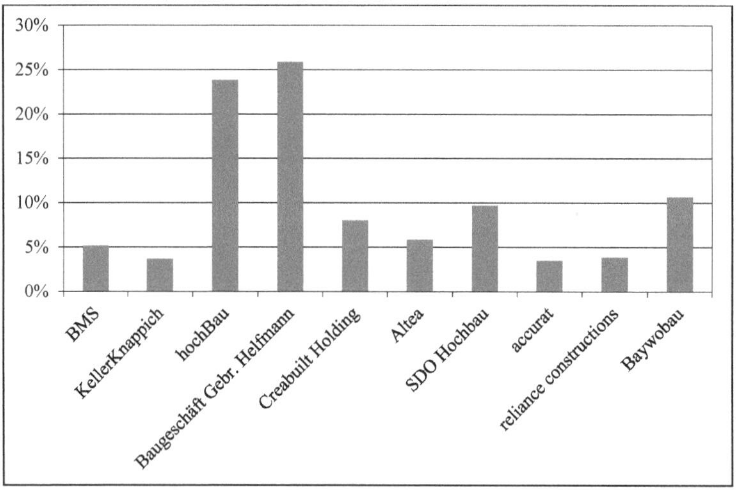

Abb. 92: Anteil der Investitionen aller TeilnehmerInnen je Unternehmen (Branche 2)

Zwei Unternehmen liegen in der Gunst der TeilnehmerInnen weit vorne und verweisen die anderen Kandidaten auf die Plätze: *Baugeschäft Gebr. Helfmann* mit 25,8% knapp vor *hochBau*, das 23,8% auf sich vereinen kann (vgl. Abb. 92). In großem Abstand folgt der Drittplatzierte *Baywobau* mit 10,7%. Alle anderen Namen rangieren im einstelligen Prozentbereich. Die Top 3 können zusammen über 60% der gesamten Anlagesumme einsammeln, bescheidene 11,0% entfallen auf die drei unbeliebtesten Unternehmen. Der Spitzenreiter *Baugeschäft Gebr. Helfmann* nimmt beim Börsengang 77.500 Euro ein (155 Aktien mit einem Nennwert in Höhe von 500 Euro) und damit mehr als das Siebenfache des Schlusslichts *accurat* mit einem Erlös von nur 10.500 Euro (23 Aktien mit einem Nennwert von 500 Euro).

Auch bei Bauunternehmen scheint es den AnlegerInnen insbesondere auf Verständlichkeit der Namen anzukommen. Das zeigt sich bereits an den beiden eindeutigen Favoriten: *Baugeschäft Gebr. Helfmann* sowie *hochBau* sind als Kombination der Benennungsmotive Person und Sache bzw. als reine Sachfirma vollkommen transparent, ihr Betätigungsfeld kann zweifelsfrei abgelesen werden. Beide klingen denn auch für die Befragten informativ sowie seriös, das Erstere zusätzlich einheimisch, bodenständig, traditionell. Dafür sorgt neben der genauen Geschäftsbezeichnung (*Baugeschäft*, *hochBau*) die Inhabernennung (*Gebr. Helfmann*), wie viele der TeilnehmerInnen-Kommentare verdeutlichen: „Beinhaltet alle Angaben, die man braucht: Bauwesen, Unternehmensform und Name der Inhaber“ (40-49, zu *Baugeschäft Gebr. Helfmann*). Die ungewöhnliche Schreibweise von *hochBau* erzeugt ferner einen Hauch von Modernität. Des Weiteren wird dieses Unternehmen größer eingeschätzt als der alteingesessene Familienbetrieb. International aber wirken beide nicht.

Es schließen sich halbtransparente reine Phantasie- bzw. Mischfirmen mit der Kombination Phantasie und Sache an: *Baywobau*, *SDO Hochbau* (9,7%), *Creabuilt Holding* (8,0%), *reliance constructions* (3,8%). Ersteres identifizieren die Befragten als akronymische Kürzung aus *<u>Bay</u>erische <u>Wo</u>hnungs<u>bau</u>gesellschaft* und assoziieren es entsprechend mit Werten wie Sicherheit, Heimatverbundenheit etc. Ähnliches gilt für *SDO Hochbau*. Die beiden englischen Namen erscheinen modern, international und dadurch zugleich zuverlässig. Vollkommen opake Phantasie- bzw. Personalfirmen liegen in der Gunst der

TeilnehmerInnen im Allgemeinen weiter hinten. *Altea* (5,8%), *BMS* (5,2%), *accurat* (3,5%) werden dabei ebenfalls als zeitgemäß, global wie auch seriös eingestuft – *Altea* aufgrund der lateinischen Wurzel *altus* 'hoch', *BMS* wegen der Großbuchstaben in der Abkürzung, *accurat* von der Wortbedeutung her. Die Personennamen *KellerKnappich* (3,7%) hingegen gelten als einheimisch, kompetent und solide. Häufiger wählt man dennoch keines dieser Unternehmen, weil ihre Firmen, so die oft geäußerte Meinung, „nebulös“, „nichtssagend“, „austauschbar“, „gewollt modern“, „künstlich“ klingen. Gerade Letztere dominieren bei den Baukonzernen im Korpus zu exakt zwei Dritteln. Auch hier lassen aber wieder die geringen Belegzahlen innerhalb der Dax-Gesellschaften keinen belastbaren Vergleich zu.

Die TeilnehmerInnen vertrauen einheimischen Unternehmen mit traditionellen bis gemäßigt modernen deutschen Firmen, Internationalität scheint in der Branche nicht unbedingt gefragt. Dementsprechend sind Fremdsprachen eher unbeliebt, englische Namen finden sich erst ab Platz fünf. Allerdings landet Deutsch neben Latein auch auf den hintersten Rängen, was aber eher der mangelnden Transparenz der betreffenden Firmen geschuldet sein dürfte (*Altea, BMS, KellerKnappich, accurat*). Im Bausektor suchen die AnlegerInnen gemeinhin nach etablierten, seriösen Unternehmen, welche dies bereits über ihre (transparente) Benennung vermitteln: „Moderne Namen finde ich bei solidem Geschäft abschreckend“ (40-49, zu *hochBau*), „Englische Namen verschleiern möglicherweise unseriöse Geschäfte“ (30-39), „Klingt nach einem älteren, etablierten Unternehmen, das nicht nächste Woche schon Pleite geht“ (20-29, beide zu *SDO Hochbau*), „Der Name verspricht langjährige Erfahrung, Erfolg und Tradition. Er ist kein Kunstprodukt, der sich mit einer modernen, anglophilen Bezeichnung anbiedern möchte“ (20-29, zu *Baugeschäft Gebr. Helfmann*).

Graphematische Besonderheiten stellen zwar allgemein nur ein sekundäres Entscheidungskriterium dar, werden hier aber häufiger in den Begründungen genannt, bspw. „Seriös, alteingesessen, durch Binnengroßschreibung aber auch Modernität angedeutet“ (40-49, zu *KellerKnappich*) oder „Ich persönlich finde das Spiel der Groß- und Kleinschreibung in diesem Fall sehr interessant und auffällig, sodass man schmunzeln muss und einem der Name in Erinnerung bleibt“ (20-29, zu *hochBau*). Für die Parameter Wohlklang, Bildungsweise und Länge lässt sich hingegen nicht nachweisen, dass sie in irgendeiner Form die Wahl beeinflussen. Weder gehen die Befragten in ihren Kommentaren explizit darauf ein, noch kann man an der Rangfolge eine bestimmte Neigung ablesen.

7.3.2.2 Auswertung nach Alter

Name	14-19	20-29	30-39	40-49	50-59	60-69	70-89
BMS	11,5%	8,7%	5,4%	3,3%	1,8%	2,5%	1,6%
KellerKnappich	3,3%	3,5%	1,2%	3,9%	6,2%	1,2%	1,6%
hochBau	15,4%	31,8%	34,6%	21,8%	24,8%	24,9%	22,2%
Baugeschäft Gebr. Helfmann	16,9%	15,9%	18,1%	23,1%	29,7%	26,1%	31,4%
Creabuilt Holding	12,1%	8,0%	6,2%	7,1%	6,2%	3,3%	4,1%
Altea	9,1%	5,2%	9,9%	6,8%	3,1%	1,7%	3,1%
SDO Hochbau	11,8%	15,4%	13,6%	17,2%	12,0%	14,1%	11,9%
accurat	6,0%	3,7%	1,2%	3,3%	3,5%	3,3%	3,6%
reliance constructions	11,5%	5,6%	4,1%	4,9%	2,7%	2,5%	1,0%
Baywobau	2,4%	2,3%	5,8%	8,8%	10,2%	20,3%	19,6%

Tab. 23: Anteil der Investitionen je Unternehmen abhängig vom Lebensalter; die Top 3 sind jeweils abgestuft grau hinterlegt (Branche 2)

Die beiden Gewinner sind in allen Altersklassen identisch, lediglich bei den 20-39-Jährigen haben sie ihre Rangpositionen getauscht (vgl. Tab. 23). Die Schwankung der relativen Häufigkeiten fällt allerdings erheblich aus: 31,4% der 70-89-Jährigen wählen *Gebr. Helfmann*, aber bloß 15,9% der 20-29-Jährigen. In *hochBau* investieren 34,6% der 30-39-Jährigen, während dies nur 15,4% der jüngsten TeilnehmerInnen tun. Teilweise liegen beide Favoriten nah beieinander (bspw. Abstand 1,2 Prozentpunkte bei den 60-69-Jährigen), in anderen Gruppen weisen sie einen deutlichen Abstand auf (bspw. 16,5 Prozentpunkte bei den 30-39-Jährigen). Platz drei unterscheidet sich stärker nach Alter: *Creabuilt Holding* bei den unter 20-Jährigen, *SDO Hochbau* wird es bei den 20-59-Jährigen, und bei den 60-89-Jährigen gelingt *Baywobau* der Sprung in die Top 3.

Ein heterogenes Bild geben die jüngsten TeilnehmerInnen ab. Einerseits landet der traditionellste Name *Baugeschäft Gebr. Helfmann* auf Platz eins, andererseits erreichen kreative Firmen wie *accurat*, *Altea*, *BMS* relativ gesehen hohe bis höchste Werte. *Creabuilt Holding* schafft es sogar unter die ersten drei. Die

14-19-Jährigen zeigen sich somit sehr risikofreudig, wenn sie in diese Unternehmen investieren. Deutlich kritischer sind die älteren TeilnehmerInnen eingestellt, und die Beliebtheit kreativer Namen nimmt folglich stetig ab. Einzige Ausnahme bildet *Baywobau.* Diese fast schon klassische Benennung unter den Phantasiefirmen wählen die über 60-Jährigen zu großen Teilen wegen des Bezugs zum Freistaat Bayern.

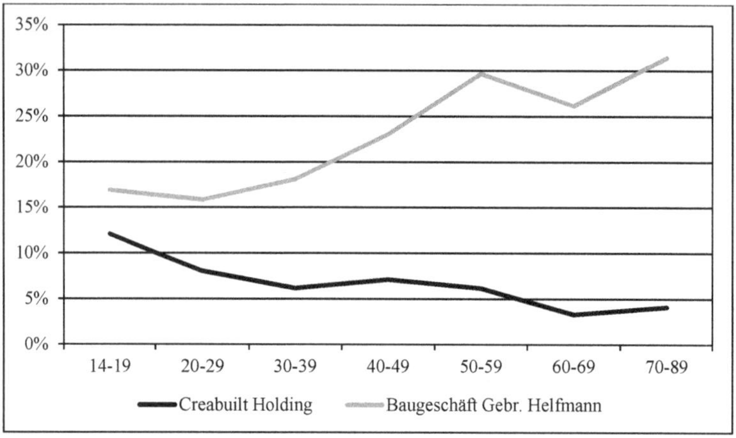

Abb. 93: *Creabuilt Holding* vs. *Baugeschäft Gebr. Helfmann*

Die Top 3 der unter 20-Jährigen liegen dicht beieinander: *Baugeschäft Gebr. Helfmann* kommt auf 16,9%, *hochBau* auf 15,4% und *Creabuilt Holding* auf 12,1%, den Erst- und Drittplatzierten trennen folglich weniger als fünf Prozentpunkte. Mit zunehmendem Alter jedoch wird die modernere Firma immer unbeliebter, während die traditionelle Benennung deutlich zulegen kann (vgl. Abb. 93). Bei den ältesten TeilnehmerInnen macht *Creabuilt Holding* schließlich nur noch 4,1% aus – einen ähnlichen Verlauf zeigt auch *reliance constructions* –, *Baugeschäft Gebr. Helfmann* hingegen kann seinen Anteil auf 31,4% fast verdoppeln. Zugleich erfolgt eine Konzentration auf die drei Favoriten. Bei den 14-19-Jährigen erreichen die Top 3 zusammen 44,4%, bei den 70-89-Jährigen sind es ganze 73,2%. Liest man sich die Kommentare und Begründungen zu einzelnen Namen durch, wird klar, dass die konkreten Motive für eine bestimmte Wahl zwischen den Altersgruppen tendenziell kaum differieren. Die Firmen lösen bei den TeilnehmerInnen gewisse überindividuelle Assoziationen (vgl.

Kap. 10) aus, die in der Folge zu einer Einschätzung als einheimisch, modern, zuverlässig o.Ä. führen: „Der Name klingt unmodern und deshalb nach einem traditionsreichen Unternehmen, das sich schon länger auf dem Markt hält" (20-29), „Hier vermute ich ein alteingesessenes Unternehmen" (60-69, beide zu *Baugeschäft Gebr. Helfmann*). Ob diese Kategorien allerdings positiv besetzt sind und letztlich zu einem Investment animieren, hängt dann wieder stark mit dem Lebensalter zusammen. Hier bringt v.a. der Gegensatz Internationalität vs. Tradition den Ausschlag. Die jüngeren TeilnehmerInnen setzen verstärkt auf große, globale Baukonzerne, während die älteren eher bodenständigen deutschen Familienunternehmen den Vorzug geben.

7.3.3 Branche 3: Arzneimittel/Medizintechnik

7.3.3.1 Auswertung insgesamt

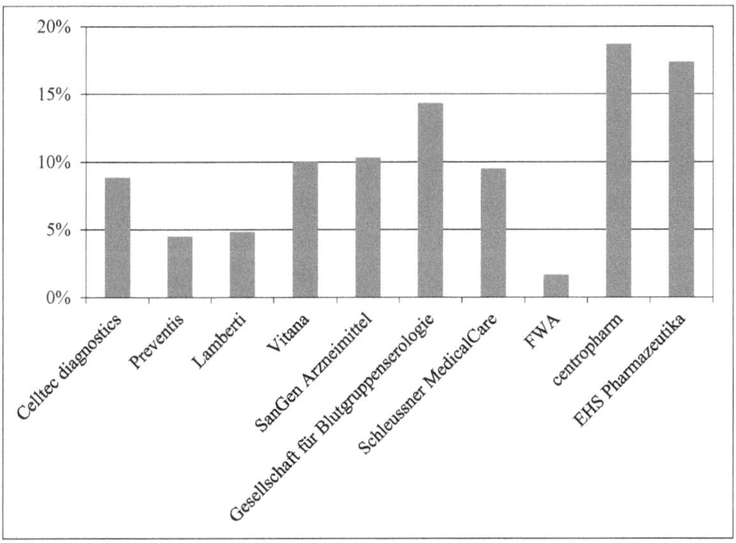

Abb. 94: Anteil der Investitionen aller TeilnehmerInnen je Unternehmen (Branche 3)

Bei Pharmaunternehmen gibt es keine klaren Favoriten mehr (vgl. Abb. 94). *centropharm* und *EHS Pharmazeutika* liegen mit 18,7% bzw. 17,3% fast gleichauf, im Abstand von nur drei Prozentpunkten belegt *Gesellschaft für Blut-*

gruppenserologie (14,3%) den dritten Platz. Gemeinsam können die drei Namen aber immerhin über die Hälfte der Anlagesumme auf sich vereinen. Alle anderen Firmen rangieren unter 11,0%, ein Wert, den die drei unbeliebtesten Unternehmen gerade einmal zusammen erreichen. Klarer Verlierer ist *FWA* mit nur 1,7%, was einem Erlös von lediglich 5.000 Euro beim fiktiven Börsengang entspricht (10 Aktien mit einem Nennwert in Höhe von 500 Euro). *centropharm* hingegen sammelt mehr als das Elffache ein, nämlich 56.000 Euro (112 Aktien mit einem Nennwert in Höhe von 500 Euro).

Die beliebte semitransparente, pseudolateinische Wortschöpfung gilt unter den TeilnehmerInnen v.a. als modern, international und trotzdem sprechend. Die Zweitplatzierung, die ebenfalls halbdurchsichtige Kombination der Benennungsmotive Phantasie und Sache mit deutschem Akronym sowie lateinischem Fachbegriff, *EHS Pharmazeutika*, klingt verständlich, seriös und nach einem großen Konzern. Erst danach folgt eine rein sachliche Benennung, nämlich *Gesellschaft für Blutgruppenserologie*. Auch sie enthält ein lateinisches Fremdwort, ist aber vollkommen transparent und vermittelt einen klaren, soliden Eindruck. Auf dem vierten Rang landet *SanGen Arzneimittel* (10,3%). Die halbdurchsichtige Mischform (Phantasie und Sache) mit der lateinisch inspirierten Wortschöpfung wird als aussagekräftig, verlässlich und zukunftsträchtig beschrieben. Knapp dahinter liegt *Vitana* (10,0%), eine intransparente, pseudolateinische Phantasiefirma, die Assoziationen wie Gesundheit, Vitalität, Leben hervorruft. Mit *Schleussner MedicalCare* (9,5%) taucht der erste englische Bestandteil neben einem Familiennamen in einer semitransparenten Mischfirma auf. Gemeinsam erzielen sie die Wirkung von Tradition, Erfahrung und weltweiter Ausrichtung. *Celltec diagnostics* (8,8%), eine halbdurchsichtige, englisch geprägte Verbindung der Benennungsmotive Phantasie und Sache, mutet fortschrittlich, international, kompetent an. Die Schlusslichter bilden die opaken Namen *Lamberti* (Person, 4,8%), *Preventis* (Phantasie, 4,5%) und *FWA* (Phantasie, 1,7%). Der patronymische Genitiv zu *Lambertus* (< *Lambrecht*) erweckt einen seriösen, alteingesessenen Eindruck, die lateinische Wortschöpfung *Preventis* lässt an Vorsorge und Innovationen denken. Zum unbeliebten deutschen Buchstabierakronym *FWA* liegen schließlich zu wenige Kommentare für eine gesicherte Interpretation vor.

Insgesamt offenbaren sich hier zwei unterschiedlich risikobereite Typen von AnlegerInnen. Die eine Gruppe sucht ein solides, seriöses, dabei nicht zwingend extrem konservatives Investment (*EHS Pharmazeutika*, *Gesellschaft für Blutgruppenserologie*, *SanGen Arzneimittel* etc.), die andere möchte ihr Geld in innovative, aufstrebende, internationale Konzerne anlegen (*centropharm*, *Vitana*, *Preventis* etc.): „Hier scheinen mir kreative Namen (Preventis, Vitana) von den Ansprüchen abzulenken, die man an ein Pharmaunternehmen hat: Wissenschaftlichkeit, Korrektheit etc." (20-29, zu *EHS Pharmazeutika*), „Der Name macht einen seriösen Eindruck, Phantasienamen wirken in diesem Marktsegment nicht zuverlässig genug" (50-59, zu *Gesellschaft für Blutgruppenserologie*) vs. „International verwertbarer Name, d.h. Expansionsmöglichkeiten, und dies nicht nur regional, sondern auch von den Sparten her gesehen" (60-69, zu *centropharm*), „Assoziation zu ‚Prävention' und somit genau treffend für ein Pharmaunternehmen, das in Forschung und Entwicklung investiert, um somit für die kommenden Aufgaben der Zukunft bestens gerüstet zu sein" (30-39, zu *Preventis*). Diesen Zielvorstellungen entsprechen die gewählten Benennungsmotive Sache, ggf. kombiniert mit Phantasie, oder Phantasie in Reinform (mit ihren typischen Transparenzgraden) – in Form der Konnotationen Sicherheit, Vertrauen, Zuverlässigkeit vs. Modernität, Internationalität, Innovativität. In der Rangliste wechseln sie sich ab. Das erste Mal belegen nun kreative Benennungen bzw. entsprechende Bestandteile in nennenswertem Umfang die vordersten Plätze, während Personennamen relativ unbedeutend werden. Bei den Pharmaunternehmen im Korpus dominieren zwar ebenfalls Phantasiefirmen (zu 50,0%), zusätzliche Sachnennungen stehen jedoch nur in 8,3% der Fälle – die geringen absoluten Zahlen lassen aber wiederum keine tragfähige Auswertung zu.

Eine große Rolle spielt aufs Neue die Aussagekraft der Namen. Allerdings müssen diese nun nicht mehr unbedingt vollkommen transparent sein und detailliert den Geschäftszweck beschreiben. Den meisten TeilnehmerInnen, auch den eher konservativ eingestellten, reichen hier halbdurchsichtige Benennungen, welche den Industriezweig anzeigen bzw. relativ konkrete, positive Assoziationen auslösen: „Lässt aus dem Namen schließen, dass es ein Unternehmen ist, das seinen Mittelpunkt in der Pharmaerzeugung hat" (60-69, zu *centropharm*), „Beinhaltet das Wort vita = Leben, was man ja will, wenn man Arzneimittel nimmt" (70-89, zu *Vitana*), „Celltec diagnostics deutet darauf hin, dass das Unternehmen in der

Diagnose tätig ist, möglicherweise Zelluntersuchungen mit technischen Verfahren. Sehr konkret, lässt zukunftsweisende Techniken erwarten“ (50-59, zu *Celltec diagnostics*). Bei forschenden Unternehmen, wo es insbesondere auf kreative (Zukunfts-)Lösungen ankommt, scheinen die TeilnehmerInnen im Allgemeinen deutlich aufgeschlossener, dürfen die Namen kreativer sein. Gänzlich opake Firmen hingegen finden erneut wenig Anklang.

Auch dem Parameter Fremdsprachlichkeit kommt in Form lateinisch inspirierter Neologismen, relevanter Fachbegriffe wie *Pharmazeutika* oder Konfixen wie *-pharm* (vgl. Kap. 11) große Bedeutung zu, das Englische hingegen kann nur eine Minderheit überzeugen: „Da steht noch im Namen, was es ist, und zwar der Fachausdruck (und nicht 'Arzneimittel'), was Vertrauen weckt, denn man ist es ja gewohnt aus der Medizin, dass da mit Fachbegriffen um sich geworfen wird“ (20-29, zu *EHS Pharmazeutika*), „Kurz und knapp, durch die Endung -pharm eindeutig der entsprechenden Branche zuzuordnen“ (40-49, zu *centropharm*), „Für Arzneimittel eignen sich am besten lateinische Namen oder Namen, die so ein Flair haben“ (20-29, zu *Vitana*), „Medizin muss einfach lateinisch klingen“ (20-29, zu *Preventis*). Bildungsweise, Wohlklang, Länge oder graphematische Besonderheiten erwähnen die Befragten in ihren Begründungen dagegen nahezu überhaupt nicht.

7.3.3.2 Auswertung nach Alter

Name	14-19	20-29	30-39	40-49	50-59	60-69	70-89
Celltec diagnostics	11,1%	9,6%	9,4%	12,6%	8,4%	8,7%	6,3%
Preventis	10,2%	14,8%	13,1%	7,7%	5,8%	7,5%	3,1%
Lamberti	1,5%	3,0%	2,1%	3,6%	4,4%	3,3%	3,1%
Vitana	10,8%	10,6%	4,5%	11,3%	8,0%	5,0%	5,8%
SanGen Arzneimittel	5,4%	3,1%	4,1%	6,8%	8,9%	6,6%	11,0%
Gesellschaft für Blutgruppenserologie	7,8%	6,3%	8,6%	9,4%	14,6%	16,2%	20,4%
Schleussner MedicalCare	9,6%	16,7%	18,9%	15,2%	12,8%	17,8%	19,4%
FWA	1,5%	1,7%	0,0%	0,7%	0,9%	0,4%	1,1%
centropharm	27,0%	19,8%	23,4%	18,7%	19,0%	19,9%	16,2%
EHS Pharmazeutika	15,3%	14,4%	16,0%	14,2%	17,3%	14,5%	13,6%

Tab. 24: Anteil der Investitionen je Unternehmen abhängig vom Lebensalter; die Top 3 sind jeweils abgestuft grau hinterlegt (Branche 3)

Die Tabelle zeigt dieses Mal ein unruhiges Bild. Ganze sechs Namen finden sich über die Top 3 der einzelnen Altersklassen verteilt. Das Lebensalter der TeilnehmerInnen kommt damit zwar als Einflussfaktor heraus, auf den ersten Blick ist jedoch keine klare Linie zu erkennen. Zunächst fällt auf, dass *centropharm*, der Favorit der unter 70-Jährigen, bei den ältesten Befragten auf den dritten Platz abrutscht (vgl. dazu auch Abb. 95). Einen eindeutigen Spitzenreiter gibt es lediglich bei den unter 20-Jährigen. Hier liegt *centropharm* mit einem großen Abstand von über elf Prozentpunkten unangefochten vorne. Diese Spanne zwischen Erst- und Zweitplatziertem verringert sich dann auf nur noch einen Prozentpunkt bei den 70-89-Jährigen. Zusammen erreichen die drei Top-Favoriten aber jeweils ähnliche Werte zwischen 48,1% und 58,3%.

Trotz allem lassen sich für jeden Namen(typen) einige Tendenzen ablesen. So gehen die Anteile der reinen Phantasiefirmen *centropharm*, *Preventis* sowie *Vitana* mit zunehmendem Alter deutlich zurück, im Schnitt um mehr als die Hälfte. Ähnliches gilt für die englischsprachige Kombination aus Phantasie und Sache *Celltec diagnostics*. Erheblich zulegen können die sachliche Benennung *Gesellschaft für Blutgruppenserologie* sowie die Mischformen *SanGen Arzneimittel* (Phantasie und Sache) und *Schleussner MedicalCare* (Person und Sache) neben der Personalfirma *Lamberti*. Hier sorgen die einigermaßen genaue Angabe des Geschäftszwecks und/oder der Familienname für eine viel traditionellere Ausstrahlung. Die Verbindung von Phantasie und Sache *EHS Pharmazeutika* sowie das Buchstabierakronym *FWA* zeigen kaum Schwankungen.

In Abb. 95 sind exemplarisch die Anteile für die beiden über alle Altersgruppen hinweg Bestplatzierten *centropharm* und *Gesellschaft für Blutgruppenserologie* gegeneinander abgetragen. Der Befund fällt fast spiegelbildlich zu den beiden anderen Branchen aus. Das deutlichste Stimmungsbild liefern hier die unter 20-Jährigen. Danach schließt sich die Schere immer weiter, bis *Gesellschaft für Blutgruppenserologie* in der höchsten Altersgruppe sogar den bisherigen Top-Favoriten *centropharm* vom ersten Platz verdrängt. Letzterer verliert über zehn Prozentpunkte (von 27,0% bei den 14-19-Jährigen auf 16,2% bei den 70-89-Jährigen) und fällt auf den dritten Rang zurück. Vom Siebt- zum Erstplatzierten steigt hingegen *Gesellschaft für Blutgruppenserologie* auf – um mehr als zwölf Prozentpunkte (von 7,8% bei den 14-19-Jährigen auf 20,4% bei den 70-89-

Jährigen). Anhand der Verläufe für die Phantasiefirma und die Sachbezeichnung wird deutlich, dass die Beliebtheit kreativer Namen mit zunehmendem Alter sinkt. Die Jüngeren bevorzugen moderne, originelle Firmierungen, die Älteren dagegen eher gemäßigte, traditionelle. Das bei der repräsentativen Analyse (vgl. Kap. 7.3.3.1) bereits konstatierte gegensätzliche Anlageverhalten hängt also mit der konservativeren bzw. risikoaverseren Haltung der älteren TeilnehmerInnen zusammen. Die Begründungen für die Wahl eines bestimmten Unternehmens weichen abermals in ihrer Gesamtheit qualitativ nur geringfügig voneinander ab: „Der einzige Name, bei dem wirklich klar ist, um was es sich handelt" (20-29) vs. „Es ist der einzige Name, unter dem ich mir etwas vorstellen kann" (60-69, beide zu *Gesellschaft für Blutgruppenserologie*). Einzig ihre Quantität, d.h. die Häufigkeit des Investments in diese Aktiengesellschaft, ist unterschiedlich.

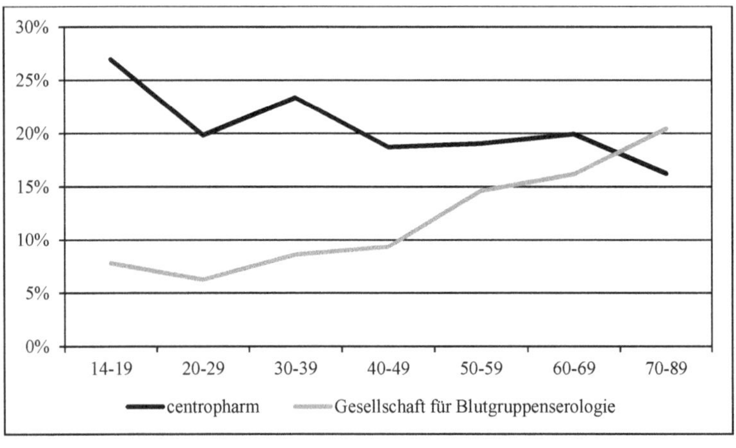

Abb. 95: *centropharm* vs. *Gesellschaft für Blutgruppenserologie*

7.4 Zusammenfassung und Interpretation der Befunde

In der Praxis macht kaum jemand seine Anlageentscheidung einzig von den Firmen ihm ansonsten vollkommen unbekannter Aktiengesellschaften abhängig. Im Experiment wird nun aber genau dies von den TeilnehmerInnen verlangt, weshalb gelegentlich entsprechende Kommentare auftauchen, bspw. „Allein auf der Grundlage des Namens würde ich nie investieren." Dennoch treten klare Präferenzen zutage: Statt einer Gleichverteilung gibt es bei allen Branchen zwei bis drei eindeutige Favoriten. Zusammen erreichen sie stets Werte über 50%, können also mehr als die Hälfte des insgesamt verfügbaren Anlagekapitals von 300.000 Euro einsammeln. In größerem Abstand folgen abgeschlagen ihre Konkurrenten, welche maximal jede/n zehnte/n InvestorIn überzeugen und allesamt nur relativ unbedeutende Summen einnehmen. Die Differenz zwischen Spitzenreiter und Schlusslicht beträgt im Schnitt knapp 25 Prozentpunkte bzw. 74.000 Euro von fast 150 KleinanlegerInnen. Da sich die fiktiven Unternehmen nur durch die Firmierung voneinander unterscheiden und die TeilnehmerInnen ansonsten über keinerlei weitere Informationen verfügen, kann man diesen Betrag vereinfachend mit dem Wert eines guten, passenden Namens gleichsetzen. Das zeigt, welche immense Bedeutung ihm als ökonomischem Erfolgsfaktor zukommt bzw. zukommen kann. Insbesondere der erste Kontakt mit einem unbekannten Unternehmen erfolgt meist über die Firmierung. Dies ist nicht nur für Börsenaspiranten bedeutsam, sondern auch für kleinere Handwerksbetriebe oder Dienstleister, die von potentiellen AuftraggeberInnen bspw. aufgrund ihrer Einträge in den Gelben Seiten ausgewählt werden. Hier macht der Name den Unterschied.[76]

Generell stellen dabei Benennungsmotiv, Transparenz und Assoziationspotential die wichtigsten Kriterien dar. Bildungsweise, ausländische Elemente, graphematische Besonderheiten, Kürze sowie Wohlklang sind sekundär, können allerdings je nach Wirtschaftszweig auch stärkeres Gewicht erlangen. Denn für jede Branche gibt es ein spezifisches Anforderungsprofil an den idealen Namentyp, was damit zusammenhängt, dass sich auch die chancenreichen Geschäftsmodelle voneinander unterscheiden. Nur solche Namen, die durch das Zusammenspiel der acht Parameter bestimmte, im konkreten Umfeld für Erfolg stehende Werte anklingen lassen, werden mehrheitlich von den Befragten gewählt. Es handelt sich also nicht um eine Entscheidung zwischen „gut" oder „schlecht", sondern zwischen „passend" bzw. „unpassend".

In der Solarenergiebranche sind voll- bis halbdurchsichtige Sach- oder Mischfirmen mit Hinweis auf die Geschäftstätigkeit der Aktiengesellschaft äußerst beliebt. Sie sollen v.a. Zuverlässigkeit aber auch Fortschritt ausdrücken. Opake

---

76 Auf diesen Aspekt spielt die im September 2014 gestartete Markenkampagne der Sparkassen mit dem Slogan „Der Unterschied beginnt beim Namen" an, vgl. www.dsgv.de/de/presse/pressemitteilungen/140904_pm_markenkampagne_61.html (25.09.2014).

Familiennamen oder kreative Benennungen alleine können hingegen nicht überzeugen. Ähnlich sieht es für Bauunternehmen aus, wobei die TeilnehmerInnen hier großen Wert auf deutschsprachige Namen mit den Konnotationen Seriosität und Bodenständigkeit legen. Überraschenderweise fallen die Unterschiede zwischen der jungen und der etablierten Branche nur sehr gering aus. Die bevorzugten Firmen für Pharmakonzerne dürfen kreativer, undurchsichtiger und fremdsprachlicher sein; insbesondere lateinische Wortschöpfungen oder Fachbegriffe unterstreichen hier Wissenschaftlichkeit und Zuverlässigkeit.

Die große Beliebtheit (halb-)transparenter Benennungen mit Sachhinweisen rührt wohl v.a. daher, dass bei einer Anlageentscheidung das Informationsbedürfnis wesentlich höher ausfällt als bei Namenrezeption bzw. -auswahl.[77] Hier suchen die TeilnehmerInnen nicht einfach nach der passendsten, sondern nach der aus ihrer Sicht erfolgversprechendsten Firma zur Vermehrung des eingesetzten Kapitals. Geht es um das „eigene" Geld, werden viele der Befragten vorsichtiger und vertrauen es bevorzugt Aktiengesellschaften mit verständlichen, seriösen Namen an, welche einen Rückschluss auf die Geschäftstätigkeit zulassen. Als Grundsatz gilt offenbar: Je kreativer und opaker die Firma, desto riskanter das Investment.[78] In gewisser Weise kann man eine solche Gedanken antizipierende Haltung bei jungen Unternehmen beobachten. Diese starten zunächst oft mit erklärenden Zusätzen zum Phantasienamen, welche sie später ablegen, wenn sie bekannt genug geworden sind (vgl. Kap. 4.2.5).

Neben dem Wirtschaftszweig beeinflusst das Lebensalter der Befragten das favorisierte Strukturmuster. Abgesehen von wenigen Ausnahmen sind der bzw. die Top-Favoriten einer Branche zwar identisch. Allerdings geht die Wahl phantasievollerer Benennungen mit zunehmendem Alter zurück, und es werden traditionellere Firmen bevorzugt. Die unter 20-Jährigen bilden die experimentierfreudigste, aufgeschlossenste Gruppe, welche die 500 Euro verstärkt in

---

77 Die Bevorzugung sachlicher Namen ist natürlich auch zu einem nicht unwesentlichen Teil dem Versuchsaufbau geschuldet, bei dem die TeilnehmerInnen keine weiteren Informationen zu den Unternehmen hatten.

78 Die Ergebnisse von KREMER/KROOK (1998: 577f.) legen nahe, dass Analoges für kleinere Betriebe gilt, die man per Telefon kontaktieren möchte. Die TeilnehmerInnen ihrer Umfrage sollten zunächst die ästhetische Wirkung bestimmter Bildungsmuster bewerten, wobei kreative Benennungen besonders gut abschnitten. Wenn sie sich in einem zweiten Schritt nur aufgrund des Namens im Branchenverzeichnis für ein Unternehmen entscheiden sollten, holten allerdings Sach- und in geringerem Maße auch Personalfirmen auf.

innovative, moderne, internationale Namen anlegt, während die älteren TeilnehmerInnen solide, einheimische, alteingesessene Unternehmen präferieren. Dahinter stehen zwei verschiedene Annahmen, was Erfolg bzw. (hohe) Verzinsung des eingesetzten Kapitals verspricht: Internationalität und Innovation oder Bodenständigkeit und Sicherheit. Dabei beschreiben die Befragten ihre persönlichen Eindrücke von den vorgeschlagenen Firmen sehr ähnlich, sodass man zu einem großen Teil von überindividuellen Assoziationen ausgehen darf (vgl. Kap. 10). Wie diese dann allerdings beurteilt werden und wie häufig sie schließlich zu einem Investment führen, hängt in letzter Konsequenz wieder vom Alter der TeilnehmerInnen ab.

8. Kreierung neuer Unternehmensnamen

8.1 Namenagenturen in Deutschland

Wenn ein neues Produkt auf den Markt gebracht, ein Unternehmen gegründet, nach einer Fusion bzw. Neuausrichtung, für einen Börsengang, zur Imageveränderung etc. umbenannt oder eine einzelne Sparte als eigene (Tochter-)Gesellschaft ausgegliedert werden soll, nehmen immer mehr Konzerne die Dienste professioneller Agenturen in Anspruch, die sich auf die Kreierung von Namen spezialisiert haben. Etwa 15 gibt es in der Bundesrepublik – die bekanntesten darunter sind *Gotta Brands* und *Nomen International*. Hauptsächlich „erfinden" sie Markennamen, in deutlich geringerem Umfang auch Firmen, bspw. *Arcandor* (*Nomen International*), *Evonik*, *Targo Bank* (*Gotta Brands*),[79] was daran liegt, dass neue Produkte (evtl. nur mit anderen Geschmacksrichtungen, Rezepturen etc.) sowie Dienstleistungen viel häufiger und in kürzeren Abständen in die Geschäfte kommen (und teilweise ebenso schnell wieder verschwinden) als große Unternehmen aus der Taufe gehoben bzw. umbenannt werden. Kleine Start-ups oder Einzelkaufleute können sich solche SpezialistInnen ohnehin kaum leisten, kostet doch ein Name je nach Renommee der Agentur, Auftragsumfang und -komplexität (vgl. Kap. 8.2) von 5.000 bis 250.000 Euro. Eine immer gewichtigere Rolle spielen auch Wirkung sowie Sicherung der neu geschaffenen Benennungen auf internationalen Märkten – was einen unmittelbaren Einfluss auf die Preisgestaltung hat (in Form der relevanten Warenklassen und Länder; zu den rechtlichen Anforderungen vgl. Kap. 2.2).

8.2 Kreationsprozess neuer Unternehmensnamen

Dieses Kapitel beschreibt die Arbeitsweise der Namenagenturen vom Auftragseingang bis zur fertigen, eingetragenen und genutzten Firma anhand eines idealtypischen Verlaufs mit vier Phasen, welche aus persönlichen Gesprächen mit den Geschäftsführern bekannter Anbieter extrahiert werden konnten. Die letzten beiden Etappen werden in der Regel extern an Fachanwaltskanzleien bzw.

[79] Die Agentur *Namestorm* berät bspw. auch bei der Titelfindung für Kino- und Fernsehfilme (*Das Schmuckstück*, *Love Vegas*, *Tatort: Herz aus Eis*).

Werbeagenturen weitervergeben. Als im Grunde äußerst individueller, kreativer Schöpfungsprozess muss die Namenfindung selbstverständlich nicht in jedem Einzelfall und auch nicht überall genau gleich erfolgen bzw. nacheinander sämtliche in Abb. 96 schematisch dargestellten Etappen durchlaufen. Es handelt sich hier gewissermaßen um das Maximalprogramm, aus dem auch nur einzelne Leistungen bestellt werden können.[80] Meist dauert die Kreation neuer Firmen drei bis zehn Wochen, was wie der Preis abhängig vom Aufwand der Recherchen und Checks ist. Für die Markenanmeldung muss aufgrund gesetzlicher Fristen zusätzlich noch ein halbes bis ein ganzes Jahr einkalkuliert werden.

8.2.1 Erste Phase: Anforderung

Am Anfang des Namenfindungsprozesses steht ein umfassendes **Briefing**, in dem Erwartungen und **Vorstellungen** der KundInnen eruiert, Eigenschaften der neuen Firma, bspw. hinsichtlich Fremdsprachlichkeit, Transparenz oder gewünschten Assoziationen, sowie die relevanten Warenklassen (vgl. Kap. 2.2) und Länder neben Zeitplan und Budget festgelegt werden. Auch die Passfähigkeit des Namens in eine bestehende Nomenklatur, sein Einsatz in Werbung und Kommunikation, ggf. als Marke, sind zu berücksichtigen. Bei der eingehenden Analyse der **Rahmenbedingungen** geht es darum, möglichst viele Informationen über das zu benennende Unternehmen, seine Geschichte, Philosophie, Visionen, (heutige und zukünftige) Ausrichtung, Größe, Struktur, Branche, Geschäftsbeziehungen (Endkundengeschäft oder Business-to-Business), Produkte bzw. Leistungen, Zielgruppen und -märkte, Marktposition etc. zu erhalten. Manche Agenturen arbeiten in diesem Schritt einen standardisierten Fragenkatalog ab, der bspw. klärt, was das Unternehmen von den Wettbewerbern unterscheidet und welche Botschaft der neue Name transportieren soll.

---

[80] Die folgenden Ausführungen basieren auf Interviews mit den Geschäftsführern der Agenturen *Gotta Brands* (Manfred GOTTA), *Nambos* (Peter STRÖLL), *Namensentwicklung Werner Brandl* (Werner BRANDL), *Namestorm* (Mark LEIBLEIN), *SSBC Brand Consulting* (Stefan SPÖTTL), *Werbekracher* (Andreas HERRMANN), denen für ihre Auskunftsbereitschaft herzlich gedankt sei. Die anderen neun Namenagenturen haben sich entweder negativ oder gar nicht auf die Interview-Anfrage gemeldet. Obwohl alle Agenturen v.a. Markennamen kreieren, lassen sich ihre Erfahrungen mit diesen ohne Weiteres auf die Firmen übertragen, an welche relativ ähnliche praktische wie rechtliche Anforderungen gestellt werden. Hier liegt der Fokus auf den Unternehmensnamen und dem Prozess ihrer Schöpfung in der Praxis. Vgl. dazu auch ULRICH 2012.

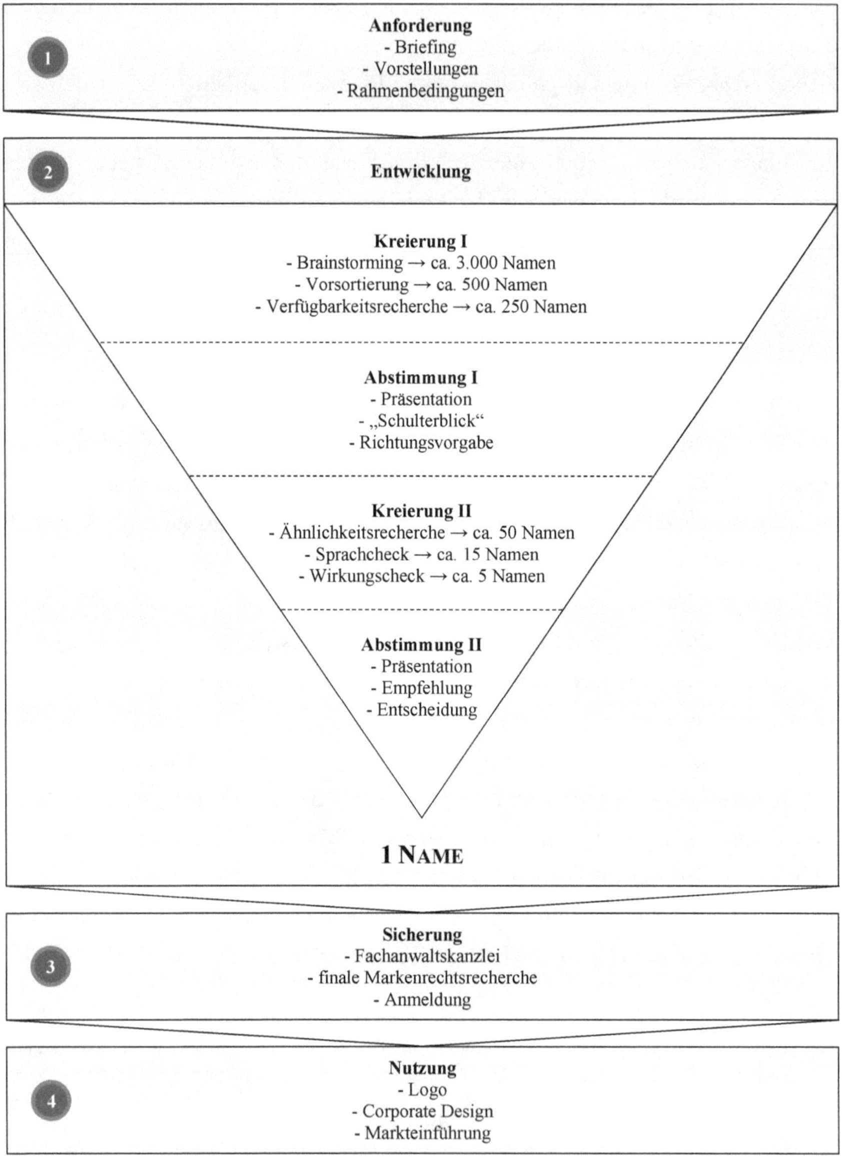

Abb. 96: Entwicklungsprozess neuer Unternehmensnamen

8.2.2 Zweite Phase: Entwicklung

Kreierung I: Ein oder mehrere Teams aus teils freiberuflichen, teils festangestellten WerbetexterInnen, LinguistInnen, JournalistInnen etc., z.T. verschiedenen Kulturkreisen entstammend, versuchen nun, sich in das Unternehmen bzw. seine (potentiellen) KundInnen hineinzudenken (gelegentlich auch mittels Besichtigung des Betriebs) und in einem ersten **Brainstorming** reichlich Ideen zu sammeln, wobei Gruppen- und Individualarbeitsperioden alternieren. Hier kommen auch viele weitere klassische Kreativitätstechniken zum Einsatz wie Mind Map, Osborn-Checkliste (spezielle Fragetechnik) oder Wortfelder. Auf der Suche nach (fremdsprachlichen) Vokabeln, Metaphern etc., welche das Unternehmen, sein Geschäftsmodell bzw. Selbstverständnis treffend charakterisieren, holt man sich Anregungen in Lexika, (Synonym-)Wörterbüchern, Datenbanken und speziell angelegten Begriffslisten zu verschiedenen Themenbereichen, etwa Edelsteinen, Farben, Göttern. Zudem hilft manchmal ein Blick in (unterlegene) Namenvorschläge vergangener Projekte.

Neben dieser assoziativ-kreativen gibt es noch eine parallele sprachlich-analytische Herangehensweise. Sie nutzt u.a. die im vorhergehenden Schritt gefundenen Ausdrücke, arrangiert Silben, kombiniert Wortsplitter, fügt Affixe hinzu, verschmilzt verschiedene Begriffe, tauscht, streicht, verdoppelt oder ergänzt Buchstaben, verfremdet, arbeitet mit Latinisierungen, Wortspielen, Anagrammen, Reimen, Übersetzungen in andere Sprachen (meist Englisch, Französisch, Spanisch, Italienisch, Latein), bewusst falschen, umgangssprachlichen oder phonetischen Schreibweisen, Onomatopoesie – jenseits grammatischer und orthographischer Regeln (weshalb kaum von Derivation oder Komposition gesprochen werden kann). Bei all dem, v.a. aber der beliebigen Kombination von Silben, hilft Software nach Art des *Namerobot*[81] der Agentur *Namestorm*. Die so erzeugten willkürlichen Buchstabenfolgen können dann mit den oben beschriebenen Techniken weiter bearbeitet werden. Schließlich optimieren die SpezialistInnen noch das Klangbild durch CV-Strukturen, den Einsatz euphonischer Vollvokale (v.a. *a* und *o*) oder harter Konsonanten, ggf. mit entsprechenden Sonoritätskontrasten.

---

[81] Zugänglich unter www.namerobot.de (15.01.2017).

Von den derart entstandenen ca. 3.000 Namenideen wählt man bei einer **Vorsortierung** nach bestimmten Kriterien (vgl. Kap. 8.2.3) rund 500 als potentiell für das Unternehmen passend aus, eine erste **Verfügbarkeitsrecherche** reduziert die aussichtsreichen Kandidaten weiter, bspw. um generell nicht schutzfähige, da rein deskriptive, irreführende oder anmaßende Vorschläge (vgl. Kap. 2.2). Viele Einfälle scheitern zudem, weil entsprechende Webadressen mit den wichtigen Top-Level-Domains .de oder .com bereits vergeben sind. Neben einer obligatorischen Suche im Telefonbuch, in Messekatalogen sowie ganz allgemein im Internet auf übereinstimmende Treffer findet ferner ein initialer Identitätscheck bei den relevanten Marken- und Firmenregistern der Zielländer (meist Kernmärkte Europa sowie Nordamerika) wie etwa dem Deutschen Patent- und Markenamt (DPMA) in München statt, dessen Register online nach gleichlautenden bereits geschützten Warenzeichen durchsucht werden kann.[82] Danach bleiben noch etwa 250 Namen übrig.

Abstimmung I: Anschließend kommt es zur ersten **Präsentation** einer Auswahl der Ideen aus dem Kreationsprozess und Abstimmung mit den KundInnen, dem sogenannten **„Schulterblick"**. Dabei besprechen alle Beteiligten Konzeption, Entwicklung und weiteres Vorgehen, gleichen Vorstellungen bzw. Wünsche ab, bevor die endgültige **Richtungsvorgabe** durch die AuftraggeberInnen erfolgt.

Kreierung II: Es folgen intensive **Ähnlichkeitsrecherchen** in den Marken- und Firmenregistern der Länder, auf deren Märkten das Unternehmen agieren möchte, da kein Name geschützt werden kann, der bereits angemeldeten bzw. eingetragenen Marken in derselben oder benachbarten Branchen (ausgedrückt durch die registrierten Warenklassen) insgesamt zu stark ähnelt, auch wenn er mit ihnen nicht identisch ist (was bereits geprüft wurde) – dies gilt etwa auf phonetischer, graphematischer oder semantischer Ebene. Damit sucht das Gesetz potentieller Verwechslungsgefahr vorzubeugen, obwohl keine exakte juristische Definition der Ähnlichkeit vorliegt (vgl. Kap. 2.2). Solche Überschneidungen lassen sich bei der einfachen Suche nach bereits bestehenden gleichlautenden

---

82 Zugänglich unter https://register.dpma.de (15.01.2017).

Warenzeichen (vgl. den Schritt Kreierung I) natürlich nicht aufdecken, stellen jedoch ein absolutes Eintragungshindernis dar. Nur rund 50 Namen überstehen dieses Kontrollverfahren, das meist Diplom-DokumentarInnen erledigen.

Im Rahmen des **Sprachchecks** prüfen mindestens zwei qualifizierte MuttersprachlerInnen pro Amtssprache sämtlicher Zielländer (viele Agenturen unterhalten hierfür ein internationales Netzwerk freier MitarbeiterInnen) die restlichen Vorschläge auf ungewollte negative oder sogar anstößige Bedeutungen bzw. Assoziationen (nicht sorgfältig genug wurde dieser Schritt bspw. beim Mitsubishi-Geländewagen *Pajero*, was im Spanischen 'Wichser' bedeutet, oder beim Umbro-Sportschuh *Zyklon* ('Wirbelsturm') *beige* ausgeführt, der ungewollt an das von den Nationalsozialisten in deren Konzentrationslagern eingesetzte Giftgas *Zyklon B* erinnert). Auch geht es hier um leichte Lesbar-, Aussprechbar- und ggf. Verständlichkeit.

Beim **Wirkungscheck** testen die Agenturen die Wahrnehmung der verbliebenen ca. 15 Alternativen in den relevanten (deutschsprachigen) Zielgruppen mittels (Online-)Umfrage, Telefon-Interviews und/oder mehreren Fokusgruppen mit zehn bis 15 ProbandInnen unterschiedlichen Alters und Berufs, welche ihre spontanen Eindrücke zu diesen Namen diskutieren. Aussprechbarkeit, Merkfähigkeit, Akzeptanz, Assoziationen, Einzigartigkeit, Handhabbarkeit im Alltag bzw. der betrieblichen Praxis werden u.a. durch Testgespräche am Telefon oder Hörverständnisaufgaben (hierbei geht es darum, ob die TeilnehmerInnen die Firma richtig schreiben, wenn sie sie nur einmal gehört haben) ermittelt. Zudem legt man der Runde Fotos mit verschiedenen Namenschriftzügen bspw. auf einem Bürogebäude zur Beurteilung vor. Diese aufwendige, kostspielige Marktforschung ist optional und fällt je nach Budget unterschiedlich umfangreich aus. Es verbleiben etwa fünf Firmen.

Abstimmung II: In der abschließenden **Präsentation** stellen die AgenturmitarbeiterInnen die entwickelten, geprüften Vorschläge vor und sprechen ihre **Empfehlung** aus. Die AuftraggeberInnen fällen dann letztlich ihre **Entscheidung** für einen neuen Namen.

8.2.3 Exkurs: Anforderungen der Agenturen an gute Namen

Einige aus ihrer Sicht besonders wichtige Aspekte eines guten Unternehmensnamens haben die Geschäftsführer der Agenturen in unseren Gesprächen immer wieder betont. Im Folgenden werden diese in Schlagworten kurz referiert: An erster Stelle stehen Unverwechselbarkeit und Wiedererkennbarkeit, was konkret eine klare, eingängige, kurze, prägnante, gut memorierbare, möglichst einfach bzw. schnell zu lesende, schreibende sowie auszusprechende Firma erfordert, die auffällt, Interesse weckt und den Betrieb sofort von seinen Konkurrenten abhebt. Natürlich sollte sie einzigartig, individuell, authentisch, ungewöhnlich, zeitlos, kantig sein sowie keinen Trends folgen, um ein wirkliches Alleinstellungsmerkmal zu bilden. Ferner muss der Name zum Unternehmen passen, die gewünschten, selbstverständlich positiven Assoziationen auslösen, semantisch offen und keinesfalls deskriptiv geraten, damit er bei etwaiger zukünftiger Änderung oder Erweiterung des Geschäftsmodells nicht zu stark auf bestimmte Produkte bzw. Dienstleistungen einengt. Einen immer wichtiger werdenden Faktor stellt die internationale Einsetzbarkeit dar, d.h., dass die Firma in allen relevanten Sprachen und Kulturkreisen „funktioniert“, ohne die Fremdsprachenkenntnisse der jeweiligen Bevölkerung (auch der einheimisch deutschen im Falle von Englisch) zu überschätzen. Beschreibende Zusätze lagert man daher eher als Slogan aus, der sich problemlos übersetzen lässt, während der Name selbst weltweit identisch bleibt.

All das gelingt am besten mit einer (opaken) Phantasiefirma, die per se gar nichts „bedeutet“ und erst später durch großangelegte Imagekampagnen mit Inhalten aufgeladen sowie mit dem jeweiligen Unternehmen fest verknüpft wird. Dabei gilt es, „verbrauchte Silben“ wie *fax*, *tec*, *therm*, die Zahl *24* oder Buchstabierakronyme zu meiden sowie auf die Zielgruppe und deren Bedürfnisse zu achten. Die Klangqualität stellt ein eher sekundäres Kriterium dar; die beabsichtigten Assoziationen genießen stets Vorrang. Schließlich darf auch die Eignung des Namens für URLs bzw. E-Mail-Adressen nicht vernachlässigt werden. Neben der bereits angesprochenen Kürze bedeutet das insbesondere, auf Umlaute, Bindestriche und andere Sonderzeichen zu verzichten.

8.2.4 Dritte Phase: Sicherung

Der favorisierte Name wird jetzt von einer kooperierenden **Fachanwaltskanzlei** (PatentanwältInnen bzw. RechtsanwältInnen für gewerblichen Rechtsschutz) einer **finalen Markenrechtsrecherche** auf generelle Schutzfähigkeit und Verfügbarkeit in allen relevanten Ländern sowie Warenklassen unterzogen. Idealerweise treten in diesem Schritt aufgrund der sorgfältigen Vorabprüfungen keinerlei juristische Bedenken mehr auf.[83] Danach erfolgt die gebührenpflichtige **Anmeldung** der Firma durch die AnwältInnen bei den Patent- und Markenämtern der Zielländer für die maßgeblichen und je nach Budget auch für angrenzende Warenklassen (vgl. Kap. 2.2) sowie die Eintragung des Unternehmens im zuständigen deutschen Handelsregister (bzw. die Abänderung eines vorhandenen Eintrags bei Fusionen, Übernahmen oder Umfirmierungen). Der Name ist nun rechtlich gesichert und einsatzbereit, wobei der Schutz in regelmäßigen Abständen (in Deutschland alle zehn Jahre) verlängert werden muss.

8.2.5 Vierte Phase: Nutzung

Am Ende des Namenfindungsprozesses steht die visuelle Umsetzung der entwickelten und eingetragenen Firma in ein **Logo** als Zentrum eines neuen **Corporate Designs** – u.a. mit unverwechselbarer Bild- bzw. Formsprache und Typographie – durch externe Werbeagenturen oder die Marketingabteilung des benannten Unternehmens selbst. In einem letzten Schritt kommt es zur **Markteinführung**, ggf. flankiert von Imagekampagne, Internetauftritt etc.

8.3 Zusammenfassung und Interpretation der Befunde

Belfor, *Traffiq*, *Yellopia* (SSBC Brand Consulting), *sovello*, *Trafineo*, *vistona* (Nambos), *Ampegon*, *Citura*, *pictorello* (Namestorm) – schaut man sich die Referenzen einiger Agenturen auf deren Homepages an, klingen diese recht ähnlich und erinnern relativ stark an die aktuellen Firmen der untersuchten Dax-Gesellschaften (vgl. Kap. 5.2). Das von den Geschäftsführern betonte Streben nach Einzigartigkeit sowie Unverwechselbarkeit scheint also rein vom Ergebnis her

[83] Teilweise kauft man auch Domains oder in manchen Ländern bereits bestehende ältere Markenrechte auf.

betrachtet doch nicht ganz so ausgeprägt. Diese Beobachtung verwundert kaum, schließlich gibt es bei sämtlichen Namen (mit Ausnahme der erblichen Familiennamen) markante Moden, am offenkundigsten sicher bei den (menschlichen) Rufnamen (vgl. etwa NÜBLING 2009). In Bezug auf Firmen werden solche zeitgenössischen Strömungen überaus deutlich, wenn man zwei Pole, nämlich Anfangszeit und Gegenwart, miteinander vergleicht: *Drogerie- und Farbwarenhandlung Gehe & Comp.* (1835) würde heute kaum mehr funktionieren, *Celesio* als aktueller Name des Pharmagroßhändlers hingegen sehr wohl. Da alle Agenturen nach einem ähnlichen Schema vorgehen (vgl. Abb. 96) sowie identische Anforderungen an ideale Firmen stellen, setzen sie selbst die Trends. Ihre Erfolgskriterien bleiben dabei aber relativ vage, wie der Exkurs in Kap. 8.2.3 zeigt, welcher die in den Interviews genannten Schlagworte zusammenstellt. Letztlich lassen sich darin zwar die acht Parameter wiederfinden, in der praktischen Arbeit der Agenturen spielen sie als solche aber fast keine Rolle. Stattdessen basiert die Namenfindung hauptsächlich auf Erfahrungswerten und Intuition.

Wirkung

9. Wahrnehmung der Unternehmensnamen

9.1 Anlage der Frage

Hier werden die TeilnehmerInnen gefragt: „Welchen Eindruck hinterlässt der Name?“ (Frage 2). Genauer gesagt 15 verschiedene, die eine ausgewogene Mischung unterschiedlicher Ausprägungskombinationen der aufgestellten acht Parameter repräsentieren. Ihnen entsprechen acht vorgegebene Kategorien – phantasievoll, modern, verständlich, auffällig, einheimisch, umständlich, sachlich, wohlklingend –, aus denen die Befragten diejenigen wählen sollen, welche ihrer Meinung nach den jeweiligen Namen am treffendsten charakterisieren. Mehrfachnennungen sind ausdrücklich zugelassen, eine Alternative „Keine Angabe“ hingegen unterbleibt, um auch bei Unsicherheiten nicht zu viele Enthaltungen hervorzurufen. Wiederum handelt es sich um fiktive bzw. unbekannte Firmen, was außersprachliche Einflüsse minimieren soll. Da es um den reinen Namenkörper und dessen Wahrnehmung durch potentielle KundInnen oder GeschäftspartnerInnen geht, liegen keine näheren Informationen zu den einzelnen Unternehmen vor. Folgende Benennungen sind zu beurteilen:

- *eadena*
- *Markert Motoren*
- *GOtec*
- *Deutsche Kalkstickstoffwerke*
- *BNA*
- *Schuhmacher & Baumann*
- *REDnet group*
- *Novopharm*
- *Maschinenfabrik Chr. Wagner & Söhne*
- *SolarWorld Holding*
- *creatis*
- *ROTHENBERGER*
- *Concordia Versicherung*
- *Alleo*
- *Gesellschaft für Automation und Robotik*

9.2 Erkenntnisinteresse

Jedem der acht Parameter bzw. seinen je verschiedenen Ausprägungen wurde bislang eine bestimmte Wirkung zugeschrieben (vgl. Kap. 3.1.2.2 und 4). So sind Namen mit graphematischen Besonderheiten meinem Ermessen nach auffällig, volle Transparenz geht mit Verständlichkeit einher etc. Aber dürfen diese Einstufungen auch überindividuelle Geltung beanspruchen, stimmen sie mit der

Meinung der Bevölkerung überein? Anders gefragt: Wodurch zeichnen sich bspw. auffällige oder verständliche Firmen aus? Wie kann man solche Eindrücke durch geschickte Kombination der Parameter gezielt hervorrufen? Diesen v.a. bei der Kreation neuer Namen wichtigen Aspekten ihrer Wirkweise spürt das vorliegende Kapitel nach. Dabei geht es im Gegensatz zu Kap. 10 nicht um die hervorgerufenen Assoziationen, sondern die vom konkreten Wirtschaftsumfeld losgelöste Wahrnehmung durch potentielle KundInnen oder GeschäftspartnerInnen.

Ihre Eindrücke können die Befragten anhand von acht Kategorien festhalten, die mit einem kurzen, allgemeinen Adjektiv überschrieben sind und sich leicht zu Gegensatzpaaren erweitern lassen (bspw. modern vs. unmodern). Jedes Gefüge steht dabei für einen Parameter; einzig die Bildungsweise bleibt als solche unberücksichtigt, während das Benennungsmotiv noch einmal in Phantasie- und Sachfirmen unterteilt ist: phantasievoll (Benennungsmotiv: Phantasie), modern (Assoziationen, Konnotationen: Internationalität, Modernität), verständlich (Transparenz, Motivierbarkeit), auffällig (graphematische Besonderheiten), einheimisch (Elemente aus Fremdsprachen), umständlich (Länge, Silbenzahl), sachlich (Benennungsmotiv: Sache), wohlklingend (Gesamtsonoritätswert).

9.3 Auswertung

Eine explizite Option zur Enthaltung gibt es bei dieser Frage zwar absichtlich nicht, doch sind auch solche Bögen gewertet, in denen für maximal drei der 15 aufgeführten Namen keine Beurteilungs-Kategorien angekreuzt worden sind.[84] Treten daneben aber weitere Leerstellen auf, haben also mehr als drei Firmen nicht wenigstens eine Wertung erhalten, so bleibt die komplette Frage unberücksichtigt. TeilnehmerInnen, die überall ausschließlich eine Alternative gewählt haben, ergeht es ebenso. Insgesamt resultieren folgende absolute Zahlen je Altersklasse (die 600 repräsentativen Rückläufer sind hierin enthalten):

[84] Dies geschieht, um der teils vorhandenen Unsicherheit der TeilnehmerInnen Rechnung zu tragen, die in einigen Kommentaren am Ende der Umfrage zum Ausdruck kommt.

Alter	TeilnehmerInnen
14-19	338
20-29	575
30-39	244
40-49	315
50-59	226
60-69	242
70-89	185
Summe	2125

Tab. 25: Anzahl vollständig ausgefüllter Rückläufer nach Alter (Frage 2)

Bei der Analyse der 600 für die Bevölkerung der Bundesrepublik Deutschland repräsentativen Bögen stellt sich heraus, dass Wirkung und Wahrnehmung der Unternehmensnamen weitgehend unabhängig von Lebensalter, Bildungsstand oder Herkunft der TeilnehmerInnen sind. Trotz im Einzelnen leicht unterschiedlicher Prozentwerte stimmen die Top-Positionen meist überein, und es treten keinerlei generelle alters-, bildungs- oder wohnsitzinduzierte Besonderheiten hervor. Deshalb unterbleibt eine ausführliche Beschreibung dieser drei Faktoren. Lediglich im Falle der wenigen Abweichungen wird näher auf sie eingegangen, wofür dann als größere Vergleichsbasis alle verwertbaren Rückläufer dienen.

Die acht vorgeschlagenen Einschätzungen führen zur Einteilung in die folgenden Unterkapitel; sie stehen jeweils unter der Fragestellung: Welche Namen gelten als phantasievoll, modern etc. und warum, d.h. aufgrund welcher Parameterausprägungen bzw. -kombinationen? Zu Beginn präsentiert jeweils ein Diagramm die drei am häufigsten sowie am seltensten mit dem entsprechenden Prädikat belegten Firmen (als Häufigkeit der Auswahl relativ zu den insgesamt für einen Namen abgegebenen Bewertungen). Der Übersichtlichkeit halber sind nur die Top-Ränge und die Schlusslichter abgebildet. Alle anderen Positionen greift der Text detailliert auf.

In Kap. 9.4.1 erfolgt ein Perspektivwechsel hin zu den acht Parametern und der Frage, welche Eindrücke diese in ihren jeweiligen Abstufungen bei der Bevölkerung erzeugen. Das führt zur Gesamtwirkung der einzelnen 15 Namen (Kap. 9.4.2) als Resultat des Zusammenspiels von Benennungsmotiv, Transparenz, fremdsprachlichen Elementen etc. Die gewonnenen Erkenntnisse münden schließlich in die Beantwortung einer der Leitfragen dieses Kapitels, ob nämlich die Einteilungen bzw. Annahmen bezüglich der Wahrnehmung bestimmter Ausprägungen der acht analysierten Parameter auf potentielle KundInnen oder GeschäftspartnerInnen auch tatsächlich in der Praxis so zutreffen (Kap. 9.4.3).

9.3.1 Phantasievolle Unternehmensnamen

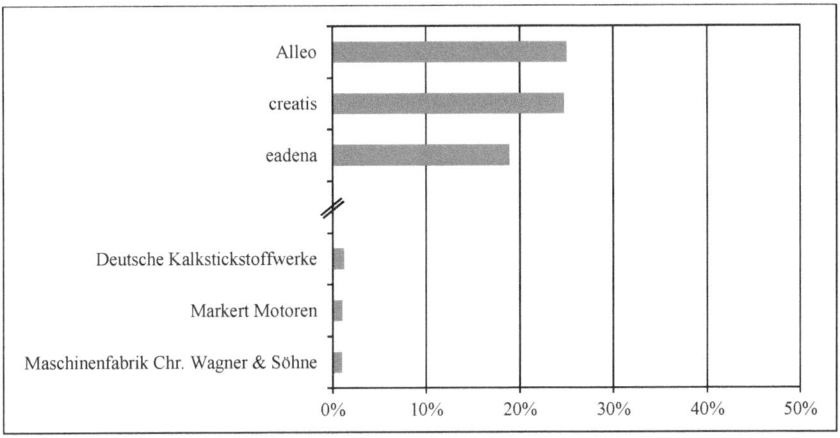

Abb. 97: Die drei Namen, die am häufigsten bzw. am seltensten als phantasievoll empfunden werden

Abb. 97 zeigt, dass auch nach Ansicht der StakeholderInnen die bei der Korpusanalyse zugrunde gelegte Gleichung „Beliebiges Lexem oder Syntagma = Benennungsmotiv Phantasie = phantasievoller Name" Gültigkeit besitzt. Auf den vordersten drei Plätzen rangieren die intransparenten, fremdsprachlichen Phantasiefirmen *Alleo* (25,1%), *creatis* (24,8%), *eadena* (18,9%). Die unregelmäßige, zumindest partiell kreative Bildungsweise setzt sich anschließend fort, allerdings in einigem Abstand mit *REDnet group* (10,4%), *GOtec* (9,9%), *SolarWorld Holding* (8,9%), *Novopharm* (8,6%) sowie *BNA* (8,4%). Nun sind die Namen jedoch (abgesehen vom Buchstabierakronym *BNA*) halbtransparent, lassen bedeutungstragende Bildungselemente wie *net*, *pharm*, *tec* erkennen und beinhalten teilweise ergänzend die recht unspezifischen Sachzusätze *group* bzw. *Holding*. Nach einem erneuten Sprung folgt der genuine Gattungseigenname *Concordia Versicherung* (3,2%), welcher trotz des willkürlichen, hier als phantasievoll klassifizierten Bestandteils *Concordia* (lat. 'Eintracht, Einklang,

Harmonie') keine sonderlich kreative Ausstrahlung zu entfalten scheint. Das Ende der Skala markieren die reinen Sach- und/oder Personalfirmen: *Gesellschaft für Automation und Robotik* (3,0%), *ROTHENBERGER* (2,1%), *Schuhmacher & Baumann* (1,6%), *Deutsche Kalkstickstoffwerke* (1,2%), *Markert Motoren* sowie *Maschinenfabrik Chr. Wagner & Söhne* (je 1,0%). Insgesamt lässt sich feststellen, dass bei Mischfirmen ein Benennungsmotiv stärker bzw. eindeutiger ausfällt, welches das oder die anderen dann überlagert (vgl. auch Kap. 9.3.7).

9.3.2 Moderne Unternehmensnamen

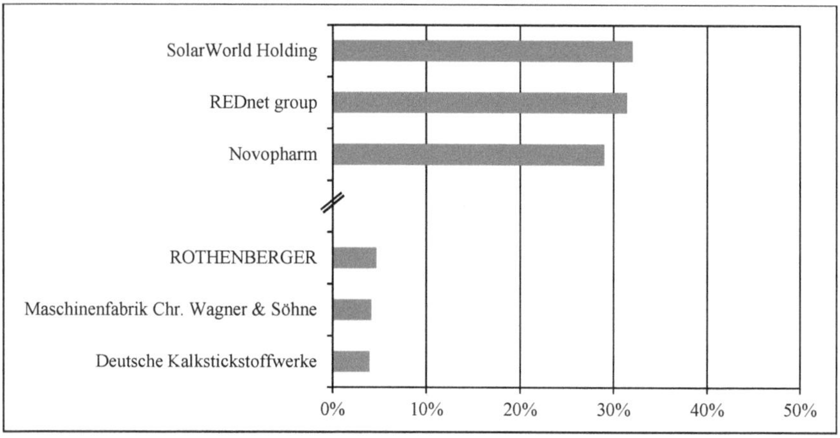

Abb. 98: Die drei Namen, die am häufigsten bzw. am seltensten als modern empfunden werden

Phantasie als Benennungsmotiv (ggf. in Kombination mit relativ allgemein gehaltenen Sachzusätzen), unregelmäßige Bildungsweise, graphematische Besonderheiten, fremdsprachliche Elemente und internationale Anklänge zeichnen nach Meinung der Befragten moderne Unternehmensnamen aus. So wie *SolarWorld Holding* (32,1%), *REDnet group* (31,5%), *Novopharm* (29,0%), *GOtec* (27,5%), *creatis* (23,2%), *Alleo* (17,5%), *BNA* (15,0%), *eadena* (12,9%). *Novopharm* und *creatis* gelten trotz der deutlich erkennbaren lateinischen Züge als immer noch recht zeitgemäß, ebenso wie das Buchstabierakronym *BNA* – dies vermutlich in Abgrenzung zu den ganz klassischen, traditionellen, deutschen Personal- und/oder Sachfirmen: *Gesellschaft für Automation und*

Robotik (9,3%), *Concordia Versicherung* (9,0%), *Markert Motoren* (8,2%), *Schuhmacher & Baumann* (5,2%), *ROTHENBERGER* (4,7%), *Maschinenfabrik Chr. Wagner & Söhne* (4,2%) sowie *Deutsche Kalkstickstoffwerke* (3,9%). Im 19. Jahrhundert äußerst beliebt, wirken sie heute altmodisch. Der eigentlich als phantasievoll einzustufende Bestandteil *Concordia* scheint aufgrund häufiger Verwendung in Gaststätten-, Vereins- oder Versicherungsnamen den Befragten einigermaßen geläufig, sodass er vom unmissverständlichen Sachhinweis *Versicherung* überblendet wird.[85]

9.3.3 Verständliche Unternehmensnamen

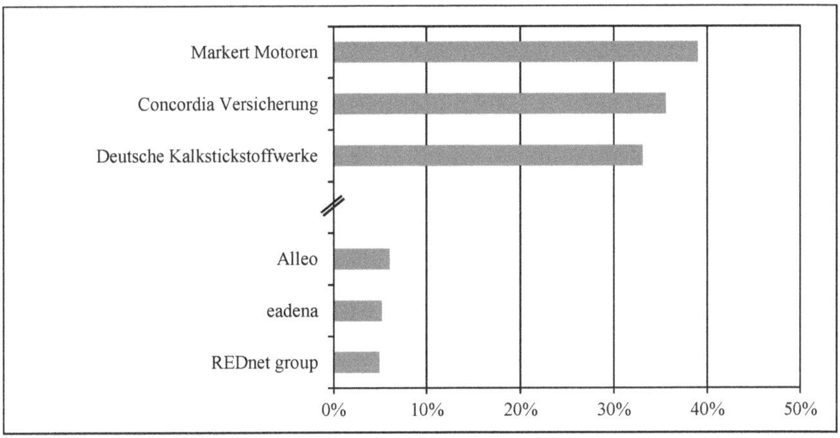

Abb. 99: Die drei Namen, die am häufigsten bzw. am seltensten als verständlich empfunden werden

Laut den TeilnehmerInnen der Fragebogenstudie sind die Unternehmensnamen *Markert Motoren, Concordia Versicherung* und *Deutsche Kalkstickstoffwerke* am verständlichsten – mit einem Zuspruch von jeweils einem guten Drittel (39,0%, 35,6% bzw. 33,1%). Bei *Schuhmacher & Baumann* (27,3%), *Maschinenfabrik Chr. Wagner & Söhne* (27,1%), *Gesellschaft für Automation und Robotik* (25,9%) sowie *ROTHENBERGER* (23,0%) entfällt jede vierte bis fünfte

[85] Vgl. hierzu auch *Continental*, den mit der 1871 entstandenen *Continental-Caoutchouc- und Gutta-Percha-Compagnie* (> *Continental Aktiengesellschaft*) aufgekommenen ersten kreativen Bestandteil im Korpus überhaupt. Näheres in Kap. 4.1.2.1.

Stimme auf die hier interessierende Kategorie. Zu einem Bruch in der Rangfolge kommt es nach *SolarWorld Holding* und *Novopharm* (je 18,7%). Die Quote halbiert sich auf unter zehn Prozent, d.h., folgende Namen sind für die Befragten kaum mehr zu entschlüsseln: *GOtec* (9,7%), *BNA* (8,1%), *creatis* (6,6%), *Alleo* (6,0%), *eadena* (5,2%), *REDnet group* (4,9%).

Ein Vergleich mit Abb. 101 und 103 verdeutlicht, dass Firmen nicht gleichzeitig überdurchschnittlich einheimisch, sachlich sowie verständlich anmuten müssen. Eine hundertprozentige Übereinstimmung zwischen dem Parameter Transparenz und der Einschätzung als aussagekräftig seitens der TeilnehmerInnen ist ebenfalls nicht gegeben. Auf den Plätzen eins, drei, fünf und sechs liegen die offenkundigen Namen *Markert Motoren, Deutsche Kalkstickstoffwerke, Maschinenfabrik Chr. Wagner & Söhne* sowie *Gesellschaft für Automation und Robotik.* Im Mittelfeld landen halbdurchsichtiges *SolarWorld Holding, Novopharm, GOtec* (Ränge acht bis zehn) vor den opaken Schlusslichtern *BNA, creatis, Alleo, eadena* auf den Positionen elf bis 14. Vier Firmen entziehen sich jedoch dieser Abstufung: Der deutsche Sachzusatz scheint in *Concordia Versicherung* (Platz 2) den lateinischen Hauptnamen zu überlagern, der keinerlei Informationen über das Unternehmen liefert. Den Geschäftszweck gar nicht erkennen lassen *Schuhmacher & Baumann* sowie *ROTHENBERGER*, trotzdem werden diese Firmen als verständlich eingestuft (Rang vier bzw. sieben); die Befragten könnten hier statt der semantischen Transparenz (Ablesbarkeit des Geschäftsmodells) die morphologische Transparenz (deutscher Familienname) beurteilt haben. Schließlich sollten sämtliche Bestandteile von halbdurchsichtigem *REDnet group* eigentlich entschlüsselbar sein und zumindest durch engl. *net* 'Netz, Netzwerk' eine Ahnung der Branche (hier: Internet) vermitteln.

So spielt wohl ergänzend zur Transparenz v.a. die Fremdsprachlichkeit eine Rolle: Die sieben erstplatzierten Namen fallen nämlich deutsch oder hybrid aus, danach kommen abgesehen von *BNA* keine autochthonen Elemente mehr vor. Ein konkreter, expressiver Bestandteil (spezifischer als *group* oder *Holding*) in Form eines Sachzusatzes (*Versicherung*) oder auch nur als eindeutiges Bildungselement (*pharm, Solar*) reicht aus, die gesamte evtl. per se lediglich halbtransparente Firma verständlich zu machen – trotz etwaiger Fremdsprachlichkeit (vgl. Kap. 9.3.5, 9.3.7 und 11). Dabei verstehen die Befragten viel mehr

Englisch, als man es nach den Kommentaren in Kap. 6 vermuten würde. Zumindest stufen sie *SolarWorld Holding* als einigermaßen verständlich ein – bei den 30-39-Jährigen schafft es dieser Name sogar auf Platz drei. Insgesamt liegt er nahezu gleichauf mit lateinischem *Novopharm*, und das unabhängig von Bildungsgrad oder Lebensalter der Befragten.

9.3.4 Auffällige Unternehmensnamen

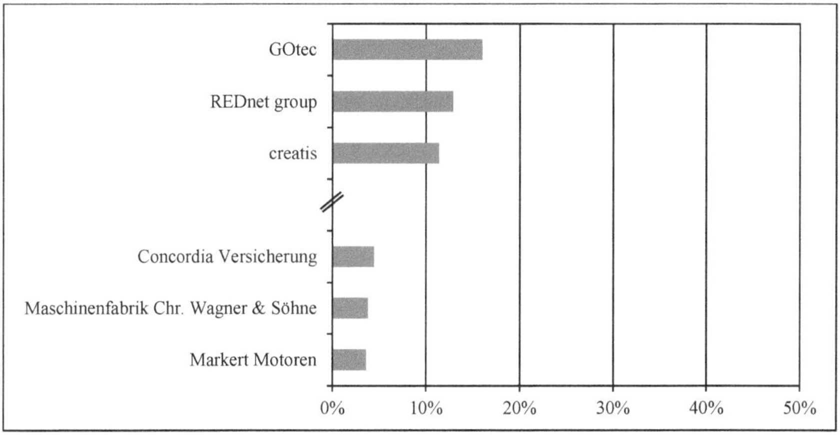

Abb. 100: Die drei Namen, die am häufigsten bzw. am seltensten als auffällig empfunden werden

Auch wenn der Abstand zwischen der auffälligsten und der unauffälligsten Benennung nur gut zwölf Prozentpunkte beträgt, wird dennoch deutlich, dass graphematische Besonderheiten für genau diese Abstufung sorgen: In der Spitzengruppe zeichnen *GOtec* (16,0%), *REDnet group* (12,9%) sowie *SolarWorld Holding* (11,2%) jeweils ein Namenglied aus, indem sie mit Groß- und Kleinschreibung spielen, während *creatis* (11,4%) komplett in Minuskeln gesetzt ist. Nicht nur bei den drei Schlusslichtern, sondern schon ab Rang zehn treten dann keinerlei Abweichungen im Schriftbild mehr auf: *Gesellschaft für Automation und Robotik* (5,0%), *Deutsche Kalkstickstoffwerke* (4,7%), *Schuhmacher & Baumann* (4,6%), *Concordia Versicherung* (4,4%), *Maschinenfabrik Chr. Wagner & Söhne* (3,8%), *Markert Motoren* (3,6%).

Alleo und *Novopharm*, beide graphematisch unspektakulär, landen auf den Plätzen fünf sowie sechs (10,2% bzw. 9,8%), während das Buchstabierakronym *BNA* den TeilnehmerInnen ebenso wenig ins Auge zu stechen scheint wie der vollständig in Majuskeln gesetzte Familienname *ROTHENBERGER* (9,3% bzw. 8,2%; Plätze 7 und 8) – bei den 14-19-Jährigen steht *ROTHENBERGER* indes an dritter Stelle. Auch die sehr sonore Phantasiefirma *eadena* kommt trotz Kleinschreibung nur auf Rang neun (8,0%); weit vorne sind zwar ebenfalls kreative aber konsonanten-/obstruentenreichere, d.h. weniger euphonische Namen zu finden (vgl. Kap. 9.3.8). Neben dem Schriftbild spielen bei der Aufmerksamkeitserzeugung zugleich Benennungsmotiv (Phantasie), Bildungsweise (unregelmäßig) und Sonorität (gering) herein. Einzelne Versalien (bspw. am Anfang von Kompositionsgliedern) scheinen stärker aufzufallen als ein komplett großgeschriebener Name, vielleicht weil sie deutlicher hervorstechen und stärker von der normalen Orthographie abweichen als eine Kapitalschrift aus einem Guss.

9.3.5 Einheimische Unternehmensnamen

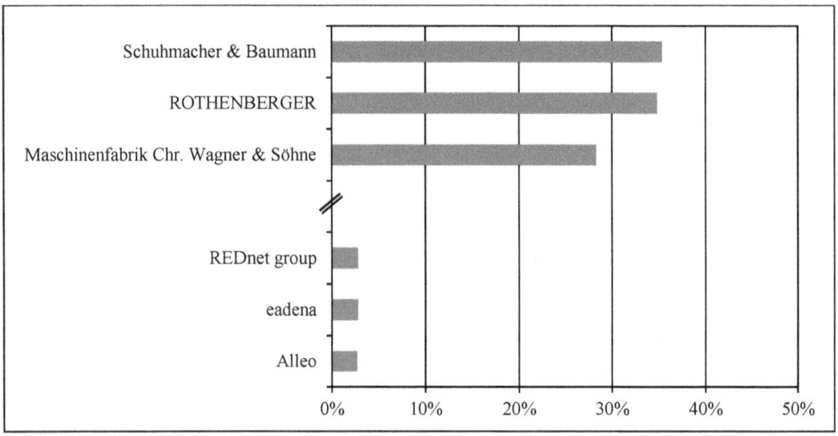

Abb. 101: Die drei Namen, die am häufigsten bzw. am seltensten als einheimisch empfunden werden

Vier der 15 zur Beurteilung vorgelegten Firmen enthalten mindestens einen Familiennamen, und genau diese landen jetzt auf den vordersten Rängen: *Schuhmacher & Baumann* sowie *ROTHENBERGER* mit 35,4% bzw. 34,8%

nahezu gleichauf an der Spitze, gefolgt von *Maschinenfabrik Chr. Wagner & Söhne* (28,3%), während *Markert Motoren* mit 17,7% Platz fünf erreicht. Dazu gesellt sich noch die sachliche Benennung *Deutsche Kalkstickstoffwerke* (23,2%, Platz 4) neben *Concordia Versicherung* (13,9%, Platz 6) sowie *Gesellschaft für Automation und Robotik* (13,1%, Platz 7) – jeweils mit mindestens einem autochthonen Begriff. In der zweiten Hälfte der Skala herrschen die Phantasie- bzw. Mischfirmen *BNA*, *Novopharm*, *creatis*, *GOtec*, *SolarWorld Holding*, *REDnet group*, *eadena* und *Alleo* (6,9%, 3,7%, 3,7%, 2,9%, 2,8%, 2,8%, 2,8% bzw. 2,7%, Plätze 8 bis 15).

Dominierender Einflussfaktor dieser Zweiteilung ist die Fremdsprachlichkeit in Verbindung mit dem Benennungsmotiv. Ganz vorne stehen die eindeutig als deutsche Familiennamen erkennbaren *Baumann*, *Markert*, *Rothenberger*, *Schuhmacher* und *Wagner*, wobei Letzterer zu den Top 10 der häufigsten Familiennamen in der Bundesrepublik zählt (vgl. DFA I: LXIX). Die Sachhinweise bestehen darüber hinaus aus Erb- oder Lehnwörtern wie *Fabrik*, *Maschine*, *Motor*, die für einen Großteil der Bevölkerung nicht (mehr) fremd erscheinen (vgl. Kap. 9.3.3). Familiennamen bewirken Vertrautheit, deutsche bzw. hybride Sachhinweise sorgen für Verständlichkeit, und gemeinsam schaffen sie somit den eindeutigsten Bezug zum Heimatland, erzeugen Anklänge von Bodenständigkeit sowie Ortsansässigkeit (vgl. Kap. 6, 10.3.1 und 10.3.8).

Bevor am anderen Ende der Skala rein fremdsprachliche Firmen auftauchen, reiht sich in der Mitte zwischen beiden Polen die intransparente Abkürzung *BNA* ein; sie wird nicht als besonders einheimisch wahrgenommen (vgl. auch die Einschätzung von *GFT* als international in Kap. 10.3.6). Die eindeutig nichtdeutschen Namen differieren in einigem Abstand insgesamt nur noch um einen Prozentpunkt (zwischen 3,7% und 2,7%): lateinisch inspiriertes *Novopharm* und *creatis* erscheinen dabei etwas weniger fremd als die Kreationen aus den englischen Begriffen *go*, *group*, *holding*, *net*, *red*, *world*. Die gänzlich intransparenten, romanische Lautgestalten imitierenden Neologismen *eadena* und *Alleo* belegen schließlich die beiden letzten Plätze. Der Parameter Fremdsprachlichkeit ist also negativ mit Verständlichkeit (vgl. Kap. 9.3.3) und dem Eindruck von Nähe sowie Heimatverbundenheit korreliert. Stattdessen sorgt er für internationales Flair in der Firma (vgl. Kap. 10.3.6).

9.3.6 Umständliche Unternehmensnamen

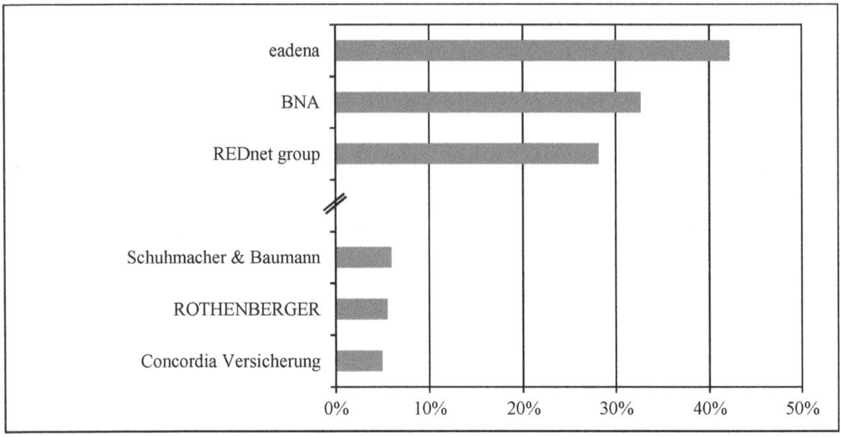

Abb. 102: Die drei Namen, die am häufigsten bzw. am seltensten als umständlich empfunden werden

Diese Kategorie war dafür gedacht, zu überprüfen, ob die Befragten lange Namen, bspw. *Gesellschaft für Automation und Robotik*, als schwerfällig und unpraktisch empfinden. Sie zielte also auf die Wirkung der verschiedenen Ausprägungen des Parameters Länge ab. Nach Auswertung sämtlicher verwertbarer Rückläufer wird allerdings offensichtlich, dass diese Rubrik nicht wie beabsichtigt funktioniert hat. Da „umständlich“ von allen acht angebotenen Wertungen die einzig negative darstellte, interpretierten sie wohl viele TeilnehmerInnen als „gefällt mir nicht“ (im Sinne von 'umständlich ausgedrückt; kompliziert; unverständlich') und gaben ihr persönliches Geschmacksurteil ab.[86] Trotzdem soll dieser Punkt in der Analyse nicht entfallen. Gerade weil hier die Meinung der TeilnehmerInnen sichtbar wird, kann man (außer der Reihe) studieren, wie die Namen(typen) insgesamt in der bundesdeutschen Bevölkerung ankommen.

Insbesondere die kurzen, opaken, fremdsprachlichen Phantasiefirmen gelten als umständlich, sprich ungünstig, die längeren, deutschen Benennungen hingegen eher nicht. Auf den vorderen Rängen landen: *eadena* (42,2%), *BNA* (32,7%),

---

[86] Positives „einfach“, „knapp“, „prägnant“ oder „unkompliziert“ wäre hier vermutlich die bessere Wahl gewesen, um eine Verbindung zur Firmenlänge herzustellen.

REDnet group (28,2%), *Alleo* (23,5%), *creatis* (21,2%), *GOtec* (20,6%). Im Mittelfeld folgen (abgesehen von *SolarWorld Holding*) lange, deskriptive Sachfirmen: *Gesellschaft für Automation und Robotik* (19,0%), *SolarWorld Holding* (11,5%), *Maschinenfabrik Chr. Wagner & Söhne* (11,0%), *Deutsche Kalkstickstoffwerke* (9,2%). Das letzte Drittel nehmen *Novopharm* (8,1%), *Markert Motoren* (6,9%), *Schuhmacher & Baumann* (5,9%), *ROTHENBERGER* (5,5%) und *Concordia Versicherung* (4,9%) ein. Mit einer Phantasie-, zwei Personal- sowie zwei Mischfirmen fällt das Bild bei den am wenigsten umständlichen Benennungen diffus aus. Festhalten können wir, dass moderne, undurchsichtige, kurze, fremdsprachliche Phantasienamen als unpraktisch gelten, weil sie unverständlich geraten (vgl. Kap. 9.3.3). Sehr detaillierte sachliche Formen sind dagegen wohl aufgrund ihrer Schwerfälligkeit und Sperrigkeit unbeliebt. Am besten schneiden Personalfirmen oder kürzere Benennungen mit Sachhinweis ab. Die Ablehnung des vokalreichen Neologismus *eadena* sowie des intransparenten Buchstabierakronyms *BNA* fällt deutlich aus – mit den höchsten Prozentwerten bei dieser Frage überhaupt. Auch die verschiedenen Altersgruppen sind sich hierin einig.

9.3.7 Sachliche Unternehmensnamen

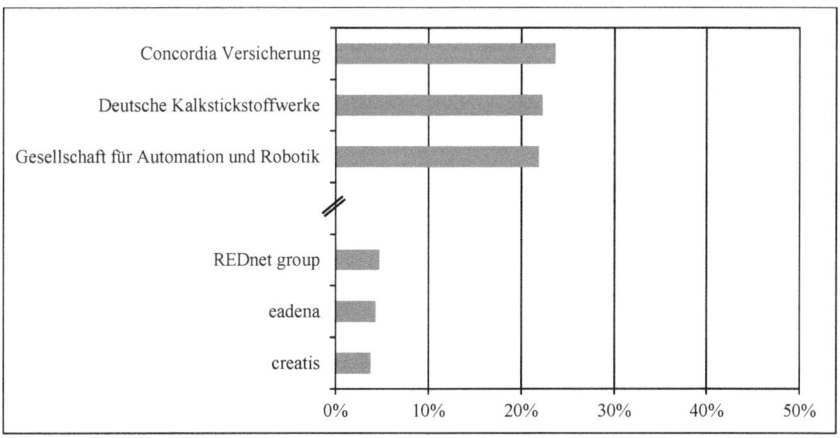

Abb. 103: Die drei Namen, die am häufigsten bzw. am seltensten als sachlich empfunden werden

Diese Kategorie zielt auf das Benennungsmotiv Sache, bei dem der Unternehmensname den genauen Gegenstand und/oder den Sitz der Gesellschaft angibt. Konkrete Beschreibungen landen hier auf den vordersten Plätzen, nämlich *Concordia Versicherung* (23,7%), *Deutsche Kalkstickstoffwerke* (22,3%), *Gesellschaft für Automation und Robotik* (21,9%), *Maschinenfabrik Chr. Wagner & Söhne* sowie *Markert Motoren* (je 20,4%). Dass es die Sachhinweise und nicht die Familiennamen sind, welche für diese Einschätzung sorgen, belegen die reinen Personalfirmen ohne weitere Angaben zu Produktionsprogramm oder Stammsitz auf den Plätzen sieben und acht (*ROTHENBERGER* sowie *Schuhmacher & Baumann* mit 16,2% bzw. 15,4%) – noch hinter der Abkürzung *BNA* (16,4%, Platz 6). Erst danach kommen die kreativen Benennungen zum Tragen (Plätze 9 bis 15): *Novopharm* (12,2%), *SolarWorld Holding* (9,2%), *GOtec* (6,8%), *Alleo* (5,0%), *REDnet group* (4,8%), *eadena* (4,3%), *creatis* (3,8%).

Wiederum zerfällt die Skala in zwei Hälften und passt zum Bild, welches die Kategorie „phantasievoll" in Kap. 9.3.1 mit Abb. 97 zeichnet. Zwar sind beide Diagramme nicht spiegelbildlich, doch stellen etwa die Top 5 der phantasievollsten Namen die Schlusslichter der vorliegenden Rubrik bei lediglich leicht abweichender Reihenfolge. Umgekehrt gilt dies allerdings nur bedingt. So erscheinen die reinen Personalfirmen *ROTHENBERGER* sowie *Schuhmacher & Baumann* aus dem letzten Drittel der phantasievollen Namen hier nicht weit vorne, stattdessen aber *Concordia Versicherung* vor *Gesellschaft für Automation und Robotik*, die dort im unteren Mittelfeld rangieren. Vermutlich können sich die Befragten unter der geläufigen Tätigkeitsbeschreibung *Versicherung* (noch) mehr vorstellen als etwa unter *Kalkstickstoffwerke* ('Herstellung des Dünge- und Pflanzenschutzmittels Kalkstickstoff') oder *Robotik* ('Robotertechnik'), wodurch der Unternehmensname nüchterner wirkt. Der Verweis auf das Assekuranzgeschäft dominiert und überlagert damit das Benennungsmotiv Phantasie in Gestalt des lat. Worts für 'Eintracht' (vgl. Kap. 9.3.3).

Die allgemeinen Angaben der Organisationsform *group* und *Holding* (ebenfalls Sachzusätze) vermögen dies nicht. Doch kann man konstatieren, dass die TeilnehmerInnen Sach- oder Mischfirmen mit konkretem Sachhinweis (was meist mit deutschen Begriffen, Länge und voller Transparenz einhergeht) als sachlich empfinden, wobei [- phantasievoll] nicht automatisch [+ sachlich] bedeutet.

Dass es *BNA* bei den 30-39-Jährigen bis auf Platz eins schafft, mag mit der Assoziation als besonders zuverlässige Gesellschaft zusammenhängen (vgl. Kap. 3.1.2.2; dagegen aber die Einstufung von *GFT* in Kap. 10.3.8).

9.3.8 Wohlklingende Unternehmensnamen

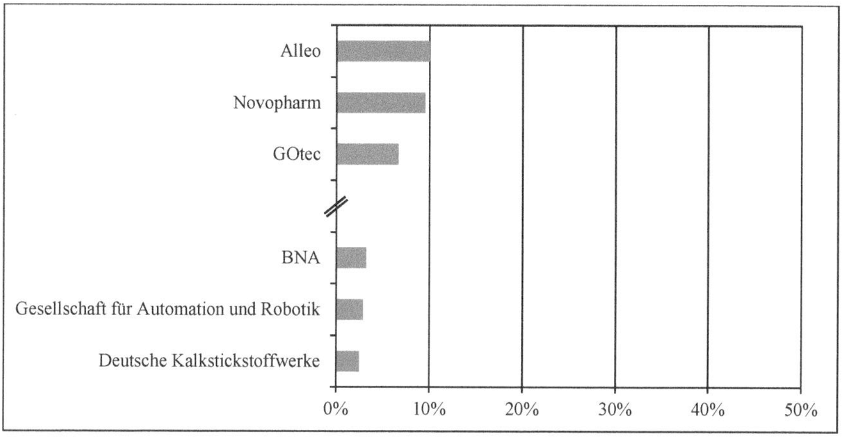

Abb. 104: Die drei Namen, die am häufigsten bzw. am seltensten als wohlklingend empfunden werden

Wohlklang wurde insgesamt am seltensten von allen acht Kategorien angekreuzt. Daraus resultieren äußerst niedrige Werte und entsprechend geringe Abstände – den ersten und letzten Platz trennen weniger als acht Prozentpunkte. Dennoch weicht die große Mehrheit der Namen in der Einschätzung aller TeilnehmerInnen nur minimal (teilweise sogar überhaupt nicht) von der Rangfolge der Sonoritätswerte ab. *Alleo*, die euphonischste dargebotene Firma, wird von den Befragten genau so eingeschätzt und landet an erster Stelle (10,0%), gefolgt von *Novopharm* (9,5%), *GOtec* (6,6%), *eadena* (5,7%) sowie *SolarWorld Holding* (5,6%). Nach Sonoritätswerten ergäben sich folgende Top 5: *Alleo* (8,5), *eadena* (7,5), *BNA* (7,0), *Novopharm* (6,4), *Schuhmacher & Baumann* (6,0). Die größten Ausreißer bilden *GOtec* (4,4) und *BNA* (Rang nach TeilnehmerInnen-Votum 3 bzw. 13 vs. Rang nach Sonorität 14 bzw. 3). Zu erklären ist dies evtl. damit, dass man alle Beispiele hören müsste, um sie richtig beurteilen zu können.

Dies gilt vielleicht analog für *GOtec*; allerdings rangiert bei der Einzelbetrachtung des Namens das Attribut wohlklingend auf dem vorletzten Platz (vgl. Kap. 9.4.2). Die äußerst euphonischen, kurzen, fremdsprachlichen Phantasiefirmen liegen in der Einschätzung potentieller KundInnen wie GeschäftspartnerInnen ganz vorne, *Schuhmacher & Baumann* (6,0) erscheint dagegen erst auf Platz neun hinter *Rothenberger* (5,5%; 5,5; Platz 6), *creatis* (5,3%; 5,1; Platz 7) und *Concordia Versicherung* (5,3%; 5,9; Platz 8). Danach schließt *REDnet group* (4,6%; 4,3; Platz 10) an, bevor (abgesehen von *BNA*) die deutschen bzw. hybriden Sach- oder Mischfirmen mit Sachhinweis kommen (Plätze 11 bis 15): *Maschinenfabrik Chr. Wagner & Söhne* (4,3%; 5,2), *Markert Motoren* (3,3%; 5,4), *BNA* (3,2%; 7,0), *Gesellschaft für Automation und Robotik* (2,9%; 5,5), *Deutsche Kalkstickstoffwerke* (2,5%; 4,6). Das Benennungsmotiv nimmt also ebenfalls Einfluss auf die (visuelle) Beurteilung des Wohlklangs. Insgesamt handelt es sich jedoch um ein sekundäres Kriterium, das für die Menschen wenig greifbar scheint und sie bei einer erzwungenen, bewusst gemachten Entscheidung unsicher werden lässt.

9.4 Zusammenfassung und Interpretation der Befunde

9.4.1 Zusammenfassung der Befunde nach Parametern

Dieses Kapitel bildet die erste von zwei Zusammenfassungen der soeben präsentierten Detailanalyse. Dabei soll die Beantwortung der Leitfrage im Mittelpunkt stehen, ob die hier den Ausprägungen der acht verschiedenen Parameter zugeordneten Wirkweisen bzw. die meiner Einteilung zugrundeliegenden Prinzipien auch aus Sicht der Bevölkerung Bestand haben.[87] Insgesamt kann man festhalten, dass Phantasiefirmen als phantasievoll und Sachfirmen als sachlich gelten, graphematische Besonderheiten auffallen, deutsche Elemente einheimisch anmuten, hohe Sonoritätswerte als wohlklingend empfunden werden, transparente Namen verständlich erscheinen und englische Elemente für die Assoziation von Internationalität oder Modernität sorgen (vgl. Kap. 10.3.6) – soweit stimmt meine Einschätzung mit derjenigen der TeilnehmerInnen überein. Die Abweichungen dokumentiert folgende Aufzählung:

[87] Bildungsweise und Länge können hier nicht betrachtet werden (vgl. Kap. 9.2 und 9.3.6).

- Nähere, aber unspezifische Angaben zur Organisationsform der Gesellschaft wie *Group* oder *Holding* halten die Befragten mehrheitlich nicht für Sachzusätze. Bei Mischfirmen überlagert zudem das eindeutigere bzw. stärkere Benennungsmotiv das oder die anderen und dominiert die Einordnung des Gesamtnamens.
- Einzelne Majuskeln im Wortinnern fallen stärker auf als eine komplett großgeschriebene Benennung.
- Buchstabierakronyme werden kaum als deutsch eingeschätzt. Dagegen ist der fremde Ursprung vieler Lehnwörter oft nicht mehr bekannt, weshalb diese als deutsch gelten dürften. Unabhängig von Bildungsgrad oder Lebensalter verstehen die Menschen englische und lateinische Unternehmensnamen in Form existierender Begriffe oder Neologismen relativ gut.
- Opake Personalfirmen stufen die TeilnehmerInnen als verständlich ein, obwohl aus ihnen keinerlei Informationen zu Geschäftszweck oder Sitz der Gesellschaft abzulesen sind. Ergänzend lässt sich feststellen, dass ein konkreter, expressiver Bestandteil ausreicht, die gesamte evtl. nur halbdurchsichtige Benennung verständlich zu machen.
- Lateinischen Namen kann ebenso wie Buchstabierakronymen auch die Assoziation Internationalität bzw. Modernität anhaften (vgl. Kap. 10.3.6).

Die soeben genannten Aspekte sind als Ergänzungen der in Kap. 3.1.2.2 für die Korpusanalyse aufgestellten Klassifikationsgrundsätze zu verstehen.

9.4.2 Zusammenfassung der Befunde nach Namen

Dem Gesamtbild widmet sich das nun folgende zweite Resümee, welches die gewonnenen Erkenntnisse je Wertungskriterium für die einzelnen Namen zusammenstellt, sodass sich ein Wirkungsprofil sämtlicher 15 Firmen dieser Frage mit ihren spezifischen Ausprägungskombinationen der Parameter ergibt – und zwar anhand der drei relativ gesehen am häufigsten bzw. am seltensten von den TeilnehmerInnen gewählten Attribute:[88]

[88] Die Wertung „umständlich" bleibt hier unberücksichtigt. Sollte sie sich unter den Top 3 finden, so ist ergänzt, dass der jeweilige Name den TeilnehmerInnen nicht gefällt. Alle Firmen mit einem Sonoritätswert von mehr als 5,5 gelten in dieser Aufstellung als sonor.

- Die graphematisch ausgefallene, fremdsprachliche, sonore, intransparente Phantasiefirma ***eadena*** gilt den Befragten als phantasievoll, modern und auffällig, nicht aber als einheimisch, sachlich oder verständlich. Überzeugen kann sie kaum.
- Verständlich, sachlich sowie einheimisch hingegen ist die graphematisch unscheinbare, hybride, unsonore, volltransparente Mischfirma (Person und Sache) ***Markert Motoren***. Die Attribute phantasievoll, wohlklingend, auffällig erscheinen hier unpassend.
- Die TeilnehmerInnen halten ***GOtec***, eine graphematisch ausgefallene, fremdsprachliche, unsonore, halbtransparente Phantasiefirma, für modern, auffällig, phantasievoll, kaum für einheimisch, wohlklingend oder sachlich. Mehrheitlich sagt sie ihnen nicht zu.
- Die Sachfirma ***Deutsche Kalkstickstoffwerke*** fällt graphematisch unscheinbar, deutsch, unsonor sowie volltransparent aus. Das lässt sie verständlich, einheimisch und sachlich wirken, nicht jedoch phantasievoll, wohlklingend oder modern.
- Bei der Abkürzung ***BNA*** waren sich die TeilnehmerInnen von allen Benennungen am unsichersten. 6,0% von ihnen haben keine der acht Möglichkeiten angekreuzt. Dementsprechend niedrig geraten die Prozentwerte. Die graphematisch ausgefallene, deutsche, sonore, intransparente Phantasiefirma wird als sachlich, modern und auffällig eingestuft, nicht aber als wohlklingend, einheimisch oder verständlich. Gefallen finden nur wenige an ihr.
- ***Schuhmacher & Baumann***, eine graphematisch unscheinbare, deutsche, sonore, intransparente Personalfirma, mutet einheimisch, verständlich sowie sachlich an, aber nicht phantasievoll, auffällig oder wohlklingend.
- Eine graphematisch ausgefallene, fremdsprachliche, unsonore, halbtransparente Mischfirma (Phantasie und Sache) stellt ***REDnet group*** dar. Die Befragten finden diese Benennung modern, auffällig sowie phantasievoll, mitnichten einheimisch, wohlklingend und sachlich. Einem Großteil missfällt sie.

- Die graphematisch unscheinbare, fremdsprachliche, sonore, halbtransparente Phantasiefirma ***Novopharm*** sehen die meisten als modern, verständlich sowie sachlich an. Nur selten fällt die Wahl auf die Attribute einheimisch, phantasievoll oder wohlklingend.
- Bei der graphematisch unscheinbaren, unsonoren, volltransparenten Mischfirma (Sache und Person) ***Maschinenfabrik Chr. Wagner & Söhne*** entscheiden sich die TeilnehmerInnen in der Hauptsache für die Auszeichnungen einheimisch, verständlich und sachlich, die wenigsten für phantasievoll, auffällig oder modern.
- Modern, verständlich sowie auffällig dagegen ist nach Meinung der Befragten die graphematisch ausgefallene, fremdsprachliche, sonore, halbtransparente Mischfirma (Phantasie und Sache) ***SolarWorld Holding***. Als einheimisch, wohlklingend oder phantasievoll wird sie nur selten eingestuft. Zudem gefällt sie einem Großteil nicht.
- ***creatis*** stößt ebenfalls auf wenig Gegenliebe. Die graphematisch ausgefallene, fremdsprachliche, unsonore, intransparente Phantasiefirma wirkt phantasievoll, modern und auffällig, keinesfalls einheimisch, sachlich oder wohlklingend.
- Die TeilnehmerInnen halten die graphematisch ausgefallene, deutsche, unsonore, intransparente Personalfirma ***ROTHENBERGER*** für einheimisch, verständlich sowie sachlich, nicht für phantasievoll, modern oder wohlklingend.
- Die graphematisch unscheinbare, hybride, sonore, halbtransparente Mischfirma (Phantasie und Sache) ***Concordia Versicherung*** gilt als verständlich, sachlich und einheimisch, kaum als phantasievoll, auffällig, wohlklingend.
- ***Alleo*** wirkt phantasievoll, modern sowie auffällig, minimal einheimisch, sachlich oder verständlich. Die graphematisch unscheinbare, fremdsprachliche, sonore, intransparente Phantasiefirma findet unter den Befragten nur wenig Anklang.

- Verständlich, sachlich, einheimisch – das sind die Prädikate, mit denen die TeilnehmerInnen die graphematisch unscheinbare, hybride, unsonore, volltransparente Sachfirma ***Gesellschaft für Automation und Robotik*** belegen. So gut wie nie würden sie die Adjektive wohlklingend, phantasievoll, auffällig zu ihrer Charakterisierung verwenden. Überzeugen kann auch diese Benennung nicht.

Die Differenzen zu meinen Einstufungen entsprechen den in Kap. 9.4.1 allgemein formulierten und werden daher nicht noch einmal gesondert aufgeführt.

9.4.3 Interpretation der Befunde

Bei lediglich geringfügigen Abweichungen stützt das repräsentative Votum der Studien-TeilnehmerInnen die zunächst anhand theoretisch entwickelter Richtlinien vorgenommene Klassifikation der Firmen. Deren Kategorisierung nach Benennungsmotiv, Transparenz, Wohlklang etc. (vgl. Kap. 3.1.2.2) und die den verschiedenen Ausprägungen der acht Parameter zugeschriebenen Wirkweisen dürfen folglich überindividuelle Gültigkeit beanspruchen.

Alter sowie Bildungsstand der Menschen üben keinen nennenswerten Einfluss auf Wirkung und Wahrnehmung von Unternehmensnamen aus. Selbst die Verständlichkeit englischer oder lateinischer Benennungen scheint unabhängig von Lebensalter oder spezifischen Fremdsprachenkenntnissen zu sein. Generationen- und wissensstandübergreifend ähnlich rezipierte Firmen sind also die Regel. Wie diese dann allerdings in den jeweiligen Zielgruppen ankommen und ob sie dort „funktionieren“, steht wieder auf einem anderen Blatt (vgl. Kap. 7.4).

10. Assoziationen zu Unternehmensnamen

10.1 Anlage der Frage

„Welche Assoziationen löst der Name aus?“ möchte diese Aufgabe von den TeilnehmerInnen (Frage 4) wissen. Zu 15 verschiedenen Firmen sollen sie angeben, was für Vorstellungsbereiche diese beim Lesen aktivieren. Acht Basisassoziationen von Unternehmensnamen stehen hierfür zur Wahl, die auch im Korpus zur Kategorisierung herangezogen worden sind (vgl. Kap. 3.1.2.2 mit Tab. 9). Relativ ausgreifend, aber untereinander hinreichend scharf abgegrenzt, handelt es sich um die Konnotationen Tradition, Wissenschaft, Spaß, Gesundheit, Luxus, Internationalität, Technik und Zuverlässigkeit. Mehrfachnennungen sind explizit erlaubt, allerdings fehlt wiederum die Möglichkeit einer Enthaltung durch Ankreuzen von „Keine Angabe“ o.Ä., damit überall genug Stimmen zusammenkommen. Nähere Angaben zu Geschäftsmodell sowie Produktionsprogramm bzw. Dienstleistungsangebot würden die Befragten in ihrer Einschätzung beeinflussen und unterbleiben daher ebenfalls. Aus diesem Grund wurden auch nur frei erfundene oder der breiten Öffentlichkeit eher unbekannte Firmen gewählt. Sämtliche Assoziationen müssen also vom reinen Namenkörper ausgelöst worden sein. Folgende Firmen gilt es zu beurteilen:

- *Sensus Systems*
- *Awean Holding*
- *Klöckner & Co.*
- *Lanesse*
- *Plania Elektrochemie Griesheim*
- *GFT*
- *MoVis*
- *Werkzeugmaschinenfabrik A. Hamm*
- *VALEA*
- *evs technologies*
- *Curanum*
- *IDS Integrierte Datensysteme*
- *Symrise*
- *proxis*
- *Vereinigte Motorenwerke Uelzen*

10.2 Erkenntnisinteresse

Kein Name löst bei HörerInnen oder LeserInnen nichts aus – alle haben eine mehr oder minder starke, ggf. sogar wie im Falle der Ergonyme häufig bewusst erzeugte konnotative „Bedeutung“, die bei jeder/m eine halbwegs konkrete Vorstellung von dem jeweiligen Gegenstand, Ort etc. entstehen lässt. Besonders für Unternehmen sind diese Assoziationen enorm wichtig. Einerseits dürfen ihre Firmen nicht zu viel „verraten“, sollen (trotzdem oder gerade deswegen) Interesse wecken, verschiedene Geschäftsbereiche unter einem onymischem Dach versammeln, andererseits bereits die Branche andeuten und überall auf der Welt möglichst die gleichen, positiven Empfindungen hervorrufen (vgl. Kap. 8.2.3). Aber wie lassen sie sich diese erzeugen, wovon hängen sie ab, und gibt es überindividuelle Assoziationen? Zudem wird zu klären sein, ob die im Korpus vorgenommene Einteilung der Unternehmensnamen in Assoziationsbereiche aufgrund diverser, in Kap. 3.1.2.2 dargelegter Kriterien weiter Bestand haben darf.

10.3 Auswertung

In die Analyse fließen sämtliche Bögen ein, bei denen die TeilnehmerInnen für mindestens zwölf der vorgegebenen 15 Namen eine oder mehrere Assoziationen ausgewählt haben (vgl. Fußnote 84). Bleiben weitere Zeilen unausgefüllt oder ist lediglich eine Antwortspalte für alle Firmen komplett durchgekreuzt worden, so sind die entsprechenden Rückläufer nicht gewertet. Nach diesem analog zu Kap. 9.3 durchgeführten Ausleseprozess ergeben sich folgende absolute Zahlen je Altersklasse (die 600 repräsentativen Bögen sind hierin enthalten):

Alter	**TeilnehmerInnen**
14-19	334
20-29	567
30-39	242
40-49	306
50-59	222
60-69	240
70-89	181
Summe	2092

Tab. 26: Anzahl vollständig ausgefüllter Rückläufer nach Alter (Frage 4)

Prinzipiell basiert die Untersuchung zunächst auf den für die Bevölkerung der Bundesrepublik Deutschland repräsentativen 600 TeilnehmerInnen. Es fällt auf, dass die Assoziationen zu Firmen (ebenso wie deren generelle Wahrnehmung, vgl. Kap. 9.3) nicht sehr subjektiv sind und keinen Einfluss von Lebensalter, Bildungsstand oder Herkunftsregion der Beurteilenden erkennen lassen. Bei nur leichten Unterschieden in den Prozentwerten stimmen die Top-Positionen fast immer überein. Daher wird auf eine Analyse der drei Faktoren verzichtet.

Da sich die vorliegende Assoziationsaufgabe und Frage 2 (vgl. Kap. 9), die der Wirkung von Unternehmensnamen nachspürt, ergänzen, sind beide nicht nur identisch aufgebaut, sondern werden auch genau gleich ausgewertet: Die acht Basisassoziationen mitsamt ihren Auslösern nimmt je ein Unterkapitel (10.3.1 bis 10.3.8) unter die Lupe.[89] Ein Diagramm stellt dabei eingangs jeweils die drei Firmen gegenüber, denen die Befragten am häufigsten bzw. am seltensten den entsprechenden Vorstellungsbereich zugeordnet haben (als Frequenz der Auswahl relativ zu den insgesamt für einen Namen angekreuzten Assoziationen). Alle anderen Ränge bespricht der Text. Passende Anmerkungen aus den Kommentaren zu Frage 1 und 3 (vgl. Kap. 6 und 7) werden z.T. ergänzend hinzugenommen. Auf die Einzelanalysen folgen zwei Zusammenfassungen: Die erste setzt bei den acht Parametern an und nennt die Assoziationen, welche ihre je unterschiedlichen Ausprägungen gemeinhin auslösen (Kap. 10.4.1), die zweite ermittelt die Effekte ihres Zusammenspiels in einzelnen Namen als Merkmalsbündel von Benennungsmotiv, Transparenz, fremdsprachlichen Elementen etc. (Kap. 10.4.2). Kap. 10.4.3 führt schließlich die Erkenntnisse zusammen und beantwortet die eingangs aufgestellten Leitfragen.

10.3.1 Tradition

Der reine Familienname *Klöckner & Co.* steht wie kein zweiter für ein traditionsreiches Unternehmen. Ganze 46,8% der Urteile zur betreffenden Firma entfallen auf diese Assoziation – absoluter Spitzenwert bei der vorliegenden Frage. Im Abstand von gut zehn Prozentpunkten folgen die Benennungsmotive (Person und) Sache mit *Werkzeugmaschinenfabrik A. Hamm* (35,8%) sowie *Vereinigte Motoren Werke Uelzen* (34,7%). Dahinter scheint die Annahme der Befragten zu stecken, dass Familiennamen bzw. heute unverändert erhalten gebliebene, alt(modisch)e Firmen aus der Gründerzeit mit ausführlicher Angabe von (einsti-

[89] Die Bildungsweise wird nicht untersucht, da heutzutage überwiegend unregelmäßige Firmen auftreten (vgl. Kap. 5.2) und hier auch nur *Klöckner & Co.* regelkonform ausfällt.

gem) Inhaber, Geschäftszweck und/oder -sitz für ein schon lange bestehendes Unternehmen sprechen. Die Anbindung an eine Familiendynastie sowie die Verortung im Raum oder in einem konkreten Wirtschaftszweig, d.h. die Benennungsmotive Person und/oder Sache, sind demnach ausschlaggebend für die Einstufung als Betrieb mit Geschichte. Anhaltspunkte dafür liefern auch die Kommentare der TeilnehmerInnen aus den Freitextfeldern der Fragen 1 und 3 (vgl. Kap. 6 und 7). Exemplarisch seien folgende Bemerkungen zu *Badische Bau- und Bodenbank* („drückt Tradition aus, wirkt nicht wie ein Designername von der Stange", Frage 1, Unternehmen 1, Version B, 30-39), *Bankhaus v. See, Karlsruhe* („Auch wenn mein Favorit nicht gerade ‚up to date' klingt, so vermittelt er doch Tradition und Kompetenz", Frage 1, Unternehmen 1, Version A, 30-39), *MEYERHOFF* („hört sich sehr traditionell an", Frage 1, Unternehmen 3, Version B, 20-29) erwähnt. Familiennamen tauchen heutzutage in der Realität tatsächlich nur noch bei traditionsreichen Großkonzernen wie *Daimler AG*, *Siemens Aktiengesellschaft*, *ThyssenKrupp AG* oder kleinen inhabergeführten Betrieben häufiger auf (vgl. Kap. 4.1.8.1 sowie FAHLBUSCH 2014), überkommene detaillierte Benennungen werden allerdings meist, so überhaupt offiziell noch vorhanden, in der Öffentlichkeit durch Kurzformen ersetzt, bspw. *Münchener Rückversicherungs-Gesellschaft Aktiengesellschaft in München > Munich Re* (vgl. Kap 4.2.5 und FAHLBUSCH 2013).

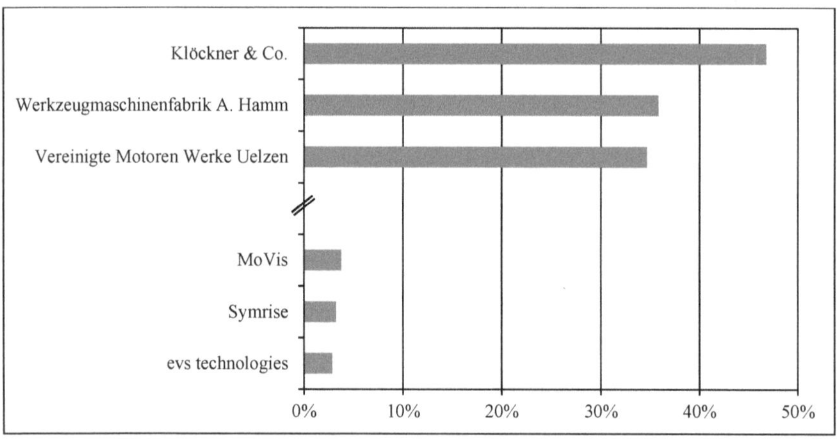

Abb. 105: Die drei Namen, die am häufigsten bzw. am seltensten die Assoziation ‚Tradition' auslösen

Nach den Top 3 halbieren sich die Werte auf 16,9% für *Plania Elektrochemie Griesheim*. Hier tritt erstmals ein phantasievolles Element (*Plania*) zum Sachhinweis inklusive Ortsangabe hinzu, was für die meisten Befragten ein weniger altes und damit weniger traditionelles Unternehmen markiert. Dan erfolgt ein neuerlicher Rückgang um die Hälfte zum letzten Block, angeführt von *Awean Holding* mit 8,0%. Daran schließen *Lanesse*, *GFT* (je 6,0%), *Sensus Systems* (5,7%), *IDS Integrierte Datensysteme* (5,4%), *Curanum* (4,5%), *VALEA* (4,2%), *proxis* (4,0%), *MoVis* (3,8%), *Symrise* (3,2%) und *evs technologies* (2,9%) an. Es liegen jeweils Phantasie- bzw. Mischfirmen (Phantasie und Sache) vor, welche eher als modern und jung wahrgenommen werden (vgl. Kap. 9.3.2); sie bilden den Gegenentwurf zur Tradition.

Generell entscheidet also das Benennungsmotiv maßgeblich über die Taxierung des Unternehmensalters, wobei insbesondere Familiennamen noch vor Sachhinweisen die Assoziation Tradition auszulösen vermögen. Dass Internationalität ein diametral entgegengesetztes Konzept bildet, zeigt die tendenziell spiegelbildliche Abb. 110. Rein fremdsprachliche Firmen bringt man kaum mit einer langen Geschichte in Verbindung; englische Elemente passen ebenfalls nicht zur Vorstellung althergebrachter Unternehmen, lateinische Begriffe oder Lautgestalten stören hingegen weniger. Graphematische Besonderheiten, Länge, Transparenz sowie Wohlklang haben keinen direkten Einfluss.

10.3.2 Wissenschaft

In der Wissenschaft kommt es auf Kreativität, neue Lösungswege sowie Erkenntnisgewinn an. Dieses Innovationspotential sollten auch die Namen von Unternehmen aus forschungsintensiven Bereichen wie Chemie, Computertechnik oder Pharmazie widerspiegeln – neben der nötigen Erfahrung und gebotenen Sorgfalt. Auf den ersten drei Plätzen finden sich daher halbtransparente Mischfirmen mit einem phantasievollen Bestandteil sowie einer mehr oder weniger ausführlichen Angabe des Tätigkeitsfelds: *Plania Elektrochemie Griesheim* (25,7%), *Sensus Systems* (23,1%), *IDS Integrierte Datensysteme* (19,5%). Dies passt zum Bild, welches das Investitionsverhalten der TeilnehmerInnen in der Arzneimittelbranche (vgl. Kap. 7.3.3) zeichnet. Auch dort stehen mit *centropharm*, *EHS Pharmazeutika* und *Gesellschaft für Blutgruppenserologie* die Benennungsmotive Phantasie sowie Sache einzeln oder in Kombination in der Gunst potentieller AnlegerInnen weit oben.

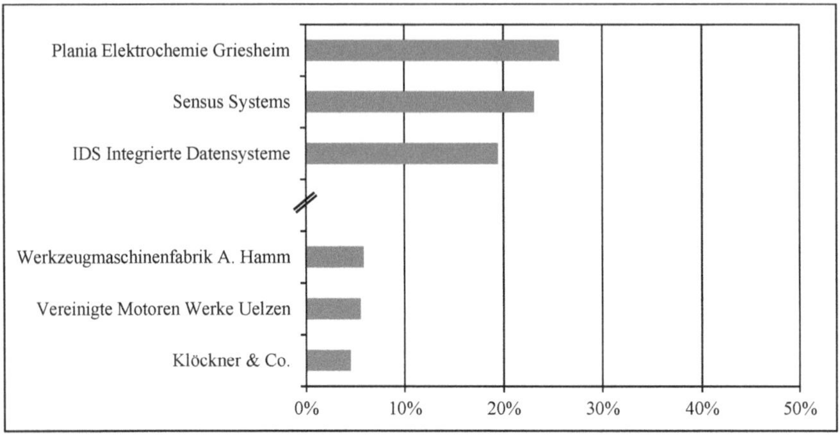

Abb. 106: Die drei Namen, die am häufigsten bzw. am seltensten die Assoziation ‚Wissenschaft' auslösen

Hier folgen nun die halb- bzw. intransparenten Phantasie- und Mischfirmen (Phantasie und Sache) *GFT* (19,2%), *proxis* (18,9%), *Curanum* (18,6%), *MoVis* (17,8%), *evs technologies* (17,2%), *Symrise* (16,5%), *VALEA* (15,2%), *Awean Holding* (13,0%), *Lanesse* (11,0%). Auf den letzten drei Plätzen landen schließlich *Werkzeugmaschinenfabrik A. Hamm* (5,9%), *Vereinigte Motorenwerke Uelzen* (5,6%) sowie *Klöckner & Co.* (4,5%). Familiennamen scheinen also nicht unbedingt die Assoziation Wissenschaft auszulösen, mit der auch die vorliegenden Sachhinweise nur schlecht harmonieren. Wichtig ist bei diesem sehr konkret auf bestimmte Branchen bezogenen Vorstellungsbereich v.a. die Bedeutung einzelner (halb)transparenter Firmenbestandteile zur Beschreibung des Betätigungsfelds. Als Benennungsmotive bieten sich Phantasie und/oder Sache an, in Verbindung mit nicht-nativen Elementen vorzugsweise aus Fachwortschatz bzw. klassischen Bildungssprachen wie Griechisch und Latein sowie eher geringer Sonorität – ähnlich wie bei der Assoziation Technik (vgl. Kap. 10.3.7) soll diese Lautsymbolik Solidität vermitteln. Bei graphematischen Besonderheiten, Länge und Transparenz lassen sich keine Präferenzen ausmachen.

10.3.3 Spaß

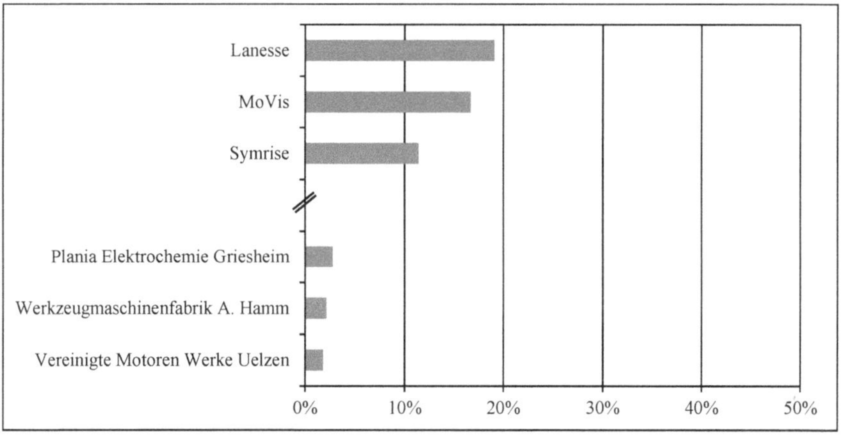

Abb. 107: Die drei Namen, die am häufigsten bzw. am seltensten die Assoziation ‚Spaß' auslösen

Im Korpus wird nur sechs der 160 aktuellen Firmen die Assoziation Spaß zugeordnet, bspw. *CTS Eventim AG*, *Deutsche EuroShop AG* oder *Premiere AG* – hauptsächlich aufgrund der Semantik ihrer Bestandteile (*Event*, *Shop(ping)*, *(Kino-/Theater-)Premiere*). Damit ist die Vorstellungswelt von Spiel, Sport, Unterhaltung, Vergnügen äußerst selten und für die großen Dax-Gesellschaften lediglich peripher.[90] Relativ diffus, unkonkret sowie tendenziell etwas „verspielt" passt sie offenbar nicht zum seriösen Anspruch, den diese Konzerne vermitteln wollen. Derartige Anklänge eignen sich eher für Markennamen aus dem Freizeit- bzw. Entertainment-Bereich. Die Studien-TeilnehmerInnen bringen Spaß v.a. mit jungen, modernen Phantasiefirmen in Verbindung, die allesamt kurz, intransparent und fast ausnahmslos wohlklingend sowie fremdsprachlich (englisch, lateinisch, romanisch) geraten; graphematische Besonderheiten üben keinen Einfluss aus: *Lanesse* (19,1%), *MoVis* (16,7%), *Symrise* (11,4%), *GFT* (11,3%), *VALEA* (11,2%), *proxis* (9,1%), *Curanum* (7,6%).[91] In die Benennungen kann man viel hineinlesen, da sie keinerlei Bedeutung haben, bspw. frz. *jeunesse* 'Jugend', engl. *move* 'Bewegung', engl. *rise* 'Auf-/Anstieg', frz. *valeur*

[90] Dies liegt v.a. auch an der Zusammensetzung der Dax-Indizes (vgl. Tab. 2).

[91] Es wäre auch eine von der Semantik ihrer Bausteine her passende Sachfirma denkbar.

'Wert', engl. *proximity* 'Nähe', lat. *cura* 'Pflege, Kur'. Längere Mischtypen scheinen zu starr sowie undynamisch für diese Assoziation zu sein, welche sich gar nicht mit altmodischen, deskriptiven Sach- und/oder Personalfirmen verträgt: *evs technologies* (5,2%), *Klöckner & Co.* (4,4%), *Awean Holding* (3,8%), *IDS Integrierte Datensysteme* (3,5%), *Sensus Systems* (3,3%), *Plania Elektrochemie Griesheim* (2,8%), *Werkzeugmaschinenfabrik A. Hamm* (2,2%), *Vereinigte Motoren Werke Uelzen* (1,8%). Der letztgenannte Unternehmensname weist den geringsten Prozentwert bei der vorliegenden Frage überhaupt auf und markiert das absolute Gegenteil von Spaß. Teilweise geht diese Vorstellung mit Luxus, Gesundheit sowie Internationalität einher, wobei aber keine Deckungsgleichheit besteht und in den Top 3 stets auch spezifische Ausprägungen erkennbar werden (vgl. Kap 10.3.4 bis 10.3.6).

10.3.4 Gesundheit

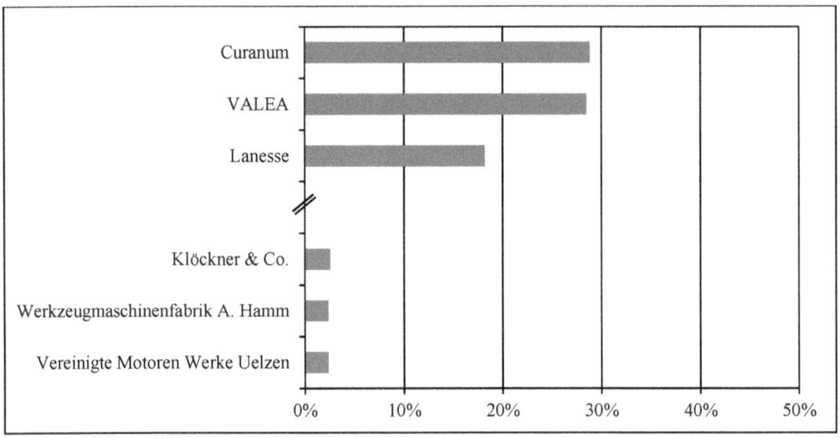

Abb. 108: Die drei Namen, die am häufigsten bzw. am seltensten die Assoziation ‚Gesundheit' auslösen

Das Wortfeld Gesundheit zeichnet sich für die Befragten vornehmlich durch Wellness und Wohlbefinden, weniger durch Medizin(technik) oder Pharmazie aus. Dies machen nicht nur die drei Favoriten deutlich: Mit *Curanum* (28,9%), *VALEA* (28,5%), *Lanesse* (18,2%), *MoVis* (12,6%) sowie *Symrise* (7,6%) belegen kurze, halb- bzw. intransparente, fremdsprachliche, wohlklingende Phantasiefirmen die vorderen Ränge. Einzige Ausnahme bildet das äußerst unsonore *proxis* (17,4%) auf Platz vier, welches eher in Richtung Arzneimittel weist. Die weichen, euphonischen Namen deuten hingegen Harmonie und Wohlergehen an. Neben der Lautsymbolik spielen bedeutungshaltige Bildungselemente wie lat. *cura* 'Pflege, Kur' in *Curanum* (in der Realität ein Seniorenwohnheimbetreiber) eine untergeordnetere Rolle; graphematische Besonderheiten üben gar keinen Einfluss aus. Lediglich sieben der 160 aktuellen Firmen aus dem Korpus der Dax-Gesellschaften ist die Assoziation Gesundheit zugesprochen worden, abgesehen von *Curanum* u.a. *Fresenius Medical Care AG & Co. KGaA*, *RHÖN-KLINIKUM Aktiengesellschaft* und *STADA Arzneimittel Aktiengesellschaft* – allen aber auf semantischer Grundlage.[92]

Die zweite Hälfte der Rangfolge dominieren weit abgeschlagen die eher „technischen" Unternehmensnamen (vgl. Kap. 10.3.7) *Sensus Systems* (6,3%), *GFT* (5,6%), *Awean Holding* (5,0%), *Plania Elektrochemie Griesheim* (4,5%), *evs technologies* (3,5%), *IDS Integrierte Datensysteme* (3,4%), *Klöckner & Co.* (2,6%), *Werkzeugmaschinenfabrik A. Hamm*, *Vereinigte Motoren Werke Uelzen* (je 2,4%). Eine Personalfirma bringt also kaum jemand mit Gesundheit in Verbindung. Aber auch Mischtypen wie *Sensus Systems*, welche für Wissenschaft stehen (vgl. Kap. 10.3.2) und aus der Sparte Medizintechnik/Diagnostik stammen könnten, lösen nicht die Assoziation Gesundheit aus. In den Top 3 dieser beiden Vorstellungsbereiche gibt es keinerlei Übereinstimmungen.

10.3.5 Luxus

Lediglich drei Aktiengesellschaften aus dem Korpus lassen mit ihrer Firma Luxus, Eleganz und Lifestyle anklingen, nämlich *ESCADA Aktiengesellschaft*, *Gerry Weber International Aktiengesellschaft* sowie *HUGO BOSS AG*. Auch im Fragebogen ist diese Assoziation am seltensten von allen acht zur Auswahl stehenden angekreuzt worden, handelt es sich doch um einen relativ unkonkreten Vorstellungsbereich, der noch dazu für Großkonzerne weniger wichtig scheint. Luxus drücken sie eher über das meist durch umfangreiche Werbekampagnen aufgebaute bzw. aufrechterhaltene Image ihrer Marken (bspw. *Guccio Gucci* (Mode), *LVMH Moët Hennessy - Louis Vuitton* (u.a. Champagner, Lederwaren,

[92] Auch eine volltransparente Sachfirma mit entsprechender Semantik wäre denkbar.

Mode), *Rolex* (Uhren)) als den eigenen Unternehmensnamen an sich aus. Die drei Vertreter der Modebranche aus dem Korpus erzielen das Luxus-Versprechen an ihre KundInnen einerseits durch romanische Lautgestalten (*ESCADA*), andererseits durch Personennamen und deren soziale Wahrnehmung oder das Spiel mit Volksetymologie (*Gerry Weber International*, *HUGO BOSS*).

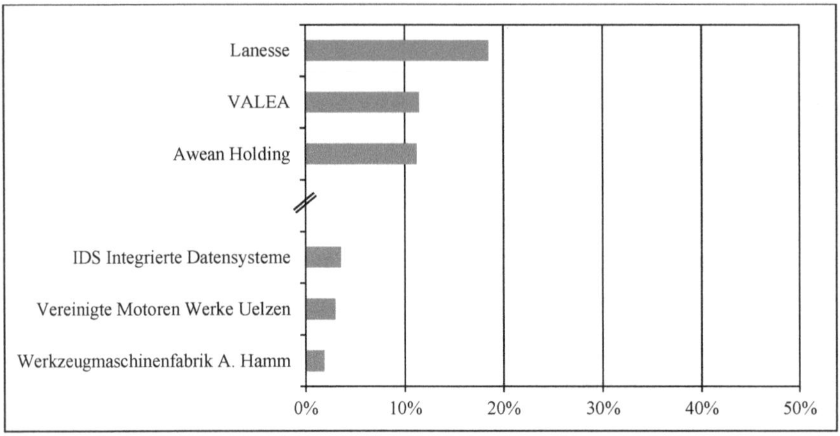

Abb. 109: Die drei Namen, die am häufigsten bzw. am seltensten die Assoziation ‚Luxus' auslösen

Wirft man einen Blick auf die fünf am häufigsten gewählten Benennungen – *Lanesse* (18,5%), *VALEA* (11,5%), *Awean Holding*[93] (11,2%), *Symrise* (10,4%), *Curanum* (9,7%) – so wird deutlich, dass die TeilnehmerInnen v.a. kurze, halb- oder intransparente, fremdsprachliche, euphonische Phantasiefirmen mit Luxus verbinden; graphematische Besonderheiten hingegen sind unbedeutend. Insbesondere Wohlklang, d.h. eine gewisse sprachliche Weichheit und Rundheit, steht lautsymbolisch für schöne, wohlgeformte Dinge, Komfort sowie Opulenz. Auch bei den Assoziationen Spaß und Gesundheit herrschen kurze, halb- bzw. intransparente, fremdsprachliche, wohlklingende Phantasiefirmen vor, in die man viel hineinlesen kann – allerdings jeweils mit einer charakteristischen Schwerpunktsetzung und entsprechend anderer Rangfolge (vgl. Kap. 10.3.3f.).

[93] Der Name *awean* existiert tatsächlich, allerdings stammt diese Marke aus einer anderen Branche. Sie gehört der *A̲bw̲asser e̲ntsorgung A̲n̲sbach* und zeigt, wie schnell Lautsymbolik in die Irre führen kann, wenn sie in euphemistischer Weise eingesetzt wird.

Im Mittelfeld sowie im letzten Drittel liegen *proxis* (9,1%), *MoVis* (7,6%), *evs technologies* (5,7%), *GFT* (5,6%), *Sensus Systems* (4,6%), *Plania Elektrochemie Griesheim* (4,2%), *Klöckner & Co.* (3,9%), *IDS Integrierte Datensysteme* (3,6%), *Vereinigte Motoren Werke Uelzen* (3,1%), *Werkzeugmaschinenfabrik A. Hamm* (1,9%). Letztere könnten auch hochwertige Motoren bzw. Werkzeuge herstellen, aber Luxus wird eher mit Weltläufigkeit und Lifestyle in Verbindung gebracht, zumindest nicht bewusst mit Zuverlässigkeit (vgl. Kap. 10.3.8).

10.3.6 Internationalität

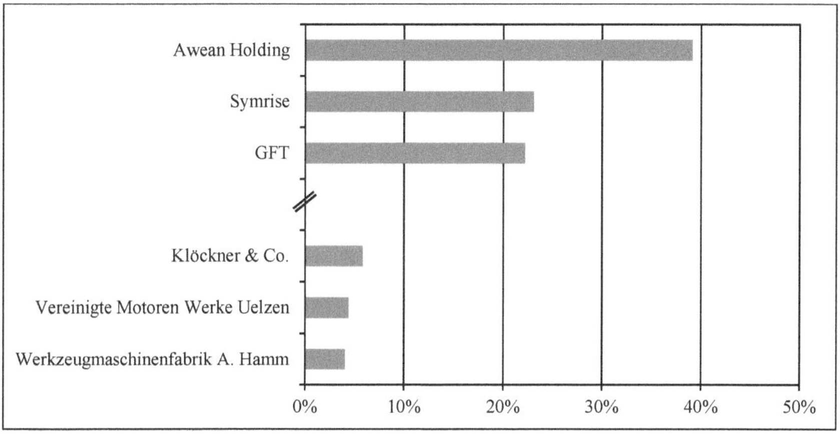

Abb. 110: Die drei Namen, die am häufigsten bzw. am seltensten die Assoziation ‚Internationalität' auslösen

Eine fast schon prototypisch internationale Firma ist für die TeilnehmerInnen der Studie *Awean Holding*; 39,1% der Stimmen entfallen auf diese Assoziation. Vermutlich hat v.a. der Begriff *Holding* hier den Ausschlag gegeben, als Bezeichnung eines Unternehmens, das nicht selbst produziert, dafür aber Aktien anderer Gesellschaften hält und jene dadurch kontrolliert. Ähnlich wie *Group* deutet der Terminus Größe und damit auch Internationalität an. Erst in einigem Abstand folgen die nächstplatzierten Namen: *Symrise* (23,1%), *GFT* (22,2%), *MoVis* (21,0%), *proxis* (19,3%), *evs technologies* (18,4%), *Curanum* (16,9%), *VALEA* (16,1%), *Sensus Systems* (15,9%), *Lanesse* (14,9%) – vornehmlich kurze, intransparente, nicht-native Phantasiefirmen.

Besonders der Parameter Fremdsprachlichkeit scheint fest mit Internationalität verknüpft, wobei es sich nicht allein um englische Elemente handeln muss. Vielmehr kann man ex negativo formulieren, dass solche Namen keine deutschen Sachhinweise enthalten, was eine wichtige Voraussetzung für weltweite Aussprechbarkeit darstellt – neben einer gewissen Klangfülle mit ausreichend Vokalen, Nasalen und Liquiden; graphematische Überlegungen bleiben dagegen ohne Relevanz. Dies machen viele Aussagen der TeilnehmerInnen zu den international aufgestellten Aktiengesellschaften bei Frage 1 (Bank und Stahlproduzent) deutlich, bspw. „Wegen internationaler Ausrichtung irgendetwas Englisches" (Unternehmen 1, Version A, 40-49, zu *b.direct*), „Für eine international tätige Bank würde ich keine deutschen Begriffe wählen" (Unternehmen 1, Version B, 70-89, zu *FVS finance*), „Für einen international aufgestellten Konzern ist ein ‚internationaler' Name besser als ein deutscher" (Unternehmen 3, Version B, 20-29, zu *JMB Industries*; vgl. insgesamt Kap. 6). Auch das Buchstabierakronym *GFT* gilt den Befragten als weltweit einsetzbar (und damit eher nichtdeutsch), da unklar bleibt, welche Vollform wirklich dahintersteckt (vgl. auch Kap. 9.3.5). Darüber hinaus kann man heute bei vielen halb- bzw. intransparenten, verhältnismäßig wenig aussagekräftigen Firmen lediglich noch globale Anklänge unterstellen, wie in Kap. 4.1.8.8 beobachtet, bspw. bei *Symrise*, einem tatsächlich existierenden Produzenten von Duft- sowie Aromastoffen.

Einheimische Bestandteile begegnen mit *IDS Integrierte Datensysteme* (13,1%), *Plania Elektrochemie Griesheim* (8,3%), *Klöckner & Co.* (5,8%), *Vereinigte Motoren Werke Uelzen* (4,4%), *Werkzeugmaschinenfabrik A. Hamm* (4,1%) erst im letzten Drittel, deutsche Orts- und Familiennamen landen dabei auf den hintersten Rängen – hier erwartet kaum jemand einen weltweit tätigen Großkonzern, sondern eher regional bzw. national aufgestellte Betriebe. Tradition bildet folglich den Gegenentwurf zum Konzept der Internationalität (vgl. Kap. 4.2.8 mit Abb. 74), deren vier Letztplatzierte sich unter den Top 4 der traditionellen Benennungen finden (vgl. Kap. 10.3.1).

10.3.7 Technik

Technologies, *Datensysteme*, *Systems*, *Motoren Werke*, *Werkzeugmaschinenfabrik*, *Elektrochemie* – die Unternehmensnamen auf den ersten sechs Rängen für diese Assoziation enthalten alle eine einschlägige Sachergänzung, welche sie für die TeilnehmerInnen als eindeutig einer technikorientierten Branche zugehörig ausweist: *evs technologies* (42,2%), *IDS Integrierte Datensysteme* (41,4%), *Sensus Systems* (36,2%), *Vereinigte Motoren Werke Uelzen* (31,6%), *Werkzeugmaschinenfabrik A. Hamm* (29,8%) sowie *Plania Elektrochemie Griesheim* (27,8%). Die Einschätzung hängt also v.a. von der Semantik einzelner Komponenten ab. Daher handelt es sich bei den Spitzenreitern auch um ausführliche, halb- oder volltransparente Sach- bzw. Mischfirmen mit sachlichem Bestandteil, welche wegen entsprechender Fachbegriffe bzw. Schlüsselwörter meist hybrid oder rein fremdsprachlich ausfallen. Graphematische Besonderheiten bleiben unerheblich für die Einstufung. Wohlklang spielt zwar ebenfalls eine eher untergeordnete Rolle, doch kann man als Tendenz festhalten, dass die letzten fünf Benennungen einen im Schnitt um eins höheren Sonoritätswert aufweisen (6,4) als die ersten zehn (5,4). Die euphonischsten Firmen belegen dabei die Plätze elf (*Awean Holding*, 6,6), 14 (*VALEA*, 7,8) sowie 15 (*Lanesse*, 6,6). Dennoch ist die Semantik höher gerankt und vermag die Lautsymbolik zu brechen (vgl. auch das Konfix *-tec* in Kap. 11.3.2).

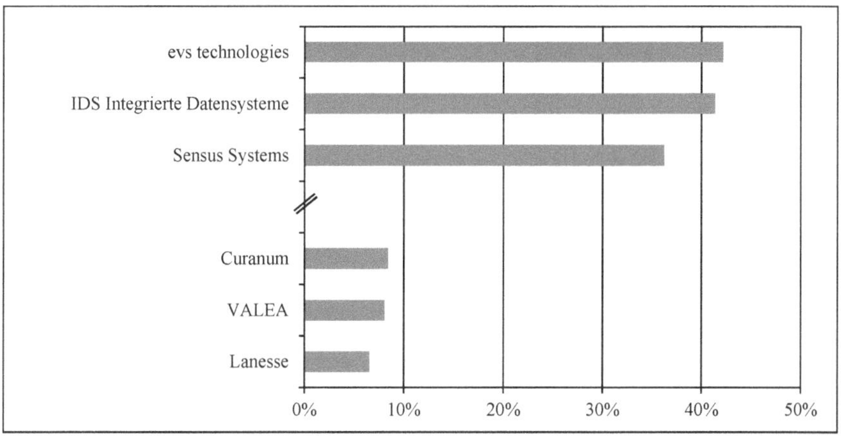

Abb. 111: Die drei Namen, die am häufigsten bzw. am seltensten die Assoziation ‚Technik' auslösen

Im zweiten Teil der Rangfolge begegnen die halb- bzw. intransparenten Phantasienamen *GFT* (24,6%), *Symrise* (21,8%), *proxis* (17,1%), *MoVis* (15,5%),

Curanum (8,4%), *VALEA* (8,1%), *Lanesse* (6,6%) sowie die Misch- bzw. Personalfirmen *Awean Holding* (13,8%) und *Klöckner & Co.* (12,7%) – mit hohen Werten; selbst der letzte Platz erfährt noch über sechs Prozent Zustimmung. Insgesamt ist die Assoziation Technik damit am häufigsten von allen anderen angekreuzt worden, evtl. weil sie sehr konkret gerät.

10.3.8 Zuverlässigkeit

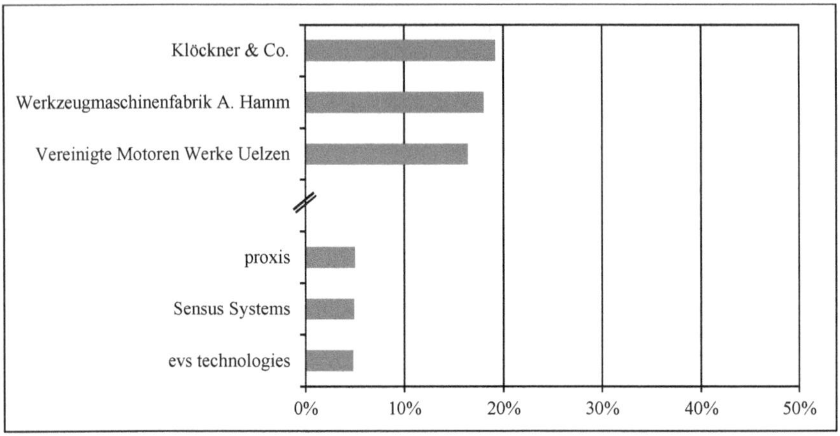

Abb. 112: Die drei Namen, die am häufigsten bzw. am seltensten die Assoziation ‚Zuverlässigkeit' auslösen

Tradition und Zuverlässigkeit gehen meist Hand in Hand, sind doch die drei erstplatzierten Namen für beide Assoziationen identisch positioniert (den einzigen Unterschied bilden die im Vergleich zu Kap. 10.3.1 geringeren Prozentwerte). Hinter diesem Zusammenfall steckt wahrscheinlich die Vermutung der Befragten, dass eine (angenommene) lange Unternehmensgeschichte auf fortwährenden Erfolg, Qualität sowie zuverlässige Leistung in der Vergangenheit schließen bzw. all das auch für die Zukunft erwarten lässt. Die Wahrnehmung einer Firma als besonders seriös und die Projektion dieses Eindrucks auf den gesamten Betrieb ist eng mit dem Benennungsmotiv verknüpft: Hinter dem Personennamen *Klöckner & Co.* (19,2%) folgt der Mischtypus (Person und Sache) *Werkzeugmaschinenfabrik A. Hamm* (18,0%) vor der reinen Sachnennung *Vereinigte Motoren Werke Uelzen* (16,4%). Anschließend tritt die Phantasie hinzu mit *IDS Integrierte Datensysteme* (10,2%), *Plania Elektrochemie Griesheim* (9,8%) sowie *Awean Holding* (6,2%; jeweils plus Tätigkeitsbeschreibung oder größenanzeigende Organisationsform). Auf den hinteren Plätzen versammeln sich Phantasie- und Mischfirmen mit kreativem Bestandteil: *Symrise* (5,9%), *Lanesse* (5,7%), *GFT*, *Curanum* (je 5,5%), *VALEA*, *MoVis* (je 5,2%), *proxis* (5,0%), *Sensus Systems* (4,9%), *evs technologies* (4,8%).

Die Benennungsmotive Sache sowie Person lösen also alleine und in Kombination üblicherweise die Assoziation Zuverlässigkeit aus – sofern sie mit deutschen Elementen einhergehen; phantasievolle oder fremdsprachliche Firmen gelten per se nicht als besonders vertrauenswürdig. Insbesondere deutsche Familien- und Ortsnamen sowie detaillierte Tätigkeitsbeschreibungen in der Muttersprache schaffen Vertrauen, weil sie offenlegen, wer wo was genau macht – wie die frühesten Benennungen, deren Absicht genau das war (vgl. Kap. 4.1.1.1). Durch Angabe von InhaberInnen und Geschäftssitz kann man die Gesellschaft (im eigenen Heimatland) verorten, im Zweifel sogar haftbar machen.[94] Die Transparenz der Firma unterstützt den Anspruch ikonisch, Fremdsprachlichkeit wirkt hier kontraproduktiv. Graphematische Besonderheiten, Länge, Transparenz sowie Wohlklang geraten eher sekundär.

Viele TeilnehmerInnen führen diese Punkte in den Freitextfeldern der Fragen 1 und 3 (vgl. Kap. 6 und 7) zur Begründung ihrer Namenwahl bzw. Investitionsentscheidung an. Beispielhaft seien herausgegriffen: „Heimatverbundenheit wird im Namen mit angezeigt und deutet auf hanseatische Stabilität hin" (Frage 1, Unternehmen 3, Version A, 20-29, zu *Norddeutsche Stahlwerke*), „(Gründer-/ Inhaber-)Name + Tätigkeitsfeld wirkt insgesamt kompetenter/vertrauenswürdiger als kryptische Abkürzungen bzw. ‚kreative' Firmennamen" (Frage 3, Branche 2, 50-59, zu *Baugeschäft Gebr. Helfmann*), „Die Bezeichnung ‚Solartechnik' gibt eine präzise, sachliche Beschreibung des Unternehmenszweiges, während der Eigenname ‚BAUER' auf ein einheimisches Unternehmen hinweist

94 Vgl. die Begründung für die Wahl des Familiennamens *Bechtle* als Firma (Kap. 4.1.7.8): „Bewusst sollte der Name kein Phantasiename und auch keine Abkürzung sein, vielmehr war der Anspruch der Gründer, dass es ein Familienname ist, der schwäbisch klingt. Man wollte so für Vertrauen bei kleineren, mittelständischen Unternehmen in der Region in und um Heilbronn sorgen." Bei *Bechtle* handelt es sich allerdings nicht um den Namen eines Gründungsgesellschafters, sondern um den eines Mitarbeiters von einem Vorgängerunternehmen, weil dieser alle Kriterien (typisch schwäbisch etc.) erfüllt.

(beides suggeriert eine größere Solidität und Seriosität als ‚phantasievoller' klingende Firmennamen)" (Frage 3, Branche 1, 30-39, zu *BAUER Solartechnik*).

Curanum, *proxis* und *Sensus Systems* werden zwar aufgrund der lateinischen Lautstrukturen als wissenschaftlich eingestuft (vgl. Kap. 10.3.2), lösen aber trotzdem nicht die Assoziation Zuverlässigkeit aus. Letzteres trifft ebenfalls auf das in Majuskeln erscheinende Buchstabierakronym *GFT* zu. Mit aufgelöster Vollform wie in *IDS Integrierte Datensysteme* muten solche Abkürzungen dann aber wieder vertrauenerweckend an. Graphematische Besonderheiten alleine vermögen also nicht, diese Assoziation hervorzurufen.

10.4 Zusammenfassung und Interpretation der Befunde

10.4.1 Zusammenfassung der Befunde nach Parametern

Die Einzelanalyse der zur Auswahl angebotenen Assoziationen (Kap. 10.3.1 bis 10.3.8) soll nun zunächst nach den acht Parametern zusammengeführt werden, um damit die in der Kapiteleinleitung aufgeworfene Frage zu beantworten, welche Vorstellungsbereiche deren einzelne Ausprägungen aktivieren und ob die Einteilungskriterien aus Kap. 3.1.2.2 empirisch gestützt werden können.

- Personal- und Sachfirmen stehen auch in Kombination der beiden Benennungsmotive durch Angabe von InhaberIn, Produktionsprogramm bzw. Dienstleistungsspektrum und/oder Geschäftssitz neben Zuverlässigkeit für Tradition. Reine Sachnennungen zeigen ferner eine Affinität zur Assoziation Technik. In phantasievolle Namen liest man eher „weiche" Vorstellungswelten hinein, nämlich Spaß, Gesundheit, Luxus und Internationalität; in Verbindung mit erklärenden Sachhinweisen auch Wissenschaft.
- Elemente aus Fremdsprachen sorgen für den Eindruck von Wissenschaft, Spaß, Gesundheit, Luxus, Internationalität. Mit Tradition, Technik und Zuverlässigkeit vertragen sich indes deutsche Komponenten besser.
- Durch Lautsymbolik kann man spezifische Empfindungen hervorrufen. Weiche, sonore Namen verbreiten einen Hauch von Spaß, Gesundheit, Luxus, Internationalität, harte, kantige Firmen lassen an Wissenschaft sowie Technik denken. Tradition und Zuverlässigkeit sind hier indifferent.

- Der Transparenzgrad einzelner Namen hängt vom Benennungsmotiv ab, löst aber per se keine spezifischen Assoziationen aus. Jedoch wirkt sich ein hohes Durchsichtigkeitslevel positiv auf deren „Eindeutigkeit“ aus.
- Traditionsnamen sind meist ausführlich, doch müssen nicht alle umfassenden Benennungen auch eine lange Geschichte zum Ausdruck bringen. Reine Phantasiefirmen fallen tendenziell kürzer aus. Ein Zusammenhang mit konkreten Vorstellungsbereichen lässt sich aber nicht erkennen.
- Graphematische Besonderheiten sorgen zwar für Aufmerksamkeit (vgl. Kap. 9.3.4), befördern aber keine bestimmten Anklänge. Sie sind hierfür ebenso nebensächlich wie die Bildungsweise, welche an dieser Stelle gar nicht analysiert wurden.

Insgesamt untermauern die Ergebnisse der Fragebogenstudie die Annahmen zu den Auslösern bestimmter grundlegender Assoziationen (wie bspw. Familienname = Tradition, englische Elemente = Internationalität, vgl. Kap. 3.1.2.2). Zwei Punkte sind jedoch zu modifizieren: Elemente aus den klassischen Bildungssprachen Latein und Griechisch haben die TeilnehmerInnen zwar der Wissenschaft zugesprochen, ihnen aber eine Ausstrahlung besonderer Zuverlässigkeit aberkannt. Auch Buchstabierakronyme ohne aufgelöste Vollform bzw. anderweitige Erläuterungen sowie Firmen in durchgängiger Großschreibung gelten ihrer Meinung nach nicht als außerordentlich vertrauenswürdig. Zudem hat sich gezeigt, dass nur wenige Erscheinungsformen der Parameter tatsächlich für sich allein genommen eine bestimmte Bilderwelt aufzuspannen vermögen. Ein Familienname verweist bspw. auf einen Traditionsbetrieb, während eine lange Firma per se nichts „bedeutet“. Stattdessen entstehen die meisten Assoziationen erst durch das Zusammenspiel bestimmter Merkmalsausprägungen in Verbindung mit charakteristischen bedeutungstragenden Elementen in einer konkreten Benennung (vgl. die Zusammenfassung nach Namen in Kap. 10.4.2).

Tradition bringen Personal- und/oder Sachfirmen mit deutschen Elementen zum Ausdruck, Wissenschaftlichkeit suggerieren die Benennungsmotive Phantasie und/oder Sache samt nicht-nativer Elemente vorzugsweise aus Fachwortschatz bzw. klassischen Bildungssprachen sowie eher geringer Sonorität. Spaß, Gesundheit oder Luxus liest man besonders in fremdsprachliche, wohlklingende Phantasienamen hinein. Analoges gilt für Internationalität, nur dass hier Euphonie keine entscheidende Rolle spielt. Technische Anklänge gehen einher mit weniger sonoren Sach- bzw. Mischfirmen inklusive sachlicher Bestandteile, wobei unerheblich bleibt, ob die Erklärung auf Deutsch oder in einer Fremdsprache erfolgt. Die Assoziation Zuverlässigkeit lösen die Benennungsmotive Sache und Person alleine oder in Kombination aus, gepaart mit autochthonen Elementen.

10.4.2 Zusammenfassung der Befunde nach Namen

Nun stehen die 15 Namen dieser Frage und die von ihnen ausgelösten Assoziationen im Fokus. Neben der konkreten Parameterausprägung nennt die folgende Aufzählung jeweils die drei relativ gesehen am häufigsten bzw. am seltensten von den TeilnehmerInnen gewählten Vorstellungsbereiche – stets im Vergleich zur Einordnung auf Basis der theoretischen Überlegungen aus Kap. 3.1.2.2.

- Die Mischfirma (Phantasie und Sache) ***Sensus Systems*** ist unregelmäßig gebildet, fremdsprachlich, mittellang, unsonor,[95] halbtransparent und weist keine Besonderheiten im Schriftbild auf. Die Befragten sprechen ihr die Konnotation Technik zu, vor Wissenschaft bzw. Internationalität. Spaß, Luxus sowie Zuverlässigkeit strahlt sie dagegen nicht aus. Letzteres stellt die einzige Abweichung zu meiner Einschätzung dar, laut der lateinische Elemente auch eine seriöse Ausstrahlung besitzen.
- Der unregelmäßig gebildeten, graphematisch unscheinbaren, nichtnativen, mittellangen, euphonischen, halbdurchsichtigen Verbindung von Phantasie sowie Sache ***Awean Holding*** wurde nur Internationalität zugeordnet. Dies sehen die Befragten genauso, auf den nächsten Plätzen folgen im Abstand von gut 25 Prozentpunkten Technik bzw. Wissenschaft. Spaß, Gesundheit oder Zuverlässigkeit drückt der Name nicht aus.
- In erster Linie für Tradition steht die deutsche Personalfirma ***Klöckner & Co.***, welche regelmäßig, graphematisch unauffällig, kurz, unsonor, intransparent ausfällt. Diese Assoziation erhält nahezu die Hälfte aller Stimmen. Abgeschlagen schließen Zuverlässigkeit sowie Technik an. Nur die beiden Ersteren sind im Korpus auch dem real existierenden Namen zugesprochen. Keineswegs lässt er Gesundheit, Luxus, Spaß anklingen.

[95] Firmen mit einem Sonoritätswert von mehr als 5,5 gelten in dieser Aufstellung als sonor.

- Spaß, Luxus, Gesundheit hingegen lesen die TeilnehmerInnen zu fast gleichen Teilen in ***Lanesse*** hinein, eine phantasievolle, unregelmäßige, fremdsprachliche, kurze, euphonische, opake Benennung ohne Besonderheiten im Schriftbild. Hier wäre ihr Luxus und Internationalität beigemessen worden. Zuverlässigkeit, Tradition sowie Technik passen nicht.
- Unregelmäßig gebildet, graphematisch unscheinbar, hybrid, lang, wohlklingend, semitransparent – das ist die Mischfirma (Phantasie und Sache) ***Plania Elektrochemie Griesheim***, die bei den Befragten Eindrücke von Technik, Wissenschaft und Tradition erzeugt. Statt Wissenschaft wäre m.E. eher Zuverlässigkeit, welche hier auf Platz vier folgt, im Namen zu sehen. Vorstellungen von Spaß, Luxus oder Gesundheit weckt er nicht.
- Am unsichersten waren die TeilnehmerInnen beim Buchstabierakronym ***GFT***, einer unregelmäßig gebildeten, graphematisch ausgefallenen, deutschen,[96] kurzen, unsonoren, undurchsichtigen Phantasiefirma. 9,0% haben gar keine Assoziationen angekreuzt. Der Rest entschied sich mehrheitlich und zu ähnlichen Anteilen für Technik, Internationalität, Wissenschaft. Die ursprüngliche Einordnung solcher Abkürzungen als zuverlässig landet hinter Gesundheit und Luxus auf dem letzten Platz (vgl. Kap. 10.4.1).
- ***MoVis***, die unregelmäßig gebildete, graphematisch abweichende, nichtnative, kurze, euphonische, opake Phantasiefirma, ist für die Befragten gekennzeichnet durch Internationalität, Wissenschaft sowie Spaß – zu vergleichbaren Prozentwerten. Ersteres entspricht der vorausgehenden Einschätzung. Tradition, Zuverlässigkeit, Luxus bringt kaum jemand mit diesem Unternehmensnamen in Verbindung.
- Eine genaue Übereinstimmung ergibt sich für die unregelmäßig gebildete, graphematisch unscheinbare, lange, unsonore, volltransparente Mischfirma (Person und Sache) ***Werkzeugmaschinenfabrik A. Hamm***: Tradition, Technik und Zuverlässigkeit liegen sowohl in der Umfrage als auch nach ursprünglicher Klassifikation auf den vordersten Plätzen. Luxus, Spaß sowie Gesundheit besetzen dagegen das andere Ende der Rangfolge.

[96] Zur Einstufung als deutsch vgl. Kap. 3.1.2.2, zur realen Wahrnehmung vgl. Kap. 9.3.5.

- Der Phantasiename ***VALEA*** ist unregelmäßig gebildet, graphematisch ausgefallen, fremdsprachlich, kurz, wohlklingend, opak. Bei den TeilnehmerInnen löst er insbesondere die Assoziation Gesundheit aus, vor Internationalität und Wissenschaft, jedoch keineswegs Tradition, Zuverlässigkeit oder Technik. Neben Internationalität wäre ihm ursprünglich Luxus sowie aufgrund der Majuskeln Zuverlässigkeit attestiert worden.

- Aufgrund des eindeutigen Sachhinweises *technologies* entfallen über 40% der Stimmen für die unregelmäßig gebildete, graphematisch ausgefallene, hybride, mittellange, sonore, semitransparente Mischfirma (Phantasie und Sache) ***evs technologies*** auf den Vorstellungsbereich Technik. Weit dahinter folgt Internationalität knapp vor Wissenschaft. Bis auf Letzteres wäre der Name ursprünglich genauso eingestuft worden. Tradition, Gesundheit, Zuverlässigkeit vermittelt er nicht.

- Gesundheit, Tradition und Zuverlässigkeit sind im Korpus der unregelmäßigen, graphematisch unscheinbaren, fremdsprachlichen, kurzen, euphonischen, halbdurchsichtigen Phantasiefirma ***Curanum*** zugeordnet. Die Befragten entscheiden sich allerdings mehrheitlich für die Assoziation Gesundheit, gefolgt von Wissenschaft sowie Internationalität (vgl. Kap. 10.4.1). Tradition, Zuverlässigkeit und Spaß bilden die Schlusslichter.

- ***IDS Integrierte Datensysteme*** steht vorrangig für Technik. In diesem Punkt stimmen die Umfrageergebnisse mit der ursprünglichen Einstufung überein. Auf dem zweiten Platz der Assoziationshierarchie für die unregelmäßig gebildete, graphematisch ausgefallene, hybride, lange, unsonore, semitransparente Mischfirma (Phantasie und Sache) steht m.E. jedoch Zuverlässigkeit, während die TeilnehmerInnen – allerdings in einem Abstand von über 20 Prozentpunkten – hier Wissenschaft und ferner Internationalität ansetzen. Nicht infrage kommen Gesundheit, Spaß sowie Luxus.

- Der unregelmäßig gebildete, graphematisch unauffällige, fremdsprachliche, kurze, wohlklingende, opake Phantasiename ***Symrise*** existiert tatsächlich. Im Korpus erhält er die Konnotation Internationalität, die auch für die Befragten auf Rang eins liegt, knapp vor Technik und Wissenschaft. Tradition, Zuverlässigkeit sowie Gesundheit spielen keine Rolle.

- Die TeilnehmerInnen ordnen der unregelmäßigen, graphematisch ausgefallenen, nicht-nativen, kurzen, unsonoren, intransparenten Phantasiefirma ***proxis*** die Assoziationen Internationalität, Wissenschaft, Gesundheit zu. Erst auf Platz vier erscheint mit wenigen Prozentpunkten Abstand die hier favorisierte Vorstellung von Technik. Unerheblich bleiben Tradition, Zuverlässigkeit sowie die ranggleichen Anklänge Luxus und Spaß.
- Bei ***Vereinigte Motoren Werke Uelzen*** stimmen die auf theoretischer Grundlage zugeordneten Konnotationen mit den in der Umfrage ermittelten völlig überein: Tradition, Technik sowie Zuverlässigkeit rangieren für diese unregelmäßig gebildete, graphematisch ausgefallene, hybride, lange, sonore, volltransparente Sachfirma auf den ersten drei Plätzen. Spaß, Gesundheit, Luxus hingegen bringt man nicht mit ihr in Verbindung.

Mindestens 55% aller für eine Firma abgegebenen Stimmen entfallen jeweils auf die drei am häufigsten ausgewählten Vorstellungsbereiche. Jeder Unternehmensname löst also bei der Mehrheit der Bevölkerung ähnliche, damit überindividuelle, genauer gesagt alters-, bildungs- sowie herkunftsunabhängige Basisassoziationen aus. Die Anklänge geraten dabei umso eindeutiger, je durchsichtiger die Benennungen sind. Während im Falle opaker Phantasiefirmen die drei Top-Positionen nur geringe Abstände zueinander aufweisen, besitzen die halb- und volltransparenten Namen häufig eine oder zwei starke Hauptkonnotationen mit großem Vorsprung auf die Zweit- bzw. Drittplatzierung, wobei halbdurchsichtige Namen genauso zuverlässig bestimmte Assoziationen auslösen wie vollkommen transparente Benennungen und folglich als ebenso „verständlich" gelten dürfen. Abgesehen vom Buchstabierakronym *GFT* (s.o.) kommt es abermals meist zu klaren Übereinstimmungen zwischen den Einschätzungen der Befragten sowie meiner Einordnung der 15 verschiedenen Firmen; wenigstens die am zweithäufigsten gewählte Assoziation ist jeweils deckungsgleich.

10.4.3 Interpretation der Befunde

Diese Frage hat drei Erkenntnisse zutage gebracht: Erstens sind die durch den reinen Namenkörper bei potentiellen KundInnen bzw. GeschäftspartnerInnen ausgelösten Basisassoziationen unabhängig von deren Lebensalter, regionaler Herkunft oder Bildungsstand (hier v.a. Fremdsprachenkenntnissen). Besonders wichtig zur Erzeugung bestimmter Vorstellungswelten gerät zweitens neben der Semantik einzelner Komponenten das Benennungsmotiv, gefolgt von Fremdsprachlichkeit sowie Wohlklang (Lautsymbolik) als weiteren Stellschrauben; Transparenz, Länge, graphematische Besonderheiten sowie die Bildungsweise wirken dagegen höchstens unterstützend. Auf Basis dieser drei Parameter lassen sich drittens die überindividuellen Empfindungen beim Lesen oder Hören der Firmen relativ exakt vorhersagen. Es ist demnach möglich, Unternehmensnamen zu kreieren, welche in allen Bevölkerungsschichten und in jeder Altersgruppe ähnliche Assoziationen hervorrufen. Wie diese dann allerdings bewertet werden, d.h., ob man sie positiv oder negativ aufnimmt, hängt wieder stark vom Lebensalter der StakeholderInnen ab (vgl. Kap. 7.4).

Nicht nur im Rahmen vorgefertigter Antwortmöglichkeiten wie hier, sondern auch im Freitext der Fragen 1 und 3 (vgl. Kap. 6 bzw. 7) lassen sich diese Wirkweisen im Zusammenspiel verschiedener Parameterausprägungen ausmachen. Die Begründungen der Befragten für ihre Wahl können dabei ohne Weiteres in die acht elementaren Vorstellungsbereiche (vgl. Kap. 10.3.1 bis 10.3.8) überführt werden, deren Oberbegriffe (Internationalität, Tradition, Wissenschaft etc.) mit den von den TeilnehmerInnen gewählten Bezeichnungen mehrheitlich exakt übereinstimmen.

11. Konfixe in Unternehmensnamen

11.1 Anlage der Frage

Am Ende des Bogens wurde gefragt: „Was sagt der Name aus?“ (Frage 6). Dabei sollen die TeilnehmerInnen für vorgegebene Firmen einschätzen, welcher Branche das betreffende Unternehmen ihrer Meinung nach entstammt. Es handelt sich sowohl um reale, aber unbekannte oder nicht mehr existente Benennungen als auch um fiktive Formen, die nach bestimmten Kriterien (vgl. Kap. 11.2) zusammengestellt sind. Über den reinen Namenkörper hinausgehende Informationen liegen nicht vor. Die TeilnehmerInnen müssen sich also auf ihr Sprachgefühl verlassen und allein anhand der Firma eine Entscheidung treffen. 15 verschiedene Bildungen werden abgetestet:

- *transtec*
- *Enovon*
- *ImmoCon*
- *SchwarzfellerGraulich*
- *Contron*
- *diagen*
- *Wabacom*
- *tectrans*
- *Vivacon*
- *Primatec Industries*
- *Immotrans*
- *Variotec*
- *vitacom*
- *EUROPtrans*
- *meditec*

Zur Auswahl stehen die acht wichtigsten Wirtschaftszweige aus dem Korpus der Dax-Konzerne. Damit die vorgeschlagenen Branchen für viele Unternehmen passend erscheinen, sind sie hinreichend groß, aber untereinander trennscharf angesetzt und jeweils mit ein bis zwei kurzen Schlagworten umrissen. Die TeilnehmerInnen müssen sich dann für exakt eine Möglichkeit aussprechen; Mehrfachantworten sind explizit nicht zugelassen:

- Chemie, Pharma
- Bau
- IT, Computer
- Energie
- Auto, Verkehr
- Finanzen
- Schwerindustrie
- Immobilien

11.2 Erkenntnisinteresse

Neue Firmen werden in den letzten Jahrzehnten immer häufiger neu kreiert und bestehen dabei zumeist aus einer wie auch immer gearteten Wortschöpfung, ggf. ergänzt um (Sach-)Zusätze (vgl. Kap. 4.2.2). Solche Neologismen enthalten gelegentlich reihenbildende Elemente mit lexikalischer Bedeutung, welche aber nicht frei vorkommen, d.h. sogenannte Konfixe. Hauptsächlich griechischen bzw. lateinischen Ursprungs, verbinden sich diese morphologischen Einheiten mit Wortstämmen oder ihresgleichen zu Komposita, mit Affixen zu Derivaten. Ihre Gebundenheit unterscheidet sie von Wörtern, ihr lexikalisch-begrifflicher Gehalt steckt die Grenze zu den Affixen mit rein morphosemantischer Funktion ab, und ihr wiederholtes Auftreten (bspw. in diversen Unternehmensnamen) separiert sie von beliebigen, okkasionell eingesetzten Splittern. Da kein fortschreitender Prozess semantischer Entleerung hin zu einem reinen Affix beobachtbar ist, handelt es sich nicht um Affixoide. Eine solche Entwicklung wäre gerade in Firmen kontraproduktiv, vielmehr findet sogar oft eine Bedeutungserweiterung statt (vgl. etwa DONALIES [2]2005: 21-23, [2]2011: 12-15, DUDEN-GRAMMATIK [8]2009: §§994-996, FLEISCHER/BARZ [4]2012: 63f.).

Die genannten Merkmale Produktivität, Semantik sowie Verwendung als Kompositionsglied und/oder Basis gelten nicht für jedes Konfix in gleichem Maße, sodass eine relativ inhomogene Klasse vorliegt, was zu mehreren verschiedenen Definitionsansätzen und einer nicht unproblematischen Abgrenzung geführt hat. Diese diskutiert RONNEBERGER-SIBOLD (2009b: 142-145) ausführlich und gibt schließlich der oben skizzierten hauptsächlich semantisch gestützten Begriffsbestimmung den Vorzug, welche ihr am zweckmäßigsten für die Analyse von Markennamen erscheint. Da Letztere sich bezüglich der Bildungsweise nur unwesentlich von den hier interessierenden Firmen unterscheiden, folgt die Arbeit Ronneberger-Sibold und setzt die derart umrissene Kategorie Konfix an.

In der Wirtschaft ist ein eigenes, charakteristisches Inventar entsprechender überwiegend neu geschaffener lexikalischer Einheiten entstanden, das stetig weiter wächst (vgl. RONNEBERGER-SIBOLD 2009b: 154). Den VerbraucherInnen aus vielerlei Ergonymen bekannt, treten nur die wenigsten außerhalb dieses Kontexts in Erscheinung. Ihre Herausbildung kann man besonders gut und häufig bei Marken- oder Unternehmensnamen beobachten, wie am Beispiel eines bekannten deutschen Erfrischungsgetränks bzw. dessen Produzenten exemplarisch beleuchtet werden soll:

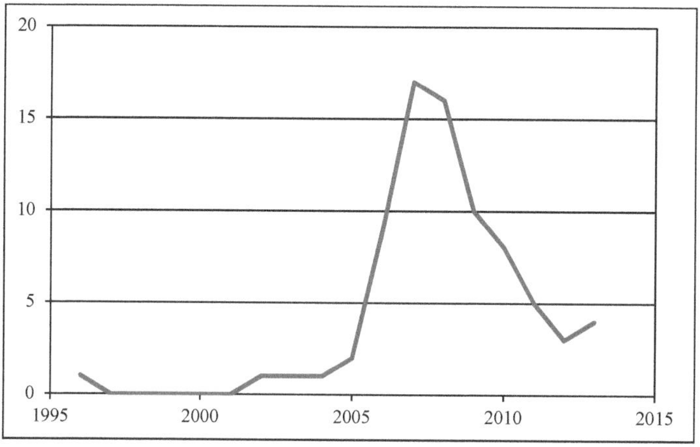

Abb. 113: Auftreten des Konfixes *-nade* in deutschen Markennamen[97]

Am 10. Februar 1994 wird das Warenzeichen *BIONADE* ins Register des Deutschen Patent- und Markenamts (DPMA) eingetragen. Zunächst handelt es sich, da ohne Vorbild, beim Letztglied *-nade* um eine bloße Kürzung des Ursprungslexems *Limo<u>nade</u>* 'alkoholfreies Erfrischungsgetränk aus Fruchtsaft, -sirup oder -essenz, Zucker sowie Wasser, meist mit Zusatz von Kohlensäure', beim Gesamtausdruck also um eine Wortschöpfung aus dem Konfix *Bio* und dem Splitter *nade*, aber keine Verbindung zweier Konfixe.[98] Um die Jahrtausend-

---

97 Recherche im DPMA-Register (https://register.dpma.de) nach bestehenden Marken auf *-nade* in den Klassen 32 und 33 der Nizza-Klassifikation (Getränke) vom 28.08.2013. Abgetragen ist jeweils das Jahr der Anmeldung. Außen vor bleiben *Collanade* (1937) und *Kolanade* (1950), weil sie mangels größerer Bekanntheit die Bildungen der 2000er-Jahre nicht beeinflusst haben können. Die 1994 eingetragene nationale Marke *BIONADE* wurde 1996 durch eine gleichlautende Gemeinschaftsmarke ersetzt und später gelöscht. Daher taucht als erstes Datum 1996 im Schaubild auf. *BIONADE* (Markenname) wird von der *BIONADE GmbH* (Unternehmensname) hergestellt.

98 „Der Name ist gefunden: BIONADE wird mit dem Eintrag in das deutsche Markenregister geschützt. BIO, weil das Getränk durch ein biotechnologisches Verfahren hergestellt wird, NADE, weil es eine gesunde Alternative zur Limonade bieten soll" (www.bionade.de/ueber-uns/unternehmensgeschichte/1990; 14.08.2013). Zu den Bildungsweisen von Markennamen mit Konfixen vgl. RONNEBERGER-SIBOLD (2009b: 142-152).

wende erobert das einstige Szenegetränk den Massenmarkt,[99] in den Jahren 2002 bis 2005 tauchen dann mit *Econade*, *Maltonade* oder *Vitaminade*[100] die ersten, allerdings noch vereinzelten „Nachahmer“ in den Nizza-Klassen 32 bzw. 33 (Getränke; vgl. auch Kap. 2.2) auf. Ab 2006 kommen verstärkt ähnlich gebildete Neologismen wie *Apfelnade*, *Fruchtnade*, *Traubenade* hinzu, deren Zahl auf 17 bzw. 16 Neuanmeldungen in den Jahren 2007 sowie 2008 steigt (*Naturnade*, *Sinconade*, *Wellonade*). Spätestens zu diesem Zeitpunkt darf *-nade* (ggf. mit Bindevokal *o*) aufgrund der Reihenbildung als Konfix gelten, mit der von der Vollform übernommenen Bedeutung, die sich allerdings auf andere Grundzutaten als Fruchtsaft ausgeweitet hat, offensichtlich bspw. bei *Coffeenade*, *Molkonade* oder *Vinonade*.[101]

Ob Abb. 113 einen idealtypischen Verlauf der Herausbildung neuer Konfixe in Ergonymen mit erster Eintragung, Marktdurchdringung, Anstieg, Hochphase[102] und Rückgang von analogen Bildungen nachzeichnet, müsste eine diachrone Untersuchung auf breiterer Datenbasis aus dem DPMA-Register ergeben. Die Ähnlichkeit zum Produktlebenszyklus bestehend aus Einführung, Wachstum, Reife, Sättigung sowie Degeneration ist jedenfalls augenfällig (vgl. GABLER-WIRTSCHAFTSLEXIKON). Folgender charakteristischer Entwicklungspfad wird daher angenommen: Zunächst kreiert jemand einen innovativen Namen, bspw. in Gestalt einer ungewohnten Splitterkreuzung. Gewinnt das so benannte Produkt bzw. Unternehmen an Bekanntheit, orientieren sich in der Folge immer mehr Nachahmer an diesem Muster und greifen einen bestimmten Bestandteil heraus, sodass es zu einer produktiven Reihenbildung samt Verankerung im kollektiven Bewusstsein kommt. Die fragliche Komponente übernimmt durch stete Wiederholung die „Bedeutung“ des Ursprungslexems und wird so schließlich zu einem Konfix wie *-ando* (< *Zalando*; bspw. in *bäckerando*, *LIEFERANDO*, *Sellando*), *Ener-* (< *Energie*; bspw. in *enercity*, *ENERMAX*,

99 Vgl. www.bionade.de/ueber-uns/unternehmensgeschichte/1998 (14.08.2013).

100 Die Wiedergabe eingetragener Marken erfolgt stets wie im DPMA-Register.

101 Ein ähnliches Beispiel stellt *-ghurt* (< *Joghurt*) in Markennamen wie *Almighurt*, *Bioghurt*, *Fitghurt* dar.

102 In dieser Phase tritt dann eine gewisse Übersättigung ein, d.h., das Konfix erscheint in derart vielen Namen, dass kaum mehr neue Bildungen möglich sind und auch seine Unterscheidungskraft nachlässt. Konfixe wie *fax*, *tec*, *therm* gelten deshalb als „verbraucht“ und werden kaum noch verwendet (vgl. Kap. 8.2.3).

enertex), *lab* (< *Labor* bzw. engl. *laboratory*; bspw. in *BACTOLAB*, *LAB-TEK*, *MasterLab*).[103]

Gerade im gewerblichen Bereich sind etliche unregelmäßige Verbindungen denkbar, die im normalen Sprachgebrauch so nicht funktionierten. Darüber hinaus tauchen viele Elemente nur hier in meist (leicht) abgewandelter Bedeutung reihenbildend auf. Dies gilt bspw. für das lateinische Präfix *trans-* '(hin)über, (hin)durch, über etwas hinaus, jenseits', vor *s* oft *tran-*, verkürzt *tra-* (*Transformation*, *transpirieren*, *Trajekt*). In seinem ursprünglichen Sinn (*TransAtlantic*, *transregio*, *TRANSWEST*) hat es sich bei Firmen v.a. im Verkehrs- bzw. Speditionswesen etabliert. Allerdings kann man verwandte Namen aus derselben Branche wie *TRANSCARGO*, *TRANSDEV*, *TRANSTHERMOS* kaum mehr als Derivate analysieren, da der erweiterte Inhaltsumfang 'Transport (von/für); Mobilität' keine originäre Bedeutung für ein Präfix darstellt. Obendrein begegnet das eigentliche Präfix de facto auch in Endstellung (*BIOTrans*, *GLAUCHAU-TRANS*, *Medi-O-Trans*). Daher liegt *trans* hier eindeutig als Konfix vor (vgl. dazu insgesamt PFEIFER [8]2005: 1448 und Kap. 11.3.1).

Die DUDEN-GRAMMATIK ([8]2009: §995) regt in diesem Zusammenhang an: „Möglicherweise muss ein und dieselbe Einheit je nach Verwendungsbereich unterschiedlich bestimmt werden, bspw. im fachsprachlichen Gebrauch anders als im allgemeinsprachlichen." Man könnte daher bei der Kreation etwa von Unternehmens- oder Markennamen eine eigene Kategorie ansetzen, nämlich onymische Konfixe. Sie umfasst all jene Elemente, die in Wortneuschöpfungen für Eigennamen wie Konfixe verwendet werden, d.h. mit ihrer speziellen, von etwaigen homonymen Lexemen abweichenden Semantik nur dort produktiv geraten und stets gebunden auftreten. Außerdem zählen ebenfalls in neuen Benennungen vorkommende gleichlautende, aber ggf. ein (geringfügig) anderes Bedeutungsspektrum aufweisende Konfixe aus der Alltagssprache (*bio*, *ex*, *therm*) dazu. Diese Einheit soll v.a. der großen Zahl neuer reihenbildender Bausteine wie *-nade* (s.o.) in Unternehmens- bzw. Markennamen Rechnung

103 Es kommt also auf die Häufigkeit des Einsatzes in Firmen an, ob es sich noch um bspw. einen beliebigen Splitter oder aber schon ein bedeutungstragendes Konfix handelt. Zum Prozess der Herauslösung von Konfixen aus Wortkreuzungen allgemein vgl. KOCH 2010, zur Geschichte der Konfixe *therm*, *dur*, *med*, *flex*, *tex*, *mat*, *ex* in deutschen Markennamen vgl. RONNEBERGER-SIBOLD 2009b.

tragen, welche durch ihren wiederholten Gebrauch in einschlägigen Kontexten mit einer eigenen Bedeutung aufgeladen werden und bei der Analyse deutlich von okkasionellen Splittern in entsprechenden Kreuzungen zu unterscheiden sind. Zur präzisen Abgrenzung sowie Diskussion des Status der einzelnen hier getesteten Elemente vgl. Kap. 11.3.1 bis 11.3.6.

In Bezug auf Markennamen aus Deutschland hat RONNEBERGER-SIBOLD (2009b: 178f.) herausgefunden, dass Konfixe zwar nicht auf eine bestimmte Position innerhalb des neu geschaffenen Lexems festgelegt sind, die Endstellung jedoch deutlich überwiegt – im Gegensatz zu entsprechenden allgemeinsprachlichen Bildungen, bei denen solche Bausteine meist ausschließlich intitial stehen (DONALIES ²2011: 13). Für die eng verwandten Firmen scheint diese Beobachtung hingegen nicht zu gelten. Das Korpus weist ein nahezu ausgeglichenes Verhältnis von Erst- und Endstellung mit zehn zu zwölf Belegen auf. Fünf Namen enthalten dabei sogar eine Kombination aus zwei potentiellen onymischen Konfixen, bspw. *BB* <u>*BIOTECH*</u> *AG* oder *Carl Zeiss* <u>*Meditec*</u> *AG*.[104] Nun stellt sich die Frage, welcher Bestandteil in solchen extragrammatischen Zusammensetzungen die Gesamtbedeutung der neuen Verbindung bestimmt und ob hier ein Kopf-rechts-Prinzip zum Tragen kommt. Betrachtet man die vollständige offizielle Firma, bildet stets die Rechtsformangabe (bspw. *AG*, *GmbH*, *KG*) den Kopf und legt etwa das Genus fest (vgl. dazu Kap. 12). Da dies unstrittig ist und zudem im alltäglichen, auch medialen Sprachgebrauch längst nicht immer der volle Name verwendet wird, interessieren hier hauptsächlich die reinen phantasievollen Neuschöpfungen ohne weitere Zusätze.

Um die oben gestellte Frage auf empirischer Grundlage beantworten zu können, wurden elf für Unternehmensnamen typische onymische Konfixe wie *com*, *immo*, *trans* ausgewählt, diese untereinander oder mit anderen Wortsplittern zu fiktiven halbtransparenten Firmen kombiniert, wobei die interessierenden Bausteine immer an unterschiedlicher Stelle stehen.[105] Einmal erscheinen mit *transtec* bzw. *tectrans* sogar beide möglichen Verbindungen. Letztendlich kommen nicht immer sinnvolle Etymologien zustande, sondern teilweise be-

---

[104] Im Korpus finden sich bei großzügiger Zählung 17 Namen mit potentiellen Konfixen, was einem Anteil von 10,6% entspricht.

[105] Die Elemente *dia*, *vario* und *waba* haben keine, zumindest keine branchenspezifische Semantik, weshalb sie nicht als eigene Gliederungspunkte berücksichtigt werden.

wusst widersprüchliche Namen. Manchmal kann auch auf bestehende, relativ ungeläufige Benennungen wie bspw. *Vivacon* zurückgegriffen werden. Im Fragebogen sind alle 15 Testfälle gut gemischt sowie jeweils eine Personalfirma (*SchwarzfellerGraulich*), ein Sachzusatz (*Primatec Industries*) und ein komplett opaker Phantasiename ohne Konfix (*Enovon*) zu Vergleichs- und Ablenkungszwecken eingestreut.

Ferner geht es darum, wie sicher sich die TeilnehmerInnen bei einzelnen Formen sind, d.h. als in welchem Maße verständlich bzw. etabliert die jeweiligen Einheiten gelten dürfen. Bei den Kombinationen zweier onymischer Konfixe soll zudem herausgefunden werden, ob deren Stellung oder doch eher die „stärkere" bzw. eindeutigere Semantik eines der beiden Elemente, also dessen Konventionalisierung, die Gesamtbedeutung des neuen Gefüges bestimmt. Mithilfe der intransparenten Familiennamen soll ergründet werden, wie Personalfirmen auf die Befragten wirken und mit welchen Wirtschaftszweigen man sie gemeinhin in Verbindung bringt (vgl. Kap. 11.3.1). Ob der Sachzusatz *Industries* deutlicher als die Konfixschöpfungen oder der Phantasiename ohne solche Komponenten ausfällt, ist eine weitere Frage, die geklärt werden soll. Die präzise Bedeutung eines einzelnen onymischen Konfixes lässt sich teilweise nicht ganz einfach bestimmen. Viele von ihnen sind aber dennoch mehr oder weniger stark mit einer konkreten Branche verknüpft; so steht *med(i)* etwa für Betriebe der Medizintechnik, Pharmaindustrie u.Ä. (vgl. Kap. 11.3.5). Eine genauere Erfassung der Semantik aller Bausteine soll ebenfalls Ergebnis dieser Frage sein.

11.3 Auswertung

Vor der Analyse werden die Daten noch um TeilnehmerInnen bereinigt, welche zu viele oder zu wenige Kreuze gesetzt haben. Folglich bleiben hier solche Bögen unberücksichtigt, in denen manche Aktiengesellschaften diversen Branchen zugeordnet sind. Auch wird die komplette Frage nicht gewertet, sollte bei mehr als drei Firmen überhaupt keine Auswahl getroffen worden sein. Hat jemand über alle Unternehmen hinweg nur einen Wirtschaftszweig angegeben, so fällt diese/r „DurchkreuzerIn" ebenfalls aus der Betrachtung. Insgesamt verbleiben folgende nach Altersklassen aufgeschlüsselte TeilnehmerInnen-Zahlen (die 600 repräsentativen Bögen sind hierin enthalten):

Alter	TeilnehmerInnen
14-19	326
20-29	565
30-39	241
40-49	313
50-59	226
60-69	241
70-89	185
Summe	2097

Tab. 27: Anzahl vollständig ausgefüllter Rückläufer nach Alter (Frage 6)

In der Auswertung sind die onymischen Konfixe mit verwandter Bedeutung wie *tec* und *tron* (< *Technik* bzw. *Elektronik*) oder ähnlicher Schreibweise wie *con* und *com* zusammengefasst.[106] Ihnen gelten jeweils eigene Unterkapitel, wo sie in ihren unterschiedlichen Kontexten auf Basis der repräsentativen Rückläufer vergleichend analysiert werden, v.a. im Hinblick auf Position sowie Konventionalisierung. Letztere drückt sich durch die Dominanz über andere Namenbestandteile in hohen Zustimmungswerten zu einem bestimmten Wirtschaftszweig aus. Auf Basis der zugeordneten Branchen kann man in der Zusammenschau dann die Semantik der einzelnen Bausteine näher bestimmen und an der Höhe der zugehörigen Prozentwerte deren Etabliertheit, also ihren Konventionalisierungsgrad ablesen. Zur Visualisierung dient jeweils ein Schaubild, das für sämtliche Firmen aus der betreffenden Gruppe von Konfixschöpfungen die drei insgesamt am häufigsten genannten Wirtschaftszweige angibt – Grundlage bilden die 600 repräsentativen Fragebögen.[107] Wie oft diese Einheiten in der Praxis auftreten und welches Bedeutungsspektrum sie dort entfalten, ergibt eine Recherche im DPMA-Register,[108] wobei die gesicherten Nizza-Klassen (vgl. Kap. 2.2) erste Hinweise auf Geschäftstätigkeit sowie Branche der Unternehmen

[106] Die Kombinationen zweier onymischer Konfixe sind jeweils beiden entsprechenden Einzelkapiteln zugeordnet.

[107] Angeordnet sind die Firmen nach dem Anteil der am häufigsten gewählten Branche.

[108] Recherche im DPMA-Register in den Monaten Juli/August 2013 nach eingetragenen Marken- und Unternehmensnamen mit den entsprechenden Elementen. Trotz Suchabfrage unter Ausschluss nahezu sämtlicher alltagssprachlicher Wörter, in denen das fragliche onymische Konfix nicht als solches auftritt (bspw. in der Vollform, aus der es hervorgegangen ist, wie etwa *Immobilien*), kann es sich bei den angegebenen Trefferzahlen nur um Näherungswerte handeln, da die auf maximal 1.000 Namen beschränkte Ergebnisanzeige keine weitere Prüfung zulässt.

liefern.[109] Bemerkungen zu auffälligen Abweichungen aufgrund des Lebensalters, Bildungsstands oder Wohnsitzes der TeilnehmerInnen (auf Basis aller vollständigen Rückläufer) vollenden jedes Unterkapitel. In der Zusammenfassung (Kap. 11.4) soll abschließend eine Konventionalisierungshierarchie der untersuchten onymischen Konfixe aufgestellt werden.

11.3.1 Konfixe *trans*, *europ*

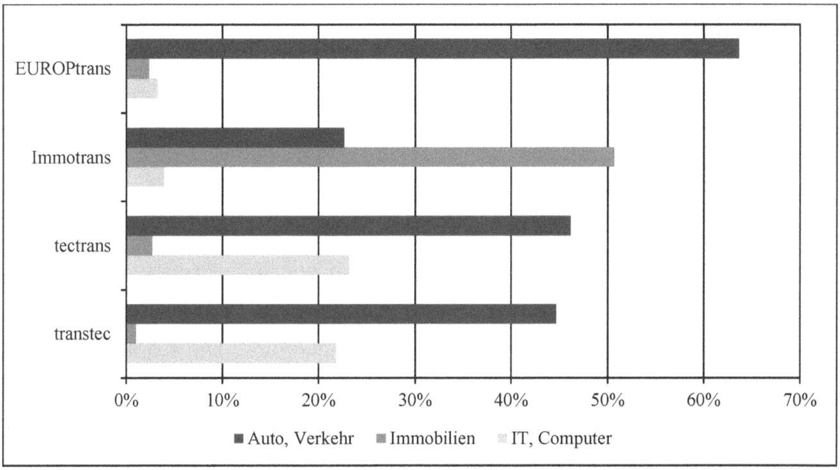

Abb. 114: Die drei insgesamt am häufigsten bei allen Firmen mit den Konfixen *trans* oder *europ* genannten Branchen mit ihren relativen Häufigkeiten für *EUROPtrans*, *Immotrans*, *tectrans* und *transtec*

Betrachtet man die Nizza-Klassen, in denen Namen mit *trans* gesichert sind, so hat dieses Element offensichtlich mehrere verschiedene Einsatzgebiete, von pharmazeutischen Erzeugnissen (*Transbronchin*, Klasse 05) über Messapparate (*Transsonar*, Klasse 09) bis zum Transportwesen (*TransRail*, Klasse 39). Meist liegt es als onymisches Konfix vor, teilweise aber auch im ursprünglichen Verwendungszusammenhang als Präfix. 36,9% der betreffenden 1.803 Marken im

[109] Die einzelnen Nizza-Klassen (vgl. Kap. 2.2) umfassen teils recht heterogene Produkt- bzw. Dienstleistungsgruppen. Zudem sind viele Namen in mehreren, nicht benachbarten Klassen zugleich registriert, um Konkurrenten und Nachahmer auf Abstand zu halten. Daher kann die Brancheneinschätzung auf dieser Grundlage nur einen ungefähren Anhaltspunkt bieten. Die Firma der russischen Fluggesellschaft *Transaero* ist bspw. in den Klassen 6, 7, 12, 14, 16, 18, 20, 21, 24, 25, 26, 34, 37, 39, 41, 42, 43 und 45 gesichert.

DPMA-Register gehören im weiteren Sinne dem Mobilitätssektor an (Klassen 07 Maschinen/Motoren, 12 Fahrzeuge, 39 Verkehr). Das lateinische Präfix meint ursprünglich '(hin)über, (hin)durch, über etwas hinaus, jenseits', was dann über Entlehnung und Kürzung aus vorwiegend fach- bzw. bildungssprachlichen Wörtern zu vielerlei Verwendungen als reihenbildendes onymisches Konfix in Eigennamen geführt hat (vgl. PFEIFER [8]2005: 1448 und Kap. 11.2). Die genaue Branchenzugehörigkeit ergibt sich oft erst durch ein spezifizierendes Erst- oder Zweitglied, wobei *trans* in 74,4% der Fälle am linken Rand auftritt. *Euro(p)*, gekürzt aus *Europa*, passt prinzipiell für alle möglichen Geschäftsfelder, bspw. Computer (*EURODISK*, Klasse 09), Papier/Pappe (*EUROTAINER*, Klasse 16), Verkehrsdienstleistungen (*Europcar*, Klasse 39). Aus dem weiten Feld der Personen- und Güterbeförderung stammen 24,3% der aktuell im DPMA-Register geschützten 3.632 Marken (Klassen 07, 12, 39). Insgesamt begegnet das onymische Konfix *euro(p)* praktisch ausschließlich initial (97,8%).

In der Studie zeichnet sich nun eine Verengung von per se relativ bedeutungsoffenem *trans* auf das Verkehrswesen ab. *EUROPtrans*, *tectrans* sowie *transtec* werden mit großem Abstand dieser Branche zugeordnet. Die Kombination aus *euro(p)* und *trans* erreicht einen Wert von 63,7%, was hauptsächlich der guten inhaltlichen Passfähigkeit beider Elemente geschuldet ist. Auf den Plätzen zwei und drei folgen Chemie, Pharma mit 6,3% sowie Finanzen bzw. Schwerindustrie mit je 6,2%. Das Votum fällt bei *tectrans* und *transtec* immer noch sehr eindeutig sowie bezogen auf die ersten zwei Ränge nahezu identisch aus (sie unterscheiden sich um maximal 1,5 Prozentpunkte). Erst auf Platz drei kommt es zu Abweichungen: Energie mit 6,2% bei *tectrans* und Chemie, Pharma mit 8,7% bei *transtec*. Die Werte sind aber gering, weshalb man festhalten kann, dass die Position der Konfixe hier keine entscheidende Rolle spielt (vgl. auch Kap. 11.3.2 zum relativ „schwachen" Konfix *tec*). Aufgrund des ausgesprochen transparenten, eindeutigen Erstglieds *immo* votiert bei *Immotrans* jede/r Zweite für die Immobilienbranche (50,7%), gefolgt vom Verkehrswesen mit 22,7% (vgl. Kap. 11.3.3). Damit ist *trans* positionsunabhängig „stärker" als *tec*, aber „schwächer" als *immo*. Im Gesamtdurchschnitt veranlasst es 44,3% der TeilnehmerInnen zur Annahme eines Unternehmens aus dem Bereich Mobilität. *EUROPtrans* und *Immotrans* zeigen weder hinsichtlich des Lebensalters noch des Bildungsniveaus oder Wohnsitzes der Befragten gewichtige Unterschiede in der oben dargelegten tendenziellen Zuordnung zur Verkehrssparte. Zu *tectrans* sowie *transtec* vgl. Kap. 11.3.2.

11.3.2 Konfixe *tec, tron*

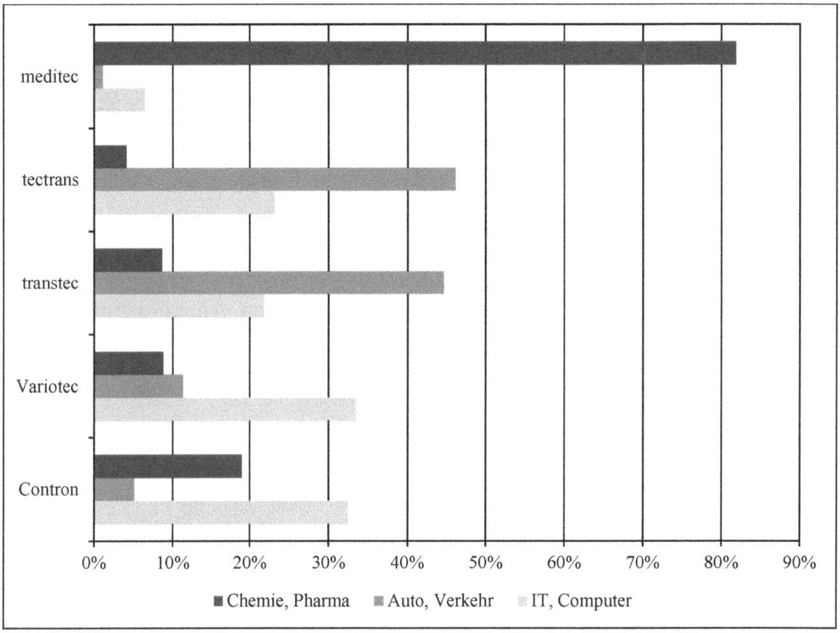

Abb. 115: Die drei insgesamt am häufigsten bei allen Firmen mit den Konfixen *tec* oder *tron* genannten Branchen mit ihren relativen Häufigkeiten für *meditec, tectrans, transtec, Variotec* und *Contron*

Die beiden onymischen Konfixe *tec(h)/tek* und *tron* sind aufgrund ihres ähnlichen Bedeutungsspektrums hier zusammen behandelt (zum Namen *Primatec Industries* vgl. Kap. 11.3.6). Gekürzt aus *Technologie*, *Technik* oder *Hightech* bzw. *Elektronik* beziehen sie sich branchenunabhängig auf nicht näher definierte (elektrische) Maschinen, Anlagen, Apparate o.Ä. Gemeint sein kann das Produkt selbst, dessen Hersteller oder Vertreiber, aber auch der Anbieter von zugehörigen Dienstleistungen. Ergänzt werden die Konfixe um mehr oder weniger konkrete Erst- bzw. Zweitglieder, wie bspw. in *lumitec* (Leuchten), *ENOTEC* (Messtechnik), *TECTRAN* (Unternehmensberatung). Derzeit enthalten 12.420

registrierte Markennamen das Element *tec(h)/tek*, der weitaus größte Teil davon in Endstellung (86,4%). Am häufigsten kommt in beiden Positionen *tec* vor (62,6%), gefolgt von *tech* (26,3%) und *tek* (11,1%). Nahezu jeder zweite Name (46,0%) gehört den Klassen 07 (Maschinen, Motoren) und/oder 09 (Computer, Messapparate u.Ä.) an. Noch eindeutiger sieht es beim erheblich selteneren *tron* aus, mit 97,7% der 1.510 Treffer am rechten Rand sowie 53,6% in Klasse 09, bspw. *climatron, Kiptron, Rototron.* In etwa gleich häufig ist die Verbindung *tronic(s)/tronik(s)/tronix* (*COLORTRONIC, BIOTRONIK, TEKTRONIX*), die in sämtlichen 1.525 Belegen nie am Wortanfang steht. 61,1% davon gehören in Klasse 09. Daraus lässt sich schließen, dass *tron* und seine Varianten transparenter bzw. festgelegter auf elektrische Technologien wie etwa Computer sind als das diesbezüglich unspezifischere *tec(h)/tek.*

Ähnliches deuten auch die Befunde der Untersuchung an. Am eindeutigsten fällt das Votum bei *meditec* aus. Acht von zehn Befragten sprechen sich für die Chemie- bzw. Pharmabranche aus (81,8%). Dieser hohe Wert rührt daher, dass *medi* mit *tec* eine sinnvolle Kombination eingeht und Letzteres in Richtung Medizintechnik konkretisiert. Alle anderen Wirtschaftszweige liegen unter 10%, etwa IT, Computer sowie Energie mit 6,5% bzw. 3,8% auf den Plätzen zwei und drei. *Tectrans* sowie *transtec* werden fast identisch eingeschätzt. Unabhängig von der Stellung der onymischen Konfixe nimmt Auto, Verkehr jeweils die Top-Position mit 46,2% bzw. 44,7% ein – *trans* ('Transport') dominiert also das weniger eindeutige *tec* ('Technik'). Erst danach folgt IT, Computer, was 23,2% bzw. 21,8% der Stimmen auf sich vereint, während die übrigen Branchen im einstelligen Prozentbereich rangieren (vgl. Kap. 11.3.1). Am eindeutigsten wird *Variotec* auf die EDV bezogen (33,5%), vor Stromwirtschaft (18,2%) und Mobilität (11,3%). Das Erstglied *vario* (< lat. *varius* 'verschiedenartig') gerät dabei so beliebig, dass die Einschätzung allein von *tec* herrühren kann. Man bringt dieses onymische Konfix demnach überwiegend mit IT, Energie und Verkehr in Verbindung. Nicht auf eine konkrete Branche festgelegt, zeigt es vielmehr eine bestimmte technikorientierte Prägung des Geschäftsmodells an. Im Schnitt sehen 21,3% der TeilnehmerInnen die *tec*-Unternehmen in der Computerbranche, während das onymische Konfix *tron* deutlich spezifischer erscheint. Hier entscheidet sich ein knappes Drittel aller Befragten für eine technische Ausrichtung (32,5%) vor Chemie, Pharma (19,0%) sowie Energie (14,7%).

Namen mit *tec* und *tron* fassen alle TeilnehmerInnen unabhängig von ihrer Herkunft oder Ausbildung tendenziell wie oben beschrieben auf. Allerdings fällt das Votum mit zunehmendem formalem Bildungsgrad noch pointierter aus. Folglich dürfen diese beiden klassischen onymischen Konfixe in der Gesamtbevölkerung als größtenteils bekannt und verständlich vorausgesetzt werden. Zu Verschiebungen kommt es bezüglich des Lebensalters der Befragten. Die Jüngsten ordnen *tec*-Firmen viel eher der Computerbranche zu; so halten etwa die 14-19-Jährigen *transtec* mehrheitlich für ein IT-Unternehmen (40,2%), noch vor Auto, Verkehr (34,7%). Da auch nach Meinung der 20-29-Jährigen *tec* stärker in die EDV-Domäne weist (27,6%), könnte man hier evtl. eine zukünftige Bedeutungsverengung auf genau diesen Bereich prognostizieren. Über die Gründe lassen sich nur Vermutungen anstellen. Vielleicht ist die jüngere Generation, da mit den Neuen Medien aufgewachsen, wesentlich technikaffiner als die Eltern bzw. Großeltern und folglich mit entsprechenden Namen ebenfalls besser vertraut. Bei *tron* sieht es hingegen umgekehrt aus. Hier sortieren eher die Älteren die betreffende Firma in die Kategorie IT, Computer ein.

11.3.3 Konfix *immo*

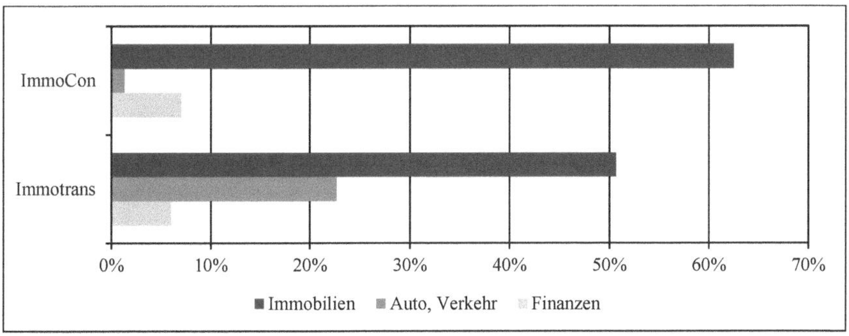

Abb. 116: Die drei insgesamt am häufigsten bei allen Firmen mit dem Konfix *immo* genannten Branchen mit ihren relativen Häufigkeiten für *ImmoCon* und *Immotrans*

Immo (< *Immobilien*) stellt ein typisches onymisches Konfix für die Branche der Wohn- bzw. Geschäftsraumentwickler, -vermittler, -verwalter, -bewirtschafter etc. dar. Das DPMA-Register weist 573 bestehende eingetragene Markennamen aus, in denen *immo* zu 88,0% als Erstglied auftritt (*IMMOBOX*, *Immodirekt*,

Immoworld), aber auch am rechten Rand erscheinen kann (*ALPHAIMMO*, *easyimmo*, *FlexImmo*). Der größte Teil (73,8%) ist in der Nizza-Klasse 36 (Immobilienwesen) gesichert. Passend dazu ordnen im Schnitt 56,6% der TeilnehmerInnen die beiden entsprechenden Firmen aus der Frage dem Stichwort Immobilien zu (*ImmoCon*: 62,5%, *Immotrans*: 50,7%).[110] Damit darf das onymische Konfix als besonders eindeutig gelten. Bei *ImmoCon* etwa erreichen alle anderen Branchen nur einstellige Prozentwerte.[111] Auf den Plätzen zwei und drei landen weit abgeschlagen IT, Computer (9,0%) sowie Energie (7,8%). Dies lässt darauf schließen, dass *con* keine sehr konkrete Semantik besitzt (vgl. Kap. 11.3.4). Eine eigentlich widersinnige Firma stellt die Wortschöpfung *Immotrans* dar, welche die beiden Bedeutungssphären 'unbeweglich' (*immo[bil]*) und 'beweglich' (*trans*) in sich vereint. Im Vergleich zu ihrem direkten Konkurrenten *ImmoCon* fällt hier der Wert für die Immobilienbranche um 11,8 Prozentpunkte geringer aus. Dennoch ist dieser Wirtschaftszweig weiterhin der Spitzenreiter, vor Auto, Verkehr mit 22,7% sowie Finanzen mit 6,0%. *Trans* (vgl. Kap. 11.3.1) hat folglich eine eindeutigere Semantik als das relativ schwache *con*. An *immo* reichen freilich beide nicht heran.

Bei der Auswertung nach Lebensalter und Herkunft der TeilnehmerInnen treten keine signifikanten Abweichungen von dem soeben Beobachteten zutage. Etwas größeren Einfluss scheint allein das Bildungsniveau auszuüben. Während Befragte, die maximal über einen Hauptschulabschluss verfügen, bei *ImmoCon* mit 12,2% auch IT, Computer häufiger nennen sowie zu 58,2% Immobilien wählen, tun dies 86,3% der AbiturientInnen bzw. HochschulabsolventInnen. Zu einem solchen Anstieg kommt es ebenfalls bei *Immotrans*, allerdings weniger ausgeprägt von 48,3% auf 68,8%. Deutlich wird aber, dass *immo* ungeachtet seines lateinischen Ursprungs in allen Bildungsgruppen verstanden wird.

---

[110] Hierbei muss berücksichtigt werden, dass als Kategorie Immobilien vorgegeben war, was dem entsprechenden Konfix ähnelt. Dies könnte manche TeilnehmerInnen in ihrer Auswahl beeinflusst und auch dazu geführt haben, dass die verwandte Baubranche nur selten angekreuzt worden ist (*ImmoCon*: 6,3%, *Immotrans*: 4,3%).

[111] Weiteren Untersuchungen muss die interessante Frage vorbehalten bleiben, ob die Binnenmajuskel Einfluss auf die Segmentier- und damit die Entschlüsselbarkeit der Wortschöpfung nimmt.

11.3.4 Konfixe *com*, *con*

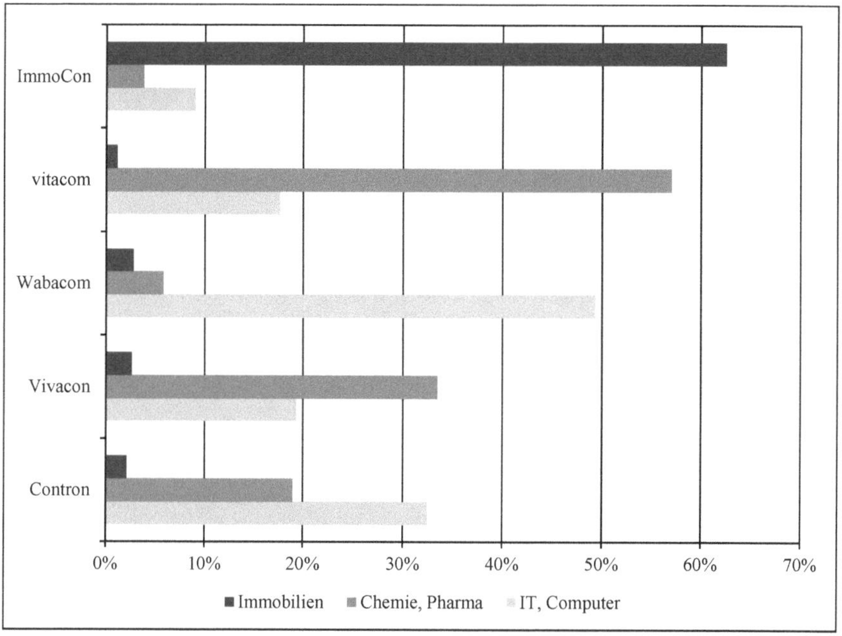

Abb. 117: Die drei insgesamt am häufigsten bei allen Firmen mit den Konfixen *com* oder *con* genannten Branchen mit ihren relativen Häufigkeiten für *ImmoCon, vitacom, Wabacom, Vivacon* und *Contron*

Die onymischen Konfixe *com* und *con* unterscheiden sich nur durch den Nasal. Sind sie auch ausdrucksseitig sehr ähnlich, so gilt dies nicht für ihre Semantik. Ersteres stellt wohl eine Kürzung aus engl. *communication*, *computer* etc. dar, Letzteres geht vermutlich vorrangig auf engl. *consulting* '(Unternehmens-)Beratung' zurück.[112] Das DPMA-Register weist 2.202 aktuelle Markennamen auf *-com* und 3.039 mit *-con* aus. Nicht exakt ermittelt werden kann das Verhältnis von Erst- zu Endstellung, weil bei initialem *Com-* bzw. *Con-* einerseits oft unklar bleibt, ob es sich tatsächlich um das hier interessierende onymische Konfix handelt, und die entsprechende Abfrage andererseits viele nicht einschlägige

[112] *Com* kann sich auch von der Top-Level-Domain *.com* (< *commercial*) herleiten wie in *Delticom AG*. Bei *con* handelt es sich teils um die span./ital. Präposition *con* 'mit' wie in *Conergy AG*. Im Einzelfall sind viele weitere Ursprünge denkbar, etwa *connect*, *controlling*, *conversion*. Zu beachten ist, dass es keine Antwortmöglichkeit Beratung o.Ä. gab.

Treffer in Form existierender Wörter wie *Compact*, *Company*, *Congress*, *Contact* etc. liefert. Vermutlich dominiert aber die Endstellung. 75,3% der Namen auf *-com* entstammen den Nizza-Klassen 09 (Computer), 38 (Telekommunikation) und/oder 42 (Softwareentwicklung). *Con* kann zwei Bedeutungen haben, einmal betrifft es die EDV (52,7% in den Klassen 09, 38 und/oder 42), ein andermal beratende Dienstleistungen (50,2% in den Klassen 35 (Unternehmensverwaltung), 41 (Ausbildung) und/oder 42 (wissenschaftliche/technologische Dienstleistungen)).[113] Es fällt also weniger eindeutig aus als *com*.[114] Allerdings zeigen die Ergebnisse, dass sich andere Elemente, solange sie nicht gänzlich opak sind, stets gegenüber beiden durchzusetzen vermögen.

ImmoCon halten 62,5% der TeilnehmerInnen für einen Immobilienkonzern (vgl. Kap. 11.3.3) – evtl. mit beratendem Geschäftsmodell. Auf Platz zwei folgt der EDV-Bereich bei 9,0%. Ähnliches gilt für *vitacom* und *Vivacon* (57,0% vs. 33,5% für die Pharmabranche), während IT, Computer 17,7% bzw. 19,3% erreicht (vgl. Kap. 11.3.5). Nahezu jede/r zweite Befragte (49,3%) stuft *Wabacom* als PC-Unternehmen ein. Dafür kann wegen des opaken Erstglieds allein das onymische Konfix *com* verantwortlich sein. 14,2% entfallen auf die Baubranche, 8,2% auf die Energiewirtschaft. Ersteres mag daran liegen, dass manche in *Waba* den aus *Bau* gekürzten Bestandteil *ba* sehen. *Contron* wird ebenfalls mehrheitlich der Informationstechnologie zugeordnet (32,5%; vgl. Kap. 11.3.2). Bei einer Benennung auf *-com* denken durchschnittlich 33,5% der TeilnehmerInnen an IT, Computer, bei Firmen mit *con* lediglich 20,3%. Insgesamt bestätigt das die Befunde der Markennamenanalyse, dennoch dürfen beide onymischen Konfixe nicht als sehr transparent gelten. Keine größeren Abweichungen ergeben sich für *com* und *con* in Abhängigkeit von Lebensalter, Bildungsstand oder Herkunft der Befragten. Sie sind also überall gleich (un)verständlich.

---

113 Zu einer Summe von über 100% kommt es durch gleichzeitige Registrierung in mehreren verschiedenen Nizza-Klassen sowie die doppelte Zählung der Klasse 42 aufgrund der Vielzahl darin enthaltener Dienstleistungen (vgl. dazu auch Fußnote 108). So umfasst sie „wissenschaftliche und technologische Dienstleistungen und Forschungsarbeiten und diesbezügliche Designerdienstleistungen; industrielle Analyse- und Forschungsdienstleistungen; Entwurf und Entwicklung von Computerhard- und -software" (Nizza-Klassifikation, www.dpma.de/service/klassifikationen/nizzaklassifikation; 15.01.2017).

114 Aufgrund seiner schwachen, undeutlichen Semantik kann man sich die Frage stellen, ob *con* überhaupt schon ein onymisches Konfix oder doch noch ein beliebiger Splitter ist.

11.3.5 Konfixe *med(i), vita, viva, gen*

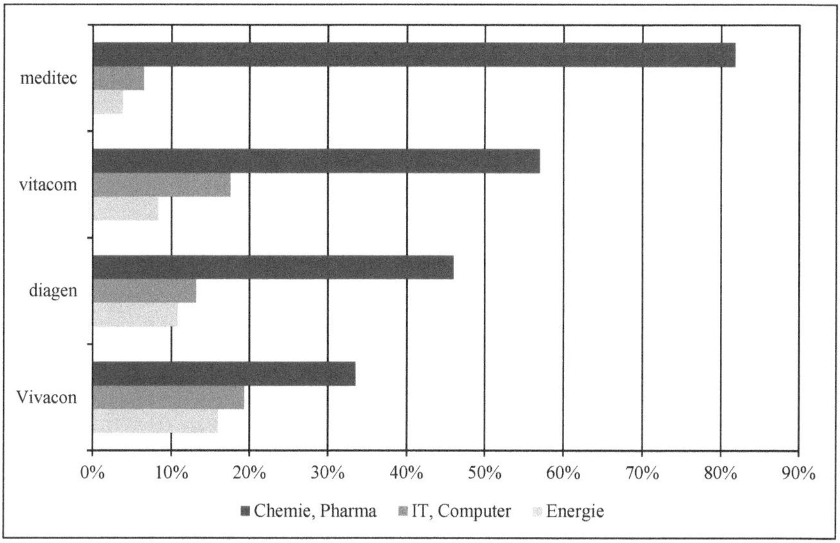

Abb. 118: Die drei insgesamt am häufigsten bei allen Firmen mit den Konfixen *medi, vita, viva* oder *gen* genannten Branchen mit ihren relativen Häufigkeiten für *meditec, vitacom, diagen* und *Vivacon*

Die vier Namenelemente *med(i), vita, viva, gen* umreißen das weite Feld von Gesundheit, Wohlbefinden, Medizin(technik), Arzneimitteln, Biochemie und Genetik. Ihren Ursprung haben sie in den Ausdrücken *Medizin*, lat. *vita* ('Leben, Lebenswandel, Lebensbeschreibung'), lat. *viva* ('lebend, lebendig') sowie *Genetik/Gentechnik*. Abgesehen von *med(i)* (vgl. RONNEBERGER-SIBOLD 2009b: 161-163) erscheint ihr Status als onymisches Konfix auf den ersten Blick fraglich, da sie ebenfalls als freie Wörter existieren; allerdings mit anderer Semantik. So meint *Vita* im heutigen Deutschen vornehmlich 'Lebensbeschreibung; Lebenslauf', d.h. den Lebenswandel einer konkreten Person oder dessen literarische Aufbereitung, in Marken- bzw. Unternehmensnamen hingegen eher allgemein 'Vitalität, Lebensfreude, Lebendigkeit'. In diesem Sinne wird auch der Baustein *viva* verwendet und nur selten wie die Interjektion 'Lang lebe'. *Gen* bezieht sich schließlich in Ergonymen kaum auf das einzelne Gen als Träger der Erbanlage eines Lebewesens, sondern in Gestalt einer Kürzung aus *Genetik* oder *Gentechnik* auf die dahinterstehende Wissenschaft bzw. Technologie. Das soeben skizzierte Bedeutungsspektrum entwickeln diese Elemente nur in gebundenem Zustand als Komponenten von Namen. Neben den eigenständigen Vorkommen als freie Lexeme sind also homonyme onymische Konfixe anzusetzen. Anders ließen sich die genannten Verwendungszusammenhänge in Verbindungen wie *Teevita* (*Leben(slauf) von Tee), *SUPERVIVA* (*Es lebe das Super) oder *OPTIGEN* (*perfekte Erbanlage) nicht befriedigend erklären.

Das Deutsche Patent- und Markenamt verzeichnet gegenwärtig 8.670 Marken mit *med(i)*, 65,2% davon in Erststellung. Das onymische Konfix *viva* weisen 68,2% der 745 einschlägigen Treffer am linken Rand auf, *vita* steht in 71,9% der 3.430 Belege initial.[115] Über die Hälfte dieser Namen ist in medizinisch-pharmazeutischen Produktgruppen oder für Gesundheitsdienstleistungen geschützt, konkret in den Nizza-Klassen 01 (chemische Erzeugnisse), 03 (Körperpflege), 05 (pharmazeutische Erzeugnisse), 09 (Messinstrumente), 10 (chirurgische Instrumente; Prothesen), 42 (Forschungsarbeiten), 44 (medizinische Dienstleistungen).[116] Mit 76,9% am stärksten auf die genannten Sektoren festgelegt zeigt sich dabei *med(i)*, gefolgt von *vita* (65,1%) und *viva* (57,2%). Eine solche Rangordnung nachlassender Konventionalisierung bestätigt auch die Untersuchung. Für 81,8% der TeilnehmerInnen gehört *meditec* der Chemie- bzw. Pharmabranche an, über die Hälfte denkt dies von *vitacom* (57,0%), aber nur noch ein gutes Drittel bei *Vivacon* (33,5%). Relativ exakt in der Mitte zwischen *vitacom* sowie *Vivacon* liegt *diagen* mit einem Wert von 46,0% für Chemie, Pharma. Auf den Plätzen zwei und drei rangieren jeweils IT, Computer sowie Energie (*meditec*: 6,5% bzw. 3,8%; *vitacom*: 17,7% bzw. 8,3%; *diagen*: 13,2% bzw. 10,8%; *Vivacon*: 19,3% bzw. 16,0%). Alle anderen Sparten sind praktisch bedeutungslos. Die Semantik von *medi* und *tec* ergänzt sich sinnvoll zu 'Medizintechnik', weshalb hier das mit Abstand eindeutigste Resultat überhaupt vorliegt (vgl. Kap. 11.3.2). *Med(i)* darf also, auch wegen seines häufigen Auftretens in einschlägigen Namen (s.o.), als weithin bekannt sowie charakteristisch für medizinische Produkte oder Dienstleistungen gelten. *Vita* dominiert *com* in der

[115] Da die Suche im DPMA-Register nach allen mit *Gen-* beginnenden oder auf *-gen* endenden Marken eine so große Trefferzahl liefert, welche die Datenbank aus technischen Gründen nicht mehr verarbeiten kann, muss eine detaillierte Analyse dieses onymischen Konfixes in aktuellen Markennamen unterbleiben.

[116] Auch hier ist wieder zu berücksichtigen, dass einige Nizza-Klassen relativ offen sind (vgl. Fußnote 112).

Form, dass deutlich mehr Befragte für die Chemie-/Pharma- als für die IT-Branche votieren. Obwohl das Erstglied *dia* opak ist, fällt das Ergebnis für *diagen* nicht mehr ganz so eindeutig aus. Die Kombination aus zwei unspezifischen, wenig konventionalisierten onymischen Konfixen wie in *Vivacon* führt zu noch größerer Unsicherheit, wobei sich *viva* gegenüber *con* behaupten kann. Insgesamt gerät *vita* demnach viel transparenter bzw. eindeutiger als *viva, com* oder *con* (vgl. Kap. 11.3.4).[117] Die teils große Diskrepanz zwischen beabsichtigter und erzielter Bedeutung von Unternehmensnamen wird bei *Vivacon AG* besonders deutlich. Zusammengesetzt aus lat. *vivax* 'langlebig, dauerhaft' sowie engl. *consult* 'beraten', handelt es sich realiter um die Firma eines Immobilienentwicklers (vgl. Kap. 4.1.8.8). Diese Branche findet in der Umfrage aber mit 2,7% die geringste Zustimmung.

Die beschriebenen Tendenzen stimmen in allen Altersgruppen und Bundesländern überein, während Verständlichkeit bzw. Transparenz der hier interessierenden onymischen Konfixe vom Bildungsgrad der TeilnehmerInnen abhängen. Bei allen zeigt sich eine relativ große Differenz hinsichtlich der Einschätzung als Pharmakonzern zwischen Befragten mit Hauptschulabschluss sowie denjenigen mit Hochschulreife plus ggf. einem Studium, im Falle von *diagen* beträgt sie 37,4 Prozentpunkte (36,7% vs. 74,1%). *Med(i)* und *vita* werden dabei von der Gesamtbevölkerung mehrheitlich verstanden, *gen* sowie *viva* hingegen nicht.

11.3.6 Weitere Namen

Neben den Konfixschöpfungen sind in diese Frage eine opake Personal- (*SchwarzfellerGraulich*) bzw. Phantasiefirma (*Enovon*) sowie eine halbtransparente gemischte Benennung mit Sachzusatz (*Primatec Industries*) aufgenommen worden. Dies geschah v.a. in der Absicht, Vergleichswerte zu erhalten und das Erkenntnisinteresse vor den TeilnehmerInnen wenigstens partiell zu verbergen. Da die bevorzugt ausgewählten Branchen erwartungsgemäß sehr heterogen ausfallen, wird hier auf ein Schaubild verzichtet.

[117] *Vita* und *viva* besitzen jeweils eine Silbe mehr als *com* bzw. *con*. Inwieweit die Länge Einfluss auf die Stärke eines onymischen Konfixes hat, müsste noch erforscht werden.

Bei *Schwarzfeller* und *Graulich* handelt es sich um zwei seltene deutsche Familiennamen, welche jedoch klar als solche erkennbar sind.[118] Die entsprechende Benennung wird von über der Hälfte der Befragten zu fast identischen Teilen der Baubranche (29,3%) oder der Schwerindustrie (27,8%) zugeordnet. Alle anderen vorgeschlagenen Möglichkeiten rangieren im einstelligen Prozentbereich. Damit stehen die Tradition sowie Beständigkeit ausstrahlenden reinen Personalfirmen insbesondere für klassische Branchen (vgl. Kap. 10.3.1). Nur hier kommen sie heutzutage auch in der Realität häufiger vor – zumindest was große Aktiengesellschaften anbelangt (vgl. Kap. 5.2; zur Situation kleinerer Betriebe vgl. FAHLBUSCH 2014). Ähnlich verhält es sich bei Frage 1. Dort erreichen Familiennamen alleine oder in Kombination für die Stahlbranche die höchsten Zustimmungswerte (vgl. Kap. 6.3.3), und in Frage 3 vertrauen 25,8% der potentiellen AnlegerInnen ihr Investitionsbudget in Höhe von 500 Euro dem *Baugeschäft Gebr. Helfmann* an (vgl. Kap. 7.3.2). Insgesamt fällt das Urteil aller TeilnehmerInnen zur Firma *SchwarzfellerGraulich* ungeachtet ihres Alters, Wohnsitzes oder Bildungsstandes tendenziell identisch aus.

Enovon halten 52,8% der Befragten für einen Energieversorger. Auf Platz zwei folgt mit 19,2% die Chemie-/Pharmabranche, alle anderen liegen unter zehn Prozent – ein einhelliges Votum für einen opaken Phantasienamen, der eigens für diese Studie kreiert worden ist. Gebildet aus *Energie*, lat. *novus* 'neu' sowie engl. *on* 'an, ein', erinnert er mit gleichem An- und Auslaut an *E.ON AG*. Aus ähnlichen Firmen der Energiewirtschaft wie *EnBW*, *Ensys*, *ENTEGA* etc. scheint sich derzeit ein neues Muster bzw. ein onymisches Konfix *En-* für diese Art von Unternehmen zu entwickeln. Auch der sehr hohe Sonoritätswert von 6,8, der *Enovon* etwas Weiches, Fließendes verleiht, passt ins Schema (*E.ON*: 7,7; *EnBW*: 6,3; *Ensys*: 5,8; *ENTEGA*: 6,0). In allen Alters- und Bildungsgruppen sowie Bundesländern kommt die Energiebranche hier stets auf Werte von um die 50 Prozent. Demnach können selbst intransparente reine Phantasienamen über eine bemerkenswert überindividuelle „Bedeutung“ verfügen.

Mit *Primatec* liegt eine Konfixschöpfung aus *prima* 'ausgezeichnet, großartig' plus *tec* (vgl. Kap. 11.3.2) innerhalb einer Mischfirma samt Sachzusatz *Indus-*

[118] Nach Ausweis der Datenbank vom DEUTSCHEN FAMILIENNAMENATLAS (DFA) lauteten im Jahre 2005 auf *Schwarzfeller* acht und auf *Graulich* 346 Festnetz-Telefonanschlüsse in der Bundesrepublik Deutschland.

tries vor. Letzterer weist auf die Schwerindustrie hin, ist aber nicht eindeutig genug (es könnte bspw. auch ein anderer Industriezweig gemeint sein), um das eher für Computertechnik sprechende *tec* klar zu dominieren: 35,0% der TeilnehmerInnen sehen in *Primatec Industries* einen Vertreter der Schwerindustrie, 19,2% entscheiden sich für Chemie, Pharma und 16,5% für IT, Computer. Die weiteren Möglichkeiten fallen mit maximal 8,7% (Energie) kaum ins Gewicht. Der Sachzusatz gerät damit zwar stärker als das onymische Konfix, vermag dessen Bedeutung aber nicht vollständig zu „neutralisieren". Bei den 14-19-Jährigen liegen Schwerindustrie (28,8%) sowie EDV-Branche (28,5%) gleichauf. Für diese neuen Technologien gegenüber recht aufgeschlossene Generation ist *tec* folglich spezifischer auf Technik festgelegt, d.h. konventionalisierter (vgl. Kap. 11.3.2). Mit Bildungsgrad oder Wohnsitz hat dies nichts zu tun.

11.4 Zusammenfassung und Interpretation der Befunde

Bei der Interpretation von Phantasiefirmen spielen Konfixe eine große Rolle. Durch Reihenbildung, d.h. ihr wiederholtes Auftreten in ähnlichen Strukturen, werden diese kleinen, gebundenen Einheiten mit einer spezifischen Semantik aufgeladen. Letztere muss dabei nicht unbedingt derjenigen des Ursprungslexems entsprechen, aus dem sie sich entwickelt haben, sondern kann über eine gänzlich andere Akzentsetzung verfügen. Mit Konfixen kreierte Firmen werden von einem nicht unerheblichen Teil der Bevölkerung „verstanden" sowie der richtigen Branche zugeordnet.[119] Dank ihres Einsatzes geraten die Benennungen als Ganzes halbtransparent und charakterisieren dadurch das Unternehmen bereits ein Stück weit, ohne jedoch allzu viel zu „verraten" bzw. das Tätigkeitsfeld übermäßig detailliert zu beschreiben – heutzutage äußerst wichtige Anforderungen (vgl. Kap. 8.2.3). Die Bedeutsamkeit der Konfixe bestätigen auch die Ergebnisse der Umfrage: Trotz fiktiver Phantasiefirmen entscheidet sich mindestens jede/r dritte TeilnehmerIn für dieselbe Branche, was klare Favoriten zur Folge hat, welche Abb. 119 jeweils nach Häufigkeit gestuft aufführt.

---

[119] Selbstverständlich funktioniert dies nur, wenn man bereits bei der Namenentwicklung den spezifischen Aussagewert der eingesetzten onymischen Konfixe entsprechend berücksichtigt und ausschließlich thematisch passende Bausteine verwendet hat.

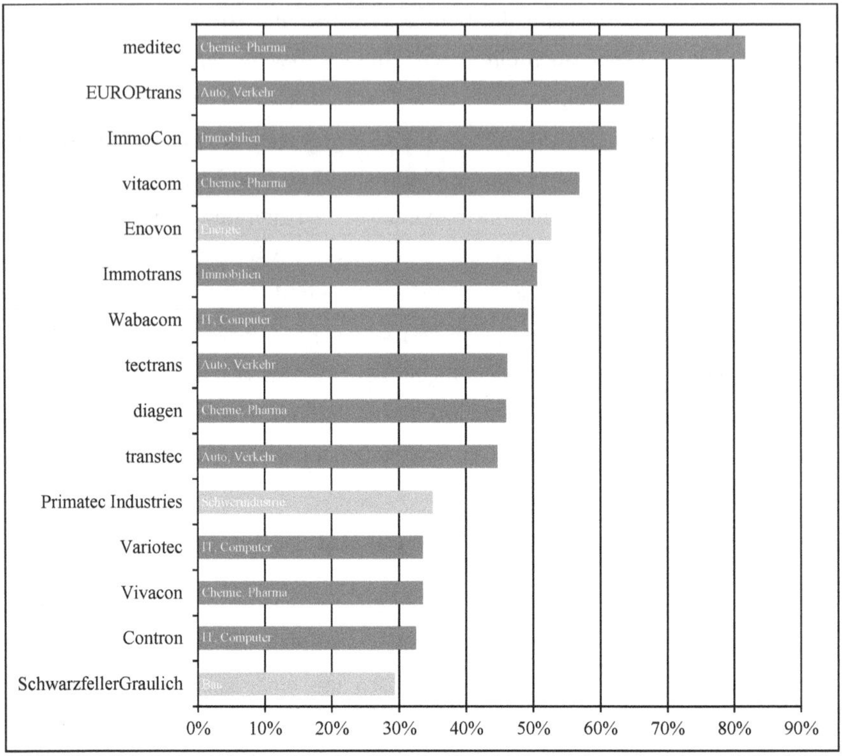

Abb. 119: Die am häufigsten gewählte Branche je Firma

Die Relevanz von Konfixen darf bei der Ergonymentwicklung folglich nicht unterschätzt werden. Mit ihrem je spezifischen Bedeutungsspektrum treten sie produktiv fast ausnahmslos in Marken- sowie Unternehmensnamen auf, die wiederum oft ganz bewusst gültige Wortbildungsmodelle verletzen und sich so von regulären fachsprachlichen Bildungen unterscheiden. Um die hier interessierenden Elemente von okkasionellen Splittern abgrenzen zu können, wurde die Kategorie „onymisches Konfix“ eingeführt. Diese umfasst sämtliche reihenbildenden, gebundenen Bausteine, welche mit eigener Semantik nur in Namen erscheinen. Sie sind zwar nicht positionsfest, d.h. auf einen genauen Platz innerhalb der Wortschöpfung festgelegt, doch kommt jede untersuchte Einheit im DPMA-Register zu wenigstens 65% entweder ausschließlich initial oder nur final vor. Eine übergeordnete Bevorzugung einer bestimmten Lage lässt sich nicht ausmachen. Ferner gilt auch kein Kopf-rechts-Prinzip; bei Kombinationen zweier solcher Elemente entscheidet nicht automatisch das Letztglied über die Gesamtbedeutung, sondern vielmehr das spezifischere bzw. transparentere, sprich das konventionalisiertere.[120]

Dass die onymischen Konfixe unterschiedlich dominant sind, hat Abb. 119 bereits veranschaulicht. Nun sollen sie in eine Rangfolge ihrer Stärke gebracht, also eine Konventionalisierungshierarchie aufgestellt werden. Die Skala in Abb. 120 basiert auf den Einschätzungen der Studien-TeilnehmerInnen und präsentiert aus deren Sicht die relative Abfolge der Transparenz von zehn onymischen Konfixen.[121] Berechnet ist diese als Durchschnitt der Zustimmungswerte zur insgesamt am häufigsten genannten Branche für das jeweilige Element.

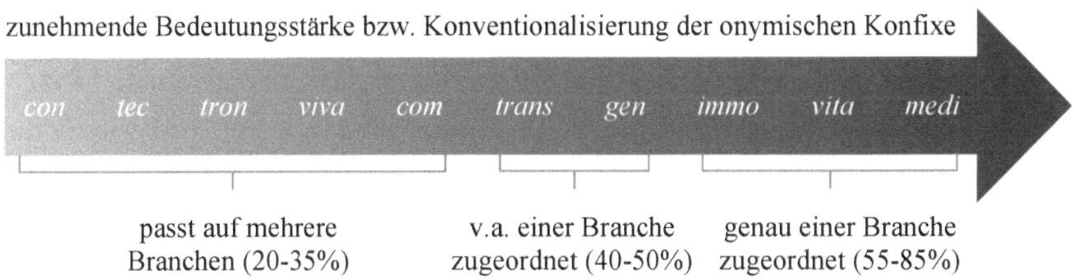

Abb. 120: Konventionalisierungshierarchie von zehn onymischen Konfixen[122]

Zusammenfassend können folgende Punkte festgehalten werden:

- Je konventionalisierter ein onymisches Konfix, desto greifbarer bzw. spezifischer seine Semantik, und desto enger ist es mit einer konkreten Branche verknüpft.[123]

[120] Bei Phantasiefirmen sind keine Kopfstrukturen nachweisbar, bei komplexen Namen mit weiteren Zusätzen befindet sich der Kopf aber am linken Rand, wie die Kürzungen in Internetadressen zeigen, vgl. FAHLBUSCH (2013: 191). In der offiziellen Form bildet stets die Rechtsformangabe am rechten Rand den Kopf.

[121] Das onymische Konfix *europ* scheint nur in Verbindung mit *trans* wirklich eindeutig für die Transportbranche zu stehen und ist hier auch wegen mangelnder Vergleichsmöglichkeiten nicht berücksichtigt.

[122] Grundlage bildet die Einschätzung der KundInnen, nicht der reale Einsatz in Unternehmensnamen einer bestimmten Branche. Die Prozentwerte geben die durchschnittliche Zustimmung zum am häufigsten genannten Wirtschaftszweig für ein onymisches Konfix an.

[123] Mit der Deutlichkeit bzw. Konventionalisierung der onymischen Konfixe nimmt in der Studie auch ihre Länge zu. Möglicherweise besteht hier ein Zusammenhang.

- Je konventionalisierter ein onymisches Konfix, desto stärker dominiert es andere Bestandteile, und desto eindeutiger fällt schließlich die „Bedeutung“ des Gesamtnamens aus.
- Die allgemeine Verständlichkeit eines Namens hängt ab von der Konventionalisierung des oder der onymischen Konfixe und der inhaltlichen Passfähigkeit untereinander bzw. zu anderen Elementen.
- Das transparentere, konventionalisiertere onymische Konfix steuert die „Bedeutung“ des Gesamtnamens, egal an welcher Stelle es steht.
- Ein weniger stark konventionalisiertes onymisches Konfix bestimmt nur dann die „Bedeutung“ des Gesamtnamens, wenn das oder die anderen Elemente opak sind.

Die hellgrauen Balken in Abb. 119 betreffen drei abweichend gebildete Firmen. Wie *Enovon* zeigt, können selbst reine Phantasienamen eine feste, überindividuelle „Bedeutung“ aufweisen, die in diesem Fall gar mit der Entwicklung eines neuen Strukturmusters für Energieunternehmen (*En-X*) bzw. der möglichen Herausbildung eigener onymischer Konfixe (*En-*, *-on*) einhergeht. Dass es zur Verdeutlichung nicht unbedingt eines Sachhinweises bedarf, demonstriert *Primatec Industries*. Um die KundInnen nämlich tatsächlich besser zu informieren als Konfixschöpfungen, müssen diese Zusätze volltransparent und detaillierter als bspw. *Industries* geraten. Familiennamen schließlich verbindet man mit Traditionsbetrieben. Der geringe Prozentsatz für *SchwarzfellerGraulich* in Abb. 119 rührt einzig daher, dass die beiden klassischen Branchen Schwerindustrie sowie Bau nahezu identische Werte erzielen; zusammen kommen sie auf 57,1%.

Alter, Bildungsstand und Herkunft der Befragten üben insgesamt keinen großen Einfluss auf die Wahrnehmung onymischer Konfixe aus; nur bei einigen Vertretern fallen sie stärker ins Gewicht: Tendenziell ist der Baustein *tec* für jüngere TeilnehmerInnen auf die IT-Sparte festgelegt. *Immo*, *med(i)*, *vita*, *viva* sowie *gen* geraten für die Befragten mit zunehmendem Grad formaler Bildung verständlicher, wobei die meisten onymischen Konfixe von großen Teilen der Gesamtbevölkerung richtig gedeutet werden. Gezielt eingebaut, lassen sich mit onymischen Konfixen also bestimmte Schlüsselreize setzen, Rezeption sowie Interpretation einer Firma lenken.

Verwendung

12. Genus der Unternehmensnamen

12.1 Anlage der Frage

Die TeilnehmerInnen sollen hier (Frage 5) 30 zu Zehnerblöcken gruppierte Sätze mit je einem Unternehmensnamen hinsichtlich des Genus der Firmen beurteilen, was aus der Fragestellung „Wie wird der Name verwendet?“ aber nicht hervorgeht. Sämtliche dargebotenen Aktiengesellschaften entstammen dem Korpus und repräsentieren eine Mischung bekannter und weniger geläufiger aktueller Firmen. Vom Stil her könnten die Beispiele im Wirtschaftsteil jeder Tageszeitung erscheinen, die Kontexte sind jedoch frei erfunden. Ein Vorab-Test hat die Vermutung bestätigt, dass die offiziellen Vollformen der Unternehmensnamen inklusive Rechtsformangabe, aber ohne weitere fakultative Ergänzungen (bspw. *Gruppe*, *Hersteller*, *Konzern*), zu 100% feminin klassifiziert werden. Gleiches gilt bei eindeutigen Sachzusätzen wie *Bank*, weswegen auf solche unstrittigen Fälle verzichtet wird. Ansonsten kann man das Genus nicht an der Firma (Controller) selbst, sondern lediglich an kongruierenden Einheiten wie Artikeln oder Pronomen (Targets) ablesen. Diese Information trägt hier jeweils nur ein Controller, wobei verschiedene Targets zum Einsatz kommen.

Kasus, Satzbau, syntaktische Entfernung zwischen Controller und Target werden ebenfalls abgewechselt. Die Verteilung von Wortarten, Genera und Benennungsmotiven richtet sich nach deren Frequenz in der Realität (vgl. Kap. 12.4), so kommen Definitartikel sowie Possessiva häufiger vor als Relativ- oder Personalpronomen, und das Femininum überwiegt. Auf diese Weise soll sichergestellt sein, dass sich die TeilnehmerInnen wegen zu vieler ungewohnter Konstruktionen nicht überfordert fühlen. Die Firmen stehen ausnahmslos im Singular (bzw. mit Verb im Singular), weil die Genusunterscheidung im Plural neutralisiert ist und zwei gleichnamige Aktiengesellschaften, auf die man im Plural referieren müsste, darüber hinaus ohnehin nur äußerst selten existieren (vgl. Kap. 2.2).[124] Aus dem gleichen Grund erübrigt sich der Indefinitartikel, da

[124] Dies passiert bei bekannteren Aktiengesellschaften nur in Ausnahmefällen, etwa wenn auf das Stamm-Unternehmen und eine ausländische Tochter in der Alltagssprache mit demselben Namen referiert wird.

dieser nur in speziellen Kontexten auftauchen kann.[125] Graphematische Besonderheiten werden prinzipiell nicht übernommen, außer bei Binnenmajuskeln, Buchstabierakronymen oder zur Disambiguierung im Fall von *LEONI*:

01) Der Personalvorstand **der Qiagen** ist gestern zurückgetreten.
02) Rita Müller war eine der ersten Abteilungsleiterinnen **bei der Celesio**.
03) **Fraport, das** für die Ausbaupläne kritisiert wurde, geht in die Offensive.
04) **Kuka** betont, dass **sie** nicht in Billiglohnländern produziert.
05) Ein entlassener Mitarbeiter prozessiert gegen **die QSC**.
06) **Dürr** kooperiert mit **seinen** Kunden bei der Produktentwicklung.
07) Ich entscheide mich für **Gagfah, die** auf Tierversuche verzichtet.
08) **Die Roth & Rau** feiert im August 25-jähriges Bestehen.
09) Im zweiten Halbjahr ist **das Gesco** kräftig gewachsen.
10) **Nordex** hat 2010 das beste Ergebnis **seiner** Geschichte erzielt.

11) **Aixtron** befindet sich im Aufwind. Daher sucht **sie** neue Mitarbeiter.
12) **Singulus Technologies** baut **seine** Werkstoff-Kompetenz weiter aus.
13) **Die HeidelbergCement** stellt hochwertige Baustoffe her.
14) **Arques Industries** verlegt **ihre** Verwaltung nach Berlin.
15) Viele Anleger vertrauen **dem Indus Holding** ihr Geld an.
16) **KWS Saat** ist bekannt für **seine** ausgezeichneten Produkte.
17) Ohne **die Rheinmetall** gäbe es nur wenige Arbeitsplätze in Northeim.
18) Timo bewirbt sich bei **Curanum**, weil **es** gut bezahlt.
19) Der Aktienkurs **der Axel Springer** ist im Keller.
20) **MAN** stellt **ihre** Neuheiten auf der IAA vor.

21) Die vielen Beschwerden machen **der Carl Zeiss Meditec** zu schaffen.
22) **Lanxess** will weiter wachsen. Dazu expandiert **er** in die USA.
23) **Escada** erwartet positive Verkaufszahlen **seines** neuen Parfüms.
24) Der neue Wohnpark **der TAG Immobilien** ist bezugsfertig.
25) **Phönix Solar, die** 2009 gegründet wurde, steht wirtschaftlich gut da.

---

125 Bspw. in Vergleichen wie „Würde mich nicht wundern, wenn das ein zweites Infineon wird" (http://boerse. freenet.de/forum/all/381930/thread?fsecu=308; 21.09.2013).

26) **BayWa** wurde für **seinen** Internet-Auftritt prämiert.

27) **Sixt** hebt **ihre** Gewinnerwartung für das zweite Quartal an.

28) Die Kanzlerin besucht heute **SGL Carbon, der** in Bochum produziert.

29) Für das vergangene Jahr hat **der Delticom** gute Zahlen vorgelegt.

30) **LEONI** entlässt Hunderte **ihrer** Mitarbeiter.

Zur Beurteilung der genannten Sätze steht den TeilnehmerInnen eine vierstufige Skala mit den beiden Polen „sprachlich richtig“ am linken und „sprachlich falsch“ am rechten Rand zur Verfügung, wobei die zwei anderen Positionen mit „eher richtig“ bzw. „eher falsch“ umschrieben werden könnten. Eine mittlere Ausweichkategorie („unentschieden“) sowie die Möglichkeit, überhaupt keine Angabe zu machen, fehlen, um den Befragten eine eindeutige Entscheidung abzuverlangen. Auf diese Weise müssen sie klar Stellung beziehen, ob der jeweilige Satz ihrer Meinung nach akzeptabel ist oder nicht – unabhängig von ihrer eigenen Verwendung solcher Formulierungen.

12.2 Erkenntnisinteresse

Zu Verwendung und Genus der Unternehmensnamen schreibt die DUDEN-GRAMMATIK (^{8}2009: §1574): „Abkürzungen wie *GmbH, AG* können einem Firmennamen als Nebenkern folgen. Der eigentliche Firmenname ist Hauptkern und bestimmt das Genus des Gesamtausdrucks.“ Dies funktioniert allerdings nur bei genuinen Gattungseigennamen ohne Rechtsformangabe problemlos, d.h. Benennungen mit fest umrissenen (deutschen) Sachhinweisen, wie den angeführten Beispielen *das Gentechnische Institut* oder *der Deutsche Milchhof*.[126] Gerade große Aktiengesellschaften bauen diese Zusätze aber nicht erst in letzter Zeit verstärkt ab (vgl. Kap. 4.2.5), was zu Unsicherheiten bei der Genuszuweisung führen kann. An anderer Stelle heißt es denn auch (ebd. §251): „Artikellose Firmennamen schwanken zwischen Neutrum und Femininum; beides ist standardsprachlich korrekt.“

[126] Schwankungen können bei diesen Namen mit maskulinen oder neutralen deutschen Sachzusätzen gerade dann bestehen, wenn die feminine Rechtsformangabe genannt wird. Ob es also immer „der deutsche Milchhof AG“ etc. lautet, wäre zu prüfen (vgl. Fußnote 132). Zur Bedeutung der Rechtsform für die Genuszuweisung vgl. Kap. 12.5.2.

Hier setzt dieses Kapitel an und möchte ermitteln, ob man Unternehmensnamen eher maskulin, feminin oder neutral klassifiziert bzw. welche Faktoren dies steuern, sowie versuchen, in der Diachronie Erklärungsansätze für die bereits beschriebenen Schwankungen zu finden. Um sowohl das Sprachempfinden der Bevölkerung als auch den tatsächlichen Gebrauch abzubilden, kommt ein zweistufiges empirisches Vorgehen zur Anwendung, mit einem Akzeptanztest ausgewählter Beispielsätze im Fragebogen (Kap. 12.3) und anschließender Cosmas II-Korpusrecherche zu den identischen Firmen (Kap. 12.4). Erstere Methode führt eine bewusste Entscheidungssituation herbei, während Letztere den „spontanen" Sprachgebrauch abzubilden hilft. Zunächst geht es also darum, welches Genus die TeilnehmerInnen als richtig bzw. möglich akzeptieren, und dann darum, wie sie Unternehmensnamen auch wirklich „intuitiv" verwenden.

12.3 Auswertung

Zur Auswertung gelangen nur diejenigen Bögen, in denen bei jedem Beispielsatz genau ein Kreuz gesetzt worden ist. Alle anderen bleiben unberücksichtigt. Ebenso wird mit TeilnehmerInnen verfahren, welche pro Zehnerblock ausnahmslos eine der vier möglichen Einschätzungen bezüglich der sprachlichen Richtigkeit ausgewählt haben. Daraus resultieren folgende absolute Zahlen je Altersklasse (die 600 repräsentativen Bögen sind hierin enthalten):

Alter	**TeilnehmerInnen**
14-19	306
20-29	535
30-39	235
40-49	303
50-59	221
60-69	229
70-89	176
Summe	2005

Tab. 28: Anzahl vollständig ausgefüllter Rückläufer nach Alter (Frage 5)

Bereits bei der ersten Durchsicht der Daten fällt auf, dass die Genus-Klassifikation der Unternehmensnamen stark vom Target abhängt. Daher erfolgt die

Analyse getrennt nach Personalpronomina, Definitartikel, Relativpronomina und Possessiva (Kap. 12.3.1 bis 12.3.4). Die genannte Reihung ergibt sich aus dem Grad der Festgelegtheit auf ein bestimmtes Genus. Ein Diagramm weist jeweils die Einschätzung der TeilnehmerInnen bezüglich der sprachlichen Richtigkeit aller betreffenden Beispielsätze aus, nennt Person, Genus, Numerus, Kasus der interessierenden Wortart. Dabei werden die vier im Fragebogen angebotenen Urteilskategorien zu den zwei Positionen „richtig" sowie „falsch" zusammengefasst, um ein pointierteres Bild zu erhalten. Es folgt eine genaue Erläuterung des Diagramms, die mit Bemerkungen zu auffälligen, durch das Bildungsniveau der Befragten induzierten Abweichungen schließt, wofür zusätzlich zu den zuvor ausgewerteten 600 repräsentativen nun sämtliche korrekt ausgefüllten Fragebögen herangezogen werden. Da weder im Hinblick auf die Herkunft der TeilnehmerInnen noch aufgrund ihres Alters signifikante Unterschiede auszumachen sind, unterbleibt eine diesbezügliche Analyse. Wie die Firmen aus den Beispielsätzen in Pressetexten verwendet werden, beleuchtet Kap. 12.4 anhand einer Recherche in Cosmas II. Kap. 12.5.1 fasst schließlich die zuvor getätigten Beobachtungen je Wortart vergleichend zusammen, während Kap. 12.5.2 eine Erklärung der heutigen Genus-Klassifikation bzw. -schwankung aus der Genese der Unternehmensnamen versucht.

12.3.1 Unternehmensnamen und Personalpronomina

Die Personalpronomina liefern das am klarsten gestufte Ergebnis, obwohl ihre Verwendung im Zusammenhang mit Unternehmensnamen ziemlich ungewohnt klingt (*Kuka betont, dass sie nicht in Billiglohnländern produziert*). Auch in der Presse tauchen sie nach Ausweis der Cosmas II-Recherche praktisch gar nicht auf (vgl. Kap. 12.4). Das Femininum sehen über 60% der TeilnehmerInnen als korrekt an (*Kuka*: 61,2%, *Aixtron*: 60,3%), maskuliner Gebrauch wird nur zu 42,2% akzeptiert und der neutrale Beispielsatz schließlich mit großer Mehrheit (72,0%) zurückgewiesen. Allerdings findet das Femininum in anderen Zusammenhängen teils deutlich höhere Zustimmung. Dies lässt sich vielleicht mit der Unüblichkeit solcher Wendungen im Alltag erklären. Bezeichnend ist aber, dass trotzdem eine große Mehrheit für das Femininum sowie gegen Maskulinum und Neutrum stimmt. Bei *Kuka* könnte man einwenden, dass eine auf *a* endende Firma das Femininum begünstigt, weil sie als (fremder) weiblicher Rufname aufgefasst wird. Jedoch unterscheidet sich der Zuspruch in seiner Höhe kaum vom *Aixtron*-Beispiel, welches eher männliche Strukturmerkmale aufweist. Das neutrale Personalpronomen lehnen die meisten Befragten als falsch ab, mit dem insgesamt geringsten Wert für die erste Kategorie („sprachlich richtig") bzw. dem jeweils höchsten für die Klassen drei sowie vier („sprachlich falsch"). Und das, obwohl die Endsilbe *um* eigentlich das Neutrum stützen sollte. Hinsichtlich des Bildungsgrads ergibt sich nur beim maskulinen Personalpronomen eine klare Differenz von 31,6 Prozentpunkten zwischen TeilnehmerInnen mit Hauptschulabschluss (47,2% Zustimmung) sowie solchen mit Abitur bzw. Hochschulstudium (15,6% Zustimmung), ansonsten fällt das Votum relativ einheitlich aus.

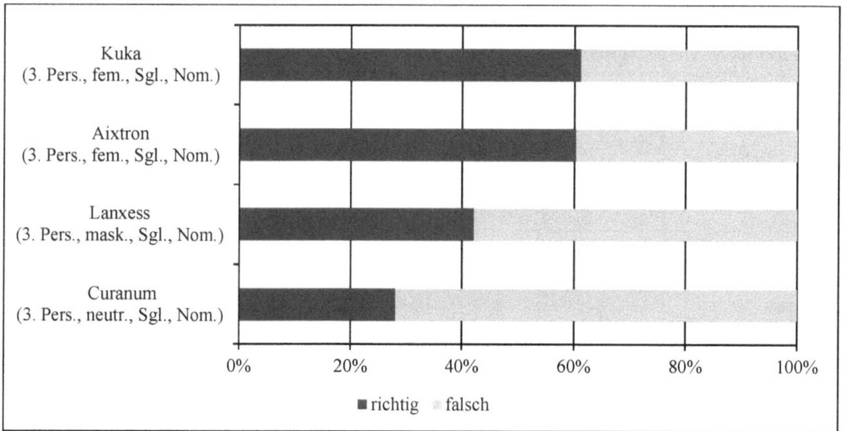

Abb. 121: Einschätzung der sprachlichen Richtigkeit
bei Anzeige des Genus durch Personalpronomina

12.3.2 Unternehmensnamen und Definitartikel

Der bestimmte Artikel stellt den häufigsten genusanzeigenden Begleiter von Unternehmensnamen dar. Auch hier fällt das Votum wieder sehr eindeutig zugunsten des Femininums und gegen Maskulinum sowie Neutrum aus. Im Schnitt halten über 70% der TeilnehmerInnen feminines Genus für sprachlich einwandfrei (*HeidelbergCement*: 80,5%, *Carl Zeiss Meditec*: 79,8%, *Qiagen*, *Celesio*: beide 76,7%, *Rheinmetall*: 74,5%, *QSC*: 74,0%, *Roth & Rau*: 67,8%), beim maskulinen ist nur noch gut jede/r Zweite dieser Meinung (*Delticom*: 54,0%), die neutrale Verwendung sehen dann lediglich 39,8% als korrekt an. Doppeldeutiges *Viele Anleger vertrauen dem Indus Holding ihr Geld an* (maskulin/ neutral) liegt zwischen den rein maskulinen bzw. neutralen Beispielen (49,7%).

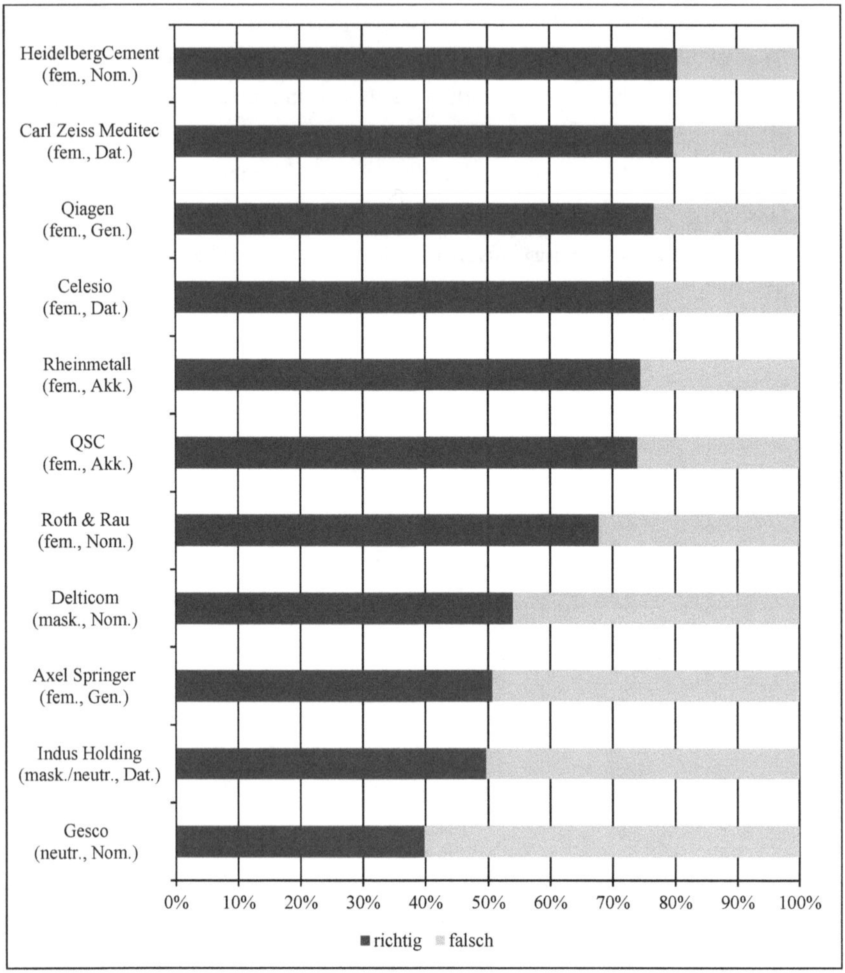

Abb. 122: Einschätzung der sprachlichen Richtigkeit bei Anzeige des Genus durch Definitartikel

Einzige Ausnahme bildet der Satz *Der Aktienkurs der Axel Springer ist im Keller*. Bei diesem recht „progressiven" Gebrauch, wo biologisches und grammatisches Geschlecht kollidieren, sind die Befragten fast exakt in BefürworterInnen sowie GegnerInnen gespalten (50,7% vs. 49,3%). Die Familiennamen *Roth & Rau* (mit Verb im Singular!) stoßen zwar auf deutlich mehr Zustimmung, geraten aber dennoch zum Schlusslicht der anderen femininen Verwendungen. Abgesehen davon hat das Benennungsmotiv praktisch keinen Einfluss auf die Einschätzung der TeilnehmerInnen: Sach- (*HeidelbergCement*), Misch- (*Carl Zeiss Meditec*) und Phantasiefirmen (*Qiagen*) liegen bspw. nahezu gleichauf. Auch Buchstabierakronyme (*QSC*) sowie eigentlich männlich konnotierte Wortschöpfungen auf *-o* (*Celesio*) werden überwiegend feminin klassifiziert. Gleiches gilt für die beiden Namen mit den Appellativa *Zement* bzw. *Metall*, welche per se maskulin bzw. neutral sind (*der Heidelberger Zement* (Appellativ) vs. *die HeidelbergCement* (Unternehmen), *das Rheinmetall* (Appellativ) vs. *die Rheinmetall* (Unternehmen)).

Den mit 83,3% größten Zuspruch überhaupt kann *TAG Immobilien* verbuchen. Dieser Name taucht jedoch nicht im Schaubild auf, weil er nur als Testitem gedacht war, um zu sehen, ob die Frage verstanden sowie richtig beantwortet wurde. Da im Genitiv Plural sämtliche Genera im Artikel *der* zusammenfallen, ist der Satz in allen Lesarten vollkommen korrekt, was das hohe Ergebnis auch deutlich macht. Allein bei drei Beispielen kommt es zu stärkeren Abweichungen zwischen dem niedrigsten sowie dem höchsten Bildungsniveau. Stets hält ein deutlich größerer Teil der Befragten mit Hauptschulabschluss den maskulinen bzw. neutralen Definitartikel für sprachlich korrekt (*Delticom*: 61,7%, *Indus Holding*: 53,1%, *Gesco*: 46,6%) als die Gruppe mit Abitur oder Hochschulstudium (*Delticom*: 25,9%, *Indus Holding*: 22,7%, *Gesco*: 16,4%). Abgesehen von diesen drei Ausreißern liegen die Werte aller Lager aber recht nah beieinander und lassen somit – zumindest beim Femininum – keinen generellen Einfluss des Bildungsniveaus erkennen.

12.3.3 Unternehmensnamen und Relativpronomina

Ein dominierendes Femininum (*Phönix Solar*: 76,2%, *Gagfah*: 58,2%) sowie ein mehrheitlich als falsch eingestuftes Maskulinum (61,2%) – auch das Relativpronomen als Target reiht sich tendenziell in die bisherigen Erkenntnisse zum Genus von Unternehmensnamen ein. Verwundern darf aber hier die mit 64,3% hohe Zustimmung zum neutralen Gebrauch in *Fraport, das für die Ausbaupläne kritisiert wurde, geht in die Offensive*. Zumal gerade diese Firma in den Medien äußerst präsent ist und dort überwiegend feminin verwendet wird (vgl. Kap. 12.4). Vielleicht hängt das diffuse Bild mit einer der geringen Frequenz von Relativpronomen bei Unternehmensnamen geschuldeten grundlegenden Unsicherheit der TeilnehmerInnen zusammen. Dennoch sind sich die vier Bildungsgruppen sehr einig, und es kommt hier zu keinerlei größeren Unterschieden bei der Beurteilung der sprachlichen Richtigkeit.

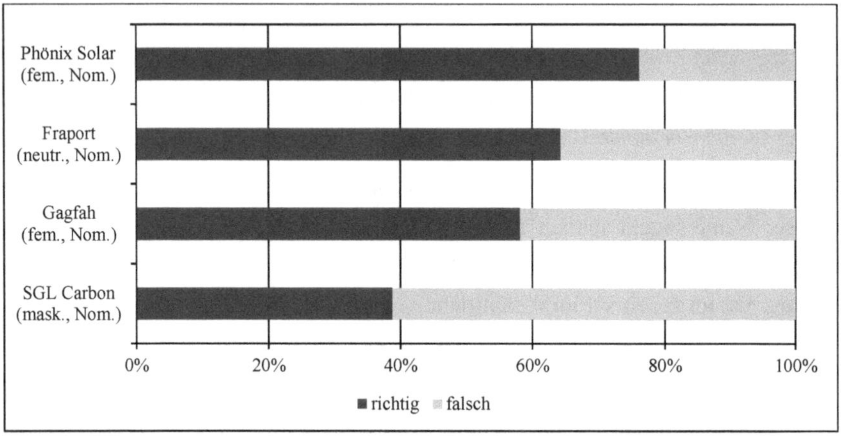

Abb. 123: Einschätzung der sprachlichen Richtigkeit bei Anzeige des Genus durch Relativpronomina

12.3.4 Unternehmensnamen und Possessivpronomina

Am widersprüchlichsten gerät das TeilnehmerInnen-Votum bezüglich des Targets Possessivum. Alle zehn Beispielsätze werden mehrheitlich als sprachlich richtig eingestuft, und zwar jeweils zu über 60%. Das Femininum (*Arques Industries*: 76,0%, *LEONI*: 69,8%, *MAN*: 68,2%, *Sixt*: 62,5%) fällt dabei in der Gunst der Befragten tendenziell hinter Maskulinum sowie Neutrum zurück, welche man aufgrund ihrer Homonymie nicht einzeln ausweisen kann (*Nordex*: 81,7%, *KWS Saat*: 79,7%, *Singulus Technologies*: 79,0%, *Dürr*: 76,5%, *BayWa*: 69,8%, *Escada*: 65,8%).

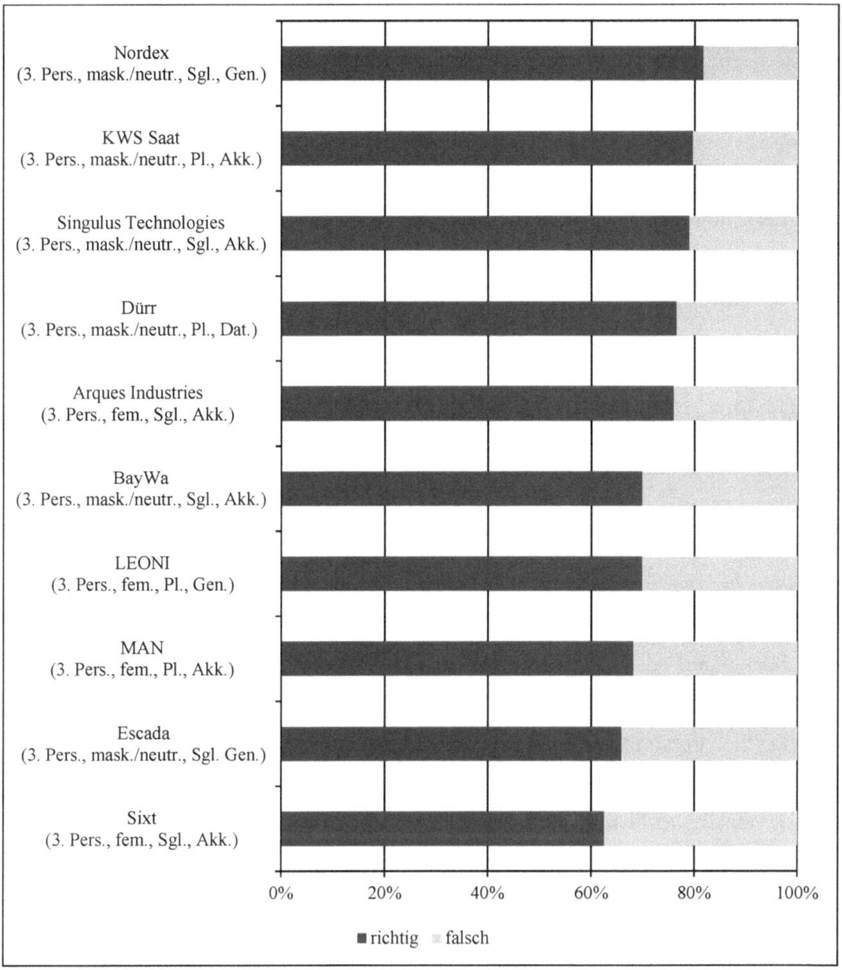

Abb. 124: Einschätzung der sprachlichen Richtigkeit bei Anzeige des Genus durch Possessivpronomina

Dass die Firmen tatsächlich als solche wahrgenommen werden, erkennt man an pluralischem *Singulus Technologies* und *Arques Industries* mit Verb sowie Possessivum im Singular. Dieser zu über 75% sanktionierte Gebrauch kann nur bei Eigennamen korrekt sein (andernfalls forderten *Technologies* und *Industries* den Plural). Das Benennungsmotiv scheint keinen größeren Einfluss auf die Beurteilung der sprachlichen Richtigkeit auszuüben. Phonosemantik vermag zwar manche Einschätzungen zu erklären, aber nicht alle. So erzielt *Nordex* möglicherweise deshalb mit knapp 82% die höchste Zustimmung aller Beispielsätze, weil das maskuline/neutrale Pronomen zur „männlichen" Namenstruktur auf *ex* passt. Umgekehrt sieht es bei *BayWa* und *Escada* aus. Sehr sonor, auf *a* auslautend, damit eher weiblich assoziiert, akzeptieren dennoch jeweils über 65% der TeilnehmerInnen das Maskulinum. Auch das Ursprungsgenus hilft nicht weiter – wie bei Namen üblich wird es überblendet. So harmoniert *MAN* (obwohl Ähnlichkeit mit *Mann* aufweisend) gut mit dem Femininum, während das zu einem weiblichen Rufnamen homonyme *LEONI* keinen hohen Zuspruch dafür auslöst; hier liegt Differenzialgenus vor. Daneben führt *die Saat* in *KWS Saat* nicht zur mehrheitlichen Ablehnung der maskulinen/neutralen Klassifizierung.

Bei Familiennamen scheint das Femininum deutlich weniger zu überzeugen als Maskulinum bzw. Neutrum: *Sixt hebt ihre Gewinnerwartung für das zweite Quartal an* landet auf dem letzten Platz, während *Dürr kooperiert mit seinen Kunden bei der Produktentwicklung* zu über 75% als akzeptabel gilt. Vielleicht stellen sich die Befragten hier einen handelnden männlichen Unternehmer vor. In Bezug auf das Bildungsniveau werden die größten Differenzen beim femininen Possessivum offenbar, und zwar für das Buchstabierakronym *MAN* sowie die Personalfirma *Sixt*. Von den TeilnehmerInnen mit Hauptschulabschluss mehrheitlich gebilligt (*MAN*: 74,5%, *Sixt*: 66,6%), lehnen Befragte mit Hochschulreife bzw. -abschluss diese Verwendung größtenteils ab (*MAN*: 48,0%, *Sixt*: 37,6% Zustimmung). Ansonsten liegen die vier Bildungsgrade mit ihren Urteilen nicht weit auseinander.

12.4 Verwendung von Unternehmensnamen in Pressetexten

Nach Beurteilung der sprachlichen Richtigkeit konstruierter Beispielsätze soll nun die tatsächliche Verwendung von Firmen im Mittelpunkt stehen, um nicht nur die Anteile der drei Genera im Speziellen, sondern auch Artikelgebrauch, Umschreibungen etc. generell in ihrer jeweils charakteristischen Frequenz analysieren zu können. Dazu wurden die Belege der im Fragebogen behandelten 30 Unternehmen in Cosmas II erhoben.[127] Ausgeschlossen bleiben u.a.

[127] Die Recherchen sind im April 2012 durchgeführt worden.

Wikipedia-Einträge, Benennungen ohne weiteren Kontext, gleichlautende Markennamen, Bezeichnungen mit anderer Referenz, etwa auf konkrete Gebäude wie Geschäftsstellen oder Werke, lebende bzw. verstorbene Persönlichkeiten, Aktien der Gesellschaft etc. So kann *Axel Springer* auch den Verleger meinen, *(das) Curanum* sich auf ein konkretes Pflegeheim beziehen und *Escada* den Namen eines Pferdes darstellen. Da die Belegzahlen der einzelnen Konzerne in ihrer Höhe sehr unterschiedlich ausfallen (bspw. 3 für *Phönix Solar* vs. 5.069 für *Fraport*) beschränkt sich die Analyse auf eine Zufallsauswahl von jeweils 100 einschlägigen Treffern samt Kontext, wobei diejenigen Unternehmen, die seltener als hundertmal auftreten, nicht berücksichtigt werden.[128] Es verbleiben schließlich 17 Firmen (Nennung in der Reihenfolge ihres Auftretens im Fragebogen): *Qiagen, Celesio, Fraport, Kuka, Gagfah, Nordex, HeidelbergCement, Rheinmetall, Axel Springer, MAN, Lanxess, Escada, BayWa, Sixt, SGL Carbon, Delticom, LEONI*, mithin 1.700 Belege aus der Zeit zwischen 1985 und 2011. Abb. 125 zeigt, in welchen syntaktischen Zusammenhängen die Namen vorkommen. Das Benennungsmotiv nimmt hierauf keinen Einfluss, weshalb es nicht eigens ausgewiesen ist.

Jeder zweite Beleg (49,9%) kommt ohne Erweiterung aus, d.h., er hat weder Artikel noch Rechtsformangabe bei sich und wird nicht gesondert eingeführt; dergestalt treten Firmen in Überschriften aber auch im Fließtext auf („Celesio hatte Ende März bekanntgegeben, den Anteil an pharmexx von 30 auf 65 Prozent aufzustocken“, Mannheimer Morgen, 04.07.2009). Ein Drittel (33,3%) steht mit sogenannter explikativer Apposition, einer zusätzlichen Gattungsbezeichnung zur näheren Erläuterung („Der Roboter- und Anlagenbauer Kuka verschafft sich finanziell Luft“, Hannoversche Allgemeine, 07.11.2009). Weitere Umschreibungen sind etwa *Biotechunternehmen* (für *Qiagen*), *Nutzfahrzeughersteller* (für *MAN*), *Online-Reifenhändler* (für *Delticom*). Auf diese Weise vermitteln JournalistInnen ihren LeserInnen Zusatzinformationen über den Geschäftszweck der Gesellschaft oder führen diese in einer Art Vorstellungshandlung neu ein. Wie das große Medienhaus *Axel Springer* belegt, das zu 66,0% solche stereotypen Appositionen aufweist, hängt deren Einsatz nicht zwangsläufig mit der

[128] Die Personalfirma *Dürr* kann aufgrund des Zusammenfalls mit dem gleichlautenden Adjektiv 'abgestorben; trocken; mager' nicht berücksichtigt werden.

(Un)bekanntheit des Unternehmens zusammen, sondern auch mit der Syntax sowie dem Bestreben nach Disambiguierung, um bspw. in diesem Fall jedwede Verwechslung mit der namengebenden Verlegerpersönlichkeit auszuschließen („Der Axel Springer Verlag[129] verabschiedet sich von seiner 10prozentigen Beteiligung am europäischen Online-Dienst AOL“, Computer Zeitung, 12.11. 1998). Sporadisch werden die Firmen in ihrer Vollform inklusive Rechtsformangabe geführt, was einigermaßen offiziell klingt (8,9%; „Die Rheinmetall AG wird ihr Grundkapital um 30 Millionen DM auf 180 Millionen DM erhöhen“, Rhein-Zeitung, 16.10.1997), oder allein mit dem Definitartikel versehen (7,9%; „Der renaturierte Steinbruch Weisenau wurde von der HeidelbergCement gestern den Bürgerinnen und Bürgern übergeben“, Rhein-Zeitung, 24.09.2005).

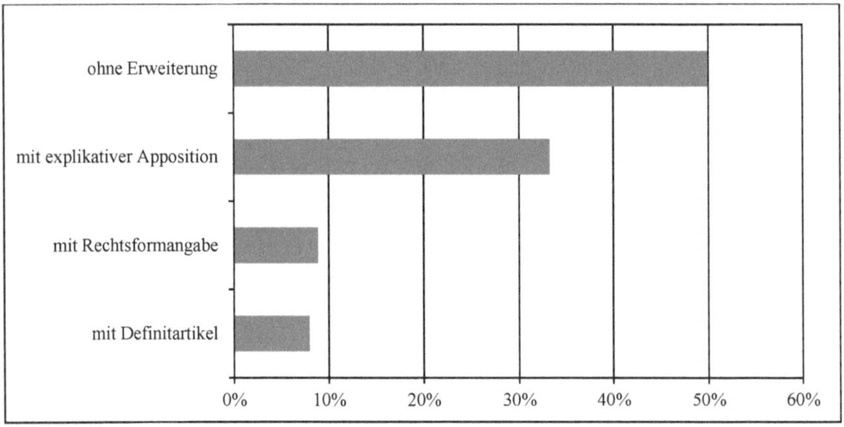

Abb. 125: Verwendung der Unternehmensnamen in Pressetexten[130]

Alle Namen bringen eigene, charakteristische Verwendungsweisen sowie Auffälligkeiten hervor, die von den genannten Mittelwerten teils recht stark abweichen. Bestimmte Präferenzen können durch interne Redaktionsregeln der Zeitungen oder den Gebrauch in Pressemitteilungen der Unternehmen selbst zu-

129 Der offizielle Unternehmensname lautet seit 2003 *Axel Springer Aktiengesellschaft*.

130 Artikellose Unternehmensnamen, welche durch ein Pronomen wiederaufgenommen werden, zählen zur Kategorie „ohne Erweiterung“. Firmen mit Rechtsformangabe, die eine explikative Apposition hinzunehmen, sind dem Typ „mit Rechtsformangabe“ zugeschlagen. Definitartikel (inklusive Klitisierungen) werden nur als solche registriert, wenn sie ohne zusätzliche Rechtsformangabe, explikative Apposition etc. auftreten.

stande kommen. So hört bzw. liest man häufig *die BASF*, *die Lufthansa*, *die TUI*. Von den Beispielen werden etwa *Axel Springer*, *BayWa* und *Gagfah* nur ganz selten alleine verwendet. Zu Ersterem treten hauptsächlich explikative Appositionen (s.o.), die letzteren beiden nehmen stattdessen den femininen Definitartikel (39,0%; „Wegen der ungünstigen Witterung ist die BayWa ins neue Jahr mit einem Umsatzminus gestartet", Frankfurter Rundschau, 11.05.1999 bzw. 50,0%; „Die Gagfah will die Kosten der Mieter senken", Braunschweiger Zeitung, 09.11.2007).[131] Liegen im Einzelfall auch unterschiedliche Häufigkeiten vor, so sind die globalen Tendenzen doch recht stabil, was u.a. die weitgehende Übereinstimmung von Mittelwert und Median zeigt (ohne Erweiterung: 49,9% bzw. 55,0%, mit explikativer Apposition: 33,3% bzw. 31,0%, mit Rechtsformangabe: 8,9% bzw. 7,0%, mit Definitartikel: 7,9% bzw. 2,0%).

Das Genus wird bei Erweiterung durch eine explikative Apposition von der Gattungsbezeichnung als Kern der Phrase bestimmt. Allerdings liegen keine genuinen Gattungseigennamen vor, weil es sich bei den Zusätzen nicht um obligatorische Firmenbestandteile handelt. Ist der Name um die Rechtsform ergänzt, erhält er wegen *die Aktiengesellschaft* zu 82,1% den femininen Definitartikel. Treten jedoch den Geschäftszweck näher charakterisierende, ausnahmslos maskuline oder neutrale Appellativa hinzu (Konstruktionen mit explikativen Appositionen sind hier subsumiert), so regeln sie die Genuszuweisung – als Maskulinum (11,3%; „Nach dem Beschluss der Bundesregierung zum Atomausstieg rechnet der Windkraftanlagenhersteller Nordex AG mit einer positiven Geschäftsentwicklung", Hamburger Morgenpost, 09.06.2011) bzw. Neutrum (1,3%; „Die Bewerbung der bayerischen Landeshauptstadt für die Olympischen Winterspiele [...] hat mit dem Handels- und Dienstleistungsunternehmen BayWa AG einen weiteren Unterstützer gefunden", Nürnberger Nachrichten, 01.06.2010) – und vermögen folglich das Femininum von *die Aktiengesellschaft*

[131] In Pressemitteilungen und auf ihrer Homepage nutzen beide Gesellschaften auch selbst solche Formulierungen: „Wir wollen [...] die Attraktivität einer Investition in die GAGFAH [...] nachhaltig steigern" (www.gagfah.com/de/investor-relations.html), „Die BayWa bietet ein großes Sortiment und umfassende Beratung in den Bereichen Agrar, Energie und Bau" (www.baywa.de; jeweils 25.09.2013). Das Genus richtet sich hier wohl nach der ehemaligen offiziellen Vollform *Gemeinnützige Aktien-Gesellschaft für Angestellten-Heimstätten* bzw. *Bayerische Warenvermittlung landwirtschaftlicher Genossenschaften* (vgl. Kap. 12.5.2).

zu brechen.[132] In 5,3% der Fälle steht der Unternehmensname inklusive *AG* schließlich ohne Artikel, sodass er kein Genus erkennen lässt („Leoni AG stärkt Roboter-Zweig", Nürnberger Nachrichten, 10.01.2008).

Erscheint die Benennung mit Definitartikel, doch ohne weitere Begleiter oder Ergänzungen, so ist dieser stets feminin („Rechtlich kann die Fraport damit bereits mit dem Bau beginnen", Mannheimer Morgen, 18.01.2005).[133] Das Genus autonom auftretender Unternehmensnamen lässt sich nur im Falle pronominaler Wiederaufnahme[134] ablesen. Letztere trifft man allerdings äußerst selten an, genauer gesagt in lediglich 6,2% der Firmen ohne Erweiterung. Am häufigsten erscheint dabei noch das Possessivum (5,9%) vor den praktisch bedeutungslosen Personal- (0,2%) und Relativpronomina (0,1%). Während 96,0% der Possessiva maskulin bzw. neutral sind („Fraport gewährt seinem mit Abstand größten Kunden am Flughafen Frankfurt Preisnachlässe", Rhein-Zeitung, 28.09.2005), gibt es Personal- und Relativpronomina ausschließlich in femininer Form („„Das ist typisch Gagfah', sagt Willi Lehmpfuhl vom ‚Mieterverein zu Hamburg'. ‚Sie hält den Mieter hin [...]'", Hamburger Morgenpost, 15.04.2009; „Seit April 2001 ist Kottmann Mitglied des Vorstands von SGL Carbon, die Produkte aus Verbundmaterialien herstellt", St. Galler Tagblatt, 05.09.2008). Eine besondere Affinität zum Possessivum legt dabei *Escada* an den Tag mit zehn entsprechenden Belegen („Weltweit berühmt wurde Escada mit seinen bestickten Abendroben, die Kunstwerk und Kostbarkeit sind", Nürnberger Zeitung, 29.06.2006). Abb. 126 präsentiert das inhärente, d.h. nicht „fremdbestimmte" Genus je nach Target.

In nur gut jedem zehnten Fall (11,0%) nimmt der/die JournalistIn also einzig auf Basis des reinen Unternehmensnamens eine eindeutige Festlegung vor und gibt dessen inhärentes Genus an – durch Definitartikel (7,9%) oder Pronomina

[132] Ein im Namen selbst enthaltenes maskulines (*Verlag*) oder neutrales (*Karbon*) Appellativ kann dies jedoch nicht: „Bernhard Servatius, langjähriger Vorsitzender des Aufsichtsrats der Axel Springer Verlag AG, gibt zum 30. Juni sein Amt auf", Mannheimer Morgen, 04.05.2002; „Die SGL Carbon AG weist Vermutungen zurück, daß der Konzern illegale Preisabsprachen mit Konkurrenten vorgenommen hat", Rhein-Zeitung, 07.06.1997).

[133] Vier Firmen begegnen indes nie allein mit dem bestimmten Artikel: *Axel Springer, Lanxess, Escada, Sixt.*

[134] Ich betrachte nur die einmalige Genusanzeige bei Firmen ohne Erweiterung (Artikel, Rechtsform, explikative Apposition). Zudem kann lediglich die unmittelbare Wiederaufnahme im gleichen oder folgenden Satz beobachtet werden.

(3,1%).[135] Insgesamt überwiegt das Femininum (74,4%) deutlich vor Maskulinum sowie Neutrum (je 12,8%).[136] Viel häufiger (88,9%)[137] bringt er/sie das Genus nicht an die Oberfläche, verweigert jegliche Festlegung durch genusanzeigende Wendungen und nutzt stattdessen formelhafte Umschreibungen oder die Angabe der Rechtsform als Ausweichstrategie, wo sich das Genus dann nach der externen explikativen Apposition bzw. der Rechtsform richtet. Da man am häufigsten ganz ohne Sichtbarmachung des inhärenten Genus auskommt, kann man die Firmen zwar nicht als genuslos, aber doch als verhältnismäßig genusschwach bezeichnen.

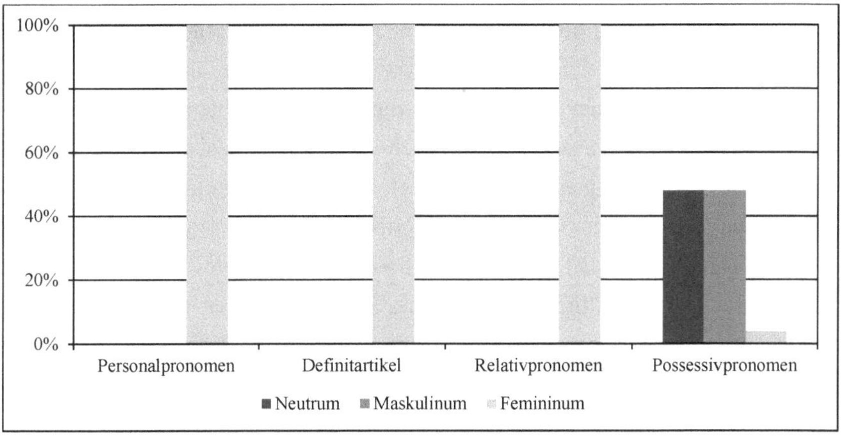

Abb. 126: Genus der Unternehmensnamen in Abhängigkeit von der genusanzeigenden Wortart (tatsächliche Verwendung in Pressetexten)[138]

[135] Hierzu zählen pronominale Wiederaufnahme und Definitartikel bei Firmen ohne sonstige Ergänzungen.

[136] Maskulinum und Neutrum lassen sich beim Possessivum nicht trennen. Daher ist der entsprechende Wert beiden Genera jeweils zur Hälfte zugeschlagen.

[137] Hierzu zählen Firmen mit explikativer Apposition, ohne Begleiter und ohne pronominale Wiederaufnahme sowie mit Rechtsformangabe.

[138] Der Wert für Maskulinum und Neutrum beim Possessivum ist wieder beiden Genera zur Hälfte zugerechnet. Stets muss aber bedacht werden, dass es für Personal- und Relativpronomen kaum Belege gibt.

12.5 Zusammenfassung und Interpretation der Befunde

12.5.1 Genuszuweisungen der Unternehmensnamen

Der Akzeptanztest offenbart größere Unsicherheiten in der Bevölkerung hinsichtlich des Genus von Unternehmensnamen, wobei die Beurteilung der 30 Beispielsätze insgesamt doch sehr positiv ausfällt. Ihre Schwierigkeiten bei der Zuordnung beschreibt eine Teilnehmerin wie folgt: „Ich glaube, im wirklichen Leben ist es bei neuen Kunstnamen nicht einfach, den richtigen Artikel zu finden. Ich kann mir vorstellen, dass ich beim Lesen des Wirtschaftsteiles häufig ‚stolpern‘ würde und mich fragte, ob der Schreiber richtig liegt“ (60-69). Diese generelle Schwankung dürfte einen, wenn nicht den Hauptgrund darstellen für die vielfältigen Ausweichstrategien in Alltag wie Presse, um eine eindeutige Anzeige des inhärenten Genus zu vermeiden. Eine übergreifende Tendenz scheint zunächst nicht auszumachen. Auch ist weder ein besonderer Einfluss des Lebensalters der Befragten erkennbar noch hängt die Beurteilung von ihrer Herkunft bzw. ihrem Wohnort ab. Größere Differenzen gibt es nur in sechs Einzelfällen hinsichtlich des Bildungsniveaus, doch kann man keinen generellen Trend daraus ableiten. Auffällig bleibt nur, dass TeilnehmerInnen mit Hauptschulabschluss hier deutlich toleranter sind als diejenigen mit Abitur bzw. Hochschulstudium, was allerdings auch nicht immer gilt. Das Benennungsmotiv übt ebenfalls keinen nennenswerten Einfluss aus, etwas größere Unsicherheiten bestehen lediglich bei Personalfirmen.

Die Beurteilung der sprachlichen Richtigkeit hängt vielmehr vornehmlich mit der genusanzeigenden Wortart zusammen. Während bei Personalpronomen und Definitartikel im Schnitt klar das Femininum (60,8% bzw. 72,6%) vor Maskulinum (42,2% bzw. 51,9%) sowie Neutrum (28,0% bzw. 44,8%) dominiert, weisen feminine und neutrale Relativpronomina eine hohe Akzeptanz auf (67,2% bzw. 64,3%), im Gegensatz zu den maskulinen Varianten (38,8%). Für das Possessivum resultieren schließlich nahezu ausgeglichene Werte mit leichtem Vorherrschen von homonymem Maskulinum/Neutrum (feminin: 69,1%, maskulin bzw. neutral: 75,4%). Abb. 127 präsentiert die durchschnittliche Einschätzung der drei Genera durch die Befragten als „sprachlich richtig“ je nach Target.

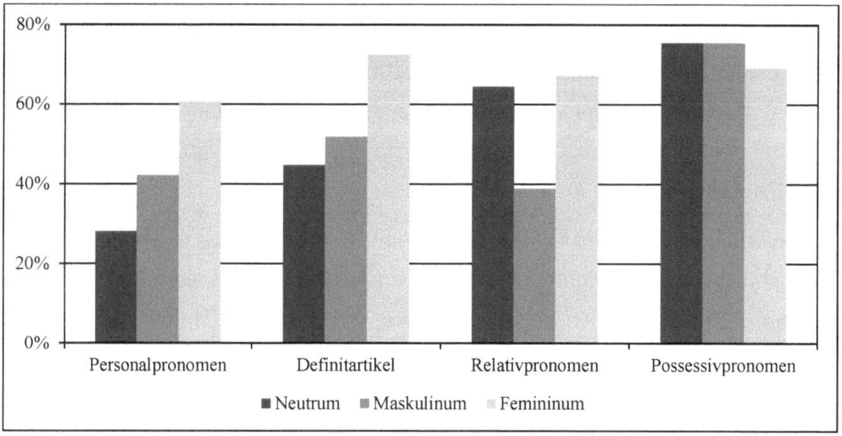

Abb. 127: Genus der Unternehmensnamen in Abhängigkeit von der genusanzeigenden Wortart (Einschätzung sprachlicher Richtigkeit durch TeilnehmerInnen der Umfrage)[139]

Insgesamt sehen zwei Drittel (67,4%) das Femininum als korrekt an, vor Maskulinum und Neutrum, wo sich befürwortende sowie ablehnende Stimmen in etwa die Waage halten (52,1% vs. 47,9% bzw. 53,1% vs. 46,9%). Viele Sätze gehen somit als richtig durch – diese „wohlwollende" Beurteilung unterstreicht abermals die beobachtete generelle Verunsicherung. Von der Tendenz her decken sich die beiden aus der Korpusrecherche (Abb. 126) sowie der Umfrage (Abb. 127) gewonnenen Schaubilder, obwohl die TeilnehmerInnen viel mehr Konstruktionen theoretisch für möglich halten, als man dann praktisch umsetzt. In der Presse liegt das Femininum immer an der Spitze (100%) und wird nur beim Possessivum (4,0%) von Maskulinum bzw. Neutrum (je 48,0%) überrundet. Dies gilt tendenziell auch für die Beurteilung der Beispielsätze, doch fallen die Ergebnisse hier weniger pointiert aus. Alles in allem lässt sich eine mehr oder minder klare Aufteilung beobachten: Femininum bei Definitartikel, Personal- und Relativpronomina vs. Maskulinum/Neutrum beim Possessivum als Target. Das Femininum ist jedoch in allen Kontexten möglich, es wird nie von einer Mehrheit abgelehnt, vielmehr hält mindestens jede/r Zweite die entsprechenden Konstruktionen für einwandfrei. Folglich könnte man es trotz der skizzierten Schwankungen als Default-Genus für Unternehmensnamen bezeichnen.

---

139 Die ambigen Fälle wurden jeweils zur Gänze Maskulinum sowie Neutrum zugeschlagen. Satz 24 ist hier nicht berücksichtigt, vgl. Kap. 12.3.2.

12.5.2 Erklärungsansätze heutiger Genuszuweisungen

Wie kann man die heutige Genus-Klassifikation der Unternehmensnamen erklären? Diese Frage versucht das vorliegende Kapitel zunächst rein synchron zu beantworten, um anschließend die diachrone Entwicklung aufzuzeigen und aus der Historie zukünftige Trends abzuleiten.

Hinsichtlich der Dominanz des Femininums führt die Aussage einer Studien-Teilnehmerin auf die richtige Spur: „Wenn ich die Firma kannte, habe ich mir den vollständigen Namen vorgestellt, etwa X AG oder Y GmbH" (60-69). Die offizielle, im Handelsregister eingetragene Fassung einer jeden Firma muss die gesetzlich geforderte Angabe der Rechtsform in ausgeschriebener bzw. abgekürzter Form einschließen, bspw. *Aktiengesellschaft* (*AG*), *Gesellschaft mit beschränkter Haftung* (*GmbH*), *Kommanditgesellschaft* (*KG*), *Offene Handelsgesellschaft* (*OHG*), um nur die wichtigsten Ausprägungen zu nennen. Es fällt auf, dass sie allesamt das Grundwort *Gesellschaft* enthalten und daher ausnahmslos feminin sind – wie auch die zugehörigen Vollformen der Benennungen (vgl. Fußnoten 126 und 132). Wegen seiner Unhandlichkeit unterbleibt der rechtlich fixierte Hinweis auf etwaige Haftungsbeschränkungen in der Alltagskommunikation jedoch oft.

Allerdings ist das Genus jenes (ausgelassenen) offiziellen Sockels häufig bereits auf den Rest übergegangen, sodass dieser Hauptname selbst produktiv das Femininum als **Sockelgenus** zugewiesen bekommt (vgl. FAHLBUSCH/NÜBLING 2014). Entgegen der DUDEN-GRAMMATIK ([8]2009: §251) beruht es keinesfalls auf mehr oder minder willkürlichen, spontan hinzugedachten Ergänzungen, sondern dem Rückgriff auf die amtliche Vollform. Der **Basisbegriff** *die Firma* könnte zwar für feminine Klassifikation sorgen, doch erscheint dieses Leitwortprinzip recht fragwürdig und ohne größere Beweiskraft, weil genauso gut *das Unternehmen* oder *der Konzern* denkbar wären, sich also sämtliche Genera auf diese Weise motivieren ließen.[140] Darüber hinaus dient das Genus manchmal zur

[140] Laut DUDEN ZWEIFELSFÄLLE ([7]2011: 317f.) „richtet sich das Genus entweder nach dem vollständigen Firmennamen (also: *[Die Robert] Bosch [GmbH] hat ihre Umsatzprognosen erhöht. [...]*) oder auch nach einem in Gedanken zu ergänzenden ‚das Unternehmen' *([Das Unternehmen] Bosch hat seine Umsatzprognosen erhöht)*. Stilistisch besser ist es in diesen Fällen, den vollständigen Firmennamen zu verwenden: *Die Robert Bosch GmbH hat ihre Umsatzprognosen erhöht.*"

Differenzierung von Unternehmen (*die Curanum* = AG) sowie konkretem Standort (*das Curanum* = Altenheim; vgl. Kap. 12.4).[141]

Wie aber kommt das maskuline bzw. neutrale Possessivum zustande? Hier wirken möglicherweise auf **Metonymie** beruhende Assoziationsketten. Vielleicht werden gerade hinter Beispielen wie „Nordex hat 2010 das beste Ergebnis seiner Geschichte erzielt“ oder „KWS Saat ist bekannt für seine ausgezeichneten Produkte“ stellvertretend für die Aktiengesellschaft als Ganzes handelnde, natürliche (männliche) Personen wie Unternehmerpersönlichkeiten, Vorstandsmitglieder, Manager etc. vermutet, die Maskulinum evozieren (vgl. JOBIN 2004: 204-221). Feminine Definitartikel, Personal- und Relativpronomina bezögen sich eher auf das abstrakte Unternehmen als Organisationseinheit. Allerdings ist das Phänomen ebenfalls in anderen Kontexten zu beobachten, sodass man es evtl. mit einer Übergeneralisierung von *sein-* zulasten von *ihr-* zu tun hat, *sein-* also in Bezug auf den Possessor genusunterspezifiziert ist.[142]

Die Unsicherheiten, welche sich im Gebrauch manifestieren und ihren Ausdruck in den beiden soeben beschriebenen Zuweisungsmustern finden, liegen in der bereits beobachteten generellen Genusschwäche aktueller Firmen begründet. Um Letztere indes erklären zu können, muss man weiter in die Geschichte der Unternehmen zurückgehen, einen Blick auf die frühesten Namenformen werfen. Dabei lassen sich vier typische Etappen identifizieren. Abb. 128 modelliert diese charakteristische Entwicklung von den Anfängen bis heute (mit Ausblick auf die

---

[141] Häufig nimmt man im Alltag eine onymische Transposition vor, spricht nicht vom Unternehmen als abstrakte Organisationseinheit, bspw. „Ich arbeite bei der Karstadt (Warenhaus GmbH)“, „Die VIAS (GmbH) betreibt die Rheingau-Linie“, sondern von einem konkreten Ort (Kaufhaus, Zug, Fabrik etc.), bspw. „Wir gehen ins/in den Karstadt“, „Ich fahre mit dem VIAS“. Zur Analyse der Genuszuweisung muss daher stets die Referenz, also die Namenart genau bestimmt werden. Bei den offiziellen Firmen sorgt die Rechtsformangabe als Sockel für feminines Genus, beim einzelnen Ort sind es lexikalische Genus-Assoziationen (bspw. *das Kaufhaus/der Laden, der Zug*).

[142] Weitere Beispiele: „Die Innenstadt war vor der Expo im Jahr 2000 berüchtigt für seine Drogenszene“, Frankfurter Rundschau, 23.01.2014; „Perlhuhnbrust mit seinem Ragout“, Speisekarte *Tropeano Di-Vino*, Hannover, März 2014; „Malaysia Airlines bangt um seine Zukunft […] Demnach sollte Malaysia Airlines zuerst von der Börse genommen werden, im Anschluss daran sollen ihre profitablen Segmente verkauft werden. […] Sollte Malaysia Airlines nun in seine Teile zerlegt werden […]“, Spiegel Online, 19.07.2014; „Obwohl die ARD den Technikfehler bei seinem ‚Quizduell‘ nicht in den Griff bekommen hat […]“, T-Online, 13.05.2014 etc. Der umgekehrte Fall ist nicht möglich, so hört man bspw. nie „Ich gehe gerne zum Kaufhof aufgrund ihres großen Angebots.“

Zukunft) und nennt zur Veranschaulichung jeweils ein Beispiel. Dort ist der genusanzeigende bestimmte Artikel fett gedruckt, ebenso der Controller, welcher die Genusinformation enthält.

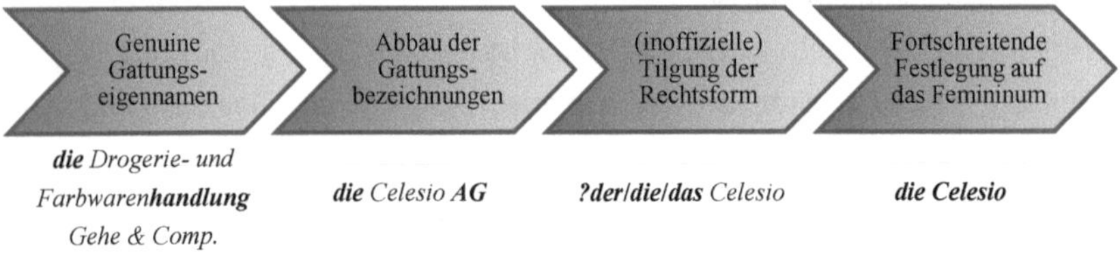

Abb. 128: Entwicklung des femininen Unternehmensnamengenus

Selbstverständlich müssen Namengenese und Genuserstarrung nicht exakt so ablaufen wie in Abb. 128 schematisch dargestellt. Einmal entfällt eine Etappe, das andere Mal kommt es zu Überschneidungen etc. Zeitlich können die einzelnen Stufen zudem nicht näher fixiert werden, da jüngere wie ältere Unternehmen jeweils ganz ähnliche Stadien durchlaufen – nur eben in unterschiedlichen Jahrzehnten und von längerer oder kürzerer Dauer. Die folgenden Passagen beschreiben alle vier Abschnitte ausführlich.

Etappe 1: Genuine Gattungseigennamen. 79,6% der vor 1900 gegründeten Aktiengesellschaften aus dem Korpus tragen genuine Gattungseigennamen.[143] Ein die Branche, Erzeugnisse und/oder Produktionsstätte näher kennzeichnender, deskriptiver Ausdruck ist bei ihnen integraler Bestandteil der reinen, noch in keiner Weise extern erweiterten offiziellen Firma (*Badische Anilin- & Soda-Fabrik*, 1865 > *BASF SE*; vgl. dazu auch Kap. 4.1.1.1). Solcherlei Sachergänzungen bzw. Mikrogattungsnamen (zur Terminologie vgl. Harweg 1983: 160) wie *Bauanstalt*, *Fabrik*, *Werk* etc. bilden den Sockel der Benennungen und legen unmittelbar deren inhärentes Genus fest – zu 89,7% auf das Femininum, zu lediglich 10,3% auf das Neutrum. Teilweise wird sogar die Rechtsformangabe nicht einfach nur nachgestellt, sondern vollständig integriert (*Westfälisch-Anhaltische Sprengstoff-Actien-Gesellschaft Chemische Fabriken*, 1891 > *H&R*

[143] Beim Rest handelt es sich um reine Personalfirmen wie *Eduard Vossloh*, 1888 > *Vossloh Aktiengesellschaft*.

WASAG Aktiengesellschaft). Seit der Wende zum 20. Jahrhundert ist für alle im Handelsregister eingetragenen Firmen ein Hinweis auf die Rechtsform verbindlich, vorher gab es unterschiedliche Regelungen (vgl. Kap. 2.2).

Etappe 2: Abbau der Gattungsbezeichnungen. Im Laufe der Zeit bauen immer mehr Unternehmen die ehemals festen Sachzusätze in ihren Namen sukzessive ab – die obligatorische Rechtsformangabe ausgenommen. Damit schrumpft der appellative Sockel bis auf das gesetzlich erforderliche Minimum, was die Firmen insgesamt kürzer und intransparenter macht (vgl. Kap. 4.2.5 und FAHLBUSCH 2013). Die Entwicklung vom genuinen hin zum nicht-genuinen Gattungseigennamen, bei dem die Kategorisierung erst extern in Form einer fallweisen explikativen Apposition erfolgen muss (vgl. HARWEG 1983: 160), wird also lediglich durch die vorgeschriebene Rechtsformnennung aufgehalten. Allein diese vermag dem Gesamtausdruck weiterhin das Femininum zuzuweisen. Der meist neu kreierte, phantasievolle Hauptname ohne appellative Strukturen ist dazu per se nicht in der Lage, da er kein inhärentes Genus mehr zeitigt. Selbst wenn die Firmen heute noch Sachzusätze enthalten, fällt (auch nach großzügiger Zählung) nur ein Viertel von ihnen nach wie vor rein deutsch bzw. eindeutig genug aus, um zuverlässig genusklassifizierend zu wirken.

Etappe 3: (inoffizielle) Tilgung der Rechtsform. Nachdem die Gattungsbezeichnungen diachron mehrheitlich entfallen sind, schwinden auch die Rechtsformangaben – zumindest aus dem alltäglichen Sprachgebrauch und der Presse, wo sie nur in weniger als jedem zehnten Beleg (8,9%, vgl. Kap. 12.4) auftauchen; allein in offiziellen Kontexten begegnen *AG*, *GmbH*, *KG* etc. häufiger. Unterschieden werden muss folglich zwischen dem amtlichen Unternehmensnamen inklusive Rechtsformangabe mit femininem Genus sowie im Alltag verwendeten, praktischeren Kurzformen. Letztere verfügen meist über keinen Bestandteil mehr, an dem man das Genus des Gesamtausdrucks festmachen könnte. Daraus resultieren die beschriebenen Unsicherheiten im Gebrauch und diverse Vermeidungsstrategien (vgl. Kap. 12.4). Die Firmen (genuine Gattungseigennamen) sind praktisch auf ihren Kern (Hauptname) reduziert worden, der mehrheitlich kein inhärentes Genus aufweist. Zur eindeutigen Bestimmung sowie adäquaten Integration in die Syntax behelfen sich die SprecherInnen nun fallweise mit fakultativen Ergänzungen (bspw. *Betreiber*, *Hersteller*, *Konzern*, ggf. in entsprechenden Komposita). Die ehemaligen Gattungsbezeichnungen fügt man also teilweise in Form explikativer Ergänzungen dem genuslosen Firmenkern wieder ad hoc hinzu. Als Ergebnis entstehen aber keine genuinen Gattungseigennamen, weil diese Appellativa nicht zur offiziellen Firma gehören.

Etappe 4: Fortschreitende Festlegung auf das Femininum. Das Femininum der ausgefallenen appellativen bzw. praktisch nicht mehr genutzten (Rest-) Sockel *AG*, *GmbH*, *KG* etc. geht schlussendlich auf den Kern der Firmen über, wodurch diese Klasse ihr eigenes onymisches Genus herausbildet, das neue Unternehmensnamen als referentielles Default-Genus künftig produktiv zugewiesen bekommen (vgl. FAHLBUSCH/NÜBLING 2014). Den Generalisierungs- oder Fixierungsprozess mit den begleitenden Schwankungen kann man derzeit beobachten. In dessen Zuge gewinnt das Femininum allmählich die Oberhand, dehnt sich sowohl auf sämtliche Kontexte als auch jedwede genusanzeigende Wortart aus, da es ohnehin bereits überall als akzeptabel gilt und nie von einer Mehrheit abgelehnt wird (vgl. Kap. 12.5.1). Die bestehenden Unsicherheiten in der Beurteilung sprachlicher Richtigkeit rühren daher, dass die Entwicklung noch nicht abgeschlossen ist, sich manche Namen weiterhin in weniger fortgeschrittenen Stadien von Abb. 128 befinden.

Zunächst scheinen v.a. bekannte Firmen mit klar fassbarem Geschäftsmodell den (festen) femininen Definitartikel anzunehmen, denen ein konturierter, geläufiger, femininer Basisbegriff zugrunde liegt, der wiederum eine eigene, scharf umrissene Branche konstituiert, bspw. Versicherungen (*die Allianz*, *die Barmenia*, *die Continentale*) oder Fluggesellschaften (*die KLM*, *die Lufthansa*, *die Swiss*)[144] – zur Annahme eines onymischen Ikonismus vgl. FAHLBUSCH/NÜBLING 2014. Ferner kann manchmal ein früherer Sockel stützend wirken (vgl. Fußnote 131). Es kommt dann zu einer sich ausweitenden Reihenbildung, in deren Folge auch Mischkonzerne mit heterogenem Leistungsspektrum zum Femininum greifen und Firmen ihre Genuszuweisung sukzessive vom ggf. noch vorhandenen appellativen Letztglied entkoppeln, also etwaige maskuline bzw.

[144] Die offiziellen Unternehmensnamen lauten *Allianz SE*, *Barmenia Krankenversicherung a.G.*, *Continentale Krankenversicherung a.G.*, *Deutsche Lufthansa Aktiengesellschaft*, *Koninklijke Luchtvaart Maatschappij N.V.*, *Swiss International Air Lines AG*.

neutrale Köpfe überschreiben, sodass man Sätze wie „Vor allem die besonders profitablen Geschäftsfelder wie Beatmungsgeräte haben ein starkes Jahresendgeschäft verzeichnet, wie die Drägerwerk mitteilte" (Die Welt, 01.02.2013) bald häufiger hören bzw. lesen dürfte. Das feste onymische Genus bietet sich schließlich zur Disambiguierung bzw. Klassifikation an: *die Continental* (Unternehmen) vs. *das Continental* (Hotel bspw. in Bonn, Frankfurt, Saarbrücken) vs. *der Continental* (Reifen; Automodell von Bentley).

Zusammenfassung

13. Fazit, Ausblick

Die Studie zu Unternehmensnamen ist unter die Schlagworte Entwicklung, Gestaltung, Wirkung und Verwendung (Genus) gestellt. Diese vier Aspekte sollen auch im Resümee wieder aufgegriffen, die zugehörigen Erkenntnisse aus Korpusanalyse bzw. Fragebogenuntersuchung knapp zusammengefasst werden. Die acht betrachteten Parameter (Benennungsmotiv, Bildungsweise, graphematische Besonderheiten, Elemente aus Fremdsprachen, Länge, Sonorität, Transparenz, Assoziationen) haben sich dabei als verlässliches Merkmalsraster erwiesen, um Firmen zu analysieren und zu vergleichen. Zugleich kann das Instrumentarium nutzen, wer bspw. bei der Kreation neuer Unternehmensnamen die Wirkung bestimmter Ausprägungskombinationen vorhersagen möchte.

Entwicklung: Die Firmen von Deutschlands bedeutendsten Aktiengesellschaften haben in den vergangenen 160 Jahren einen beachtlichen Wandel durchgemacht – weg von gewohnten, appellativen Strukturen hin zu einer eigenen Onym-Klasse. Dabei sind sie im Betrachtungszeitraum immer phantasievoller und kreativer, unregelmäßiger, graphematisch auffälliger, fremdsprachlicher, kürzer, klangvoller, intransparenter sowie in ihren Konnotationen internationaler, insgesamt also deutlich „namenartiger“ geworden.

Gestaltung: Jene Tendenzen charakterisieren zugleich die gegenwärtige prototypische Firma großer deutscher Aktiengesellschaften. Dennoch gibt es nicht DAS ideale Namenmuster für ALLE Unternehmen. Vielmehr entscheiden Branche, Zielgruppe, Alter, Internationalität und Größe der Betriebe in dieser Reihenfolge über das passende Benennungsmotiv, welches die Ausprägungen der anderen Parameter festlegt, die ihre Wirkung noch gegenseitig verstärken oder mindern. In Zeiten, wo die Differenzierung nicht mehr ausschließlich über die Qualität der Produkte bzw. Dienstleistungen, sondern über das Image funktioniert, kommt dem guten Namen als immateriellem Vermögensgegenstand erhebliche ökonomische Relevanz zu, er allein macht oft den Unterschied.

Wirkung: Wahrnehmung, ausgelöste Basisassoziationen und Verständlichkeit der Firmen fallen weitgehend intersubjektiv, d.h. unabhängig von Lebensalter,

Bildungsstand oder Wohnsitz der StakeholderInnen aus. Wie die Ausgestaltung dieser Merkmale allerdings in den einzelnen Zielgruppen ankommt, ob sie also positiv oder negativ aufgenommen wird, hängt wieder von der jeweiligen Generation ab. Besonders wichtig zur Erzeugung bestimmter Empfindungen geraten neben Benennungsmotiv, fremdsprachlichen Elementen und Lautsymbolik v.a. onymische Konfixe, die je nach ihrer Konventionalisierung aber positionsunabhängig die „Bedeutung" des Gesamtnamens steuern – auch dies überindividuell.

Verwendung (Genus): Gegenwärtig erfolgt die Genuszuweisung der Firmen trotz größerer Unsicherheiten nebst vielfältigen Ausweichstrategien hauptsächlich in Abhängigkeit von der genusanzeigenden Wortart: Femininum bei Definitartikel, Personal- und Relativpronomina vs. Maskulinum bzw. Neutrum beim Possessivum. Ersteres kann man mit der Übernahme des Sockelgenus einstiger, heute ausgefallener femininer Gattungsbezeichnungen erklären, Letztere hingegen eher mit auf Metonymie beruhenden Assoziationen handelnder (männlicher) Personen oder einer Übergeneralisierung von *sein-*. In Zukunft wird aber wohl das Femininum als festes, onymisches Defaultgenus der Unternehmensnamen weiter erstarken und sich gegenüber den anderen beiden Genera durchsetzen.

Mit dieser Arbeit liegt eine empirische Studie zu Entwicklung, Gestaltung, Wirkung und Verwendung (Genus) von Firmen vor, die aus verschiedenen Perspektiven (Konzerne, KundInnen, Namenagenturen) Schlaglichter auf unterschiedliche Aspekte wirft, doch wäre jeder Themenkomplex eine eigene Untersuchung wert. Zunächst bietet sich eine Erweiterung des Korpus um andere Rechtsformen wie eingetragene Kaufleute, KG oder GmbH an. In einer solch umfangreicheren Datenbasis wären auch Einzelhandelsgeschäfte, kleine und mittlere Unternehmen aus vielen verschiedenen Branchen vertreten. Da die Diachronie von deren Firmen oft nur schwer nachzuverfolgen ist, sollte über die Auswertung (historischer) Handelsregistereinträge größerer deutscher Städte in regelmäßigen Zeitschnitten nachgedacht werden. Eine kontrastive Analyse weiterer Nationen bzw. Wirtschaftssysteme verspricht ebenfalls neue Erkenntnisse. Unternehmensnamen in Grenzregionen oder Staaten mit mehreren Amtssprachen verdienen hier besondere Aufmerksamkeit. Nahezu vollkommen unerforscht sind bislang die Geschäftsnamen und ihr Verhältnis zu den offiziellen Firmen.

Anhand einer entsprechend zusammengestellten großen Datenbasis könnte man auch Phonologie sowie Bildungsweise der Firmen genauer aufschlüsseln. Grammatische Besonderheiten wie die Flexion von Unternehmensnamen mit festem Adjektiv (*der Geschäftsbericht der Deutsche(n) Bank (AG)*), movierte Nomina Agentis als Prädikative („Für das Verfahren zum geplanten Ausbau des Frankfurter Flughafens muss die Betreiberin Fraport [...] Informationen nachliefern", RHEIN-ZEITUNG, 27.04.2002; vgl. JOBIN 2004: 223-243), die Kongruenz zwischen pluralischem Namen und Verb (*ARQUES Industries verlegt/verlegen ihre Verwaltung nach Berlin*) sowie unverbundenes Fugen-s (*Deutsche Beteiligungs AG*) sind ebenfalls noch zu erforschen.

Einen weiteren lohnenden Untersuchungsgegenstand stellt die graphematische Ausgestaltung von Logos dar. Die in der Schrift eingesetzten Attraktoren werden hier um zusätzliche Syngrapheme, Sonderzeichen, Piktogramme, Bilder, Spiegelungen etc. ergänzt. Ferner führt die Verwendung der Firmen in den Medien zu interessanten Fragestellungen: Wie gehen die Redaktionen bspw. mit graphematischen Besonderheiten in Unternehmensnamen um? Werden diese besonders ausgezeichnet, etwa durch Anführungsstriche?

Ebenfalls durchgeführt werden könnten an den Prinzipien der Marktforschung orientierte Studien samt Test-Panels mit VerbraucherInnen, die bspw. fertig entwickelte Logos (mit verschiedenen Namen) auf Briefköpfen, Produkten oder Werbebroschüren beurteilen sollen (vgl. Kap. 8.2.2). Zugleich ließe sich testen, ob positiv eingestufte Benennungen länger im Gedächtnis bleiben, häufiger orthographisch richtig wiedergegeben werden sowie eher zu einem Kauf bzw. einer Auftragserteilung führen.

Nicht nur wegen ihrer spannenden historischen Entwicklung, ihrer großen ökonomischen Relevanz, ihres grammatischen Sonderverhaltens und der Vielzahl der interdisziplinären Analyseaspekte an der Schnittstelle von Linguistik und Wirtschaftswissenschaften sollten die Unternehmensnamen aus dem Schatten der Produktbezeichnungen heraustreten sowie als eigener Zweig den ihnen gebührenden festen Platz in der Onomastik einnehmen dürfen.

Anhang

Literaturverzeichnis

Ainiala, Terhi / Saarelma, Minna / Sjöblom, Paula (2013): *Names in Focus. An Introduction to Finnish Onomastics.* Helsinki.

Arend, Stefan (2002): "Sprachliches zur Pflegeversicherung. Der Einfluss des Sozialgesetzbuches XI auf die deutsche Sprache." In: *Muttersprache* 112/3, 253 - 260.

Bauer, Gerhard ([2]1998): *Deutsche Namenkunde.* Berlin.

Bergien, Angelika (2004): "Image und Identität: Tendenzen der Namengebung bei regionalen Unternehmen." In: Luther, Saskia u.a. [Hrsg.]: *„Magdeburger Namenlandschaft". Orts- und Personennamen der Stadt und Region Magdeburg.* Halle, 253 - 262.

Bergien, Angelika (2007): "In Search of the Perfect Name. Prototypical and Iconic Effects of Linguistic Patterns in Company Names." In: Kremer, Ludger / Ronneberger-Sibold, Elke [Hrsg.]: *Names in Commerce and Industry: Past and Present.* Berlin, 259 - 272.

Bergien, Angelika (2008a): "English Elements in Company Names: Global and Regional Considerations." In: Fischer, Roswitha / Pułaczewska, Hanna [Hrsg.]: *Anglicisms in Europe: Linguistic Diversity in a Global Context.* Cambridge, 183 - 207.

Bergien, Angelika (2008b): "Global and Regional Considerations in the Formation of Company Names." In: Arcamone, Maria Giovanna u.a. [Hrsg.]: *Atti del XXII Congresso Internazionale di Scienze Onomastiche. Pisa, 28 agosto - 4 settembre 2005.* Bd. 2. Pisa, 289 - 297.

Bergien, Angelika (2010): "Zur Konstitution von Regionalität in den Namen mitteldeutscher Unternehmen." In: *Namenkundliche Informationen* 98, 71 - 85.

Bergien, Angelika (2012a): "Business names as indicators of tradition and innovation." In: Wochele, Holger / Kuhn, Julia / Stegu, Martin [Hrsg.]: *Onomastics goes Business. Role and Relevance of Brand, Company and Other Names in Economic Contexts.* Berlin, 177 - 184.

Bergien, Angelika (2012b): "Cultural and Regional Connotations of Company Names in Local Contexts." In: Boerrigter, Reina / Nijboer, Harm [Hrsg.]: *Names as Language and Capital. Proceedings Names in the Economy III, Amsterdam, 11 - 13 June 2009.* Amsterdam, 7 - 12.

Bergien, Angelika (2013): "From *Solar Valley* to *Shadow Mountain*: Identity Construction in Location-Based Company Names." In: Felecan, Oliviu / Bugheşiu, Alina [Hrsg.]: *Onomastics in Contemporary Public Space.* Newcastle upon Tyne, 106 - 119.

Bergien, Angelika (2015): "Regionale und kulturelle Bezüge in den Namen von Wirtschaftsunternehmen." In: Aehnlich, Barbara / Meineke, Eckhard [Hrsg.]: *Namen und Kulturlandschaften.* Leipzig, 39 - 50.

Bergien, Angelika / Blachney, Anja (2009): "Familiennamen und ihre Wirkung als Komponenten von Firmennamen." In: Hengst, Karlheinz / Krüger, Dietlind [Hrsg.]: *Familiennamen im Deutschen. Erforschung und Nachschlagewerke.* Bd. 1. Leipzig, 527 - 536.

Boddewyn, J[ean] (1967): "The Names of U.S. Industrial Corporations: A Study in Change." In: *Names* 15/1, 39 - 52.

Boerrigter, Reina (2007): "Identity reflecting business names." In: Brylla, Eva / Wahlberg, Mats [Hrsg.]: *Proceedings of the 21st International Congress of Onomastic Sciences, Uppsala 19 - 24 August 2002.* Bd. 3. Uppsala, 53 - 61.

Czopek-Kopciuch, Barbara (2013): "Names of Companies in Poland." In: Felecan, Oliviu / Bugheşiu, Alina [Hrsg.]: *Onomastics in Contemporary Public Space.* Newcastle upon Tyne, 120 - 130.

Debus, Friedhelm (2012): *Namenkunde und Namengeschichte. Eine Einführung.* Berlin.

Deutscher Familiennamenatlas (DFA). Hrsg. v. Konrad Kunze und Damaris Nübling. Band 1: Graphematik/Phonologie der Familiennamen I: Vokalismus. Berlin / New York, 2009.

Deutsches Wörterbuch von Jacob und Wilhelm Grimm (1854 - 1960). 16 Bde. Leipzig. <www.dwb.uni-trier.de>.

De Vinne, Christine (2003): "Corporate biography: name and narrative in an Ohio sample of family-named businesses." In: *Onoma* 38, 327 - 346.

Donalies, Elke ([2]2005): *Die Wortbildung des Deutschen. Ein Überblick.* Tübingen.

Donalies, Elke ([2]2011): *Basiswissen Deutsche Wortbildung.* Tübingen.

Duden Fremdwörterbuch ([10]2010). Mannheim u.a.

Duden-Grammatik ([8]2009). Mannheim u.a.

Duden Zweifelsfälle ([7]2011). Mannheim, Zürich.

Dürscheid, Christa (2005): "Normabweichendes Schreiben als Mittel zum Zweck." In: *Muttersprache* 115/1, 40 - 53.

Fahlbusch, Fabian (2013): "Abbreviation Tendencies in Company Names Deriving from Internet Addresses and Logos." In: Sjöblom, Paula / Ainiala, Terhi / Hakala, Ulla [Hrsg.]: *Names in the Economy. Cultural Prospects.* Newcastle upon Tyne, 186 - 200.

Fahlbusch, Fabian (2014): "*Löhr Automobile, Autohaus Höptner, Willi Sommer.* Familiennamen in Unternehmensnamen." In: Debus, Friedhelm / Heuser, Rita / Nübling, Damaris [Hrsg.]: *Linguistik der Familiennamen.* Hildesheim, 367 - 394.

Fahlbusch, Fabian / Nübling, Damaris (2014): "*Der Schauinsland – die Mobiliar – das Turm.* Das referentielle Genus bei Eigennamen und seine Genese." In: *Beiträge zur Namenforschung. Neue Folge* 49/3, 245 - 288.

Feldenkirchen, Wilfried (2003): *„Vom Guten das Beste". Von Daimler und Benz zur DaimlerChrysler AG. Bd. 1. Die ersten 100 Jahre (1883 - 1983).* München.

Feldenkirchen, Wilfried / Hilger, Susanne (2001): *Menschen und Marken. 125 Jahre Henkel 1876 - 2001.* Düsseldorf.

Fezer, Karl-Heinz ([4]2009): *Markenrecht. Kommentar zum Markengesetz, zur Pariser Verbandsübereinkunft und zum Madrider Markenabkommen.* München.

Fischer, Fiorenza (2008): "*Mergers & Acquisitions* und Unternehmensnamen." In: *Onoma* 43, 331 - 350.

Fleischer, Wolfgang / Barz, Irmhild ([4]2012): *Wortbildung der deutschen Gegenwartssprache.* Berlin / Boston.

Gabler-Wirtschaftslexikon. <http://wirtschaftslexikon.gabler.de>.

Gallmann, Peter (1996): "Interpunktion (Syngrapheme)." In: Günther, Hartmut / Ludwig, Otto [Hrsg.]: *Schrift und Schriftlichkeit. Ein interdisziplinäres Handbuch internationaler Forschung.* Berlin / New York (= HSK 10, Bd. 2), 1456 - 1467.

Gerdes, Jens (2005): "Vom Selbstverständnis des Friseurs – Eine Typologie aus dem Telefonbuch." In: *IDS Sprachreport* 21/4, 15 - 17.

Glück, Helmut / Sauer, Wolfgang Werner ([2]1997): *Gegenwartsdeutsch.* Stuttgart, Weimar.

Goryaev, Sergey (2007): "Stylistic Features of Business Names in Modern Russia." In: Kremer, Ludger / Ronneberger-Sibold, Elke [Hrsg.]: *Names in Commerce and Industry: Past and Present.* Berlin, 131 - 140.

Goryaev, Sergey (2012): "Von Anthroponymen abgeleitete Firmen- und Warennamen in der russischen Gegenwartssprache." In: Wochele, Holger / Kuhn, Julia / Stegu, Martin [Hrsg.]: *Onomastics goes Business. Role and Relevance of Brand, Company and Other Names in Economic Contexts.* Berlin, 185 - 193.

Harweg, Roland (1983): "Genuine Gattungseigennamen." In: Faust, Manfred u.a. [Hrsg.]: *Allgemeine Sprachwissenschaft, Sprachtypologie und Textlinguistik.* Tübingen, 157 - 171.

Hellfritzsch, Volkmar (1996): "Namen der Genossenschaften in der ehemaligen DDR." In: Eichler, Ernst u.a. [Hrsg.]: *Namenforschung. Ein internationales Handbuch zur Onomastik.* Berlin / New York (= HSK 11, Bd. 2), 1611 - 1613.

Hopmann, Barbara (1996): *Von der Montan zur Industrieverwaltungsgesellschaft (IVG) 1916 - 1951.* Stuttgart.

Horsky, Dan / Swyngedouw, Patrick (1987): "Does It Pay to Change Your Company's Name? A Stock Market Perspective." In: *Marketing Science* 6/4, 320 - 335.

Huismann, Johannes A. (1961): "Unerforschte Gebiete der Namenkunde." In: Puchner, Karl [Hrsg.]: *VI. Internationaler Kongreß für Namenforschung. München: 24. - 28. August 1958. Kongreßberichte.* Bd. 2. München, 361 - 368.

Jobin, Bettina (2004): *Genus im Wandel. Studien zu Genus und Animatizität anhand von Personenbezeichnungen im heutigen Deutsch mit Kontrastierungen zum Schwedischen.* Stockholm.

Kilian, Karsten: Markenlexikon. <www.markenlexikon.com>.

Klug, Anneliese (1984): "Namen landwirtschaftlicher Produktionsgenossenschaften im Bezirk Schwerin." In: *Zeitschrift für Phonetik, Sprachwissenschaft und Kommunikationsforschung* 37/2, 257 - 262.

Koch, Günter (2010): "Wortkreuzung und Sekretion neuer Konfixe." In: Harnisch, Rüdiger [Hrsg.]: *Prozesse sprachlicher Verstärkung. Typen formaler Resegmentierung und semantischer Remotivierung.* Berlin / New York, 107 - 127.

Koß, Gerhard (1996a): "Warennamen." In: Eichler, Ernst u.a. [Hrsg.]: *Namenforschung. Ein internationales Handbuch zur Onomastik.* Berlin / New York (= HSK 11, Bd. 2), 1642 - 1648.

Koß, Gerhard (1996b): "Warennamen-, Firmennamenrecht." In: Eichler, Ernst u.a. [Hrsg.]: *Namenforschung. Ein internationales Handbuch zur Onomastik.* Berlin / New York (= HSK 11, Bd. 2), 1795 - 1802.

Koß, Gerhard (^{3}2002): *Namenforschung. Eine Einführung in die Onomastik.* Tübingen.

Koß, Gerhard (2007): "Von der Krankenkasse zur Gesundheitskasse. RVO-Kassennamen als Spiegel der Wirtschafts- und Sozialgeschichte." In: Kremer, Ludger / Ronneberger-Sibold, Elke [Hrsg.]: *Names in Commerce and Industry: Past and Present.* Berlin, 367 - 374.

Koß, Gerhard (2009): "Familiennamen und Firmennamen in Wirtschaft und Gesellschaft. Pioniere – Gründerväter – Aktionäre." In: Hengst, Karlheinz / Krüger, Dietlind [Hrsg.]: *Familiennamen im Deutschen. Erforschung und Nachschlagewerke.* Bd. 1. Leipzig, 537 - 570.

Kremer, Ludger (1996): "Die Firma. Einige Beobachtungen zur Unternehmens-Namengebung." In: Hennig, Jörg / Meier, Jürgen [Hrsg.]: *Varietäten der deutschen Sprache.* Frankfurt/Main u.a., 357 - 370.

Kremer, Ludger (1998): "Unternehmensnamen: Aspekte ihrer namenkundlichen Betrachtung." In: Nicolaisen, W.F.H. [Hrsg.]: *Scope, Perspectives and Methods of Onomastics. Proceedings of the XIXth International Congress of Onomastic Sciences. Aberdeen, August 4 - 11, 1996.* Bd. 1. Aberdeen, 186 - 193.

Kremer, Ludger (2007): "Tendenzen der Namengebung bei deutschen Unternehmen." In: Brylla, Eva / Wahlberg, Mats [Hrsg.]: *Proceedings of the 21st International Congress of Onomastic Sciences, Uppsala 19 - 24 August 2002.* Bd. 3. Uppsala, 177 - 192.

Kremer, Ludger (2008): "Motivwandel bei der Namengebung deutscher Unternehmen. Eine diachronische Analyse (am Beispiel der Genossenschaften)." In: *Namenkundliche Informationen* 93/94, 49 - 67.

Kremer, Ludger (2012): "Von der *Vereinsbank in Hamburg* zur *HVB*: Zur Diachronie deutscher Unternehmensnamen." In: Wochele, Holger / Kuhn, Julia / Stegu, Martin [Hrsg.]: *Onomastics goes Business. Role and Relevance of Brand, Company and Other Names in Economic Contexts.* Berlin, 129 - 140.

Kremer, Ludger / Krook, Sheila (1998): "Sind Namen ‚Schall und Rauch'? Zur Werbewirkung von Unternehmensnamen." In: Lundquist, Lita u.a. [Hrsg.]: *Proceedings of the 11th European Symposium on Language for Special Purposes LSP. Copenhagen, August 1997.* Bd. 2. Kopenhagen, 572 - 581.

Kronseder, Hermann (³2001): *Mein Leben.* Neutraubling.

Kühn, Ingrid (2000): "Objektnamengebung als Zeitgeistreflexion." In: *Beiträge zur Namenforschung. Neue Folge* 35/1, 1 - 14.

Kunze, Konrad (2011): "Gasthausnamen-Geographie. Beispiele im schwachen Dativ (*Zum Schwanen*)." In: *Beiträge zur Namenforschung. Neue Folge* 46/2, 125 - 163.

Lee, Peggy M. (2001): "What's in a Name.com?: The Effects of '.com' Name Changes on Stock Prices and Trading Activity." In: *Strategic Management Journal* 22/8, 793 - 804.

Leibring, Katharina (2012): "From Backmans Blommor to Hairstyle by Lena: The Use of Personal Names in the Names of Small Companies in Sweden." In: Boerrigter, Reina / Nijboer, Harm [Hrsg.]: *Names as Language and Capital. Proceedings Names in the Economy III, Amsterdam, 11 - 13 June 2009.* Amsterdam, 48 - 57.

Leibring, Katharina (2014): "Surnames in names of smaller companies in Sweden – a diachronic study." In: Debus, Friedhelm / Heuser, Rita / Nübling, Damaris [Hrsg.]: *Linguistik der Familiennamen.* Hildesheim, 395 - 417.

Mengel, Andreas (1992): "Eine neue Erscheinungsform der Majuskel." In: Kohrt, Manfred / Robering, Klaus [Hrsg.]: *Vom Buchstaben zum Text.* Berlin, 19 - 33.

Meyers Konversationslexikon ([4]1885-1892). 19 Bde. Leipzig, Wien. <www.retrobibliothek.de/retrobib/stoebern.html?werkid=100149>.

Mihali, Adelina Emilia (2012): "Anthroponyms in the Names of Firms in Sighetu Marmaţiei." In: Felecan, Oliviu [Hrsg.]: *Name and Naming: Synchronic and Diachronic Perspectives.* Newcastle upon Tyne, 401 - 412.

Nübling, Damaris (2009): "Von *Monika* zu *Mia*, von *Norbert* zu *Noah*: Zur Androgynisierung der Rufnamen seit 1945 auf prosodisch-phonologischer Ebene." In: *Beiträge zur Namenforschung. Neue Folge* 44/1, 67 - 110.

Otto, Stephan (1993): "Die Namen der Filmtheater im Verleihbezirk Frankfurt." In: *Muttersprache* 103/4, 316 - 323.

Pfeifer, Wolfgang ([8]2005): *Etymologisches Wörterbuch des Deutschen.* München.

Pohl, Inge (1994): "Neologismen des ostdeutschen Wortschatzes im Beschreibungsbereich von Markennamen und Firmennamen." In: Sommerfeldt, Karl-Ernst [Hrsg.]: *Sprache im Alltag. Beobachtungen zur Sprachkultur.* Frankfurt/ Main u.a., 99 - 123.

Redlich, Friedrich (1973): "Gesellschaftliche Entwicklung und Namen der Landwirtschaftlichen Produktionsgenossenschaften. Unter besonderer Berücksichtigung der Niederlausitz." In: Eichler, Ernst u.a. [Hrsg.]: *Der Name in Sprache und Gesellschaft. Beiträge zur Theorie der Onomastik.* Berlin, 203 - 219.

Rössler, Rudolf (1976): "Form und Bedeutung der Namen unserer volkseigenen Betriebe I u. II." In: *Sprachpflege. Zeitschrift für gutes Deutsch* 25/7, 129 - 133 u. 25/8, 162 - 166.

Ronneberger-Sibold, Elke (2004): "Warennamen." In: Brendler, Andrea / Brendler, Silvio [Hrsg.]: *Namenarten und ihre Erforschung. Ein Lehrbuch für das Studium der Onomastik.* Hamburg, 557 - 603.

Ronneberger-Sibold, Elke (2005): "*Apollo*, *Boccaccio* und *Lady Godiva*: Europäische Fremdsprachen in deutschen Markennamen aus der ersten Hälfte des 20. Jahrhunderts." In: Glaser, Brigitte / Schnackertz, Hermann J. [Hrsg.]: *Europa interdisziplinär. Probleme und Perspektiven heutiger Europastudien.* Würzburg, 93 - 117.

Ronneberger-Sibold, Elke (2007): "Wunschidentitäten im Wandel: deutsche Markennamen aus sieben Jahrzehnten." In: Ronneberger-Sibold, Elke / Kazzazi, Kerstin [Hrsg.]: *Identität und Differenz.* Tübingen, 135 - 158.

Ronneberger-Sibold, Elke (2008a): "Die morphologische Struktur deutscher Markennamen: diachrone Entwicklungen im Laufe des 20. Jahrhunderts." In: Arcamone, Maria Giovanna u.a. [Hrsg.]: *Atti del XXII Congresso Internazionale di Scienze Onomastiche. Pisa, 28 agosto - 4 settembre 2005.* Bd. 2. Pisa, 777 - 792.

Ronneberger-Sibold, Elke (2008b): "Markennamen als (Zerr-)Spiegel gesellschaftlichen Wertewandels in der ersten Hälfte des 20. Jahrhunderts." In: Dumiche, Béatrice / Klöden, Hildegard [Hrsg.]: *Werbung und Werbesprache. Eine Analyse im interdisziplinären Kontext.* Wilhelmsfeld, 123 - 167.

Ronneberger-Sibold, Elke (2009a): "*Megaflex*, *Dynast*, *Solfina*: Europäische Fremdsprachen in deutschen Markennamen aus der zweiten Hälfte des zwanzigsten Jahrhunderts." In: Ronneberger-Sibold, Elke / Nate, Richard [Hrsg.]: *Europäische Sprachenvielfalt und Globalisierungsprozess.* Würzburg, 141 - 169.

Ronneberger-Sibold, Elke (2009b): "*Thermodur*, *Blend-a-med*, *Sivitrex*. Konfixe in deutschen Markennamen: Typen – Geschichte – Funktionen." In: Müller, Peter O. [Hrsg.]: *Studien zur Fremdwortbildung.* Hildesheim, 141 - 193.

Rzetelska-Feleszko, Ewa (2008): "Proper Names of Shops and Firms (Retail and Services) in Post-Communist Countries." In: Arcamone, Maria Giovanna u.a. [Hrsg.]: *Atti del XXII Congresso Internazionale di Scienze Onomastiche. Pisa, 28 agosto - 4 settembre 2005.* Bd. 2. Pisa, 595 - 600.

Schirmer, Alfred (1932): "Die Wirtschaftssprache als Spiegel der Wirtschaftsgeschichte." In: Messing, Ewald E. J. [Hrsg.]: *Zur Wirtschafts-Linguistik.* Rotterdam, 7 - 26.

Schmitt, Christian (1998): "Aufgaben und Perspektiven einer romanischen Firmenonomastik." In: Nicolaisen, W.F.H. [Hrsg.]: *Scope, Perspectives and Methods of Onomastics. Proceedings of the XIXth International Congress of Onomastic Sciences. Aberdeen, August 4 - 11, 1996.* Bd. 1. Aberdeen, 288 - 300.

Schmitt, Christian (2007): "Motivierte sprachliche Zeichen. Zu Formen und Funktionen spanischer und portugiesischer Firmen- und Produktnamen." In: Kremer, Ludger / Ronneberger-Sibold, Elke [Hrsg.]: *Names in Commerce and Industry: Past and Present.* Berlin, 99 - 114.

Schmitt, Christian (2008): "Perspektiven mit Namen – Namen mit Perspektiven. Zur pragmatischen Instrumentalisierung von Firmennamen im Italienischen." In: Arcamone, Maria Giovanna u.a. [Hrsg.]: *Atti del XXII Congresso Internazionale di Scienze Onomastiche. Pisa, 28 agosto - 4 settembre 2005.* Bd. 2. Pisa, 793 - 812.

Schreiber, Herbert (1994): "Von PGH ‚Die Frisur' zu ‚Coiffeur am Bahnhof' – Bezeichnungen für Geschäfte und Institutionen im Wandel." In: Sommerfeldt, Karl-Ernst [Hrsg.]: *Sprache im Alltag. Beobachtungen zur Sprachkultur.* Frankfurt/Main u.a., 161 - 169.

Schröer, H. Jochen (2014): "Die Gasthausnamen im Schwarzwald in ihrer geschichtlichen Entwicklung von den Anfängen bis heute." In: *Beiträge zur Namenforschung. Neue Folge* 49/1, 47 - 88.

Seutter, Konstanze (1996): *Eigennamen und Recht.* Tübingen.

Sommerfeldt, Karl-Ernst (1980): "Zu den Bezeichnungen genossenschaftlicher Betriebe in der DDR." In: *Zeitschrift für Phonetik, Sprachwissenschaft und Kommunikationsforschung* 33/1, 143 - 148.

Ulrich, Bernhard (2012): "Der Prozess der Namensfindung in der Agenturpraxis." In: Wochele, Holger / Kuhn, Julia / Stegu, Martin [Hrsg.]: *Onomastics goes Business. Role and Relevance of Brand, Company and Other Names in Economic Contexts.* Berlin, 85f.

Vahs, Dietmar / Schäfer-Kunz, Jan (^{6}2012): *Einführung in die Betriebswirtschaftslehre.* Stuttgart.

Vasil'eva, Natalija Vladimirovna (2004): "Institutionsnamen." In: Brendler, Andrea / Brendler, Silvio [Hrsg.]: *Namenarten und ihre Erforschung. Ein Lehrbuch für das Studium der Onomastik.* Hamburg, 605 - 621.

Walasek, Richard A. (1983): "The Nature of Electric Utility Company Names." In: *Names* 31/3, 197 - 206.

Wieninger, Manfred (2007): "Konstanz und Wandel – Geschäfts- und Firmennamen in der niederösterreichischen Landeshauptstadt St. Pölten im 20. Jahrhundert." In: Ernst, Peter [Hrsg.]: *Namenarten in Österreich und Bayern.* Wien, 119 - 130.

Wochele, Holger (2007): "Hotel Names in Italy and Romania – A Comparative Analysis." In: Kremer, Ludger / Ronneberger-Sibold, Elke [Hrsg.]: *Names in Commerce and Industry: Past and Present.* Berlin, 317 - 329.

Wochele, Holger (2009): "*Regal, Royal, Republică*: Synchronische und diachronische Aspekte der Benennung von Hotels am Beispiel von Italien und Rumänien." In: Lavric, Eva u.a. [Hrsg.]: *People, Products, and Professions.* Frankfurt/Main u.a., S. 309-321.

Zehetner, Ludwig (1981): "Ist ein Laden ein Land? Wortneuprägungen und Bedeutungsverschiebungen in Verkaufsstättenbezeichnungen – ein Hauch von Weite und Freiheit." In: *Der Sprachdienst* 25/4, 57 - 62.

FORUM FÜR FACHSPRACHEN-FORSCHUNG

Die Bd. 1 bis 77 sind im Verlag Gunter Narr erschienen.

Bd. 78 Hartwig Kalverkämper: Textsortengeschichte und Fächertradition. Systeme im Wandel zwischen französischer Klassik und Aufklärung (1650–1750). ISBN 978-3-86596-175-4

Bd. 79 Jin Zhao: Interkulturalität von Textsortenkonventionen. Vergleich deutscher und chinesischer Kulturstile: Imagebroschüren. 392 Seiten. ISBN 978-3-86596-169-3

Bd. 80 Hartwig Kalverkämper/Klaus-Dieter Baumann (Hg.): Fachtextsorten – in – Vernetzung. 486 Seiten. ISBN 978-3-86596-160-0

Bd. 81 Henrike Täuscher: Fachlichkeit in der Werbung für Laien. Deutsche und französische Anzeigen im Vergleich. 262 Seiten. ISBN 978-3-86596-162-4

Bd. 82 Tim Peters: Macht im Kommunikationsgefälle: der Arzt und sein Patient. 212 Seiten. ISBN 978-3-86596-181-5

Bd. 83 Hans P. Krings/Felix Mayer (Hg.): Sprachenvielfalt im Kontext von Fachkommunikation, Übersetzung und Fremdsprachenunterricht. Für Reiner Arntz zum 65. Geburtstag. 530 Seiten. ISBN 978-3-86596-192-1

Bd. 84 Encarnación Tabares Plasencia/Vessela Ivanova/Elke Krüger (Eds.): Análisis lingüístico contrastivo de textos especializados en español y alemán. 258 Seiten. ISBN 978-3-86596-190-7

Bd. 85 Nancy Hadlich: Analyse evidenter Anglizismen in Psychiatrie und Logistik. 458 Seiten. ISBN 978-3-86596-380-2

Bd. 86 Eva Martha Eckkrammer (Ed.): La comparación en los lenguajes de especialidad. 302 Seiten. ISBN 978-3-86596-216-4

Bd. 87 Maria Mushchinina: Rechtsterminologie – ein Beschreibungsmodell. Das russische Recht des geistigen Eigentums. 396 Seiten. ISBN 978-3-86596-218-8

Bd. 88 Sylvia Reinart: Kulturspezifik in der Fachübersetzung. Die Bedeutung der Kulturkompetenz bei der Translation fachsprachlicher und fachbezogener Texte. 562 Seiten. ISBN 978-3-86596-235-5

Bd. 89 Radegundis Stolze: Fachübersetzen – Ein Lehrbuch für Theorie und Praxis. 3. Auflage. 420 Seiten. ISBN 978-3-86596-257-7

Bd. 90 Carmen Heine: Modell zur Produktion von Online-Hilfen. 318 Seiten. ISBN 978-3-86596-263-8

FORUM FÜR FACHSPRACHEN-FORSCHUNG

Bd. 91 Brigitte Horn-Helf: Konventionen technischer Kommunikation: Makro- und mikrokulturelle Kontraste in Anleitungen. 614 Seiten mit CD. ISBN 978-3-86596-233-1

Bd. 92 Marina Adams: Wandel im Fach. Historiographie von DaF als Fachsprachen-Disziplin in der DDR. 460 Seiten. ISBN 978-3-86596-269-0

Bd. 93 Carsten Sinner: Wissenschaftliches Schreiben in Portugal zum Ende des *Antigo Regime* (1779–1821). Die Memórias económicas der *Academia das Ciências de Lisboa*. 714 Seiten. ISBN 978-3-86596-277-5

Bd. 94 Laurent Gautier (éd.): Les discours de la bourse et de la finance. 186 Seiten. ISBN 978-3-86596-302-4

Bd. 96 Julia Neu: Mündliche Fachtexte der französischen Rechtssprache. 294 Seiten. ISBN 978-3-86596-351-2

Bd. 97 Mehmet Tahir Öncü: Probleme interkultureller Kommunikation bei Gerichtsverhandlungen mit Türken und Deutschen. 168 Seiten. ISBN 978-3-86596-387-1

Bd. 98/99 Klaus-Dieter Baumann (Hg.): Fach – Translat – Kultur. Interdisziplinäre Aspekte der vernetzten Vielfalt. 2 Bände im Schuber, zus. 1562 Seiten. ISBN 978-3-86596-209-6

Bd. 100 Hartwig Kalverkämper (Hg.): Fachkommunikation im Fokus – Paradigmen, Positionen, Perspektiven. 1040 Seiten. ISBN 978-3-7329-0214-9

Bd. 102 Anastasiya Kornetzki: Contrastive Analysis of News Text Types in Russian, British and American Business Online and Print Media. 378 Seiten. ISBN 978-3-86596-420-5

Bd. 103 Ingrid Simonnæs: Rechtskommunikation national und international im Spannungsfeld von Hermeneutik, Kognition und Pragmatik. 304 Seiten. ISBN 978-3-86596-427-4

Bd. 104 Svenja Dufferain: Tyronyme – zur strategischen Wortbildung französischer Käsemarkennamen. 140 Seiten. ISBN 978-3-86596-428-1

Bd. 105 Laurent Gautier (éd.): Figement et discours spécialisés. 158 Seiten. ISBN 978-3-86596-413-7

Bd. 106/107 Eva Martha Eckkrammer: Medizin für den Laien: Vom Pesttraktat zum digitalen Ratgebertext. 2 Bände im Schuber, zus. 1328 Seiten. ISBN 978-3-86596-312-3

Bd. 108 Lucia Udvari: Einführung in die Technik der Rechtsübersetzung vom Italienischen ins Deutsche. Ein Arbeitsbuch mit interdisziplinärem Ansatz. 316 Seiten. ISBN 978-3-86596-516-5

FORUM FÜR FACHSPRACHEN-FORSCHUNG

Bd. 109 Mehmet Tahir Öncü: Kulturspezifische Aspekte in technischen Texten. Eine Analyse deutsch- und türkischsprachiger Gebrauchsanleitungen. 212 Seiten. ISBN 978-3-86596-517-2

Bd. 110 Cornelia Griebel: Rechtsübersetzung und Rechtswissen. Kognitionstranslatologische Überlegungen und empirische Untersuchung des Übersetzungsprozesses. 432 Seiten. ISBN 978-3-86596-534-9

Bd. 111 Laura Sergo/Ursula Wienen/Vahram Atayan (Hg.): Fachsprache(n) in der Romania. Entwicklung, Verwendung, Übersetzung. 458 Seiten. ISBN 978-3-86596-404-5

Bd. 112 Birte Möpert: Die Fachsprache des Tanzes. 218 Seiten. ISBN 978-3-7329-0012-1

Bd. 113 Marina Brambilla/Joachim Gerdes/Chiara Messina (Hg.): Diatopische Variation in der deutschen Rechtssprache. 382 Seiten. ISBN 978-3-86596-447-2

Bd. 114 Christiane Zehrer: Wissenskommunikation in der technischen Redaktion. Die situierte Gestaltung adäquater Kommunikation. 406 Seiten. ISBN 978-3-7329-0032-9

Bd. 115 Tanja Wissik: Terminologische Variation in der Rechts- und Verwaltungssprache. Deutschland – Österreich – Schweiz. 394 Seiten. ISBN 978-3-7329-0004-6

Bd. 116 Larissa Alexandrovna Manerko/Klaus-Dieter Baumann/Hartwig Kalverkämper (eds.): Terminology Science in Russia today. From the Past to the Future. 460 Seiten. ISBN 978-3-7329-0051-0

Bd. 117 Georg Löckinger: Übersetzungsorientierte Fachwörterbücher. Entwicklung und Erprobung eines innovativen Modells. 322 Seiten. ISBN 978-3-7329-0053-4

Bd. 118 Kerstin Petermann: Verbale und nonverbale Vagheit in englisch- und deutschsprachigen Interviews. 418 Seiten. ISBN 978-3-7329-0061-9

Bd. 119 Encarnación Tabares Plasencia (ed.): Fraseología jurídica contrastiva español – alemán/Kontrastive Fachphraseologie der spanischen und deutschen Rechtssprache. 148 Seiten. ISBN 978-3-86596-528-8

Bd. 120 Klaus-Dieter Baumann/Jan-Eric Dörr/Katja Klammer (Hg.): Fachstile – Systematische Ortung einer interdisziplinären Kategorie. 216 Seiten. ISBN 978-3-7329-0105-0

Bd. 121 Jenny Brumme/Carmen López Ferrero (eds.): La ciencia como diálogo entre teorías, textos y lenguas. 348 Seiten. ISBN 978-3-7329-0130-2

Bd. 122 Ingrid Simonnæs: Basiswissen deutsches Recht für Übersetzer. Mit Übersetzungsübungen und Verständnisfragen. 202 Seiten. ISBN 978-3-7329-0133-3

FORUM FÜR FACHSPRACHEN-FORSCHUNG

Bd. 123 Silke Friedrich: Deutsch- und englischsprachige Werbung. Textpragmatik, Medialität, Kulturspezifik. 142 Seiten. ISBN 978-3-7329-0152-4

Bd. 124 Bernhard Haidacher: Bargeldmetaphern im Französischen. Pragmatik, Sprachkultur und Metaphorik. 368 Seiten. ISBN 978-3-7329-0124-1

Bd. 125 Chiara Messina: Die österreichischen Wirtschaftssprachen. Terminologie und diatopische Variation. 384 Seiten. ISBN 978-3-7329-0113-5

Bd. 126 Raimund Drommel: Sprachprofiling – Grundlagen und Fallanalysen zur Forensischen Linguistik. 338 Seiten. ISBN 978-3-7329-0158-6

Bd. 127 Krzysztof Nycz/Klaus-Dieter Baumann/Hartwig Kalverkämper (Hg.): Fachsprachenforschung in Polen. 328 Seiten. ISBN 978-3-7329-0211-8

Bd. 128 Peter Kastberg: Kondensation und Expansion in Fachtexten der Technik. 160 Seiten. ISBN 978-3-7329-0221-7

Bd. 129 Anja Centeno García: Textarbeit in der geisteswissenschaftlichen Lehre. 360 Seiten. ISBN 978-3-7329-0196-8

Bd. 132 Maria Mushchinina: Sprachverwendung und Normvorstellung in der Fachkommunikation. 450 Seiten. ISBN 978-3-7329-0293-4

Bd. 133 Agnes Goldhahn: Tschechische und deutsche Wissenschaftssprache im Vergleich. Wissenschaftliche Artikel der Linguistik. 226 Seiten. ISBN 978-3-7329-0332-0

Bd. 134 Natalya Zalipyatskikh: Didaktik der technischen Fachkommunikation. Methodologien, Konzepte, Evaluationen. 422 Seiten mit CD. ISBN 978-3-7329-0344-3

Bd. 135 Katja Klammer: Denkstile in der Fachkommunikation der Technik- und Sozialwissenschaften. Fakten und Kontraste im Deutschen und Englischen. 438 Seiten. ISBN 978-3-7329-0355-9

Bd. 136 Fabian Fahlbusch: Unternehmensnamen. Entwicklung – Gestaltung – Wirkung – Verwendung. 322 Seiten. ISBN 978-3-7329-0202-6

Bd. 137 Sabrina Brandt: Anglizismen – Sprachwandel in deutschen und norwegischen Texten der Informationstechnologie. 140 Seiten. ISBN 978-3-7329-0385-6

Bd. 138 Sascha Bechmann (Hg.): Sprache und Medizin. Interdisziplinäre Beiträge zur medizinischen Sprache und Kommunikation. 498 Seiten. ISBN 978-3-7329-0372-6

Bd. 139 Anastasia Mikhailova-Tucholke: Der französische Fachwortschatz im Bereich Solarenergie: Wortbildung und Lexikographie. 232 Seiten. ISBN 978-3-7329-0400-6

FORUM FÜR FACHSPRACHEN-FORSCHUNG

Bd. 140 Annikki Liimatainen/Arja Nurmi/Marja Kivilehto/Leena Salmi/Anu Viljanmaa/Melissa Wallace (eds.): Legal Translation and Court Interpreting: Ethical Values, Quality, Competence Training. 398 Seiten. ISBN 978-3-7329-0295-8

Bd. 141 Rosemarie Buhlmann/Anneliese Fearns: Handbuch des fach- und berufsbezogenen Deutschunterrichts DaF, DaZ, CLIL. 714 Seiten. ISBN 978-3-7329-0013-8

Bd. 142 Agnieszka Błażek: Einheit in Vielfalt: der Bologna-Prozess. Fachlexikologische und fachkommunikative Aspekte. 406 Seiten. ISBN 978-3-7329-0470-9

Bd. 143 Katrin Josephine Wagner: Die Sprache der Jäger – Ein Vergleich der Weidmannssprache im deutsch- und englischsprachigen Raum. 82 Seiten. ISBN 978-3-7329-0455-6

Bd. 144 Stefania Cavagnoli/Laura Mori (eds.): Gender in legislative languages. From EU to national law in English, French, German, Italian and Spanish. 256 Seiten. ISBN 978-3-7329-0349-8

Bd. 145 Damaris Borowski: Sprachliche Herausforderungen ausländischer Anästhesist(inn)en bei Aufklärungsgesprächen. Eine gesprächsanalytische Studie zu „Deutsch als Zweitsprache im Beruf". 388 Seiten. ISBN 978-3-7329-0502-7

Bd. 146 Thomas Bartz: Texte sprachbewusst optimieren. Ein linguistisches Kategoriensystem für die computergestützte Revision qualitätsrelevanter sprachlicher Merkmale in Texten. 218 Seiten. ISBN 978-3-7329-0514-0

Bd. 147 Lenka Vaňková (Hg.): Fachlichkeit und Fachsprachlichkeit in varianten Kontexten. 266 Seiten. ISBN 978-3-7329-0530-0

Bd. 148 Eva Wiesmann: Der notarielle Immobilienkaufvertrag in Italien und Deutschland. Eine kontrastive diachronische Untersuchung zur Bedeutung von Norm und Konvention sowie zur Entwicklung der Textsorte. 476 Seiten. ISBN 978-3-7329-0511-9

Bd. 149 Ingrid Simonnæs/Marita Kristiansen (eds.): Legal Translation. Current Issues and Challenges in Research, Methods and Applications. 410 Seiten. ISBN 978-3-7329-0366-5

Bd. 150 Thorsten Dick: Fachlich kommunizieren mit sich selbst. Verständlichkeit und Optimierung von Recherchenotizen. 274 Seiten. ISBN 978-3-7329-0553-9

Bd. 151 Kristina Pelikan: Enhancing and analysing Project Communication. 296 Seiten. ISBN 978-3-7329-0564-5

Bd. 152 Miriam Behschnitt: Die Fachtextsorte Gesetz. Eine kontrastive stilistische Untersuchung anhand des deutschen Aufenthaltsgesetzes und britischer *Immigration Acts*. 162 Seiten. ISBN 978-3-7329-0548-5

FORUM FÜR FACHSPRACHEN-FORSCHUNG

Bd. 153 Irena Vassileva/Mariya Chankova/Esther Breuer/Klaus P. Schneider (eds.): The Digital Scholar: Academic Communication in Multimedia Environment. 344 Seiten. ISBN 978-3-7329-0569-0

Bd. 154 Ingrid Simonnæs/Øivin Andersen/Klaus Schubert (eds.): New Challenges for Research on Language for Special Purposes. Selected Proceedings from the 21st LSP-Conference 28–30 June 2017 Bergen, Norway. 392 Seiten. ISBN 978-3-7329-0420-4

Bd. 155 Franziska Toscher: Die Fachsprache der Geschichtswissenschaft. Wissenstransfer – Subjektivität – Übersetzung. 388 Seiten. ISBN 978-3-7329-0554-6

Bd. 156 Jana Schumacher: Wissenschaftliche Zeitschriftenartikel und Letters der Physik und Informatik. Eine Mehr-Ebenen-Differenzierung. 332 Seiten. ISBN 978-3-7329-0615-4

Bd. 157 Peter Kastberg: Knowledge Communication. Contours of a Research Agenda. 136 Seiten. ISBN 978-3-7329-0432-7

Bd. 158 Alexander Holste: Semiotische Effizienz interfachlicher Sprache-Bild-Textsorten. Schreibprozesse bei Pflichtenheften technischer Ausschreibungen. 488 Seiten. ISBN 978-3-7329-0300-9

Bd. 159 Lenka Vaňková (Hg.): Das Fachwort in der Tagespresse. 160 Seiten. ISBN 978-3-7329-0628-4

Bd. 160 Alessandra Zurolo: Deutsche medizinische Lehrtexte. Eine diachronische Perspektive. 258 Seiten. ISBN 978-3-7329-0682-6

Bd. 161 Marina Adams/Klaus-Dieter Baumann/Hartwig Kalverkämper (Hg.): Fachkommunikationsforschung im Spannungsfeld von Methoden, Instrumenten und Fächern. 416 Seiten. ISBN 978-3-7329-0783-0

Bd. 162 Giuliana Elena Garzone/Paola Catenaccio: Ethics in Professional and Corporate Discourse. Linguistic Perspectives. 202 Seiten. ISBN 978-3-7329-0806-6

Bd. 163 Ursula Wienen/Tinka Reichmann/Laura Sergo (Hg.): Syntax in Fachkommunikation. 550 Seiten. ISBN 978-3-7329-0821-9

Bd. 164 Marina Adams/Klaus-Dieter Baumann/Hartwig Kalverkämper (Hg.): Zukunftsformate der Fachkommunikationsforschung. Wissenstransfer – Bildung – Interlingualität. 350 Seiten. ISBN 978-3-7329-0800-4

Bd. 165 Harald Weinrich: Sprache, das heißt Sprachen. Plädoyer für die sprachliche Vielfalt. 520 Seiten. ISBN 978-3-7329-0879-0

FSC
www.fsc.org
MIX
Papier | Fördert gute Waldnutzung
FSC® C083411

Zeitfracht Medien GmbH
Ferdinand-Jühlke-Straße 7
99095 Erfurt, Deutschland
produktsicherheit@kolibri360.de

Druck:
CPI Druckdienstleistungen GmbH
im Auftrag der
Zeitfracht Medien GmbH
Ein Unternehmen der Zeitfracht - Gruppe
Ferdinand-Jühlke-Str. 7
99095 Erfurt